市場行銷學

主編 ○ 劉金文、董莎、王珊

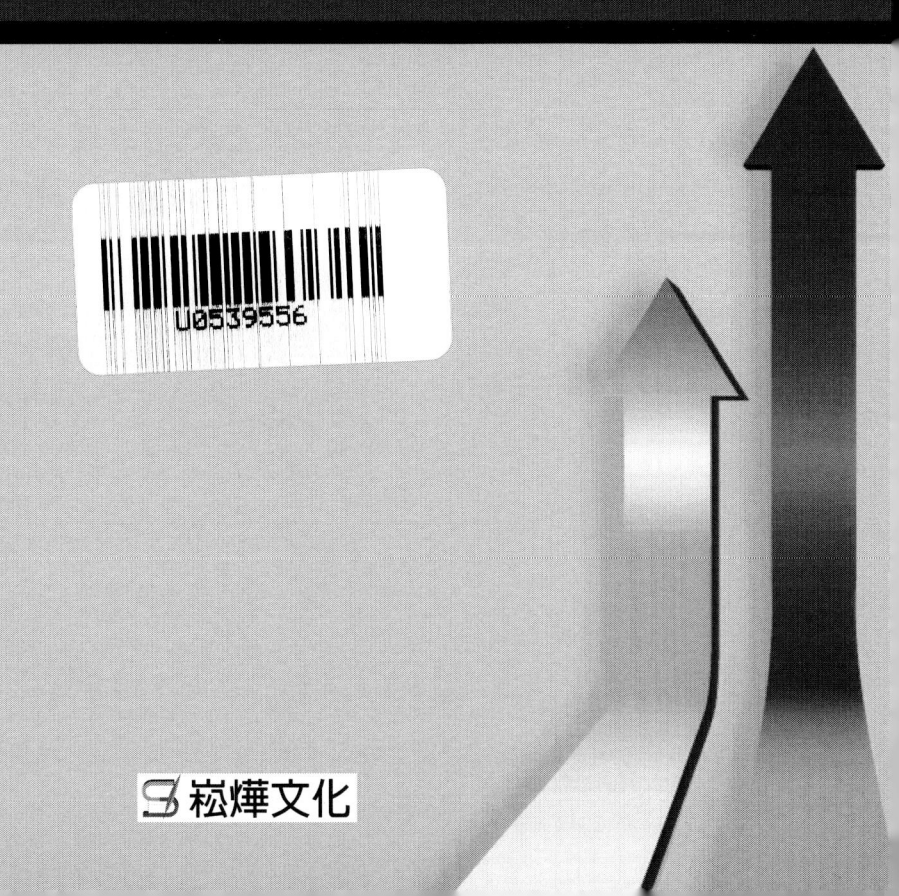

前 言

　　市場行銷學是一門建立在經濟學、管理學、心理學等理論基礎上的應用學科，是高等學校經濟管理類專業的核心課程。在這個機遇與風險並存的時代，系統地學習和掌握現代市場行銷的理論和方法，培養行銷的核心思維方式，對於行銷人員和經濟管理類專業的大學生來說，極為重要。

　　隨著經濟全球化程度日益加深，「互聯網+信息」時代的到來，市場行銷學的應用與實踐特性要求日益凸顯。為了滿足市場對高校本科應用型人才的培養需求，本書定位於應用型教材，努力在內容與形式上創新，力求突出以下五個特色：

　　(1) 理論邏輯清晰。本書較全面和系統地闡述市場行銷學的基本理論，主要分為行銷概述、行銷環境分析、行銷戰略設計、行銷策略制定、行銷領域創新五大模塊。

　　(2) 內容生動新穎。本書每章開篇用名人名言引入，以激發學生的好奇心。在理論知識的分享過程中，採用了大量的行銷案例、行銷情境、行銷視野和行銷故事對相關知識點進行分析，以提高學生對實際行銷工作的認知水平。

　　(3) 課後練習針對性強。為提升學生對理論知識的運用能力，本書每章都設置了豐富的課後練習，包括單選、多選、簡答、案例分析題，讓學生學練結合，以學促練，以練促用。

　　(4) 應用主題突出。為提高學生運用行銷理論分析和解決實際問題的能力，每章都根據相應的行銷技能，編寫了行銷實訓題，從而提升學生的行銷職業能力。

　　(5) 數字化特色明顯。為突出本書的數字化教材特色，部分延伸知識採用了二維碼的形式來呈現，以激發讀者的學習興趣，拓展其知識面。

　　由於編者水平所限，書中的不足與不當之處難免，敬請讀者批評指正。

編者

目 錄

第一模塊　行銷概述

第一章　市場行銷概述 …………………………………………（3）
　　走進行銷 …………………………………………………………（3）
　　第一節　市場與市場行銷 ………………………………………（5）
　　第二節　市場行銷學 ……………………………………………（13）
　　本章小結 …………………………………………………………（16）
　　趣味閱讀 …………………………………………………………（16）
　　課後練習 …………………………………………………………（17）
　　行銷技能實訓 ……………………………………………………（19）

第二章　市場行銷管理哲學 ……………………………………（21）
　　走進行銷 …………………………………………………………（21）
　　第一節　市場行銷管理的本質 …………………………………（23）
　　第二節　市場行銷管理哲學的演進 ……………………………（25）
　　本章小結 …………………………………………………………（33）
　　趣味閱讀 …………………………………………………………（33）
　　課後練習 …………………………………………………………（34）
　　行銷技能實訓 ……………………………………………………（36）

第二模塊　行銷環境分析

第三章　市場行銷環境 …………………………………………（39）
　　走進行銷 …………………………………………………………（39）

第一節　市場行銷環境的定義與特點 ························· (40)

　　第二節　微觀行銷環境 ···································· (44)

　　第三節　宏觀行銷環境 ···································· (48)

　　第四節　環境分析與行銷對策 ······························ (56)

　　本章小結 ·· (62)

　　趣味閱讀 ·· (62)

　　課後練習 ·· (63)

　　行銷技能實訓 ·· (65)

第四章　消費者市場與組織市場分析 ·························· (66)

　　走進行銷 ·· (66)

　　第一節　消費者市場分析 ·································· (67)

　　第二節　組織市場分析 ···································· (82)

　　本章小結 ·· (88)

　　趣味閱讀 ·· (89)

　　課後練習 ·· (89)

　　行銷技能實訓 ·· (92)

第五章　市場行銷調研 ······································ (93)

　　走進行銷 ·· (93)

　　第一節　市場行銷信息系統 ································ (94)

　　第二節　市場行銷調研程序和方法 ·························· (99)

　　本章小結 ·· (106)

　　趣味閱讀 ·· (106)

　　課後練習 ·· (107)

　　行銷技能實訓 ·· (110)

第三模塊　行銷戰略的設計

第六章　目標市場行銷戰略 ……………………………………（113）
　　走進行銷 ……………………………………………………（113）
　　第一節　市場細分 …………………………………………（115）
　　第二節　目標市場選擇 ……………………………………（123）
　　第三節　市場定位 …………………………………………（137）
　　本章小結 ……………………………………………………（145）
　　趣味閱讀 ……………………………………………………（145）
　　課後練習 ……………………………………………………（146）
　　行銷技能實訓 ………………………………………………（148）

第七章　競爭性行銷戰略 ………………………………………（149）
　　走進行銷 ……………………………………………………（149）
　　第一節　競爭者分析 ………………………………………（150）
　　第二節　競爭性行銷戰略的類型 …………………………（161）
　　本章小結 ……………………………………………………（167）
　　趣味閱讀 ……………………………………………………（167）
　　課後練習 ……………………………………………………（168）
　　行銷技能實訓 ………………………………………………（171）

第四模塊　行銷策略的制定

第八章　產品策略 ………………………………………………（175）
　　走進行銷 ……………………………………………………（175）
　　第一節　產品與產品分類 …………………………………（177）
　　第二節　產品組合 …………………………………………（180）

第三節　產品生命週期 …………………………………………（183）

　　第四節　包裝策略 ………………………………………………（188）

　　第五節　新產品開發 ……………………………………………（192）

　　本章小結 …………………………………………………………（199）

　　趣味閱讀 …………………………………………………………（200）

　　課後練習 …………………………………………………………（201）

　　行銷技能實訓 ……………………………………………………（203）

第九章　品牌策略 …………………………………………………（204）

　　走進行銷 …………………………………………………………（204）

　　第一節　品牌與品牌資產 ………………………………………（205）

　　第二節　品牌策略的制定 ………………………………………（214）

　　第三節　品牌保護與品牌管理 …………………………………（225）

　　本章小結 …………………………………………………………（230）

　　趣味閱讀 …………………………………………………………（231）

　　課後練習 …………………………………………………………（231）

　　行銷技能實訓 ……………………………………………………（233）

第十章　定價策略 …………………………………………………（235）

　　走進行銷 …………………………………………………………（235）

　　第一節　影響定價的主要因素 …………………………………（236）

　　第二節　定價方法 ………………………………………………（242）

　　第三節　定價策略的制定 ………………………………………（245）

　　第四節　價格調整與企業對策 …………………………………（257）

　　本章小結 …………………………………………………………（261）

　　趣味閱讀 …………………………………………………………（261）

　　課後練習 …………………………………………………………（263）

　　行銷技能實訓 ……………………………………………………（265）

第十一章　分銷策略 ……………………………………………（266）
　　走進行銷 ………………………………………………………（266）
　　第一節　分銷渠道的概念和類型 ………………………………（267）
　　第二節　分銷渠道的設計與管理 ………………………………（271）
　　第三節　中間商 …………………………………………………（282）
　　本章小結 …………………………………………………………（288）
　　趣味閱讀 …………………………………………………………（289）
　　課後練習 …………………………………………………………（289）
　　行銷技能實訓 ……………………………………………………（292）

第十二章　促銷策略 ……………………………………………（293）
　　走進行銷 …………………………………………………………（293）
　　第一節　促銷與促銷組合 ………………………………………（294）
　　第二節　促銷組合四大策略 ……………………………………（297）
　　本章小結 …………………………………………………………（321）
　　趣味閱讀 …………………………………………………………（321）
　　課後練習 …………………………………………………………（322）
　　行銷技能實訓 ……………………………………………………（325）

第五模塊　行銷領域的創新

第十三章　市場行銷新發展 ……………………………………（329）
　　走進行銷 …………………………………………………………（329）
　　第一節　綠色行銷 ………………………………………………（329）
　　第二節　整合行銷 ………………………………………………（334）
　　第三節　關係行銷 ………………………………………………（338）
　　第四節　體驗行銷 ………………………………………………（342）
　　第五節　新媒體行銷 ……………………………………………（348）

本章小結 …………………………………………………………（354）
趣味閱讀 …………………………………………………………（354）
課後練習 …………………………………………………………（356）
行銷技能實訓 ……………………………………………………（358）

參考文獻 ……………………………………………………………（359）

第一模塊
行銷概述

第一章　市場行銷概述

　　大商之經商，有如伊尹、姜子牙之治國，孫子、吳起之用兵，商鞅之變法。其學問之精深，道法之玄奧，意氣之宏遠，境界之高明，豈是空想妄論之輩、俚諺俗語所能達到的。

——《一代大商孟洛川》

　　行銷並不是以精明的方式兜售自己的產品或服務，而是一門真正創造顧客價值的藝術。

——菲利普·科特勒（Philip Kotler）

❖ **學習目標**

知識目標
（1）掌握市場的定義和構成要素。
（2）掌握市場行銷的定義及相關概念。
（3）瞭解市場行銷學的演進過程。
（4）瞭解市場行銷學的理論知識體系。
（5）掌握市場行銷管理的內容及任務。

技能目標
（1）具備掌握市場行銷活動基本要點的能力。
（2）具備通過行銷案例和行銷情境分析市場的能力。

❖ **走進行銷**

年銷售20億的「饅頭大王」是怎麼煉成的？

2,100家門店，年銷售額20億元，這個饅頭界隱形大王的商業邏輯是：誰擁有渠道誰牛，而門店就是實體企業打通「任督二脈」的最好渠道。

讓顧客在哪都能看到你：廣開門店，每6平方千米佈局一家

對於華東，尤其是上海地區的人們來說，巴比饅頭並不陌生。

成立於2003年的巴比饅頭，去年年底已經在全國擁有2,100家門店。其中，僅上海的門店就超過了1,000家。1,000家是什麼概念？以上海面積6,400平方千米計算，相當於平均不到7平方千米就有一家店。規模產生的品牌力，不言而喻。劉會平為巴比饅頭定的目標是，未來用幾十年乃至更長的時間開10萬家店。

讓顧客相信你：14年老店，靠的是產品夠硬

「巴比饅頭2003年在上海創立以來，十幾年來天天排隊。」巴比饅頭位於上海郊區的中央工廠，蔬菜每天7點採摘後送到工廠加工，再到門店售賣，不超過24小時；肉類，除了對豬的品種和屠宰時間嚴格要求，還要求屠宰加工工藝必須用蒸汽脫毛法，因為這種方法比傳統的水育法環保……「這一塊會做得越來越細緻，將來會讓顧客通過手機實時看到每家門店和中央工廠的運作情況。」劉會平說。

讓顧客離不開你：把門店升級成便利店，不同商圈用不同產品組合

在巴比饅頭最新升級的三代門店，內參君看到，一個60多平方米的門店，可以購買的產品達到30多種，不僅有即買即食的包子、饅頭、餛飩等麵食，也有薯條、雞排等小吃，還有各種飲品。除此之外，門店的冷凍櫃裡還放著可以買回家加工食用的預包裝速凍食品。很顯然，這樣的產品佈局種類豐富，消費體驗感和便利性更強。

「後期開店，針對不同的商圈，不同的物業條件，會有不同的產品組合，但是都是以麵食為主。」劉會平說。

讓顧客愛上你：試水順豐老板沒幹成的事

在劉會平的「10萬家店」規劃中，他還有一個想法，就是做生鮮，打造第二個品牌「鮮食1號」。「因為雞蛋放在一個籃子裡風險太大。」不過，這件事於他完全是順勢而為。

目前巴比饅頭門店每天有大量客戶，通過巴比饅頭線上信息化系統點餐的客人每天達到百萬人次。當線上客戶達到一定的規模以後，巴比饅頭線上商城將逐漸增加各種預包裝的食品，當各種麵點做透以後，再做各種生鮮。

劉會平說：「我們是從線下往線上轉。這都是一個概念，其實就是渠道為王。」

讓兩代人抗拒不了你：行銷從孩子抓起，投1億拍動漫

在巴比饅頭的中央工廠所在地，整個辦公大樓的二樓被設計成兒童體驗區。劉會平說，最高明的行銷是從孩子抓起。很多次他在門店裡遇到這樣的情景——小孩子想要吃，父母不得不買。所以，抓住兒童，是他們做好行銷的關鍵。就像「一加一」天然面粉的廣告語：家有小孩，用「一加一」天然麵粉。

除此之外，公司未來還計劃投資拍動漫來做行銷。劉會平還有一個更宏大的百年計劃：在公司成立110年的時候，也就是2112年，實現營業額2,112億美元。

問題：
1. 你看好巴比饅頭的行銷模式嗎？你覺得這個百年計劃能成功嗎？
2. 從本案例中找出巴比饅頭的行銷任務。

（資料來源：紀愛玲. 年銷售20億的「饅頭大王」是怎麼煉成的［EB/OL］.［2017-03-28］. http：www.shichangbu.com/article-29253-1.html.）

市場行銷學是建立在經濟學、管理學、行為學和現代科學技術基礎之上的應用學科。市場行銷不僅是企業在激烈的市場競爭中尋求發展的利器，還是一種核心思維方式，極大地「激發了律師、醫生、管理人員、博物館館長、政府官員以及經濟發展專

家的豐富想像力」①。它在社會經濟生活的各個領域得到了廣泛應用。隨著社會經濟的發展，市場行銷理論和實踐正在不斷創新。在這個充滿機會和競爭風險的時代，全面系統地學習和掌握現代市場行銷的理論和方法，對於行銷人員及經濟與管理類專業的在校學生來說，至關重要。

第一節　市場與市場行銷

　　市場行銷在一般意義上可理解為與市場有關的人類活動。任何一個企業，無論其規模、實力如何，它的生產經營活動都離不開市場。正是通過市場，大大小小的企業不斷上演「幾家歡喜幾家愁」的悲喜劇。特別是國際經濟日趨融為一體，市場的地域界限越來越模糊的今天，企業要想求生存、圖發展，就必須認識市場、瞭解市場、分析市場。

一、市場的內涵

(一) 市場的定義

　　中國人從事市場經濟活動的歷史源遠流長，經商文化博大精深，在漫長的行銷歷史中逐漸培育出中國經營者們「秘而不宣」的經營謀略。中國的古典名著《史記‧貨殖列傳》《漢書》等記載，在中國古代歷史上曾經出現過許多成功的商人，他們在實踐中累積了一套成功的經商辦法，如春秋戰國時期的範蠡以及商祖白圭，早已總結了至今膾炙人口的「旱則資舟，水則資車」「知鬥則修備，時用則知物」及「論其有餘不足，則知貴賤」等理論，而範蠡的經商十八法，更是被企業經營者們奉為經商的寶典。

❖ **行銷視野**

《陶朱公經商十八法》

（1）生意要勤快，切勿懶惰，懶惰則百事廢。
（2）接納要謙和，切勿暴躁，暴躁則交易少。
（3）價格要訂明，切勿含糊，含糊則爭執多。
（4）帳目要稽查，切勿懈怠，懈怠則資本滯。
（5）貨物要整理，切勿散漫，散漫則查點難。
（6）出納要謹慎，切勿大意，大意則錯漏多。
（7）臨事要盡責，切勿放任，放任則受害大。
（8）用度要節儉，切勿奢侈，奢侈則錢財竭。
（9）買賣要隨時，切勿拖延，拖延則機會失。

---

① 鄺鴻. 現代市場行銷大全［M］. 北京：經濟管理出版社，1990：923.

(10) 賒欠要識人，切勿濫出，濫出則血本虧。
(11) 優劣要分清，切勿混淆，混淆則耗用大。
(12) 用人要方正，切勿歪斜，歪斜則托付難。
(13) 貨物要面驗，切勿濫入，濫入則質價低。
(14) 錢帳要清楚，切勿糊涂，糊涂則弊竇生。
(15) 主心要鎮定，切勿妄作，妄作則誤事多。
(16) 工作要細心，切勿粗糙，粗糙則出劣品。
(17) 說話要規矩，切勿浮躁，浮躁則失事多。
(18) 期限要約定，切勿延遲，延遲則信用失。

「市場」起源於古時人類對於固定時段或地點進行交易的場所的稱呼。《易系辭下》中記載的「日中為市，致天下之民，聚天下之貨，交易而退，各得其所」，就是對在一定時間和地點進行商品交易的市場的描述。現在，在日常生活中，人們也習慣將市場看作商品交換的地點，如商場、超市、批發市場等。

經濟學家認為，市場是商品交換關係的總和。他們認為市場是指商品和勞務從生產領域向消費領域轉移過程中所發生的一切交換和職能的總和，是各種錯綜複雜交換關係的總體。它包括供給和需求兩個相互聯繫、相互制約的方面，是兩者的統一體。

管理學家認為，市場是一種交換及其運行規律。在他們看來，市場是供需雙方在共同認可的條件下所進行的商品或勞務的交換活動。

行銷學家則認為，市場是指某種商品的現實購買者和潛在購買者需求的總和。一般而言，他們往往把賣方的集合看成行業，把買方的集合看作市場。

綜合不同的研究者的觀點，我們認為：市場是商品經濟中生產者和消費者之間為實現產品或服務的價值，所進行的滿足需要的交換關係、交換條件和交換過程的統稱。

❖ **行銷情境**

假如你有一個水杯，成本是 1 元，應該怎麼賣，能夠賣多少錢？

啟示：杯子外面的世界永遠大於杯子裡面的世界。賣什麼，如何賣，怎樣賣才能取得理想的結果，這些就是市場行銷學所要研究的內容。

(二) 市場三要素

從行銷的角度來看市場，市場包含三個主要因素，即人口、購買力和購買欲望。用公式表示就是：

市場＝人口＋購買力＋購買欲望

這三個要素互相制約，缺一不可。只有當這三個因素一個不少地有機結合時，才能使觀念上的市場變成現實的市場。

市場的發展本質上是一個由消費者（買方）決定，而由生產者（賣方）推動的動態過程。它們之間的關係如圖 1-1 所示。賣方向市場提供產品和服務，並將相關信息傳遞給買方。買方收集相關市場信息，並用貨幣及商譽換回產品或服務。一般來說，在組成市場的雙方中，買方需求是決定性的。

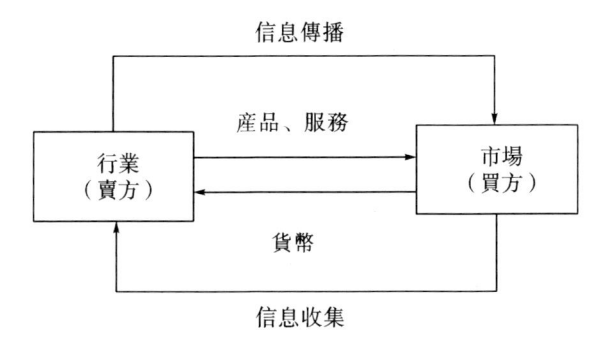

```
                    信息傳播
        ┌─────────────────────────┐
        │      產品、服務          │
   ┌────┴───┐    ───────→    ┌────┴───┐
   │  行業   │                 │  市場   │
   │ （賣方）│                 │ （買方）│
   └────┬───┘    ←───────    └────┬───┘
        │         貨幣             │
        └─────────────────────────┘
                    信息收集
```

圖 1-1　簡單的市場行銷系統

現代經濟中有市場這個概念。市場體系是由各類基本市場，如資源市場、製造商市場、中間商市場、政府市場、消費者市場等組成的相互連接的複雜體系。

隨著市場經濟的發展和社會交往的網路虛擬化，市場不一定是真實的場所和地點。當今許多買賣都是通過計算機網路來實現的。因此，市場涉及兩個概念：市場地點和市場空間。市場地點（market place）是一個物理概念，如超市、商店等；而市場空間（market space）是一個數字概念，如網上購物。事實上，網上購物的數量每年都在不斷增長。

❖ 行銷案例

從 0 到 3 萬億，淘寶 13 年時光漫步

借著阿里巴巴 2016 財年零售電商交易額（GMV）突破 3 萬億元，回顧一下從 2003 年到現在，淘寶走過的時光。2003 年淘寶網剛成立時，全年交易額僅為 2,271 萬元，到 2015 年為 3 萬億元（現在公布的 3 萬億元具體是指 2015 年 4 月 1 日—2016 年 3 月 31 日，近似看成 2015 年的交易額）。如圖 1-2 所示。

淘宝历年交易额（2003-2015）
微信公众号：别让运营不开心 整理

年度	交易額（亿元）
2003	0.227 1
2004	10
2005	80
2006	169
2007	433
2008	999.6
2009	2083
2010	4 000
2011	6 321
2012	10 007
2013	15 420
2014	24 440
2015	30 000

天猫历年双十一交易额（2009-2015）
微信公众号 别让运营不开心 整理

时间	交易额（亿元）
2009	0.5
2010	9.36
2011	33.6
2012	191
2013	352
2014	571
2015	912

圖 1-2　淘寶歷年交易額

（資料來源：王海洋. 從 0 到 3 萬億，淘寶 13 年時光漫步［EB/OL］. https://www.zhihu.com/question/41625037/answer/91774063.）

二、市場行銷的定義

國外學者對市場行銷下過上百種定義，企業界的理解更是各有千秋。美國學者基恩·凱洛斯曾將各種市場行銷定義分為三類：一是將市場行銷看作一種為消費者服務的理論；二是強調市場行銷是對社會現象的一種認識；三是認為市場行銷是通過銷售渠道把生產企業同市場聯繫起來的過程。這從一個側面反應了市場行銷的複雜性。

本教材採用著名行銷學家菲利普·科特勒教授的定義：市場行銷是個人和群體通過創造並同他人交換產品和價值以滿足需求和欲望的一種社會和管理過程。從這個定義中，可以歸納出市場行銷概念的三個要點：

（1）市場行銷的最終目標是「滿足需求和欲望」。

（2）市場行銷的核心是「交換」。交換過程是一個主動、積極地尋找機會，滿足雙方需求和欲望的社會過程和管理過程。

（3）交換過程能否順利進行，取決於企業創造的產品和價值滿足顧客需求的程度和交換過程的管理水平。

❖ 行銷情境

一天，臨近下班時，一位先生走進了唐邦專賣店（麻將機），他本來想買雀友的（性能好，價格太貴）……

問題：如果你是店長，你將如何接待這名客戶，完成產品的交換？

三、市場行銷的相關概念

（一）需要、欲望和需求

（1）需要（needs）。市場行銷學中最基本的概念就是需要。市場行銷學中所講的需要是指人類的需要。人類需要是指個人感到沒有得到某些滿足的狀態，是人類與生俱來的。

（2）欲望（wants）。欲望是指對滿足上述基本需要的物品的祈求，是個人受不同文化及社會環境影響表現出來的對基本需要的特定追求。

❖ 行銷情境一

1. 美國人在饑餓時，會選擇什麼食物？

2. 中國人在饑餓時，會選擇什麼食物？

啟示：市場行銷者不可能創造需要，因為需要優先於行銷者而存在。但行銷者可以影響欲望，並通過創造、開發及銷售特定的產品和服務來滿足欲望。

（3）需求（demands）。需求是指人們有能力並願意購買某種產品的欲望。當一個人有能力且願意購買他所期望的產品時，欲望就變成了需求。需求實際上是對某種特定產品及服務的市場需求。

❖ **行銷情境二**

例如，在工作與生活中人們需要汽車，很多人想要寶馬汽車，他們一定會買寶馬汽車嗎？

總的來說，要想準確地瞭解顧客的需要和欲望，並不是一件簡單的事情。一方面，顧客的需要是在變化的；另一方面，有些顧客並不知道自己真正需要什麼。當顧客自己說需要更寬敞的居室、高檔的化妝品或一次短期旅行時，他們到底是什麼意思，行銷者必須深入研究。

❖ **行銷情境三**

一名顧客走進 4S 店說「我想買一輛便宜點的車」，那麼他（她）真實的需要是什麼？

啟示：如果行銷人員只對消費者明確表述的需要做出了反應，可能會誤導消費者。事實上，大多數消費者都不知道自己到底需要什麼樣的產品。當手機產品剛剛投放到市場上的時候，消費者對手機的瞭解相對較少。此時，手機廠商竭力使消費者瞭解自己的產品，並對其產品和品牌形成一定的感知。那麼，簡單地向顧客提供其想要的東西已經遠遠不夠了，企業應該幫助顧客學習，使他們認識到自己真正需要什麼。優秀的公司總是通過各種恰當的方式深入地瞭解顧客的需要、欲望和需求，並據此制定自己的行銷策略。

將需要、欲望、需求加以區分，其重要意義就在於闡述這樣一個事實，即市場行銷者並不能創造需要，需要早就存在於市場行銷活動出現之前；市場行銷者連同社會上的其他因素，只能影響消費者的欲望，並試圖向消費者指出何種特定的產品可以滿足其特定需要，進而通過使產品富有吸引力、匹配消費者的支付能力且使之容易被消費者得到，來影響需求。

❖ **行銷情境四**

（1）雀巢（Nestle）公司為什麼會發明口味純正、方便食用的速溶咖啡？

(2) 宜家（IKEA）為什麼會創造可拆卸與組裝的家具產品？

(二) 產品（product）

市場行銷學中所講的產品，一般是指廣義的產品。廣義的產品是指能夠滿足人們的某種需要和欲望的任何東西。

在行銷學中，產品指能夠滿足人們的需要或欲望的任何事物。產品既可能是有形的實體，也可能是無形的服務，甚至一個想法、一項活動都可稱為產品。產品的形式並不重要，關鍵是它必須具備滿足顧客的需要和欲望的能力。人們購買轎車不是為了得到四個輪胎和一部車身，而是要得到它所提供的交通服務。

實際上，行銷界的人們涉及十種概念：商品（goods）、服務（service）、體驗（experience）、事件（events）、人物（person）、地點（places）、財產權（properties）、組織（organizations）、信息（information）、觀念（ideas）。

❖ 行銷案例

《婚禮傲客》是前些年一部票房很高的美國喜劇片。製片方在對電影進行宣傳時，在官方網站上提供了很多婚禮劇照，並提供技術讓人們可以將自己的照片貼上來，使自己能出現在《婚禮傲客》的婚禮中。結果有至少 300 萬人主動參與設計婚禮劇照，而且紛紛將自己改造後的劇照發給朋友。這一創意至少吸引了千萬人。

❖ 行銷視野

在工廠裡，我們製造化妝品；在商店裡，我們出售希望。

——露華濃（Revlon）公司

我們不生產水。我們只是大自然的搬運工。

——農夫山泉

用培養孩子的觀念養育奶牛。

——伊利牛奶

(三) 效用、費用和滿足

市場需求是通過產品來滿足的。事實上，能夠滿足某種需要的產品很多，人們要從中進行選擇。選擇的標準是產品的價值和效用。產品的價值是一個理論上的概念，在實際中，消費者最為關心的是產品的效用。效用是指產品滿足人們需要的能力，在消費者心目中，一種產品越接近其理想的產品，其效用就越大，一種產品比另一種產品提供的效用越多，其價值也就越高。產品的價值和效用直接關係到消費者的選擇。因此，這兩個概念對於行銷管理來說是十分重要的。

在可能滿足某一需要的一組產品中，消費者將如何進行選擇呢？

❖ 行銷情境

如果你家離公司有三千米的路程，你可以用以下措施滿足交通需求：步行、自行車、摩托車、汽車、出租車和公共汽車。

問題：
（1）你準備選擇哪種方式？
（2）你需要滿足哪些目標？

上述每一種措施都具有不同效用和可以滿足消費者的不同目標。消費者必須設法決定最滿意的產品。因此，他將全面衡量產品的費用和效用，選擇能帶來最大效用的產品。

❖ 行銷案例

在南方的一個小鎮，有一位年輕的米店主，名叫華明。他是該鎮 10 位米商之一，他總是待在店內等候顧客，所以生意並不大好。

一天，華明認識到他應該更多地為該鎮居民著想，瞭解他們的需求和期望，而不是簡單地為那些到店裡來的顧客提供大米。他認為應該為居民提供更多的有價值的服務，而不能僅僅提供和其他米商一模一樣的服務。他決定對顧客的飲食習慣以及購買週期建立檔案，並且開始為顧客送貨。

首先，華明開始在該城鎮到處走，並且敲開每一位顧客的家門，詢問家裡有多少口人，每天需要煮多少碗米，家裡的米缸有多大等。之後，他決定為每個家庭提供免費的送貨服務，並且每隔固定時間自動為每個家庭的米缸補滿。

例如，某四口之家，平均每人每天大概需要 2 碗米，這個家庭每天需要 8 碗米。從他的記錄裡，華明可以知道該家庭的米缸能裝 60 碗米或者說接近一袋米。

通過建立這些記錄以及提供全新的服務，華明首先成功地贏得老年顧客的信賴，進而與更多的其他居民建立起更為廣泛、深入的關係。他的業務逐漸擴大，並且需要雇傭更多的員工，其中一個人負責接待到商店櫃臺來買米的顧客，另兩個人負責送貨。華明通過花時間拜訪居民，處理好與供應商及其所熟識的居民之間的關係，生意日益興隆。

（四）交換、交易和關係

人們有需要和欲望，以及能夠對產品做出價值判斷的事實，對定義市場行銷是必要的但並非充分的。當人們決定以某種我們稱為交換的方式來滿足需要或欲望時，就存在行銷了。

❖ 行銷情境

一個餓漢可以通過哪幾種方式獲得他所需要的產品？

（1）交換是指通過提供某種東西作回報，從別人那裡取得所需物品的行為。交換是市場行銷的核心概念。它是一個過程，而不是一個事件。必須滿足五個條件：

第一，至少要有買賣雙方；

第二，每一方都有被對方認為有價值的東西；

第三，每一方都能溝通信息和傳送貨物；

第四，每一方都可以自由接受或拒絕對方產品；

第五，每一方都認為與另一方進行交易是適當的或稱心如意的。

具備了上述條件，就有可能發生交換行為。最終是否產生交換還要取決於雙方能否找到交換條件，只有雙方都認為自己在交換以後會得到更大利益，交換才會真正產生。

(2) 交易是交換的基本組成單位，是交換雙方之間的價值交換。交換是一種過程。在這個過程中，如果雙方達成一項協議，我們就視為發生了交易。

(3) 關係行銷（relationship marketing）。交易是關係行銷的一個組成部分。關係行銷的目的在於贏得或保持與本企業的重要夥伴之間的長期偏好與業務。與顧客建立長期合作關係是關係行銷的核心內容。

❖ 行銷視野

激進行銷的十條原則

The 10 rules of radical marketing

1. The CEO must own the marketing function. （首席執行官必須掌握行銷功能）

2. Make sure the marketing department starts small and flat and stay small and flat. （必須保證行銷部門扁平化和人數少，並持之以恒）

3. Get out of the office and face-to-face with the people that matter most the customers. （走出辦公室去與那些和顧客直接相關的人面對面地接觸）

4. Use market research cautiously. （認真仔細地利用市場調查）

5. Hire only passionate missionaries. （只雇用熱情的「傳道士」）

6. Love and respect your customers. （熱愛和尊重你的顧客）

7. Create a community of customers. （創造一個消費者社區）

8. Rethink the marketing mix. （重新思考行銷組合）

9. Celebrate uncommon sense. （尊重公眾感覺）

10. Be true to the brand. （相信品牌）

（資料來源：唯利. 激進行銷的十條原則 [EB/OL]. https://tieba.baidu.com/p/144295602.）

總之，要深入地研究市場行銷，就必須先分析其相關概念，包括了需要、欲望和需求；產品；效用、費用和滿足；交換、交易和關係等。如圖1-3所示。

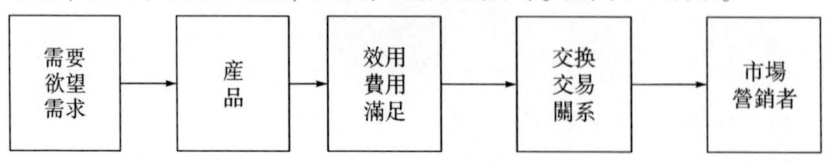

需要欲望需求 → 產品 → 效用費用滿足 → 交換交易關係 → 市場營銷者

圖1-3 市場行銷的核心概念

四、市場行銷與企業職能

　　管理大師彼得・德魯克指出：「企業的職能只有兩個：創新和行銷。」其中，「行銷是企業與眾不同的、獨一無二的職能」。企業的其他職能，如生產、財務、採購、技術、人力資源等，只有在實現市場行銷職能的情況下，才會有意義。因此，市場行銷不僅是立足於顧客需求的滿足，而且還應促使企業將行銷觀念灌輸給每一個部門。

　　在現實中，許多企業儘管對市場行銷及其方法頗為重視，但並未真正把它作為企業核心職能進行全面貫徹。有些企業管理人員甚至認為，市場行銷就等於銷售。事實上，銷售只是市場行銷的一部分，儘管企業也需要做銷售工作，但市場行銷的目標是要減少推銷工作，甚至使推銷行為變得多餘。企業市場行銷的功能以瞭解消費者需求為起點，通過市場行銷指導企業開拓市場、生產產品，以滿足消費者的需求為終點，如圖 1-4 所示。

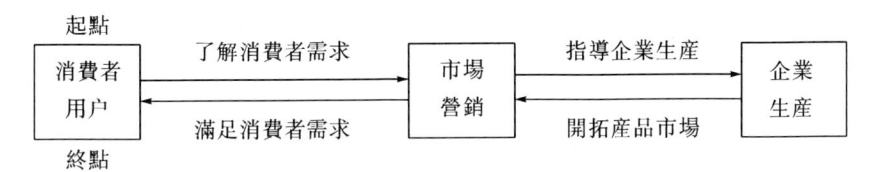

圖 1-4　企業市場行銷的功能

❖ 行銷視野

　　讓銷售變得多餘——行銷大師科特勒談行銷

第二節　市場行銷學

一、市場行銷學的產生與發展

　　「行銷學」一詞譯自英文「Marketing」，是 20 世紀初起源於美國的一門新興學科。它是在資本主義向壟斷階段過渡時產生的。市場行銷學的發展，一般可分為初創、應用、形成與發展三個時期。

（一）初創期（19 世紀末—20 世紀 20 年代）

　　1902—1903 年，美國密歇根大學、加利福尼亞大學和伊利諾伊大學正式設置市

行銷學課程。哈佛大學的赫杰特齊教授於 1912 年出版了第一本以《市場行銷學》命名的教科書。那時市場行銷學的內容僅限於銷售和廣告方面。現代市場行銷學的原理和市場行銷概念尚未形成。

（二）應用期（20 世紀 20 年代—二戰結束）

1915 年美國全國廣告協會成立，1926 年改組為全美市場行銷學和廣告學教師協會，1931 年又成立專門講授和研究市場行銷學的美國市場營運社，1937 年上述兩個組織合併。

（三）形成與發展期（20 世紀 50 年代至今）

從 20 世紀 50 年代至今，是現代市場行銷學的形成和發展時期，市場行銷學的理論和概念發生了重大變革，如表 1-1 所示。

表 1-1　　　　　　　　　　　　市場行銷學新概念

年代	新概念	提出者
20 世紀 50 年代	市場行銷組合（1950 年）	尼爾·鮑頓
	產品生命週期（1950 年）	齊爾·迪安
	品牌形象（1955 年）	西德尼·萊維
	市場細分（1956 年）	溫德爾·史密斯
	市場行銷觀念（1957 年）	約翰·麥克金特里克
	行銷審計（1959 年）	艾貝·肖克曼
20 世紀 60 年代	「4P」組合（1960 年）	杰羅姆·麥卡錫
	行銷近視症（1960 年）	西奧多·萊維特
	生活方式（1963 年）	威廉·萊澤
	買方行為理論（1967 年）	約翰·霍華德；杰克遜·西斯
	擴大行銷概念（1969 年）	西德尼·萊維；菲利普·科特勒
20 世紀 70 年代	社會行銷（1971 年）	杰拉爾德·澤爾曼；菲利普·科特勒
	低行銷（1971 年）	西德尼·萊維；菲利普·科特勒
	定位（1972 年）	阿爾·賴斯
	戰略行銷（早期）	波士頓諮詢公司
	服務行銷（1977 年）	林恩·休斯塔克
20 世紀 80 年代	行銷戰（1981 年）	雷維·辛格
	內部行銷（1981 年）	克里斯琴·格羅路斯
	全球行銷（1983 年）	西奧多·萊維特
	關係行銷（1985 年）	巴巴拉·本德·杰克
	大市場行銷（1986 年）	菲利普·科特勒

表1-1（續）

年代	新概念	提出者
20世紀90年代	4C行銷（1990年）	羅伯特勞·特伯恩
	整合行銷傳播（1993年）	唐·E. 舒爾茨 史丹利·田納本 羅伯特·勞特伯恩
	4R行銷	唐·E. 舒爾茨
	差異化行銷	葛斯·哈伯
	綠色行銷	肯·畢提

（資料來源：菲利普·科特勒. 市場行銷思想的新領域［M］. 轉引自：鄺鴻. 現代市場行銷大全［M］. 北京：經濟管理出版社，1990：921-924.）

在上述所有概念中，1960年美國密歇根州立大學麥卡錫教授提出的「4P」組合理論是市場行銷學較為完整的行銷策略理論。麥卡錫教授把各種影響銷售的因素歸結為4大類：產品（Product）、價格（Price）、渠道（Place）和促銷（Promotion），即當今稱之為「4P」。這就為市場行銷學提出了較為完整的行銷策略理論。這一理論認為，如果一個行銷組合中包括合適的產品、合適的價格、合適的分銷策略和合適的促銷策略，那麼這將是一個成功的行銷組合。

在國際市場行銷理論中，除了運用一般的行銷戰略和行銷策略外，還要加上如下兩個「P」：第一個「P」是權力（Power），第二個「P」是公共關係（Public Relation）。權力是一個「推」的策略，公共關係是一個「拉」的策略，輿論需要較長時間的努力才能起作用，然而一旦輿論的力量加強了，它就能幫助企業占領市場。

二、市場行銷學的基本內容

作為一門應用性的經營管理學科，市場行銷學在其發展過程中，將經濟學、管理學、社會學、心理學等多門學科的相關理論融入其中，形成了自己的理論體系。市場行銷學主要研究企業如何確定市場需求，使提供的商品或勞務滿足和誘發消費者需求，其研究對象是以滿足消費者需求為中心的企業行銷活動過程及其規律，具有綜合性、實踐性和應用性的特點。

市場行銷學從微觀（企業）開始，逐步形成了微觀和宏觀兩個分支。微觀市場行銷主要研究企業市場行銷活動及其規律；宏觀市場行銷主要研究整個社會的經濟活動及其規律。

當代市場行銷的主流仍然是微觀市場行銷學。為了適應企業產品經營與銷售業務的需要，本書的構架是結合企業行銷決策與管理的程序而形成的，共包括行銷概述、行銷環境分析、行銷戰略設計、行銷策略制定、行銷領域創新五個模塊。如圖1-5所示。

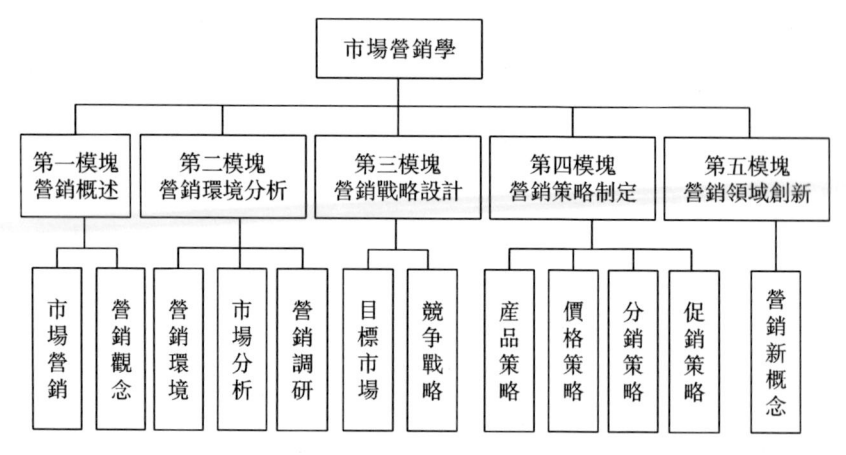

圖 1-5　市場行銷學構架

❖ 本章小結

（1）市場是商品經濟中生產者和消費者之間為實現產品或服務的價值，所進行的滿足需要的交換關係、交換條件和交換過程的統稱。從行銷的角度來看市場，市場包含三個主要因素，即人口、購買力和購買欲望。

（2）市場行銷是個人和群體通過創造並同他人交換產品和價值以滿足需求和欲望的一種社會和管理過程。市場行銷的最終目標是「滿足需求和欲望」，市場行銷的核心是「交換」。交換過程能否順利進行，取決於企業創造的產品和價值滿足顧客需求的程度和交換過程的管理水平。

（3）市場行銷是企業的核心職能。要深入地研究市場行銷，就必須先分析其相關概念，包括了需要、欲望和需求；產品；效用、費用和滿足；交換、交易和關係等。

（4）市場行銷學在 20 世紀初起源於美國。市場行銷學的發展，一般可分為初創、應用、形成與發展三個時期。作為一門應用性的經營管理學科，市場行銷學在其發展過程中，將經濟學、管理學、社會學、心理學等多門學科的相關理論融入其中，形成了自己的理論體系。

❖ 趣味閱讀

古城的玩家

在西南邊陲有一座古城，城裡有一戶古玩世家，姓曹。曹家有個世代相傳的規矩：每當主事的老爺子告老「退休」時，他就會選擇一個中秋節舉辦賽寶大會，請西南三省的古玩商人聚會，讓兒子們將最得意的藏品擺出來，誰的寶貝最有價值誰就能繼承曹家的老招牌。

這一年，曹家的老爺子要「退休」了，他要在兩個兒子當中選擇接班人。轉眼中秋節到了，西南三省有頭有臉的古玩界前輩全都齊聚在曹家的大廳裡。一聲鼓響，賽

寶會開始。

　　大兒子雪道得意地把紅綢一掀，眾人眼前「刷」地一亮：托盤裡裝的是一尊由整塊金絲楠木雕琢而成的觀音坐像，她面帶微笑，衣袂飛揚，觀之頓生寧靜、平和之心。江湖上有傳聞，說這是慈禧老佛爺的寶貝。

　　這時候，弟弟雪德漫不經心地打開箱子，箱內放著折疊起來的一張紙，因年代久遠，這紙已經泛黃了。「這是下新街397號的房契。」原來，雪德買了周麻子的一套老房子。

　　曹老爺子平靜地問小兒子：「你倒是說說，究竟是什麼寶？」雪德上前一步，望著父親回答道：「就是周家的一段院牆。」

　　曹老爺子沉默了好久，才拍了拍太師椅的扶手，斷然說道：「老二，曹家的招牌是你的了！」

　　在場的眾人一片嘩然。曹老爺子開口說道：「老大，記得你周伯伯家的那段院牆嗎？那可不是普通的牆呀，那是歷史，那是古城人的魂。幾百年來，古城的錚錚男兒，父老鄉親，為了保衛家園，灑下了多少熱血。清朝初始，官府要將這段明城牆全部拆毀，周家祖上在一位鄉紳的幫助下，暗中傍著一段城牆修了周家大院，那段城牆就因為是周家的後院牆，才得以保存下來。後來，周家十幾代人一直恪守祖訓守著老屋，為的就是要守住這段牆呀！」

　　三年後，上新街397號掛上了一個新匾額：古城歷史博物館。在這個古城最吸引人的旅遊景點裡，有曹雪德這些年收集的和古城有關的典籍、印鑒、銅器、瓷器、陶器、木器，還有那段明代的城牆……

　　[資料來源：何曉.古城的玩家［J］.故事會，2007（13）.]

❖ 課後練習

一、單選題

1. 市場行銷的核心是（　　）。
   A. 銷售　　　　　　　　　　B. 滿足需求和欲望
   C. 交換　　　　　　　　　　D. 促銷
2. 市場行銷者，連同社會上的其他因素，只是影響了人們的（　　）。
   A. 需求　　　　　　　　　　B. 需要
   C. 欲望　　　　　　　　　　D. 收入
3. 從行銷理論的角度而言，企業市場行銷的最終目標是（　　）。
   A. 滿足消費者的需求和欲望　　B. 獲取利潤
   C. 求得生存和發展　　　　　　D. 把商品推銷給消費者
4. （　　）是消費者對產品滿足其需要的整體能力的評價。
   A. 滿意　　　　　　　　　　B. 服務
   C. 效用　　　　　　　　　　D. 費用
5. 在行銷中，買賣雙方在交換的過程中達成一項協議，我們就稱之為（　　）。

A. 市場　　　　　　　　　　　B. 交換
　　C. 交易　　　　　　　　　　　D. 關係
6. 作為一門應用性的經營管理學科，市場行銷學起源於（　　）。
　　A. 中國　　　　　　　　　　　B. 美國
　　C. 法國　　　　　　　　　　　D. 英國

二、多選題

1. 市場包含三個主要因素，即（　　）。
　　A. 人口　　　　　　　　　　　B. 購買力
　　C. 購買欲望　　　　　　　　　D. 產品
2. 廣義的產品包括了（　　）。
　　A. 產品　　　　　　　　　　　B. 服務
　　C. 地點　　　　　　　　　　　D. 觀念
　　E. 體驗
3. 1960 年，杰瑞·麥卡錫將市場行銷組合概括為四個基本變量。在市場行銷學中通常稱之為 4P 的變量是指（　　）。
　　A. 產品　　　　　　　　　　　B. 包裝
　　C. 價格　　　　　　　　　　　D. 促銷
　　E. 地點
4. 以下說法中，對市場行銷描述正確的是（　　）。
　　A. 市場行銷等於銷售
　　B. 市場行銷的目標是要減少推銷工作
　　C. 企業最顯著最獨特的功能是市場行銷
　　D. 行銷等於推銷
　　E. 行銷觀念應貫徹於企業的每一個部門

三、簡答題

1. 市場的三要素？
2. 從管理學角度來講，市場行銷的要點包括哪三方面？
3. 市場行銷與企業職能的關係？

四、案例分析題

達瑞的故事

　　達瑞出生於美國的一個中產階級家庭。父母對他生活上要求很嚴，平時很少給他零花錢。達瑞 8 歲的時候，有一天他想去看電影。因為沒有錢，他面臨一個基本的問題：是向爸媽要錢還是自己掙錢。最後他選擇了後者。他自己調制了一種汽水，把它放在街邊，向過路的行人出售。可那時正是寒冷的冬天，沒有人前來購買，只有兩個

人例外——他的爸爸和媽媽。

　　他偶然得到了和一個非常成功的商人談話的機會。當他對商人講述了自己的「破產史」後，商人給了他兩個重要的建議：嘗試為別人解決一個難題，那麼你就能賺到許多錢；把精力集中在你知道的、你會的和你擁有的東西上。

　　這兩個建議是關鍵。因為對於一個8歲的男孩而言，他不會做的事情還有很多。於是他穿過大街小巷，不停地思考人們會有什麼難題，他又如何利用這個機會，為他們解決難題。

　　這其實很不容易。好點子似乎都躲起來了，他什麼辦法都想不出來。但是有一天，父親無意中給他指出了一條正路。吃早飯時，他讓達瑞取報紙。這裡必須補充一點，美國的送報員總是把報紙從花園籬笆的一個特制的管子裡塞進來。假如你想穿著睡衣舒舒服服地吃早飯和看報的話，就必須離開溫暖的房間，冒著寒風到房子的入口處去取，不管天氣如何都是如此。雖然有時候只需要走二三十米的路，但也是件非常麻煩的事情。

　　達瑞給父親取報紙的時候，一個主意便誕生了。當天他就挨個按響鄰居的門鈴，對他們說，每個月只需付給他1美元，他就每天早上把報紙塞到他們的房門底下。大多數人都同意了，達瑞有了70多個顧客。當他在一個月後賺到了自己的第一桶金的時候，他覺得簡直是飛上了天。

　　高興的同時他並沒有滿足於現狀，他還在尋找新的機會。成功了一次之後，他很快就找到了其他的機會。他讓他的顧客每天把垃圾袋放在門前，然後由他早上運到垃圾桶裡，每個月加1美元。他餵寵物、看房子、給植物澆水。但是他從來不以小時計費，因為用其他方法計費掙的錢更多。

　　9歲時，他學習使用父親的電腦。他學著寫廣告，而且他開始把孩子能夠掙錢的方法寫下來。因為他不斷有新的主意，所以很快就有了豐厚的積蓄。他母親幫他記帳，好讓他知道什麼時候該向誰收錢。

　　他也雇孩子們幫他的忙，然後把收入的一半付給他們。如此一來，錢如潮水般地湧進了他的錢包。

　　一個出版商注意到了他，並說服他為此寫了一本書，書名為《兒童掙錢的250個主意》。因此，達瑞12歲的時候就已經成為一名暢銷書作家。

　　後來電視臺「發現」了他，邀請他參加許多的兒童談話類節目。人們發現，他在電視上表現得非常自然，受到許多觀眾的喜愛。15歲的時候他有了自己的談話節目。現在，他通過做電視節目以及廣告收入掙的錢真是多得讓人難以置信。

　　達瑞17歲的時候已經擁有了幾百萬美元。

　　討論：達瑞是如何發現市場商機並進行市場行銷的？

❖ 行銷技能實訓

實訓項目：認識市場行銷

【實訓目標】

1. 引導學生樹立正確的市場行銷觀念，激發學生的學習興趣。

2. 培養學生團隊合作精神和資料收集能力。

3. 鍛煉學生的溝通能力和社會活動能力。

【實訓內容與要求】

1. 將學生劃分成若干組，以小組為單位深入學校周邊企業，調查瞭解企業市場行銷的基本情況，包括：a. 企業性質。b. 經營產品的類型。c. 生產規模。d. 企業的發展歷史及各階段的經營理念。e. 企業行銷組織的職責及人員分工等。

2. 撰寫考察報告，並分析：a. 所調查企業各階段經營理念及特點。b. 現階段企業經營理念是否符合市場經濟發展的要求。c. 企業行銷組織在企業中的地位和作用。

3. 以小組為單位宣講考察報告，並進行評價。

第二章　市場行銷管理哲學

> 現今，每個人都在談論著創意，坦白講，我害怕我們會借創意之名犯下一切過失。
> ——比爾·伯恩巴克

> 什麼是最糟糕的行銷？行銷本質上是一種理念，它對於理解、服務和滿足客戶需要的重要性堅定不移。行銷的大敵是「賺了就跑」的銷售思維，其目標就是不惜一切代價把產品賣出去，而不是創建長期的客戶。誘餌調包的手法、誇張性廣告、欺騙性定價等做法都歪曲了大眾和企業對行銷的理解。
> ——菲利浦·科特勒

❖ **學習目標**

知識目標
(1) 掌握需求管理的本質。
(2) 瞭解科特勒八種需求及行銷任務。
(3) 理解市場行銷管理哲學的演進過程。

技能目標
(1) 具備認識市場行銷八種需求及其行銷任務的能力。
(2) 具備通過行銷案例分析企業行銷觀念的能力。
(3) 具備運用市場行銷觀念指導企業進行市場行銷活動的能力。

❖ **走進行銷**

道德行銷：基業長青的關鍵

倫敦奧運會金牌爭奪如火如荼，但羽毛球賽場女雙「消極比賽」事件持續發酵，焦點落在道德爭議：為了長遠的勝利而故意輸掉眼前的比賽，這種做法能否被接受？

當事件的討論擴大到商業範疇，《企業不敗》一書的作者柯林斯和波拉斯鮮明地指出，單純將企業目標定義在「最大限度地增加股東財富」或「牟取最大利潤」只會得不償失，唯有執行「道德型行銷戰略」才能使公司在追求理想的同時又獲得最大利潤。

戰略還是罪惡？

消極比賽從而為奪取更大勝利創造有利條件，這是長期以來困擾足球等大型體育賽事的一種誘惑。然而，當體壇對「戰略還是罪惡」的討論仍硝煙彌漫之際，商界對於企業發展與道德間的權衡似乎早已了然於心。

兩百多年前，亞當·斯密提出「經濟人」的觀點之際，便在其著作《道德情操

論》中指出「市場經濟就是道德經濟」，因而作為「經濟人」的企業追逐利潤、講求回報自是無可厚非，但其行為得遵循最起碼的社會道德。

在中國歷史上，如「童叟無欺」「黃金有價、店譽無價」「誠招天下客，信獲萬人心」等俗語數不勝數。正所謂「人，無德不立；企業，無德不獲」，商業道德之所以被引入繁華喧囂的商業世界，由隱性存在發揮顯性作用，不無道理。

而知名企業基業長青的關鍵在於，商業道德常常被擺在首位。比如索尼公司一直堅持「體驗發展最優的產品和服務，貢獻人類社會」的理念，聯想集團的「服務社會文明進步，使人們的生活和工作更加豐富多彩」口號，無不揭示其重要性。

道德行銷戰略

當下，商戰如同武俠高手的巔峰對決，細節決定成敗，而商業道德更被視為競爭中「一劍封喉」的利器。美國學者大衛·凱琴在對數百家企業進行調查後，提出名為「道德型行銷戰略」的行銷手段，稱其起到融洽內外部關係、激勵員工、培育企業家的作用。

所謂道德行銷戰略，是指企業在行銷活動中，處處遵循較高的道德標準，並把道德作為自己的價值傳遞給消費者。消費心理學指出，時代的發展使得消費者的需求層次也在發生變化。如今，消費者的需求不僅僅是過往的重「質」和「量」，還需要「情感」，因而消費者在消費時既希望有個性、有品位，又希望能迎合潮流趨勢。

西方諺語「人如其食」，用在商業社會便是「物顯品性」。有道德的消費者用道德產品，這是新生代消費者的普遍共識。難怪希德瑪芝設計的「我不是個塑料包」手袋能引起一時轟動，像屋頂上發電的渦輪和車庫裡的混合動力汽車等產品大賣也是這個道理。針對加拿大消費者的一項問卷調查指出，當產品本身附加有「道德信息」時，其對消費者產生的影響為「無道德信息」產品的兩倍。

利他與利己的博弈

然而，在實際運用時，許多企業經營者過分強調產品的道德效應，仿佛商業道德僅僅只是戰略管理過程中的一個工具，以至於「一招出錯，滿盤皆輸」。比如眼下許多企業在行銷之際，太著眼於產品銷售量與慈善捐獻的關係，卻渾然不知只有標語沒有結果的慈善行銷只會令消費者反感。其實，柯林斯和波拉斯早已警示：人們向來不會為商業道德的華麗辭藻和縹緲的操守買單！

因而，在企業的經營過程中，不要過分地依賴或過分地吹噓企業的商業道德行為，這樣非但無助於企業利潤目標的達成，還會損害到企業經營基礎和發展前景，因為誠信基礎已被破壞殆盡。

諾貝爾經濟學獎得主弗里德曼曾言，不讀《國富論》，不知道怎樣才叫「利己」；讀了《道德情操論》才知曉，「利他」才是問心無愧的「利己」。同樣的，企業發展，在「利他」與「利己」之間，須謹記商業道德並非輿論噱頭，戰略制定也不單是利潤排頭。

因此，懂得道德與戰略的終結博弈，才能掌握全局從而戰無不勝。

（資料來源：曾君蔚. 道德行銷：基業長青關鍵 [N]. 佛山日報，2012-08-06.）

第一節　市場行銷管理的本質

一、市場行銷管理

市場行銷管理是指企業為實現其目標，創造、建立並保持與目標市場之間的互利交換關係而進行的分析、計劃、執行與控製過程。

市場行銷管理的本質是需求管理。企業在開展市場行銷的過程中，一般要設定一個在目標市場上預期要實現的交易水平。然而，在現實生活中，實際需求水平可能低於、等於或高於這個預期的需求水平。企業市場行銷管理的任務會隨目標市場的不同需求狀況而有所不同。

科特勒根據市場的情況，提出了八種需求及其相應的行銷任務：

1. 轉變市場行銷：負需求→正需求

負需求是指市場上絕大多數消費者對產品不喜歡的一種需求狀況。在這種需求狀況下，市場行銷管理的任務是轉變市場行銷，即分析市場上消費者為什麼不喜歡該產品，並採取適當的行銷措施，如重新設計新產品或完善老產品、改變價格、加大促銷力度等，改變消費者對該產品的態度或信念，變負需求為正需求。

2. 激發市場行銷：無需求→有需求

無需求是指消費者對某種產品毫無興趣或漠不關心的一種需求狀況。形成這種狀況的原因通常有三個：消費者認為無價值的廢舊物資；消費者認為其有價值，但在特定的目標市場卻無價值，如沙漠地區對遊泳衣、救生圈的需求；新產品或消費者不熟悉的產品，消費者不瞭解或買不到，所以無需求。針對無需求的狀況，市場行銷管理的任務是激發市場行銷，即採取各種行銷措施，激發消費者的興趣和欲望，創造新的需求。

3. 開發市場行銷：潛在需求→現實需求

潛在需求是指相當一部分消費者對某種產品或服務有強烈的需求，而現有產品或服務又無法使之滿足的需求狀況。針對潛在市場需求狀況，市場行銷管理的任務是開發市場行銷，即企業通過市場調查研究及預測工作，開發出滿足消費者潛在需求的新產品，使潛在需求轉變為現實需求。

4. 重振市場行銷：下降需求→上升需求

下降需求是指某種產品或服務的需求呈下降趨勢的狀況。針對下降需求，市場行銷的任務是重振市場行銷，即企業採取適當的市場行銷措施，改變引起下降的因素，如完善產品性能、改變廣告宣傳內容、銷往新的目標市場、開發新的銷售渠道等，使下降趨勢得以抑制，變下降需求為上升需求。

5. 協調市場行銷：不規則需求→有規則需求

不規則需求是指有些產品或服務的需求在一年的不同季節、不同月份，或者在一周的不同時間，甚至在一天的不同時點波動很大，有時多，有時少，呈不規則的狀況。

針對不規則的需求狀況，市場行銷管理的任務是協調市場行銷，即通過各種措施均衡需求。例如，採取需求差別定價策略，在需求少時降低價格，鼓勵消費者在淡季消費；在需求多時提高價格，限制消費。變不規則需求為均衡、規則需求。

6. 維持市場行銷：充分需求→持續充分

充分需求是指某種產品或服務需求的時間和水平正好等於預期需求的時間和水平的狀況。這是一種理想的需求狀況。針對這種需求狀況，市場行銷管理的任務是維持市場行銷，即企業採取措施維持目前的需求水平。例如，保持產品的質量、廣告頻率及次數等，努力降低產品行銷成本。

7. 限制市場行銷：過度需求→適度需求

過度需求是指某種產品或服務的現實需求水平超過了企業或組織所能提供或願意提供的水平。針對該種需求狀況，市場行銷管理的任務是減少市場行銷，即企業採取各種行銷措施，暫時或永久地減少需求。例如，提高價格、減少促銷等，使需求水平降低到正常水平。

8. 反市場行銷：有害需求→無需求或負需求

有害需求是指市場對某種有害產品或服務的需求。例如菸、酒、毒品等。針對這種需求，市場行銷管理的任務是反市場行銷，即企業採取措施勸導消費者放棄某種需求，或停止供應有害的產品或服務。例如勸消費者戒菸、戒酒等，以法律形式禁止供應毒品等。

❖ 行銷案例

俄羅斯將對系列「有害食品」徵收消費稅

人民網莫斯科 2 月 5 日電（記者 華迪）據俄新網報導，俄羅斯政府決定對系列「有害食品」，如薯片、含汽飲料、棕櫚油、糖或者含高脂肪和高糖分的食品以及電子菸等徵收消費稅。

消息稱，俄羅斯將首先計劃對棕櫚油實施消費稅。預計自 7 月 1 日起實施，每噸徵收 200 美金稅費。另有消息稱，稅費將為總額的 30%。

對「有害食品」額外徵稅的主要原因是「這樣可以從經濟手段上限制人們對不太有益於身體健康的食品的需求」。

據悉，1 月 18 日，俄羅斯總理德米特里‧梅德韋杰夫在總結會議上表示要擴大該「有害食品」清單。

（資料來源：華迪. 俄羅斯將對系列「有害食品」徵收消費稅［N］. 2016-02-05.）

❖ 行銷視野

海爾的市場行銷理念：
(1) 只有淡季思想，沒有淡季市場；只有疲軟的思想，沒有疲軟的市場。
(2) 緊盯市場創美譽。
(3) 絕不對市場說「不」。

（4）用戶的抱怨是最好的禮物。

（5）以變制變，變中求變。

海爾集團總裁張瑞敏曾講：「促銷只是一種手段，但行銷是一種真正的戰略。」行銷意味著企業要「先開市場，後開工廠」。

第二節　市場行銷管理哲學的演進

對我來說，行銷學講的是價值觀。

———喬布斯

市場行銷管理哲學，也被稱為市場行銷管理觀念。它是指企業在一定的條件下，進行全部市場行銷活動，正確處理企業、顧客和社會三者利益方面的指導思想和行為的根本準則。企業的市場行銷活動是在特定的經營觀念指導下進行的。一定的市場行銷環境要求一定的思想觀念與之相適應。如果市場行銷觀念符合客觀形勢，行銷人員就會做出正確的行銷決策；相反，則會導致行銷決策的失誤，甚至使企業破產。

隨著時代的變遷，市場行銷管理觀念也在不斷發展變化，大致經歷了生產觀念、產品觀念、推銷（銷售）觀念、市場行銷觀念和社會行銷觀念五個階段。這種變化的基本軌跡是由企業利益導向，轉變為顧客利益導向，再發展到社會利益導向。圖2-1顯示了西方企業在處理企業、顧客、社會三者利益關係方面，行銷觀念的變化趨勢。

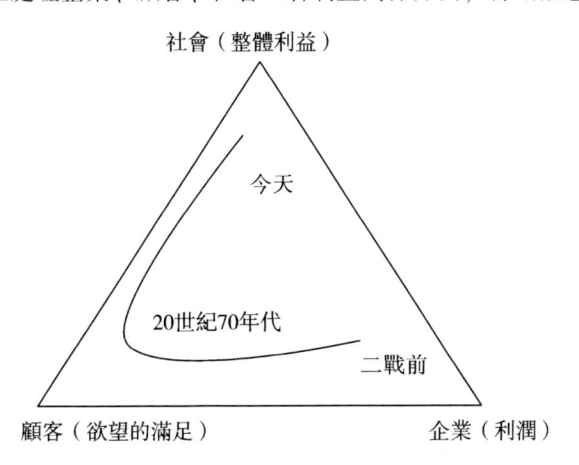

圖2-1　企業行銷觀念的變化趨勢

❖ 行銷視野

中國行銷界十大爭議人物

他們不一定是叱咤風雲的，但一定是勇於創新的；他們不一定是高大全的，但一定是善於鑽研的；他們不一定是目光如炬的，但一定是眼光超前的。總之，他們出手犀利，或章法和諧，或標新立異，或善於乘勢而上；他們和其行銷舉止無不深深影響著中國行銷業界的生態變化，並引領著整個行業往前爬坡。

牟其中：機會主義的成功不可複製

王遂舟：忘記企業的根本目的

張朝陽：品牌娛樂化先鋒

何陽：行銷人的價值發現

胡志標：行銷草莽時代的終結

王峻濤：蘋果其實早熟了

宋朝弟：行銷「浮誇風」的標本

陸強華：行銷經理人的角色拷問

俞堯昌：嘴大就是硬道理

孫宏斌：潛規則挑戰者

（資料來源：小媚．中國行銷界十大爭議人物 [EB/OL]．http：//business. sohu. com/s2004/yxrenwu. shtml.）

一、以企業為中心的觀念

以企業為中心的市場行銷觀念，是以企業利益為根本取向和最高目標來處理行銷問題的觀念。

（一）生產觀念

不管顧客需要什麼顏色的汽車，我只有黑色的。

——亨利·福特

生產觀念（production concept）盛行於 19 世紀末 20 世紀初，是一種最古老的行銷觀念。生產觀念認為，消費者總是喜歡那些可以隨處買得到而且價格低廉的產品，企業應當集中精力提高生產效率和擴大分銷範圍，增加產量，降低成本。它是一種重生產、輕行銷的商業哲學，其典型表現就是「我們生產什麼，就賣什麼」。以生產觀念指導行銷活動的企業，稱為生產導向企業。

當時，資本主義國家處於工業化初期，市場需求旺盛，企業只要提高產量、降低成本，便可獲得豐厚利潤。因此，企業的中心問題是擴大生產價廉物美的產品，而不必過多關注市場需求差異。在這種情況下，生產觀念為眾多企業所接受。

❖ **行銷案例**

美國福特汽車公司的 T 型車

1914 年，美國福特公司開始生產 T 型車。在「生產導向」經營哲學的指導下，福特公司致力於使 T 型車生產效率不斷提高，通過降低成本，使更多人買得起。到 1921 年，福特 T 型車在美國汽車市場上的佔有率達到 56%。但隨著生產的發展、供求形勢的變化，這種觀念必然使企業陷入困境。之後不久，福特汽車公司陷入困境，幾乎破產。

(二) 產品觀念

嶄新而令人激動的時髦產品是絕對短缺的。

——戴維・格拉斯

產品觀念（product concept）產生於市場產品供不應求的「賣方市場」形勢下。產品觀念認為，消費者喜歡高質量、多功能和具有某些特色的產品。因此，企業管理的中心是致力於生產優質產品，並不斷精益求精，日臻完善。在這種觀念的指導下，公司經理人常常迷戀自己的產品，以至於沒有意識到產品可能並不迎合時尚，甚至市場正朝著不同的方向發展。因此，公司可能會陷入困境甚至破產。

❖ **行銷案例**

一只珍稀的藍水鬼

最近勞力士相關主題的拍賣會一連兩場，備受矚目的佳士得勞力士主題拍賣會也落幕了。本拍賣會的焦點肯定是落在這款白金打造的藍水鬼上。這只稀有的藍水鬼作為後來的 Ref. 1680 的原型，最終以 62 萬美元的成交價成功落槌，同時榮登拍賣史上最貴的勞力士 Submariner。如圖 2-2 所示。

圖 2-2　藍水鬼

佳士得日內瓦拍賣會勞力士主題專場圓滿落幕，會上最受矚目的肯定就是這只白金藍水鬼，62 萬美元的成交價比預期價格高了 25%。

新鮮出爐的最貴水鬼於20世紀70年代打造，據悉全世界僅有三只，其中兩款是藍色面盤，另一款為黑色。而本次拍賣會上我們所看見的則是藍色面盤版本。即使已過了數十年，它面盤的藍色雖稍有褪色，但仍舊十分有光澤，面盤上搭配以18K黃金打造的時標與刻度。再細看這只水鬼，我們可以發現它的表圈十分特殊，兩側分別有著齒輪狀的痕跡，也就是所謂的三角坑紋。必須得說，這可是讓這只藍水鬼有了更加獨特的標誌性特色。值得一提的還有，這只藍水鬼也是勞力士第一個使用貴金屬和日期視窗的水鬼型號，所以拍賣會當天它能成為焦點也就不難解釋了，況且它最終的成交價也比預期價格高了25%！

這只白金藍水鬼作為日後白金版 Ref. 1680 的原型，也是系列第一款使用貴金屬與日期視窗的版本，確實十分珍稀、有價值。

（資料來源：佚名. 絕對珍稀！史上最貴水鬼就是它［EB/OL］.［2017-05-18］. http://fashion.sohu.com/20170518/n493547830.shtml.）

（三）推銷觀念

推銷的要點不是推銷商品，而是推銷自己。

——喬·吉拉德

推銷觀念（selling concept），又被稱為銷售觀念。它產生於資本主義經濟由「賣方市場」向「買方市場」過渡的階段，盛行於20世紀三四十年代。推銷觀念認為，企業管理的中心任務是積極推銷和大力促銷，以誘導消費者購買產品。其具體表現是：「我賣什麼，就設法讓人們買什麼」。他們致力於產品的推廣和廣告活動，以求說服甚至強制消費者購買。如圖2-3所示。

推銷觀念在現代市場經濟條件下被大量用於推銷那些非渴求物品，即購買者一般不會想到要去購買的產品或服務。許多企業在產品過剩時，也常常奉行推銷觀念。與前兩種觀念一樣，推銷觀念也是建立在以企業為中心，「以產定銷」，而不是滿足消費者真正需要的基礎上的。

圖2-3　推銷觀念

❖ 行銷案例

美國皮爾斯堡面粉公司的改變

美國皮爾斯堡面粉公司於 1869 年成立。從成立到 20 世紀 20 年代以前，這家公司提出「本公司旨在製造面粉」的口號。因為在那個年代，人們的消費水平很低，面粉公司不需要大量宣傳，只要保持面粉質量，降低成本與售價，銷量就會大增，利潤也會增加，而不必研究市場需求特點和推銷方法。

1930 年左右，美國皮爾斯堡面粉公司發現，競爭加劇，銷量開始下降。公司為扭轉這一局面，第一次在公司內部成立市場調研部，並選派大量推銷員，擴大銷售，同時把口號變為「本公司旨在推銷面粉」。美國皮爾斯堡公司開始注意推銷技巧，並進行大量廣告宣傳，甚至開始硬性兜售。

然而隨著人們生活水平的提高，各種強力推銷未能滿足顧客變化的新需求，這迫使面粉公司從滿足顧客心理實際需求的角度對市場進行分析研究。1950 年前後，公司根據二戰後美國人的生活需要，開始生產和推銷各種成品和半成品的食物，使銷量迅速上升。1958 年後，公司著眼於長期占領市場，著重研究今後 3～30 年的市場消費趨勢，不斷設計和製造新產品，培訓新的推銷人員。

二、以消費者為中心的觀念

聖人無常心，以百姓之心為心。

——《道德經》

以消費者為中心的觀念，又稱市場行銷觀念（marketing concept）。這種觀念認為，企業的一切計劃與策略應以消費者為中心，正確確定目標市場的需要與欲望，並且比競爭者更有效地滿足目標市場的需要和欲望。其具體表現是：「消費者需要什麼，就生產什麼，供應什麼。」

市場行銷觀念形成於 20 世紀 50 年代。隨著第三次科學技術革命的興起，西方各國企業更加重視研究和開發，產品技術不斷創新，許多產品供過於求，市場競爭進一步激化。在這種形勢下，企業必須改變以往單純以賣方為中心的思想觀念，並不斷調整自己的行銷策略，以滿足目標顧客的需要及其變動。在這種觀念的影響下，很多企業提出了「顧客是上帝」的口號。

❖ 行銷情境

美國通用汽車客戶服務部接到一位客戶的抱怨信：我開著一輛通用龐蒂克去買冰淇淋，每當買的冰淇淋是香草口味時，從店裡出來時車子就開不動，但如果買的是其他口味的冰淇淋時，車子就發動得很順利。這簡直有些難以置信，總經理對這事心存懷疑。

問題：如果你是這位總經理，你將如何處理？

❖ 行銷案例

以「民」為本，共創價值

　　作為一部主旋律電視劇，《人民的名義》十分意外地做到了「老少通吃」。年長一輩對此類電視劇的喜愛不難理解，難能可貴的是不少「90後」，甚至「00後」的年輕群體也成了該劇的鐵桿粉絲。其原因在於，該劇成功地構建出年輕人熟悉的情景模式。反腐是嚴肅的政治題材，編劇卻能把其中嚴肅的主流價值觀用契合年輕人的方式進行包裝並表達出來。侯亮平、陸亦可、林華華這些年輕的檢察官身上，表現出的是一種輕鬆活潑、具有朝氣的話語方式和情感表達方式。同時，受眾對電視劇傳播的接受方式也呈現出一種新的狀態。對於這部嚴肅的政治題材作品，年輕觀眾一反聆聽教誨、被動接受的姿態。相反，他們用「表情包」「網路段子」等個性化的表達方式來進行解構，對傳播內容進行二次創作，催生出了令人意想不到的活力。這些內容在網路平臺上被大量轉發，營造出一種無所不在的行銷勢頭。這種現象可以用現代行銷學的「服務主導邏輯」理論來解釋。該理論主張在現代服務業領域，顧客不僅是行銷的對象，還應是行銷的參與者。換言之，顧客不再是高高在上的「上帝」，而是一同創造價值的「同事」。這是新時代背景下「以『民』為本」的新內涵，《人民的名義》充分理解並利用了這一點。

❖ 行銷視野

2016行銷觀念突變元年——新生代正走向市場中心

　　對中國經營者來說，2016年最需要的是思考與洞察，因為行銷環境正在發生巨大變化，特別是主流消費群正從「95後」過渡到「00後」，他們的特點應引起我們的重視。從消費者行為學角度來說，不論是「95後」還是「00後」，不能簡單地說他們是另一代人，而應該說他們是另一類人。他們生長在互聯網時代。在生活和消費等方面，「95後」「00後」更在意網路群體或社群的意見與觀點。通過互聯網和移動互聯網形成的超越時空的虛擬「小群體或社群」，在某種意義上講比現實的消費者細分來得更為聚焦和精準。在當今數字生活空間，若你不重視網上主流消費人群特點就意味著不能真正瞭解目標消費者的需求，品牌行銷策略的效果可想而知。

　　如果你不想被今天的「95後」「00後」遺棄的話，對於大多數企業來說，現在已經到了不得不進行品牌重塑的時候了，因為移動互聯網下的「95後」正在重新定義品牌價值與意義。你看為什麼微信、海豚瀏覽器、美圖秀秀等這些產品讓年輕人趨之若鶩，而新浪微博、人人網這些原來風靡一時的品牌卻失去了原有的魅力。同樣的，為什麼蘋果已經成了這群人的首選智能機，而聯想、三星等則不被提及，為什麼耐克、阿迪達斯一直都能引領風尚，而「李寧，為了『90後』」卻被這一群體包括「90後」等所鄙視。

　　時間就是這麼快，當中國行銷人還在執迷於「90到95後」之時，「00後」已經高

調登場，正在成為市場行銷話題中心。「00後」作為出生在21世紀的新人類，與「80後」「90後」「95後」不同，他們是伴隨著移動互聯網的發展成長起來的一代。數字時代的革命性變化，使得「00後」有著更為鮮明的行為形態與開闊視野，未來移動互聯網的增量主要來自「00後」。但是這群時代的新生力量，有著非常明確的價值信條——「你不懂我，我不怪你」。而對於行銷人而言，我們必須認清事實，以便更全面地洞察和瞭解「00後」，並與這批不可忽視的用戶群體更好地溝通，才可能在未來的行銷中取得成功。

（資料來源：丁家永. 2016行銷觀念突變元年——新生代正走向市場中心［EB/OL］.［2016-02-13］. http：//www. emkt. com. cn/article/641/64127. html.）

三、以社會長遠利益為中心的觀念

小勝靠智，大勝靠德。

——《世說新語》

以社會長遠利益為中心的觀念，又稱為社會行銷觀念（societal marketing concept）或全方位行銷觀念。社會行銷觀念認為，市場行銷者在制定市場行銷政策時，要統籌兼顧三方面的利益，即企業利潤、消費者需要的滿足和社會利益。

從20世紀70年代起，隨著全球環境破壞、資源短缺、人口爆炸、通貨膨脹和忽視社會服務等問題日益嚴重，要求企業顧及消費者整體與長遠利益即社會利益的呼聲越來越高。社會行銷觀念應運而生。社會市場行銷觀念是對市場行銷觀念的修改和補充。因為市場行銷觀念在滿足消費者需要、贏得企業利潤的同時，卻忽視了對長期社會利益的關注，所以社會市場行銷觀念提出要統籌兼顧三方面的利益。

❖行銷案例

巔峰對話：新形勢下合資企業如何做行銷？

在新形勢下合資企業如何做行銷？2017年5月6日，第九屆中國汽車藍皮書論壇上，東風本田執行副總經理陳斌波、北京梅賽德斯-奔馳銷售服務有限公司高級執行副總裁李宏鵬和一汽-大眾奧迪銷售事業部執行副總經理荊青春共同討論了這個既新又老的永恆話題。商業趨勢觀察家肖明超主持本場討論。如圖2-4所示。

圖2-4　第九屆中國汽車藍皮書論壇

其一，新行銷時代最大的挑戰。

肖明超：上午大家討論的是怎麼樣讓車更聽話，我們做行銷是希望讓消費者更「聽話」，但實際上消費者沒那麼聽話。

現在消費者也有「四化」：

碎片化——現在媒體渠道非常多，為行銷帶來很大挑戰，整合行銷是挺痛苦的事情。我們想CCTV能搞定就好了，但發現這個時代已經結束了；

個性化——對很多消費者來說，汽車過去是身分、符號、地位的象徵，但今天越來越生活化，成為自我的表達。現在有20多家新造車公司，一家造出來4款車，可以多出來80多款車型，希望我們可以看到個性化的需求；

年輕化——現在「90後」「95後」都是含著金湯匙長大，他們對產品、服務的要求真是很苛刻，甚至很「變態」；

數字化——移動互聯時代的用戶感性化消費也很奇怪，很多汽車品牌做行銷，發現消費者進4S店之後買了超過他心理預期五六萬的車。

在這種行銷環境變革發生之後，你們感覺到現在行銷最具挑戰性的事情是什麼？

陳斌波：我經常說一句話，行銷人是跳高的人。在未來選擇不明確的情況下，行銷人不僅僅要考慮今天模式，也要考慮未來模式。消費者發生重大變化，我們如何更年輕？在這麼一個碎片化的時代，突出方式到底是什麼呢？現在我們仍然在探討過程中，做了互動中心、利用互聯網的很多嘗試，但這個方式是不是最有效的方式，我們還在實驗之中。可能一兩年明確之後，我們會有更好的做法。

其二，企業社會責任與行銷。

肖明超：最後再談談企業社會責任。過去我們更多談公益本身，現在公益成為品牌建設的一部分。大家如何理解公益在品牌建設當中的價值？以及什麼樣的公益讓消費者對汽車品牌更有黏性？

陳斌波：任何一個企業都是這個社會中的一分子，都應該做出自己的貢獻，堅持自己基本的底線、原則。第一，做公益要有持之以恒的信心；第二，不要為炒作、渴求回報而做。東風本田有很多這樣的活動，如駕駛訓練營等。車廠做車，宣傳交通安全、遵守交通法規，是理所當然的責任。還有植樹造林。你要去做，你要盡到社會或者公民應該做的事情，真正體現做企業的責任。

荊青春：對奧迪而言，企業社會責任是品牌的一個支持、一個靈魂，包括企業內部進行戰略層面的定位、思考。從汽車行業本身來講，整個社會發展、環境保護等都跟我們汽車行業日常的經營、可持續發展息息相關。對於奧迪行銷體系而言，整個社會責任是我們行銷不可分割的組成部分。從行銷體系出發，我們做了很多社會責任的事情，比如，一汽-大眾奧迪愛佑上海寶貝之家，累計救助了1,000多個兒童，為他們提供了嶄新的人生；再如我們支持青年足球教育，還有兒童冰球運動，做了一些嘗試。

李宏鵬：兩年前參加汽車商業評論組織的一個關於公益、企業社會責任的活動中，我們也探討了這個話題，什麼是企業社會責任、什麼是公益活動、什麼是慈善。慈善是我有實力，用實力捐助沒有實力的人；企業社會責任是不會考慮資金、錢、物質有多少，即便我什麼都沒有，也可以向別人伸出我的手，不是有錢才可以擔負企業社會

責任。

　　真正的企業社會責任是在一個領域長期做下去。企業社會責任不求商業回報，但是作為一個品牌肯定會得到回報。任何企業都可以做企業社會責任的相關活動，但是你要持之以恆地做下去，哪怕圍繞一個領域去做，也可以得到很好的回報，對企業、品牌的影響會很大。

　　企業的市場行銷活動是在特定的經營觀念指導下進行的，一定的市場行銷環境要求一定的思想觀念與之相適應。市場行銷觀念的正確與否，關係到企業行銷的成敗和企業的興衰。近百年來，隨著生產發展、科技進步和市場環境的變化，產生了產品觀念、推銷觀念、市場行銷觀念、社會行銷觀念、綠色行銷觀念、大市場行銷觀念、整合行銷觀念等行銷觀念。除傳統的行銷觀念以外，其他行銷觀念需要我們結合市場行銷實際情況綜合運用。

❖ **行銷視野**

飛向藍天的新起點（視頻）

❖ **本章小結**

　　（1）市場行銷管理是指企業為實現其目標，創造、建立並保持與目標市場之間的互利交換關係而進行的分析、計劃、執行與控製過程。市場行銷管理的本質是需求管理。企業市場行銷管理的任務會隨目標市場的不同需求狀況而有所不同。

　　（2）市場行銷觀念是指企業在一定時期、一定生產經營技術和市場環境條件下，進行全部市場行銷活動，正確處理企業、顧客和社會三者利益關係的指導思想和行為的根本準則。

　　（3）隨著生產發展、科技進步和市場環境的變化，市場行銷觀念經歷了生產觀念、產品觀念、推銷觀念、市場行銷觀念、社會行銷觀念等階段。這些行銷觀念需要我們結合市場行銷實際情況綜合運用。

❖ **趣味閱讀**

晏子與齊王

　　晏子是春秋時有名的人物。他來到齊國時，齊國國王挽留晏子幫助他治理國家。晏子被派到齊國的東阿，做了市長。三年以後，晏子結束了第一個任期，來拜見齊王。齊王很不高興地說：我對先生很器重，但是先生辜負了我，您的政績很不好。晏子沒

有解釋，只是懇求齊王再給他三年的時間。

又過三年，晏子拜見齊王，齊王非常高興，大大地稱讚了晏子的政績。晏子說：在我的第一個任期時，很好地對待百姓，如果當地的豪強膽敢欺壓百姓，我就毫不留情地把他們抓起來。我從來也不收受商人的賄賂，讓他們自由自在地公平交易。因為我兩袖清風，所以也就不能用禮物和錢財來討好我的上級。您的左右請求我辦事時，如果對的我就做，如果不對我就拒絕。三年裡，百姓家境殷實，盜亂不生。但是當地的豪強巨商、我的上司和您的左右都對我很不滿意。所以，您一定是從他們那裡聽到了很多對我不利的話。三年以前，我重新上任以後，開始搜刮百姓，用小稱借給他們種子，交稅時卻用大稱。商人之間發生衝突時，誰給我的錢多，我就支持誰。每逢我的上級和您的左右的喜事和節日的時候，我把搜刮的錢財送去，而且比別人的都要多一倍。您的左右托我做的事，我不論是非，一律照辦。所以，您現在聽到的都是我的好評。

❖ **課後練習**

一、單選題

1. 市場行銷管理的實質是（　　）。
　　A. 刺激需求　　　　　　　　　B. 需求管理
　　C. 生產管理　　　　　　　　　D. 銷售管理

2. 三鹿事件後，中國媽媽對國產奶粉缺乏信任，從而導致海外代購、海淘等電子商務活動的興起。按需求的狀況分類，中國媽媽的需求屬於哪一種，相應的行銷管理的首要任務是什麼？（　　）
　　A. 負需求，靈活定價　　　　　B. 負需求，改變行銷
　　C. 下降需求，刺激行銷　　　　D. 下降需求，改變行銷

3. 在潛在需求的情況下，市場行銷管理的任務是（　　）。
　　A. 設法將產品的利益與人的需求和興趣聯繫起來
　　B. 開發有效的商品和服務來滿足需求
　　C. 維持市場行銷
　　D. 設法暫時或永久降低市場需求水平

4. 許多冰箱生產廠家近年來高舉「環保」「健康」旗幟，紛紛推出無氟冰箱。它們所奉行的市場行銷管理哲學是（　　）。
　　A. 推銷觀念　　　　　　　　　B. 生產觀念
　　C. 市場行銷觀念　　　　　　　D. 社會行銷觀念

5. 某家具生產企業宣稱其生產的辦公櫃從10層樓上扔下來都不會摔壞。該企業所奉行的行銷管理哲學是（　　）。
　　A. 推銷導向　　　　　　　　　B. 產品導向
　　C. 生產導向　　　　　　　　　D. 市場行銷導向

6. 最容易導致企業出現行銷近視症的是（　　）

A. 推銷觀念　　　　　　　　B. 產品觀念
C. 生產觀念　　　　　　　　D. 市場行銷觀念

7. 從古至今許多經營者奉行「酒香不怕巷子深」的經商之道，這種市場行銷管理哲學屬於（　　）
A. 推銷觀念　　　　　　　　B. 產品觀念
C. 生產觀念　　　　　　　　D. 市場行銷觀念

二、多選題

1. 以企業為中心的市場行銷管理哲學包括（　　）。
A. 產品導向　　　　　　　　B. 生產導向
C. 顧客導向　　　　　　　　D. 推銷導向
E. 社會行銷導向

2. 下列說法中，體現了市場行銷觀念的是（　　）
A. 酒香不怕巷子深　　　　　B. 以產定銷
C. 顧客是上帝　　　　　　　D. 以銷定產
E. 製造能夠銷售出去的產品

3. 隨著社會經濟的不斷發展，「以生產者為導向」的傳統行銷觀念已經逐步被「以市場需要、社會需求為導向」的現代市場行銷觀念所取代，而現代市場行銷觀念仍在深化和發展中，新觀念不斷出現，具體表現在（　　）。
A. 循環經濟觀念　　　　　　B. 明智消費觀念
C. 服務行銷觀念　　　　　　D. 產品觀念
E. 推銷觀念

三、簡答題

1. 市場行銷的需求類型及相應的行銷任務是什麼？
2. 什麼是市場行銷觀念？
3. 社會行銷觀念與市場行銷觀念的區別有哪些？

四、案例分析題

別硬著頭皮烤「炊餅」

　　天目山的霧，怪得很，一年到頭，綿綿不絕。尤其是春夏，霧濃得化不開，似乎要把這裡的一切全浸透。霧，孕育出了上好的茶葉。十多年前，我在江蘇工作時，辦公室一位深諳茶道的老同志告訴我，這裡的綠茶，單從製作工藝來說，獨步天下，不僅茶葉完整，且形態劃一。上品的綠茶，1萬枚中茶葉不完整者絕不會超出5枚。每當新茶下來，用沸水沖泡前，這位仁兄總忘不了把杯子朝我跟前舉：「嘖嘖，你瞧，這形狀！」確實，這裡出產的「雀舌」「旗槍」「鳳頭」等品牌的茶葉，近些年在國內外的茶葉博覽會上出盡了風頭。

原以為，有了大自然這份厚愛，山民們會因茶而致富。誰知去年到溧陽採訪，問起茶葉銷售情況，當地一位幹部連連搖頭：「現在種茶的太多，而咱這兒的茶，製作工藝講究，成本比人家高，所以……」「那麼，為什麼不簡化一下製作工藝呢？」「那怎麼行呢！咱這兒的茶，講的就是這個茶味！」

當地外貿部門的一位朋友講，他們曾設想把茶葉銷往海外。外商對茶葉的質量和價格都沒有提出意見，但對茶葉完整成形這點，很不以為然。咱們呢，醉心於「狀似鳳頭戲碧波」，他那裡卻為殘茶如何處理發愁，要求把茶葉加工成碎末狀的「方便茶」。還有些國家的商人，乾脆求購濾去茶葉的茶水罐頭——人家這樣認為：生活節奏這麼快，哪有閒暇把盞品茗！若照你們的喝法，會已開完，客已宴畢，茶葉的頭湯還未泡好呢！

類似上述墨守成規而失掉商機的事兒，非止一例。

中國地大物博，不少地方都有自己的傳統產品。不過，我們應該明白，有了傳統產品，並非就擁有了市場。隨著時代的變遷，人們的消費觀念也在不斷發生變化。今天你喜歡吃「武大郎炊餅」，也許明天你喜歡吃「雞腿漢堡」呢！因此，產品要走向市場，因循守舊不行！不符合市場需求的傳統，該改的，必須改。如果大家都喜歡吃「雞腿漢堡」，你卻硬著頭皮烤「炊餅」，那沒辦法，只好眼睜著大把大把的鈔票流走！

（資料來源：吳伯天. 全維行銷 [M]. 廣州：廣東經濟出版社，2003.）

問題：

1. 企業的行銷觀念有哪幾種？並闡述每一種觀念在什麼條件下具有存在的合理性？

2. 案例中的企業行銷觀念涉及哪種或哪幾種？並對案例中這些企業的行銷觀念進行評價。

❖行銷技能實訓

實訓項目：觀念的創新

【實訓目標】

1. 引導學生樹立正確的市場行銷觀念，激發學生的學習興趣。
2. 培養學生的創新意識和創新能力。

【實訓內容與要求】

1. 將學生劃分成若干組，以小組為單位，根據自己現有的生活環境，發掘5個商機。

2. 選其中的一個最可行的商機，嘗試一下，並將嘗試結果寫下來，在班裡宣講，讓大家共享。

第二模塊
行銷環境分析

第三章　市場行銷環境

成功的公司能認識環境中尚未滿足的需要和趨勢並能做出反應以盈利。
——菲利普・科特勒（Philip Kotler）

故兵無常勢，水無常形。能因敵變化而取勝者，謂之神。
——《孫子兵法》

❖ **教學目標**

知識目標
（1）掌握市場行銷環境的含義和特徵。
（2）瞭解行銷活動與行銷環境的關係。
（3）瞭解微觀環境和宏觀環境的構成要素。
（4）掌握運用市場行銷環境分析的工具。

技能目標
（1）具備運用所學實務知識規範「市場環境分析」的相關技能活動的能力。
（2）具備運用所學行銷環境分析工具分析相關案例的能力。

❖ **走進行銷**

麥當勞向洋葱認輸

麥當勞是世界上最大的快餐連鎖店。2009年10月31日午夜，麥當勞在冰島結束這一天營業的同時，也結束了在冰島長達16年的營業史，全面退出了冰島市場，甚至沒有表示會有重新開張的一天。

麥當勞總部對此發表聲明說，在冰島開展業務是一項非常大的挑戰。與此同時，麥當勞在冰島的總經銷商歐曼德森卻表示，麥當勞在冰島的生意一直十分興隆：「每到就餐時間，洶湧的人潮是任何一個地方都沒有的。」

既然生意這樣好，那又是什麼原因使麥當勞選擇了退出呢？誰也想不到的是，讓麥當勞認輸的，竟然不是同行競爭，而是冰島的洋葱。

在冰島這個位於大西洋中的島國，農業不發達，大部分農作物都來自德國，包括麥當勞許多食物裡必不可少的原料——洋葱！然而，麥當勞於1993年決定在冰島開設分店時，並沒有對此做過仔細的調查，麥當勞總部想當然地認為，洋葱是一種隨處可見的便宜蔬菜。到開張之後才發現，冰島的洋葱簡直貴得出奇，購進一個普通大小的洋葱，需要賣掉十幾個巨無霸漢堡才夠本！

既然開張了，麥當勞只能選擇堅持。長期以來，麥當勞在冰島的生意雖然看上去紅火，但利潤實在是薄之又薄。冰島的麥當勞特許營運商奧格蒙德森用一句話描述了這十幾年來的經營狀況：「我一直在不斷虧錢！」

此次的金融風暴使冰島克朗大幅貶值，歐元逐漸走強，加之進口食品稅率提高，導致成本上升，更加大了麥當勞的經營難度。在冰島首都雷克雅未克，一個巨無霸的售價為 650 冰島克朗，但如果要獲得哪怕是必需的利潤，就必須讓價格上漲到 780 冰島克朗。如果是這個價格，那麼，麥當勞就根本不會成為人們的選擇！而購買一個普通的洋蔥，按歐曼德森的話來說：「要花掉購買一瓶上等威士忌的錢。」

因為洋蔥的高價，麥當勞這個幾乎所向披靡的全球快餐巨無霸，在冰島低下頭認了輸！有人說這是由冰島不產洋蔥導致的，也有人說這是金融危機造成的。這些觀點不能說全錯了，但最為根本的原因，是麥當勞在決定開拓冰島這片市場的時候，忽略了一個細節：冰島的洋蔥從哪兒來？正是因為忽略了這個細節，最終導致麥當勞在冰島的失敗。這也印證了一句老話：細節決定成敗。

（資料來源：陳之雜. 麥當勞向洋蔥認輸［J］. 讀者，2013（3）.）

思考：
1. 麥當勞進入冰島時忽視了哪種行銷環境因素？
2. 餐飲企業進入新市場應重點考慮哪些行銷環境因素？

市場行銷環境是指影響企業市場行銷活動的各種行銷力量。根據行銷環境對企業行銷活動產生影響的方式與程度的區別，可以將行銷環境分為宏觀環境和微觀環境。微觀環境受宏觀環境大背景的制約，宏觀環境借助微觀環境發揮作用。不同的行銷環境，既可能給企業帶來機會，也可能給企業帶來威脅。分析行銷環境的目的在於把握環境狀況及變化趨勢、及時發現市場機會和威脅，為企業制定行銷策略，利用市場機會以及迴避市場風險提供依據。

第一節　市場行銷環境的定義與特點

環境是相對於某一事物來說的，是指圍繞著某一事物並對該事物會產生某些影響的所有外界事物。美國著名市場行銷專家菲利普・科特勒認為：企業的行銷環境是由企業行銷管理職能外部的因素和力量組成的，這些因素和力量影響了行銷管理者成功地保持和發展同其目標市場顧客交換的能力。簡單地說，市場行銷環境是企業的生存空間，是存在於企業行銷系統外部的不可控制或難以控制的因素，是行銷活動的基礎與條件。

一、行銷環境的定義

菲利普・科特勒指出：「市場行銷環境就是影響公司的市場和行銷活動的不可控製的參與者和影響力」。即市場行銷環境，是指影響和制約企業行銷活動的各種外部因素的總和。鑒於企業市場行銷環境的內容廣泛而複雜，各國學者對行銷環境的層次持不同看法。根據市場行銷環境和企業行銷活動的密切程度，一般把市場行銷環境劃分為

宏觀行銷環境和微觀行銷環境，如圖 3-1 所示。

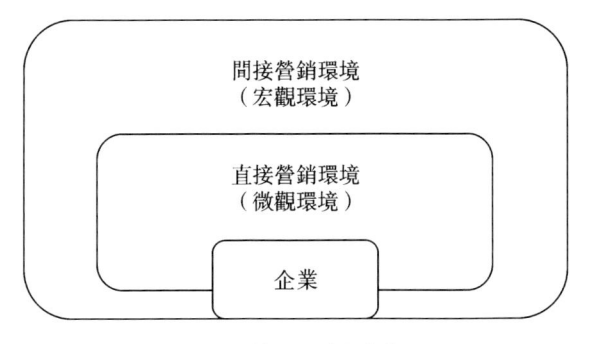

圖 3-1　行銷環境對企業的作用

宏觀行銷環境又稱間接行銷環境，包括人口、經濟、政治法律、社會文化、自然、科學技術等環境因素。微觀行銷環境與企業內部資源緊密相連，是指直接影響企業行銷能力和效果的各種因素，主要由企業的供應商、行銷仲介、顧客、競爭對手、社會公眾以及企業內部參與行銷決策的各部門組成，如圖 3-2 所示。

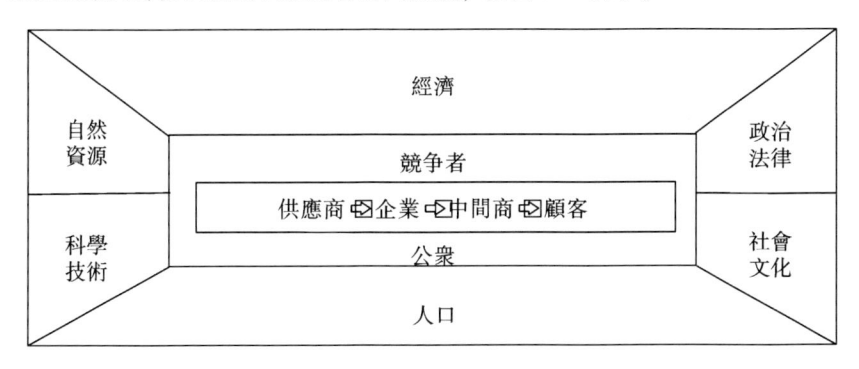

圖 3-2　企業市場行銷環境

二、行銷環境的特點

市場行銷環境作為企業行銷活動的基礎，由多種因素構成，具有以下特點：

（一）客觀性

市場行銷環境是客觀存在的，有自己的運行規律和發展趨勢，不以行銷人員的意志轉移。因此，企業的行銷活動應適應或利用客觀環境，以免造成行銷決策失誤，從而影響整個企業的發展。

（二）動態性

市場行銷環境是一個動態系統，每一個環境因素都隨著社會經濟的發展而不斷變化。行銷環境的變化既會為企業提供機會，也會給企業帶來威脅。以中國所處的間接行銷環境來說，今天的環境與十多年前的環境已經有了很大的變化。例如國家產業政

策，過去重點放在重工業上，現在已明顯向農業、輕工業傾斜，這種產業結構的變化對企業的行銷活動會造成一定的影響。雖然這種變化企業並不能準確無誤地預見，但企業應追蹤不斷變化的環境，並積極地適應這種變化，及時調整企業策略，否則將會喪失市場機會。

(三) 差異性

行銷環境的差異性體現在不同的企業受不同環境的影響。比如說農產品生產企業受自然環境的影響就比較大，其他一些行業可能對自然環境就不是那麼敏感。此外，一種環境因素的變化對不同企業的影響也不相同。例如，不同的國家、民族、地區之間在人口、經濟、社會文化、政治、法律、自然地理等各方面存在著廣泛的差異性。這些差異性對企業行銷活動的影響顯然是很不相同的。由於外界環境因素的差異性，企業必須採取不同的行銷策略才能應付和適應這種情況。

(四) 相關性

社會經濟現象的出現，往往不是由某一個單一的因素所能決定的，而是受到一系列相關因素影響的結果。市場行銷環境是一個系統。在這個系統中，各個影響因素是相互依存、相互作用和制約的。不同文化背景下的消費者，其需求與審美觀是不完全相同的，體現在產品設計中的個性化要求特別強。

❖ **行銷案例**

各國對用花的忌諱

在許多國家，人們喜歡贈送親戚朋友玫瑰花和白色百合花，以表示祝賀。但在印度和歐洲一些國家，人們用這種花表示對死者的悼念。在法國和義大利，人們忌諱菊花。在日本，人們忌諱荷花、梅花。在巴西，紫色的花主要用於葬禮。在法國，黃色的花是不忠誠的。羅馬尼亞人送花束時，棵數應是單數。中國人喜歡菊花，但向外賓獻花時忌用菊花，也不用杜鵑花、石竹花。

(五) 可影響性

企業可以通過對內部環境要素進行調整與控制，對外部環境施加一定的影響，最終促使某些環境要素向預期的方向轉化。

現代行銷學認為，企業經營成敗的關鍵，就在於企業能否適應不斷變化的市場行銷環境。「適者生存」既是自然界演化的法則，也是企業行銷活動的法則。如果企業不能很好地適應外界環境的變化，那很可能在競爭中失敗，從而被市場淘汰。強調企業對所處環境的反應和適應，並不意味著企業對環境是無能為力或束手無策的，只能消極地、被動地改變自己以適應環境，而是應從積極主動的角度出發，能動地去適應行銷環境。或者說運用自己的經營資源去影響和改變行銷環境，為企業創造一個更有利的活動空間，然後再使行銷活動有效地適應行銷環境。

❖ 行銷案例

推銷鞋子

　　美國有兩名推銷員到南太平洋某島國去推銷企業生產的鞋子，他們到達後卻發現這裡的居民沒有穿鞋的習慣。於是，一名推銷員給公司拍了一份電報，稱島上居民不穿鞋子，這裡沒有市場，隨之打道回府。而另一位推銷員則給公司的電報稱，這裡的居民不穿鞋子，但市場潛力很大，只是需要開發。他讓公司運了一批鞋子來免費贈送給當地的居民，並告訴他們穿鞋的好處。逐步地，人們發現穿鞋子確實既實用又舒適而且美觀。漸漸地，穿鞋的人越來越多。這樣，該推銷員通過自己的努力，打破了當地居民的傳統習俗，改變了企業的行銷環境，獲得了成功。

三、行銷活動與行銷環境的關係

　　對任何企業來說，行銷環境都是「不可控」因素。企業首先必須適應、服從環境，但企業作為有主觀能動性、創造性的人的集合體，對環境又有反作用。因此，企業開展行銷活動應在瞭解、掌握環境狀況及其變化趨勢的基礎上，盡最大可能，有條件地影響、利用、保護、建設、改造環境，趨利避害，化害為利。如圖3-3所示。

　　宏觀行銷環境影響面廣，其變化既可能給企業帶來機會，創造行銷的有利時機和條件，也可能給企業帶來威脅和風險，造成行銷的壓力和障礙，當然也可能對企業不造成任何影響。微觀行銷環境直接影響企業的行銷能力和效益，但企業在開展行銷活動時，所做的努力越大、自我調節能力越強，受環境的影響就越小。

　　環境的變化會導致消費者心理的變化，企業原有的成功經驗也就失效了。因此，企業必須根據環境的變化，調整自己的行銷活動以適應市場，滿足消費者新的需求。環境變動有可能產生新的機遇或消除原有的機會，這些變動可能是令人興奮和令人鼓舞的，也可能是令人受挫和令人煩躁不安的。因此，監測、把握環境諸因素的變化，善於從中發現並抓住有利於企業發展的機會，避開或減輕不利於企業發展的威脅，是企業行銷管理的首要問題。

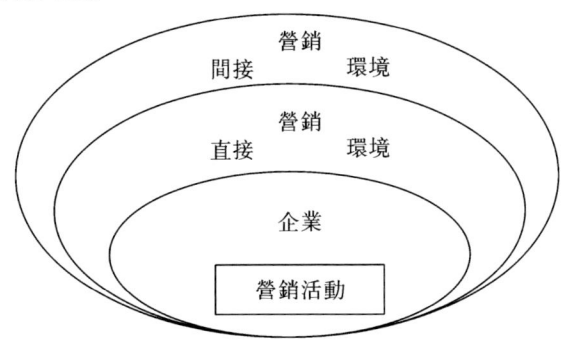

圖3-3　行銷活動與行銷環境

四、行銷部門與內部環境

在制訂行銷計劃時,行銷部門應兼顧企業的其他部門,要充分考慮到企業內部的環境力量。市場行銷部門在制訂和執行行銷計劃時,必須獲得企業最高管理層的批准和支持,並與其他部門搞好分工協作。只有企業內各部門協調一致,共同服務於企業總的行銷目標,營造出良好的微觀環境,才能取得好的經營業績。如圖3-4所示。

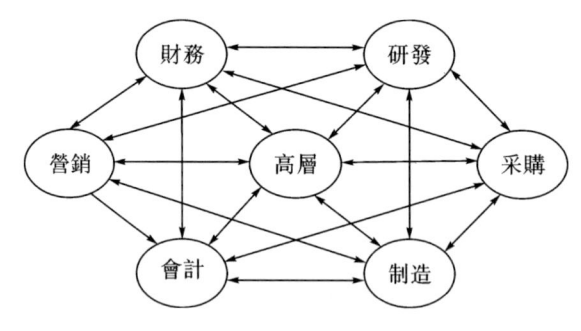

圖3-4 企業內部環境

第二節 微觀行銷環境

市場行銷微觀環境也稱直接環境,是指與企業關係密切、能夠直接影響企業服務消費者能力的各種因素。雖然微觀行銷環境受制於宏觀行銷環境,但是與宏觀環境相比,微觀環境對企業市場行銷的影響更為直接。一般包括五個要素:供應商、行銷仲介、顧客、競爭者、社會公眾。如圖3-5所示。

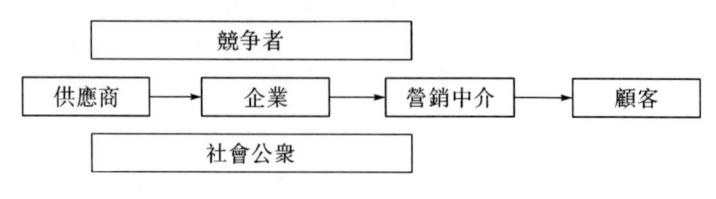

圖3-5 微觀行銷環境

一、供應商

供應商是向企業及其競爭者提供生產經營所需資源的企業或個人。供應商是影響企業行銷的微觀環境的重要因素之一。供應商影響企業供貨的穩定性和及時性,是企業活動順利進行的前提。對企業來說,應選擇那些保證質量、交貨及時、供貨條件好和價格低廉等因素實現最佳組合的供應商。企業的採購人員應時刻關注供應商品的價格變動趨勢和市場供求狀況,並與重要供應商建立長期的供銷關係,以便在及時供貨、價格等方面享受優待。與此同時,應盡可能選擇幾家供應商,避免對某一家或少數幾

家供應商的過分依賴。

二、行銷仲介

行銷仲介是指協助企業促銷、銷售和分配其產品給最終購買者的企業或個人。按照職能可以分為以下類型：

1. 中間商

中間商主要負責尋找或直接與顧客進行交易，包括代理商和經銷商。代理商沒有商品的所有權，通過介紹客戶或與客戶磋商交易從中獲利；經銷商包括批發商和零售商，通過購買商品獲得商品所有權後，進行出售而獲利。企業要開拓市場，要解決生產集中和生產分散的矛盾，必須通過中間商的協助才能快速打開市場局面。

2. 實體分配機構

實體分配機構也叫物流配送機構，是指協助製造商儲存產品或負責把產品從原產地運送到銷售地的企業。主要包括倉儲企業和運輸企業。企業的生產基地一般是集中的，而消費者則有可能分散在全世界。解決這個問題一般來說有三種方案：買方完成（取貨），供方負責（送貨）和第三方物流。第三方物流提供機構是一個為企業提供物流服務的組織，它們並不在供應鏈中有一席之地，僅是第三方，但通過提供一整套物流活動來服務於供應鏈。企業對物流配送企業的依賴性將日漸加強。

3. 行銷服務機構

行銷服務機構主要負責協助企業選擇目標市場，確立市場地位並協助促銷產品，包括市場調查公司、廣告公司、傳媒機構、行銷諮詢公司、會計事務所、審計事務所等。

在現代，大多數企業都會委託專業公司來為其辦理相關事務。企業在選擇這些服務機構時，須對他們所提供的服務、質量、創造力等方面進行評估，並定期考核其業績，保證質量和服務水平。

4. 金融仲介

金融仲介主要負責行銷活動中的資金融通和保險服務，包括銀行、信貸機構、保險公司、證券公司等。在現代經濟生活中，任何企業都需要通過金融仲介開展經營業務。例如，企業的財務往來要通過銀行結算，信貸受限會使企業經營陷入困境，因此，企業必須與金融仲介機構建立密切的關係，以保證企業資金需要的渠道暢通。

三、顧客

企業行銷以滿足顧客需要為中心。顧客是企業產品或勞務所服務的對象，也是影響企業行銷的重要力量。任何企業的產品和服務，得到了顧客的認可就贏得市場。現代市場行銷學按照顧客性質的不同，將市場劃分為消費者市場、生產者市場、中間商市場、非營利市場、政府市場和國際市場六大類。由於每個市場需求的差異性，企業所制定的行銷策略和所提供的服務方式各不相同，要求企業以不同的方式提供產品或服務，它們的需求、欲望和偏好直接影響企業行銷目標的實現。為此，企業要注重對顧客進行研究，分析顧客的需求規模、需求結構、需求心理以及購買特點，這是企業

行銷活動的起點和前提。

四、競爭者

競爭者主要是指生產或提供相同或可替代的產品和服務的其他企業或類似機構。在市場經濟的條件下，企業面臨的競爭日益激烈，行銷策略的制定必須對競爭對手展開深入分析，做到知己知彼。競爭者分析的範圍很廣泛，包括產品研發、採購、生產、競爭者的戰略、銷售渠道、財務狀況、企業文化等。

菲利普‧科特勒將企業的競爭環境分為四個層次，也就是說企業面臨四種不同層次的競爭者：欲望競爭者、類別競爭者、形式競爭者、品牌競爭者。傳統的競爭，主要表現在品牌競爭形式上。就是說，企業主要將「品牌競爭者」視為競爭對手。很顯然，由於品牌競爭是完全相似產品的競爭，競爭對手之間就只能為既定市場份額進行爭奪，故競爭表現為「你死我活」或「大魚吃小魚」的「零和博弈」競爭。

而現代競爭更多集中在欲望競爭層面。所謂欲望競爭，就是指行銷企業通過促銷使消費者在選擇滿足其需要和欲望的方式上，能選擇本行業的產品或服務，這樣來擴大市場對本企業所在行業產品的需求。通過將「蛋糕」做大，爭取更多的消費者來消費這種產品，取得更大的行銷成果。四種競爭類型如圖3-6所示。

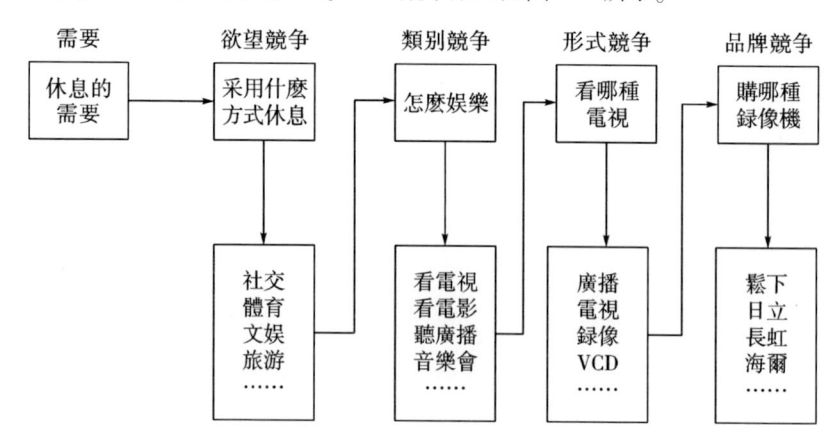

需要	欲望競爭	類別競爭	形式競爭	品牌競爭
休息的需要	采用什麼方式休息	怎麼娛樂	看哪種電視	購哪種錄像機
	社交 體育 文娛 旅游 ……	看電視 看電影 聽廣播 音樂會 ……	廣播 電視 錄像 VCD ……	鬆下 日立 長虹 海爾 ……

圖3-6　四種競爭類型

（一）欲望競爭者

欲望競爭者是指提供不同產品以滿足消費者不同需求、與企業構成競爭關係的眾多企業。消費者在同一時刻的欲望是多方面的，但很難同時滿足。在某一時刻可能只能滿足其中的一個欲望。例如消費者有休息的需要。這種休息的需要指向了具體能夠滿足的物（方式）時，就是欲望。休息可用多種方式滿足——可以和朋友相聚（社交活動）、可以玩一場球（體育活動）、可以出去遠足（旅遊）等。就是說，在同樣一種需要下，可以有多種欲望產生。如果企業提供的產品，不屬於該人所選定的用來滿足需要的方式，就根本不可能為該人所購買。但一經選定某種方式，就會放棄其他滿足方式。所以在這裡，企業首先碰到的是欲望競爭。

(二）類別競爭者

類別競爭者也稱平行競爭者，是指提供不同產品以滿足人們同一種需求的、與企業構成競爭關係的眾多企業。例如現在我們假設此人選定了「文娛活動」，接下來，他就要考慮「我怎麼娛樂」，這就是類別競爭。假定他選擇了看電視，就放棄了其他的娛樂形式。同樣，企業的產品如果不屬於該類別，也不會被此人購買。從廣泛意義上說，滿足人們同一種需求的所有企業間都存在著競爭關係。

（三）形式競爭者

形式競爭者也叫產品競爭者，是指提供滿足消費者同一需要的不同形式的同類產品的、與企業構成競爭關係的眾多企業。例如，再接下去，此人就要考慮「我看何種電視」，這就是形式競爭，即以哪種產品形式來滿足需要。再假定他選擇了錄像機，則其他產品就被放棄了。

（四）品牌競爭者

品牌競爭者是指提供滿足消費者同一需要的同種形式的不同品牌產品的、與企業構成競爭關係的眾多企業。品牌競爭者之間的產品相互替代性較高，因而競爭非常激烈，各企業均以培養顧客品牌忠誠度作為爭奪顧客的重要手段。例如，再接下去，此人將決定選擇哪家企業的產品，這就進入了品牌競爭。

五、社會公眾

社會公眾是指對實現組織目標具有實際或潛在利益關係或影響的群體。企業面臨的社會公眾主要有以下六類：

（一）金融公眾

金融公眾影響一個公司獲得資金的能力。主要包括銀行、投資公司、證券公司、股東等。

（二）媒介公眾

媒介公眾掌握傳媒工具，能直接影響社會輿論對企業的認識和評價，主要包括報紙、雜誌、電臺、廣播、網路等傳播媒介。

（三）政府公眾

政府公眾是指與企業行銷活動有關的各級政府機構部門，企業在開展行銷活動時必須認真研究政府的政策方針與措施的發展變化情況，從中尋找對企業行銷的限制或機遇。

（四）社團公眾

社團公眾指與企業行銷活動有關的非政府機構，如消費者組織、環境保護組織以及其他群眾團體。企業行銷活動涉及社會各方面的利益，來自社團公眾的意見、建議對企業行銷有著十分重要的影響。

（五）社區公眾

社區公眾指企業所在地附近的居民和社區團體。社區是企業的鄰居。企業保持與社區的良好關係，為社區的發展做一定的貢獻，會受到社區居民的好評，他們能為企業建立良好的口碑。

（六）內部公眾

內部公眾包括企業內部的管理人員及一般員工，企業的行銷活動離不開內部公眾的支持。當雇員對自己公司感覺良好的時候，他們的積極態度也會影響到外部公眾。

第三節　宏觀行銷環境

市場行銷宏觀環境也稱間接環境，是某一國家、某一地區所有企業都面臨的環境因素。在一般情況下，間接環境以直接行銷環境為媒介影響與制約企業的行銷活動，在某些場合也可以直接影響企業的行銷活動。不同行業和企業根據自身特點和經營需要，分析的具體內容會有差異，但一般都從政治（Political）、經濟（Economic）、社會（Social）、技術（Technological）這四大類影響企業的主要外部環境因素進行分析。簡單而言，稱之為 PEST 分析法。如圖 3-7 所示：

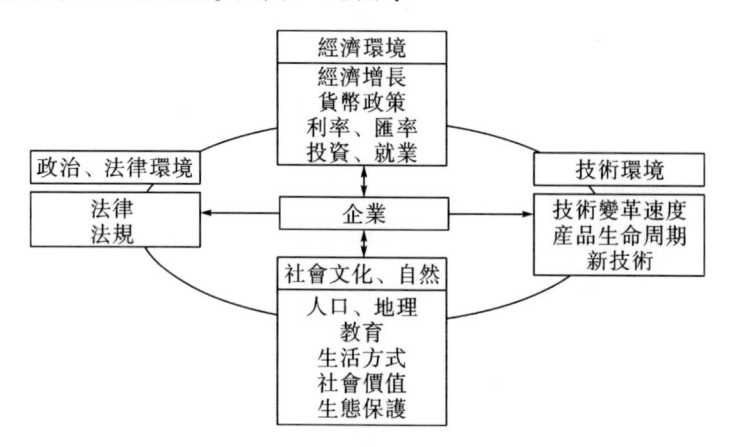

圖 3-7　PEST 宏觀環境分析模型

一、政治、法律環境

政治、法律環境主要指由國家的政治變動引起的經濟態勢的變化及政府通過法律手段和各種經濟政策來干預社會的經濟生活。政治環境引導著企業行銷活動的方向，法律環境則為企業規定經營活動的行為準則。

（一）政治環境

一個國家和地區的經濟發展水平及發展前景與政治形勢息息相關，安定團結的政

治局面是經濟發展的重要環境條件。一個國家或地區政局是否穩定，會給企業的行銷活動帶來重大影響。如果政局穩定，人民安居樂業，就會給企業行銷創造良好的環境；相反，政局不穩、社會矛盾尖銳、秩序混亂，就會影響經濟發展和市場的穩定。

政治環境對企業行銷活動的影響主要表現為國家政府所制定的方針政策，如人口政策、能源政策、物價政策、財政政策、貨幣政策等，都會對企業行銷活動帶來影響。例如，國家通過降低利率刺激消費的增長；通過徵收個人所得稅縮小消費者收入的差異，從而影響人們的購買；通過增加產品稅，對香菸、酒等商品的增稅來抑制人們的消費需求。

政治風險的種類很多，最嚴重的就是國有化。此外，還有一些常見的外匯管制、貿易壁壘、價格控製等。

❖ **行銷案例**

世界有關國家或地區國有化的情況

20世紀30年代以來，世界一些國家鑒於外國企業在本國的日益擴張，深感本國經濟過分依賴外資企業將會產生不良後果，於是，掀起一場國有化風潮。

1937年墨西哥政府接管了所有外國人經營的鐵路系統，1938年沒收了其境內的外國石油業。伊朗於1952年將英國石油公司收歸國有。1962年巴西政府徵用了境內的美國國際電信及一家電力公司。古巴更為激烈，將其境內的外資企業全部收歸國有。1983年法國政府將所有的外資銀行收歸國有。

世界銀行1981年統計，1960—1976年發生的國有化事件中，有49%發生在拉丁美洲，27%發生在阿拉伯國家，13%發生在非洲，11%發生在亞洲。

(二) 法律環境

為了保證本國經濟的良好運行，各國都頒布了相應的經濟法律和法規來制約、調整企業的活動。中國目前的主要經濟法律、法規有《中華人民共和國經濟合同法》《中華人民共和國商標法》《中華人民共和國專利法》《中華人民共和國產品質量法》《中華人民共和國反不正當競爭法》《中華人民共和國消費者權益保護法》《中華人民共和國廣告法》《中華人民共和國票據法》《中華人民共和國公司法》《中華人民共和國破產法》等。政府制定這些法律的目的是規範企業行為，保護企業合法權益，保護社會和消費者的利益。

對從事國際行銷活動的企業來說，不僅要遵守本國的法律制度，還要瞭解和遵守國外的法律制度和有關的國際法規、慣例和準則。例如，前一段時間歐洲國家規定禁止銷售不帶安全保護裝置的打火機，無疑限制了中國低價打火機的出口市場。日本政府也曾規定，任何外國公司進入日本市場，必須要找一個日本公司同它合夥，以此來限制外國資本的進入。只有瞭解掌握了這些國家的有關貿易政策，才能制定有效的行銷對策，在國際行銷中爭取主動。

❖ **行銷案例**

沃爾瑪睡衣風波

　　沃爾瑪公司在加拿大銷售古巴生產的睡衣。在美國的沃爾瑪公司總部的官員意識到此批睡衣的原產地是古巴，便發出指令，要求撤下所有違法銷售的睡衣。因為那樣做違反了美國的法律（赫爾姆斯－伯頓法），這一法律禁止美國公司及其在國外的子公司與古巴通商。而加拿大則因美國法律對其公民的侵犯而惱怒，他們認為加拿大人有權做出選擇，購買古巴生產的睡衣。這樣，沃爾瑪公司便成了加拿大和美國對外政策衝突的犧牲品。沃爾瑪在加拿大的公司如果繼續銷售那些睡衣，則會因違反美國法律而被處以 100 萬美元的罰款，且還可能會因此而被判刑。但是，如果按其母公司的指示將加拿大商店中的睡衣撤回，按照加拿大法律，會被處以 120 萬美元的罰款。

　　類似「睡衣風波」的案例，對於跨國公司來說並不少見。多個國家的法律、東道國的法律及母國的法律都會對跨國公司產生影響。正如沃爾瑪公司案例一樣，由於不同國家不同的對外政策會影響跨國公司的跨國經營能力，跨國公司必須關心母國、東道國及產品原產地所在國之間的法律關係。

二、經濟環境

　　經濟環境是指那些能夠影響消費者購買力和消費方式的因素。市場規模的大小取決於人口和購買力這兩個基本因素。而購買力的強弱受收入、儲蓄、信貸水平等經濟因素的制約。

（一）消費者收入

　　經濟發展的水平和速度決定了國民收入水平，而消費者個人收入水平決定了購買力、需求結構與層次。與實際購買力相關的因素有國民生產總值、人均國民收入、個人收入、個人可支配收入、個人可任意支配收入等系列指標。

（二）消費者支出

　　隨著消費者收入的變化，消費者支出模式會發生相應變化，從而影響到消費結構。消費結構是指以家庭為單位消費不同種類的產品與服務的比例關係。德國統計學家恩格爾根據長期觀察和大量統計資料得出結論：一個家庭收入越少，家庭收入中（或總支出中）用來購買食物的支出所占的比例就越大。隨著家庭收入的增加，家庭收入中（或總支出中）用來購買食物的支出比例則會下降。推而廣之，一個國家越窮，每個國民的平均收入中（或平均支出中）用於購買食物的支出所占比例就越大。隨著國家越富裕，這個比例呈下降趨勢。恩格爾系數是衡量一個國家、地區、城市、家庭生活水平高低的重要參數。根據聯合國糧農組織提出的標準，恩格爾系數在 59% 以上為貧困，50%～59% 為溫飽，40%～50% 為小康，30%～40% 為富裕，低於 30% 為最富裕。

　　恩格爾系數＝食物支出變動百分比／收入變動百分比

(三) 儲蓄和信貸

消費者的購買力還要受到消費者的儲蓄狀況和信貸條件的影響。以函數公式表示如下：

購買力＝收入－儲蓄＋消費信貸

❖ 行銷案例

重啓大學生信用卡能否解決校園貸問題

　　大學生的經濟活動日益頻繁，對信貸消費的需求也日益旺盛。但是，學生信用卡使學生太容易就獲得財務自由，在缺乏自制能力和互相攀比的影響下，財務自由常常演變為財務枷鎖。大學生剛剛離開父母的權威管控，希望確立自己的獨立地位，而信用卡給大學生以獲得財務獨立的假象。學生擁有信用卡助長了學生去做一些父母不允許的事情（包括旅遊、談戀愛、買高檔服裝等），從而加劇了他們和監護人之間的衝突。

　　20世紀90年代末，美國大學生信用卡債務導致的問題開始引起社會關注，有機構對學校、學生和國會都提出了一些建議，要求除非學生受過信用卡教育，否則應禁止發卡機構向學生發放信用卡。

　　2009年奧巴馬政府通過一項信用卡改革的法案，對未滿21歲的美國年輕人採取了強制保護措施。該法案規定：除極少數特例外，禁止向18周歲以下的未成年人發卡。信用卡公司在向21歲以下申請人發放信用卡時，必須得到申請人本人有能力還款或父母願意代其還款的證明。這一法案的出抬正是為了使學生們清楚瞭解使用信用卡負債消費的後果，從而改善信用卡的使用環境，降低今後的信用卡違約率。

　　近期，國內關於「校園貸」所引發的大學校園網路貸款問題越來越多，眾多網路貸款平臺將目光瞄向了大學校園。一方面，這些在校學生涉世不深，對信貸消費的危害性認識不足；另一方面，大學生消費攀比的虛榮心，在家庭生活費用的限制下，也讓一部分大學生希望通過信貸消費得以滿足。

　　由於利益驅動，網貸平臺肆無忌憚地在校園擴張，結果是幾千元的貸款滾成十幾萬、幾十萬元的欠款，讓一些大學生由此背上沉重的負擔，無心學業而四處躲債，甚至一些女大學生出現了「裸條貸」，還有的甚至在花季的時候走向生命盡頭。

　　校園貸款的盛行與猖獗，恰恰是大學生信用卡叫停後乘「需」而入。在這樣的背景下，能否通過重新開放被叫停了的大學生信用卡，來解決亂象叢生的「校園貸」問題呢？

　　(資料來源：重啓大學生信用卡能否解決校園貸問題［EB/OL］.［2017-05-10］.finance.sina.com.cn/zl/bank/2017-05-10/zl-ifyeychk7218283.shtml.)

（四）經濟發展水平

認識一國經濟處於何種發展階段，是企業確定目標市場的前提。由美國經濟史學家羅斯托提出的「經濟成長階段論」，對人們分析、判斷世界各國經濟發展所處的階段具有很大的指導意義。經濟發展階段不同，居民的收入不同，顧客對產品的需求也不一樣，從而會在一定程度上影響企業的行銷。

按照他設想的經濟成長階段，將人類社會發展劃分為六個階段。分別為：傳統社會階段；準備起飛階段；起飛階段；通向成熟推進階段；大量消費階段；追求生活質量階段。羅斯托認為，六個階段中，起飛階段最重要，是社會發展過程中的重大突破。羅斯托的經濟發展階段論，雖然是對發達資本主義國家發展歷史的抽象和概括，但該理論及由此衍生的推論，對發展中國家有很強的啟發和借鑑作用。

（五）經濟結構

經濟結構是指一個同家或地區的第一產業、第二產業和第三產業之間，勞動密集型產業、資本密集型產業、技術密集型產業和知識密集型產業之間，以及各產業所屬部門之間的比例關係。經濟結構直接決定需求結構。通過對某個區域經濟結構現狀及其變化趨勢的分析，企業可以發現某些市場機會，所以經濟結構也是選擇目標市場的首要依據之一。

三、社會文化、自然環境

（一）社會文化環境

1. 人口環境

人口是企業開展市場行銷活動時最需要重視的因素之一。它直接形成市場，並決定市場規模及市場潛力的大小。從市場行銷的角度來說，人口因素包括總人口數量、人口密度、年齡結構、人口自然增長率等指標。

（1）人口數量與家庭規模

世界人口正以爆炸性的速度增長。人口爆炸性增長就購買力來說，也意味著市場機會的增加。人口數量是決定市場規模和潛在容量的基本因素。如果收入水平不變，人口越多，對食物、日用品、住房、交通、基礎教育等的需求量也越多，市場也就越大。人口增長給企業帶來市場機遇的同時，也讓許多國家面臨著人口膨脹、資源危機的壓力。人均資源的短缺將制約經濟的發展。因此，如何研製新能源和新材料以代替傳統能源和材料是對企業的巨大挑戰。

(2) 年齡結構和性別結構

人口年齡結構是指一定時點、一定地區各年齡組人口在全體人口中的比重。年齡階段決定著不同的需求取向。

現今許多國家人口死亡率普遍下降，平均壽命延長，人口老齡化趨勢突出。發達國家65歲以上的老人占總人口的比重已達13%以上，預計到2025年將達到23.6%。中國人口已經轉變為老年型人口，這將意味著在今後20年內，世界及中國「銀髮市場」，諸如保健用品、營養品、老年醫療衛生將會發達起來。企業管理者應當及時調整或制定行銷策略，以適應「銀髮市場」發展的需要。

性別差異會給人們的消費需求帶來顯著的差別，反應到市場上就會出現男性用品市場和女性用品市場。企業可以針對不同性別的不同需求，生產適銷對路的產品，制定有效的行銷策略，開發更大的市場。據人民網消息：據預測，2020年左右，中國的光棍將達到3,000萬至3,500萬，這是一個龐大的群體，對他們個人、他們的家庭以及整個社會無疑會有重要的影響，最大的影響就是婚姻問題。這對於婚戀公司就是很好的市場機遇。

❖ 行銷案例

燒水壺可以自動發短信

日本國民的平均壽命位居發達國家前列，60～70多歲的老年人普遍身體狀況相對較好，在自己家中養老的情況比較多；同時隨著「核心家庭」趨勢加劇，與子女分開居住或獨居的老人增多。

在家養老的老人特別是高齡老人的房屋需要一定醫療看護功能。通過具有傳感、通信功能的燒水器、電視機等各種家電來確認老人的起居情況和健康狀況，有異常時及時通知家人或醫療福利機構，成為獨居老人居家養老的一大幫手，其運用於養老院，能夠減輕養老院人手不足的問題。

東京工科大學高科技研究中心還在「高齡者舒適生活網路空間創成技術開發」項目中為老年人的整個居住空間設計了全面的傳感守護設備以供選擇。

包括通過壓力傳感的地毯傳感、床傳感、輪椅傳感、馬桶傳感；通過位置、行動傳感的加速度傳感、聲波傳感、紅外線傳感、感熱傳感；通過生理特徵傳感的血壓計傳感、心跳測試儀傳感、睡眠傳感、尿不濕傳感等；通過家電、自來水、天然氣等日常生活設備的使用狀況等，都可以將老人的各種信息傳遞給家人或聯繫人。

統計數據顯示，日本已進入「超老齡化」社會。預計2055年65歲以上老人占總人口比例將達39%。這一龐大的市場或許將成為日本經濟的下一個「爆發點」。

(3) 人口地理分佈及流動

人口有地理分佈上的區別，人口在不同地區密集程度是不同的。各地人口的密度不同，則市場大小不同、消費需求特性不同。伴隨著城鎮化進程，農村人口向城市或工礦地區流動，內地人口向沿海經濟開放地區流動。企業行銷應關注這些地區的消費需求不僅在量上增加，在消費結構上也一定發生的變化，應該提供更多的適銷對路產

品以滿足這些流動人口的需求，這是潛力很大的市場。

（4）家庭組成

家庭乃社會的細胞，也是商品購買和消費的基本單位。家庭組成是一個以家長為代表的家庭生活的全過程，也稱家庭生命週期。一個國家或地區家庭結構的狀況，直接影響許多消費品的市場需求量。如隨著中國社會經濟的發展，幾代同堂的大家庭越來越少，而「三口之家」越來越普遍，城市中「丁克一族」也日趨流行。家庭數目增多對住房、家電、家具等生活用品的需求就會增大。

2. 態度與價值觀念

價值觀是人們對事物的評價標準。同樣的事物在不同社會或不同人群中有不同的評價標準，從而導致了消費行為的差異。有的民族崇尚儉樸，有的則習慣於高消費，這直接影響到消費潮流的更替速度、高檔名牌商品的銷售規模等眾多方面。韓國人「身土不二」的價值觀的結果是本國商品暢銷，而外國商品想進入韓國市場非常困難。在西方發達國家，流行著這樣一種觀念：「勤奮工作，過舒適生活」。因此，他們比較注重追求個人享受和悠閒的生活，從而形成了對文化娛樂性產品和勞務的大量需求，也刺激了文體用品、海濱浴場、遊樂中心及旅遊事業的發展。

❖ 行銷情境

喝咖啡

有三個人（英國人、美國人、中國人）去咖啡廳喝咖啡，咖啡端上了，可是，咖啡裡有一隻蚊子。

問題：猜猜看，這三個人會有什麼表現呢？

3. 風俗習慣

風俗習慣，指個人或集體的傳統風尚、禮節、習性，是特定社會文化區域內歷代人們共同遵守的行為模式或規範。它主要包括民族風俗、節日習俗、傳統禮儀等。由於地域和歷史的不同，各國文化背景有著很大的差異，不同的文化具有不同的風俗習慣，給市場行銷也帶來了不同的影響。

❖ 行銷視野

日常生活的禁忌

泰國人習慣合掌行見面禮。泰國人絕對不用紅筆簽名，因為在泰國，人們用紅筆把死者姓名寫在棺材上。

日本人不喜歡別人敬菸，他們習慣自己牌號的菸。日本人忌諱「四」和「九」字，「四」在日語中發音與「死」和「苦」相似。

中國人的習慣是「搖頭不算點頭算」，但在阿爾巴尼亞、保加利亞、斯里蘭卡、印度、尼泊爾等很多地方，人們卻以搖頭表示同意，點頭表示不同意。

對戴帽子的男人，在美國和英國，遇到朋友，需微微把帽子揭起以點頭致意。但

在義大利需把帽子拉低，以表示尊敬。

  4. 審美觀

  審美觀通常指人們對事物的好壞、美醜、好惡的評價。國度、區域的不同甚至民族的不同都會產生不同的審美觀念。與普通、平凡的設計相比，新穎、奇特的藝術性設計更能吸引消費者的特別關注。企業要制定一個良好的市場行銷策略，就必須把握不同文化背景下的消費者審美觀念及其變化趨勢。對國際行銷人員而言，忽略美學觀念不僅會使廣告和包裝起不到應有的作用，甚至會引起顧客的反感。例如在中國，綠色代表生機勃勃、健康和活力，凡是代表綠色環境的商品和食品在中國都會大受消費者歡迎。而在泰國、馬來西亞，綠色則代表著疾病和危險，是人們忌諱的一種色彩。

(二) 自然環境

  自然環境是人類生存的基礎。如果沒有自然環境為人類提供豐富的物質資源，我們的生存就成了問題，我們的生活就不會這麼豐富多彩。然而，隨著工業化的進步，人類的環境的破壞已經越發嚴重，人們越來越重視自然環境惡化這個問題。有很多環保組織成立，各國政府也就環境保護問題提上日程，提倡國家的可持續發展，積極鼓勵開發環保節能用品。

❖ 行銷案例

節能卡

  北京長城飯店在每間客房內放置一張淡綠色的節能卡，提醒房客在每次離房前熄燈、關掉空調、電視等，以節約能源。自覺節能是世界性的呼聲，是人類對自身生存和發展的關注，是現代人文明素養的一種表現。身為五星級的大飯店歡迎入住客人參加節能活動，其用意當然不僅僅在於對自身利益的考慮，更重要的是對公眾做了一次節能意識的影響和引導，體現了一個大企業的社會責任感。事實證明，節能卡新穎別致，加強了公眾對節能活動的理解與認同，也為長城飯店的形象增添了一分亮點。

四、技術環境

  科學技術是第一生產力。市場行銷的技術環境，是指企業從事市場行銷活動過程中所面臨的、對市場行銷產生影響和制約作用的各種技術因素的集合。20世紀以來，科學技術發展的進程日益加快，它以無可阻擋的攻勢闖入生產、流通和消費領域，左右著企業的市場行銷活動，改變著人們的生活方式及價值觀念。科技的發展對於企業來說既是機遇也是挑戰，企業唯有適應技術環境的變化，緊緊跟隨科學技術發展潮流才能在激烈的市場競爭中立於不敗之地。

❖ 行銷案例

人工智能：給市場行銷一個新時代

  今天，人工智能現在已經不是一個新鮮概念。隨著技術的日益複雜，人工智能正

不斷擴大在行銷等商業領域的應用：各類算法能夠在海量大數據中迅速查到所需信息，效率超過人工萬倍；人臉識別、語音登錄、廣告和內容的精準投放等，都是 AI 技術為商業帶來的進步。

定位目標用戶。幾年前的科技界，曾經流行過一個故事：美國一位男性顧客到當地商店投訴，因為該店竟然給他還在讀書的女兒寄嬰兒用品的優惠券。但經過與女兒的進一步溝通，這位憤怒的父親發現，自己女兒真的已經懷孕了。

商家如何比親生父親更早得知其女兒懷孕的消息呢？答案是大數據。會員卡裡的個人信息、購物的品類記錄等綜合在一起，讓商家做出了這一雖不禮貌但極為精確的內容推薦。

如今，在人工智能的幫助下，對大數據的利用變得更加有效：在越來越龐大的數據基礎上，人工智能把具備相同或相似行為習慣的消費者加以細分、組群，進而根據社群的共性，製作更加個性化的內容並更加精準地推送，極大提高了行銷的投入產出比。

（資料來源：何曉亮. 人工智能：給市場行銷一個新時代［N］. 科技日報，2017-03-30.）

第四節　環境分析與行銷對策

企業所處的市場行銷環境影響企業的生存與發展，任何企業都面臨若干環境威脅和市場機會。對企業行銷環境的分析和評價，始終是行銷者制定行銷戰略的依據。現代市場行銷學認為，企業在調整行銷戰略及制訂計劃時，要根據其掌握的市場信息，利用科學的方法進行市場行銷環境的機會威脅分析，以便採取相應的態度和行為。

一、市場機會和環境威脅

市場行銷環境通過對企業構成威脅或向其提供機會而影響行銷活動。

環境威脅是指環境中不利於企業行銷的因素及其發展趨勢對企業形成的挑戰或對企業的市場地位構成的威脅。這種挑戰可能來自於國際經濟形勢變化，也可能來自於社會文化環境的變化，如國內外對環境保護要求的提高，某些國家實施的綠色堡壘。對於某些產品不完全符合新環保要求的生產，這無疑也是一種嚴峻的挑戰。

市場機會是指由環境變化造成的對企業行銷活動富有吸引力和利益空間的領域。在這些領域中，企業擁有競爭優勢。市場機會對不同企業有不同的影響。企業在每一特定市場機會中成功的概率，取決於其業務實力是否與該行業所需要的成功條件相符。如企業是否具備實現行銷目標所必需的資源，企業是否能在同一市場機會中比競爭者獲得更大的差別利益。

二、機會與威脅的分析評價

(一) 機會分析

評估市場機會從兩個方面進行：一是機會潛在吸引力，即潛在的獲利能力；二是成功的可能性，即企業優勢的大小。如圖3-8所示：

	成功的可能性	
	大	小
機會潛在的吸引力　大	I	II
小	III	IV

圖3-8　機會分析矩陣圖

（1）第I象限行銷的機會。機會潛在吸引力和成功的可能性都很大，表明行銷機會對企業發展有利；同時，企業有能力利用行銷機會。企業應採取積極的態度，分析把握。比如說，當非典來臨時，板藍根供不應求，則很多銷售板藍根的商家就面臨著很大的機遇，而且成功的把握很大。企業就可以利用這次機會實現短期利潤的增長。

（2）第II象限行銷的機會。機會潛在吸引力很大，但是可能性很小，說明企業暫時還不具備利用這些機會的條件，應當放棄。面臨著國人對健康的追求和渴望，企業可以開發出保健功能的產品。這對企業無疑是有很大潛在吸引力的，但對有的企業來說實現的可能性太小。這時，企業就應該好好分析當前形勢，尤其要注意企業的微觀條件是否能夠支持。

（3）第III象限行銷的機會。機會潛在吸引力很小，成功的可能性大，雖然企業擁有利用機會的優勢，但不值得企業去開拓。這樣的情況很多，比如說更換或改進產品的包裝會對消費者形成新的刺激，但這種刺激的程度往往是有限的，雖然說成功的可能性很大，但要考慮成本和收益的比較。

（4）第IV象限行銷的機會。機會潛在吸引力很小，成功可能性也小，企業應當主動放棄。在這種情況下，企業就應該有所取捨了。

運用上述方法，對行銷環境諸因素及其變化給該企業帶來的行銷機會進行分析與評價，可以準確地找到企業面臨的最有獲利潛力和最有可能出現的市場行銷機會，以便企業找到主攻方向。對於市場機會，企業可以採取的對策有兩種：

第一，利用策略。也就是企業充分調動和運用自身資源和能力，利用市場機會開展行銷活動，擴大銷售，提高市場佔有率。

第二，放棄策略。當市場機會的潛在利益和出現的可能性都很小時，企業可以放棄市場，以免造成企業資源的浪費。

❖行銷案例

美國罐頭大王的發跡

　　1875 年，美國罐頭大王亞默爾在報紙上看到一條「豆腐塊新聞」，說是在墨西哥畜群中發現了病疫。有些專家懷疑這是一種傳染性很強的瘟疫。亞默爾立即聯想到，毗鄰墨西哥的美國加利福尼亞州、德克薩斯州是全國肉類供應基地，如果瘟疫傳播至此，政府必定會禁止那裡的牲畜及肉類進入其他地區，造成全國供應緊張，價格上漲。於是，亞默爾馬上派他的家庭醫生調查，並證實此消息。然後果斷決策：傾其所有，從加、德兩州採購活畜和牛肉，迅速運至東部地區，結果一下子賺了 900 萬美元。

（二）威脅分析

　　評估環境威脅從兩個方面進行：一是威脅嚴重性；二是威脅出現的概率。如圖 3-9 所示。

	出現的概率 高	出現的概率 低
威脅嚴重性 高	I	II
威脅嚴重性 低	III	IV

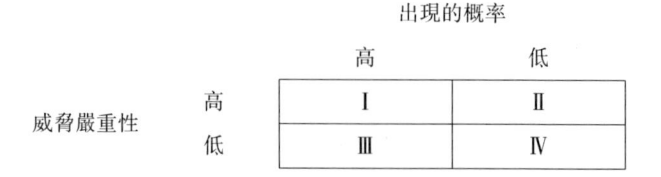

圖 3-9　威脅分析矩陣圖

　　（1）第 I 象限環境的威脅。威脅的嚴重性高，出現的概率也高，表明企業面臨著嚴重的環境危機。例如，污水排放量很大的造紙廠在國家政府提倡環境保護而限制排污量的時候，企業面臨的環境威脅就很大了，甚至面臨著倒閉的危險。

　　（2）第 II 象限環境的威脅。威脅的嚴重性高，但出現的概率低，企業不可忽視，必須密切注意其發展方向，也應制定相應的措施準備應對，力爭將危害降低。這種情況也有，例如，流行性病毒對餐飲行業的打擊是慘重的，像 SARS 這樣的病毒出現的時候，餐飲行業只能選擇加大消毒和宣傳力度或者創新，否則只能關門。

　　（3）第 III 象限環境的威脅。威脅的嚴重性低，但出現的概率高。雖然企業面臨的威脅不大，但是，由於出現的可能性大，企業也必須充分重視。

　　（4）第 IV 象限環境的威脅。威脅的嚴重性低，出現的概率也低。在這種情況下，企業不必擔心，但應注意其發展動向。

　　運用上述方法，對行銷環境諸要素及其變化給該企業帶來的威脅進行分析、評價，可準確地發現企業面臨的環境威脅，找到主要威脅之所在，便於企業有重點地採取適宜對策。對於環境威脅，企業可以採取的對策有三種：

　　第一，轉移策略。即對於長遠的、無法對抗和減輕的威脅，採取轉移到其他的可以占領並且效益較高的經營領域或乾脆停止經營的方式。

　　第二，減輕策略。即調整市場策略來適應或改善環境，以減輕環境威脅的影響程

度。比如說針對國外的技術壁壘，中國企業改進產品技術，進入國際市場。

第三，反抗（對抗）策略。即企業利用各種不同手段，限制不利環境對企業的威脅作用或者促使不利環境向有利方面轉化。比如通過運用權力與公共關係來對抗貿易壁壘。

❖ **行銷視野**

某菸草公司機會威脅分析

假設某菸草公司通過市場調研瞭解到影響其發展的一些動向。

(1) 某些國家政府頒布了法令，要求所有香菸廣告和包裝上都要印上「吸菸危害健康」的嚴重警告；

(2) 有些國家的政府頒布了禁菸令，禁止在公共場所吸菸；

(3) 許多發達國家吸菸人數大幅度下降；

(4) 這家菸草公司的研究實驗室發明了用萵苣葉製造無害香菸的方法；

(5) 發展中國家吸菸人數迅速增加。

顯然，上述（1）、（2）、（3）動向對這家菸草公司造成了不利影響，屬於環境威脅；（4）、（5）動向則給這家菸草公司帶來了有利影響，屬於市場機會。由此可知，這家菸草公司屬於高機會和高威脅的冒險企業，即儘管公司有豐厚的潛在利潤，但也存在著巨大風險。因此，企業在經營過程中必須密切關注各種動向的變化趨勢，並據此制定應變對策。

(三) 威脅—機會環境分析

將機會和威脅綜合起來進行考慮。因為在企業實際面臨的客觀環境中，單純的環境威脅和市場機會是很少的，一般情況下都是並存的。這裡以橫軸表示威脅水平的大小，以縱軸表示機會水平的大小，可以將環境分成四個區域。如圖3-10所示。

	威脅水平	
	低	高
機會水平 高	區域 I 理想環境	區域 II 風險環境
機會水平 低	區域 III 成熟環境	區域 IV 困難環境

圖 3-10　威脅—機會綜合分析矩陣圖

區域 I 表示企業面對理想環境。也就是機會大，威脅水平低，利益大於風險。這是企業遇到的最好的綜合環境，企業應充分利用環境中的市場機會。

區域 II 表示企業面對風險環境。也就是機會大，威脅水平高，高風險和高收益共存。這個時候要求企業必須全面分析、審慎決策、降低風險、爭取利益。

區域 III 表示企業面對成熟環境。也就是機會小，威脅水平也比較低，這是一種比較平穩的環境。在這種情況下，企業要按照常規經營，規範管理，以維持正常運轉。

區域Ⅳ表示企業面對困難環境。也就是機會小，威脅水平高，這是企業遇到的最差的綜合環境。面對這樣的環境，企業必須想辦法扭轉局面，果斷決策，退出該環境的經營。

通過威脅—機會綜合分析矩陣圖，對影響企業行銷的相關環境及其權重做出準確的評估與分析，並在環境分析與評價的基礎上，對威脅與機會水平不等的各種行銷業務，分別採取不同的對策。

對理想環境，應看到機會難得，甚至轉瞬即逝，必須抓住機遇，迅速行動；否則，喪失戰機，將後悔萬分。

對風險環境，面對高利潤與高風險，既不宜盲目冒進，也不應遲疑不決，錯失良機，應全面分析自身的優勢與劣勢，揚長避短，創造條件，爭取突破性的發展。

對成熟環境，機會與威脅處於最低水平，可開展企業的常規業務，以維持企業的正常運轉，並為開展理想業務和冒險業務提供必要的條件。

對困難環境，要麼努力改變環境，走出困境或減輕威脅，要麼立即轉移，擺脫無法扭轉的困境。

三、SWOT分析模型

(一) SWOT分析的含義

SWOT分析法又稱為態勢分析法，它是由舊金山大學管理學教授於20世紀80年代初提出來的。SWOT四個英文字母分別代表：優勢（Strength）、劣勢（Weakness）、機會（Opportunity）、威脅（Threat）。

所謂SWOT分析，就是將與研究對象密切相關的各種主要內部優勢、劣勢和外部的機會和威脅等，通過調查列舉出來，並依照矩陣形式排列，然後用系統分析的思想，把各種因素相互匹配起來加以分析，從中得出相應的結論。SWOT分析法常常被用於制定集團發展戰略和分析競爭對手情況。在戰略分析中，它是最常用的方法之一。S、W是內部因素，O、T是外部因素。按照企業競爭戰略的完整概念，戰略應是一個企業「能夠做的」（即企業的優勢與劣勢）和「可能做的」（即環境的機會和威脅）之間的有機組合。

(二) 構造SWOT矩陣

將調查得出的各種因素按輕重緩急或影響程度等排序，構造SWOT矩陣，如圖3-11所示。

内部分析 外部分析	優勢 S 1. 2. 列出優勢 3.	劣勢 W 1. 2. 列出劣勢 3.
機會 O 1. 2. 列出機會 3.	SO 戰略 1. 發揮優勢 2. 利用機會 3.	WO 戰略 1. 克服劣勢 2. 利用機會 3.
威脅 T 1. 2. 列出威脅 3.	ST 戰略 1. 利用優勢 2. 迴避威脅 3.	WT 戰略 1. 減少劣勢 2. 迴避威脅 3.

圖 3-11　SWOT 分析模型

　　在此過程中，將那些對公司發展有直接的、重要的、大量的、迫切的、久遠的影響因素優先排列出來，而將那些間接的、次要的、少許的、不急的、短暫的影響因素排列在後面。

　　在完成環境因素分析和 SWOT 矩陣的構造後，便可以制訂出相應的行動計劃。制訂計劃的基本思路是：發揮優勢因素，克服弱勢因素，利用機會因素，化解威脅因素；考慮過去，立足當前，著眼未來。運用系統分析的綜合分析方法，將排列與考慮的各種環境因素相互匹配起來加以組合，得出一系列公司未來發展的可選擇對策。

(三) SWOT 模型的局限性

　　與很多其他的戰略模型一樣，SWOT 模型已由麥肯錫提出很久了，帶有時代的局限性。以前的企業可能比較關注成本、質量，現在的企業可能更強調組織流程。例如以前的電動打字機被打印機取代，該怎麼轉型？是應該做打印機還是其他與機電有關的產品？從 SWOT 分析來看，電動打字機廠商的優勢在於機電，但是發展打印機又顯得比較有機會。結果有的朝打印機發展，死得很慘；有的朝剃鬚刀生產發展很成功。這就要看，你要的是以機會為主的成長策略，還是要以能力為主的成長策略。SWOT 沒有考慮到企業改變現狀的主動性，企業是可以通過尋找新的資源來創造企業所需要的優勢，從而達到過去無法達成的戰略目標。

　　在運用 SWOT 分析法的過程中，你或許會碰到一些問題，這就是它的適應性。因為有太多的場合可以運用 SWOT 分析法，所以它必須具有適應性。然而這也會導致反常現象的產生。SWOT 分析法所產生的問題可以由更高級的 POWER SWOT 分析法得到解決。

❖ **本章小結**

（1）行銷環境是指影響和制約企業行銷活動的各種內部條件和外部因素的總和。按企業界限來劃分，企業行銷環境可以分為外部環境和內部環境。外部環境包括宏觀環境和微觀環境。

（2）宏觀行銷環境是指對企業行銷活動造成市場機會和環境威脅的主要力量，包括政治法律環境、經濟環境、社會文化環境、科技環境及自然環境。分析宏觀行銷環境的目的在於更好地認識環境，通過企業行銷努力來適應環境及其變化，實現企業的行銷目標。

（3）微觀行銷環境是指直接制約和影響企業行銷活動的外在因素，這些因素主要有供應商、行銷仲介、顧客、社會公眾以及競爭者。分析企業微觀行銷環境的目的在於更好地協調企業與這些相關群體的關係，促進企業行銷目標的實現。

（4）企業內部環境是指企業內部的物質、文化環境的總和，包括企業資源、企業能力、企業文化等因素，也稱企業內部條件。內部環境是企業經營的基礎，是企業制定戰略的出發點、依據和條件，是企業競爭取勝的根本。

（5）一個企業要進入某一行業或領域，不僅會面臨很多發展機會，而且也會遇到一些阻力或威脅。因此，企業在進入某一行業或領域之前，一定要對其所面臨的市場機會和環境威脅做出總體分析。

❖ **趣味閱讀**

日本「老人監獄」人滿為患

日本由於人口老齡化嚴重，福利資源短缺，老年人違法犯罪率不斷升高。根據日本警察廳調查數據顯示，2015年老年人的違法犯罪案件數量已經超過了青少年。

調查顯示，日本一名普通退休老人每年的基本養老金為78萬日元（約合人民幣4.5萬元）左右，然而即便是節衣縮食，難逃入不敷出的命運。不少日本老人積蓄微薄，缺乏充分的社保和醫保，乾脆不惜一犯再犯，只為過上「包吃、包住、包看病」的牢獄生活。一位老年囚犯說，「把我關起來吧！我寧可吃牢飯，讓國家養我到死。」

對於老年犯罪的不斷增多，日本還專門為60歲以上行動不便的老人設立「老人監獄」。監獄內配備有輪椅以及醫護人員24小時待命。在日本廣島的一間「老人監獄」裡，服刑人員都超過60歲，最大的為89歲。這裡大多數的牢房內都有輪椅，門外特別裝設一長排的欄杆，讓老年犯人可以扶著走路。為防止犯人老年痴呆，監獄還讓老年囚犯們玩遊戲機。

近年來由於越來越多老年人入獄，日本監獄床位告急，正面臨一場嚴重的「預算危機」。一些專家指出，日本司法體系存在漏洞，例如一名老人偷竊一個價格200日元（約合人民幣11.5元）的三明治就可能被判兩年監禁，而監獄系統需要為此承擔840萬日元（約合人民幣48萬元）的開銷。

由於生計所迫，日本老齡人口中出現越來越多「慣犯」。這意味著，就算不少老齡

罪犯被提前釋放，他們也很可能會再度犯罪以重回監獄。老齡罪犯還會繼續增加，日本的監獄系統面臨崩潰。

❖ 課後練習

一、單選題

1. 聯合國根據恩格爾系數制定了一個劃分貧富的標準：其中系數為（　　），屬於小康水平。
　　A. 50%~59%　　　　　　　　B. 40%~50%
　　C. 30%~40%　　　　　　　　D. 30%以下
2. 個人收入中扣除稅款和非商業性開支後所得餘額，稱為（　　）。
　　A. 個人收入　　　　　　　　B. 個人可支配收入
　　C. 個人可任意支配收入　　　D. 個人稅後收入
3. 當收入一定時，儲蓄越多，現實消費量（　　）。
　　A. 就越小　　　　　　　　　B. 就越大
　　C. 既不大也不小　　　　　　D. 可能大也可能小
4. 代理中間商屬於市場行銷環境的（　　）因素。
　　A. 內部環境　　　　　　　　B. 競爭
　　C. 市場行銷渠道企業　　　　D. 公眾環境
5. 理想業務的特點是（　　）。
　　A. 高機會高威脅　　　　　　B. 高機會低威脅
　　C. 低機會低威脅　　　　　　D. 低機會高威脅
6. 市場行銷環境中（　　）被稱為是一種創造性的毀滅力量。
　　A. 新技術　　　　　　　　　B. 自然資源
　　C. 社會文化　　　　　　　　D. 政治法律

二、多選題

1. 影響企業行銷活動的微觀環境因素主要有（　　）。
　　A. 供應商　　　　　　　　　B. 行銷仲介單位
　　C. 顧客　　　　　　　　　　D. 競爭者
　　E. 社會公眾
2. 影響企業行銷活動的宏觀環境因素主要有（　　）。
　　A. 人口環境　　　　　　　　B. 經濟環境
　　C. 政治和法律環境　　　　　D. 社會文化環境
　　E. 自然和科技環境
3. 企業在市場上所面對的競爭者大體上可分為（　　）。
　　A. 願望競爭者　　　　　　　B. 隨機性競爭者
　　C. 屬類競爭者　　　　　　　D. 產品形式競爭者

E. 品牌競爭者
4. 對環境威脅的分析一般著眼於（　　　）。
   A. 威脅是否存在　　　　　　　B. 威脅的潛在嚴重性
   C. 威脅的徵兆　　　　　　　　D. 預測威脅到來的時間
   E. 威脅出現的可能性

三、問答題

1. 根據面臨的市場機會與環境威脅的不同，企業業務可劃分為哪幾種類型？分別採取怎樣的行銷對策？
2. 簡述世界人口環境發展的主要趨勢。
3. 市場行銷環境有哪些特點？

四、案例分析題

繼1997年年底八百伴及1998年年中大丸百貨公司在香港相繼停業後，2000年9月18日，世界第二大超市集團家樂福位於香港的4所大型超市全部停業，撤離香港。

法資家樂福集團，在全球共有5,200多家分店，遍布26個國家和地區，全球的年銷售額達363億美元，盈利達7.6億美元，員工逾24萬人。家樂福在中國的臺灣、深圳、北京、上海的大型連鎖超市，生意均蒸蒸日上，為何獨獨兵敗香港？家樂福聲明其停業原因，是香港市場競爭激烈，又難以在香港覓得合適的地方開辦大型超級市場，短期內難以在市場爭取到足夠佔有率。家樂福倒閉的責任可以從兩個方面來分析。

從它自身來看：第一，家樂福的「一站式購物」不適合香港地窄人稠的購物環境。家樂福的購物場所地方寬大，這與香港寸土寸金的社會環境背道而馳，顯然資源運用不當。這一點反應了家樂福在適應香港社會環境方面的不足。第二，家樂福在香港沒有物業，而本身需要數萬至10萬平方米的面積經營，背負龐大租金的包袱，同時受租約限制，做成聲勢時租約已滿，競爭對手覬覦它的鋪位，會以更高租金奪取。第三，家樂福在臺灣有20家分店，能夠形成配送規模，但在香港只有4家分店，直接導致配送的成本相對高昂。

從外部來看：第一，家樂福是在1996年進軍香港的，正好遇上香港歷史上租金最貴時期，經營成本高昂，這對於以低價取勝的家樂福來說，是一個沉重的壓力。並且在這期間香港又不幸遭遇亞洲金融危機，香港經濟也大受打擊，家樂福受這幾年通貨緊縮影響，一直無盈利。第二，香港本地超市集團百佳、惠康、華潤、蘋果速銷等掀起的減價戰，給家樂福的經營以重創。作為國際知名大超市集團，家樂福沒有參加這場長達兩年的減價大戰，但幾家本地超市集團的競相削價，終於使家樂福難以承受，失敗而歸。

問題：
1. 你認為家樂福敗走香港的真正原因何在？
2. 家樂福敗走香港對中國大陸零售業發展有何啟示？

❖ 行銷技能實訓

實訓項目：SWOT 環境分析實訓

【實訓目標】
1. 培養學生運用環境分析的基本方法。
2. 分析、評價企業的市場行銷環境及其應對策略的能力。

【實訓內容與要求】
1. 撰寫一份環境分析報告

假定你畢業後想在學校附近開一家奶茶店，請你分析開奶茶店所面臨的宏觀環境和微觀環境，撰寫一份完整的環境分析報告。

2. 用 SWOT 分析法制訂你的行動計劃

以你畢業後創業開網吧為例，請你分析開網吧所面臨的環境機會與威脅，綜合分析你的創業項目的可行性。請運用 SWOT 分析法制訂你的行動計劃。

第四章　消費者市場與組織市場分析

> 如果你不給市場提供某些特別的東西，你就不屬於市場。
>
> ——菲利普·科特勒

> 必須先去瞭解市場和客戶的需求，然後再去找相關的技術解決方案，這樣成功的可能性才會更大。
>
> ——馬雲

❖ **學習目標**

知識目標
(1) 瞭解消費者市場和組織市場的概念及特點。
(2) 掌握消費者購買行為的模式及消費者購買決策過程。
(3) 掌握消費者購買行為的主要因素。
(4) 掌握組織市場購買決策的參與者類型和購買行為類型。

技能目標
(1) 具備分析消費者和組織市場購買決策過程的能力。
(2) 具備通過行銷案例和行銷情景分析消費者市場和組織市場的能力。

❖ **走進行銷**

宜家的顧客理念

宜家公司是瑞典一家著名的家庭裝飾用品零售企業。它從最初的小型郵購家具公司一躍成為在世界各地擁有100多家連鎖商店的大企業，年均增長率為15%。宜家的成功秘訣在哪裡，最根本的是它獨有的行銷理念——「與顧客一起創造價值」。在這種理念的指導下，宜家公司把自己與顧客、供應商之間的買賣關係，發展成共同創造價值的關係，你中有我，我中有你，共同組成一條價值鏈。

為顧客搭建創造價值的舞臺

宜家在公司的一個小冊子中寫道：「財富就是你實現自己想法的那種能力。」從這一點出發，宜家認為，不論是生產者還是消費者，都有創造價值的能力。問題的關鍵在於，作為銷售商如何為每一個消費者施展能力、創造價值提供一個舞臺。宜家不把向顧客提供產品和服務視為一種簡單的交易，而是視為一種嶄新的勞動分工。即：將一些原來由加工者和零售商所做的工作交給顧客去做，公司方面則專心致志地向顧客提供價格低廉而質量優良的產品。

宜家希望顧客能夠明白，自己來這裡不僅可以消費，而且可以再創造。在一些家具商津津樂道於現場定做、送貨上門的時候，宜家卻別出心裁地向顧客提供了無數個自己創新的條件和機會。宜家的高明之處也就是在於此。

供應商也是宜家的顧客

宜家不但支持顧客創造價值，而且支持自己的50多個國家的1,800個供應商創造價值。為了最終向顧客提供優質的商品和服務，宜家必須擁有能夠提供質優價廉產品的供應商。因此，宜家在尋找和評估供應商時格外認真。供應商一旦成為宜家系統的一部分，就等於進入了全球市場，而且能夠獲得宜家提供的多方面的支持和幫助。如設在維也納的宜家商業服務部，建有一個電腦數據庫，目的就是向原材料供應商提供生意上的信息。

全球市場的形成，「以顧客為中心」消費時代的到來，「與顧客一起創造價值」的經營理念，使宜家就像一個身懷絕技的導演，激發出顧客和供應商無窮的活力，共同演繹著一場變幻莫測、引人入勝的話劇——「創造價值」。

順應環境的變化

家具是為人服務的，而宜家行銷的宗旨是「與顧客一起創造價值」，因此，宜家公司主要將目標市場定位於世界各大知名城市，因為這裡消費人群密集，消費水平高，在同等條件下比其他地區更能創造價值。因為宜家家具的目標顧客主要為一些高消費人群，所以一個國家和地區的經濟環境也對其行銷戰略有重大影響。

討論：

1. 宜家採取的經營理念是什麼？
2. 宜家選取了哪些目標市場？為什麼要這樣選擇？目標人群的特點是什麼？
3. 消費者購買行為方式對宜家市場定位有哪些影響？

宜家的案例表明，許多不同的因素影響著消費者的購買行為。消費者購買行為是指最終消費者為個人消費而購買產品和服務的個人或家庭的購買行為。所有這些最終的消費者組成消費者市場。國家統計局數據顯示，2016年全年社會消費品零售總額達到33.2萬億元，同比增長10.4%，這表明中國已成為世界上最有吸引力的消費者市場之一。消費者在年齡、收入、教育水平和品位上有很大不同，所購買產品和服務也千差萬別，這些多樣化的消費者與他人及周圍環境相互聯繫，影響著他們在各種產品、服務和公司之間的選擇。

第一節　消費者市場分析

一、消費者市場與消費者行為

（一）消費者市場的概念及特點

消費者市場指有購買力、有購買願望的顧客群體。市場行銷學根據市場上購買者的不同，把整個市場劃分為消費品市場和組織市場。消費者市場或叫最後消費者市場，

是個人或家庭為了生活消費而購買商品或服務的市場。

研究消費者市場，首先需要瞭解消費者市場的主要特點：

1. 消費者多而廣

個人和家庭是消費品市場的基本購買單位，行銷範圍廣闊。對大多數日用小商品而言，購買者幾乎涉及所有的人。他們具有不同的年齡、性別和生活習慣，且居住的地理位置分佈很廣，因而他們的消費需求、消費習慣也千差萬別。

2. 需求差異性

消費者由於性別、年齡、職業、經濟、受教育情況、價值觀等不同，對商品種類的需求也不盡相同。即使是同一產品，對花色、品種、規格、質地、款式的需求也存在差別。

3. 行為複雜性

消費者受到年齡、性別、身體狀況、性格、習慣、文化、職業、收入、教育程度和市場環境等多種因素的影響而具有不同的消費需求和消費行為，他們所購商品的品種、規格、質量、花色和價格也就千差萬別。消費者會受長期賴以生存或生活的自然環境、經濟環境、社會人文環境等影響。同一地區的消費者在生活習慣、收入水平、購買特點和商品需求等方面有較大的相似之處，而不同地區消費者的消費行為則表現出較大的差異性與複雜性。

4. 購買週期性

從消費者對商品的需要來看，有些商品消費者需要常年購買、均衡消費，如食品、副食品、牛奶、蔬菜等生活必需商品；有些商品消費者需要季節購買或節日購買，如一些時令服裝、節日消費品；有些商品消費者需要等商品的使用價值基本消費完畢才重新購買，如電話機與家用電器。由此可見，消費者的購買行為有一定的週期性可循。

5. 非專業購買性

大多數消費者購買商品都缺乏專門知識，尤其在電子產品、機械型產品、新型產品層出不窮的現代市場，一般消費者很難判斷各種產品的質量優劣或質價是否相當，他們很容易受廣告宣傳或其他促銷方法的影響。因此，現代工商企業必須十分注意廣告及其他促銷工作，努力創造品牌，建立良好的商譽，這都有助於產品銷路的擴大，有助於市場競爭地位的鞏固。但要堅決反對利用消費者市場非專業購買這一特點做出欺騙顧客、坑害消費者的行為。

6. 發展性

人類社會的生產力和科學技術總是在不斷進步，必然伴隨新商品不斷出現，這是社會發展、科技進步的必然結果；同時，必然帶來消費者收入水平不斷提高，消費者消費水平也不斷提高，進而，消費需求也就呈現出需求量由少到多、需求質量由低到高、需求形式越來越個性化等發展趨勢。

❖行銷案例

紅領集團的定制化之路

近幾年間，服裝行業哀鳴一片，身處其中的紅領集團卻成了炙手可熱的香餑餑，上萬家中外企業趨之若鶩，從四面八方趕來參觀學習。

進入紅領的生產車間，每個員工都對著一個電子顯示屏，按照上面的指示來開展自己的工作。流水線上每件產品的顏色、款式、面料都不同，它們都掛有自己的「身分證」，工人只要將其在自己面前的識別終端輕輕一掃，這件衣服的信息及製作要求全都一目了然。控製這一切的，是紅領獨自研發的智能化定制系統。從初始的量體，到成單、打版、剪裁，再到最後的成衣，一套服裝被細分成300多道標準工序。怎樣搭配最合理，怎樣剪裁最省料，全部由系統來計算並執行。紅領在這套系統中建成了版型庫、款式庫、工藝庫、材料庫等多個數據庫，裡面據稱存儲了涵蓋中外服裝的百萬億個大數據。傳統批量生產的服裝一般只有大、中、小三個號，最多不超過10個。

在紅領的數據庫裡，一套衣服有9,000多個型號，從1米3，到2米5，高矮胖瘦，各種身材的數據都有。這不僅將客戶需求的不滿足率降到萬分之一，更大大提高了製衣效率。比如製衣流程中的打版環節，傳統方式裡，一個資深打版師一套西裝至少要一整天完成，但在紅領智能系統的幫助下，只要20秒即可完成。仰仗這套系統，紅領車間裡210名員工一天可以完成2,000套個性化服裝，這在傳統車間是不敢想像的。

紅領近兩年的業績顯示，儘管其生產成本比傳統模式高出10%，但利潤率卻是傳統模式的2倍多。同時，紅領的智能化系統讓新產品產出週期加速了8倍，由原來的3個月縮短到10天。在紅領的魔幻工廠APP裡，消費者可在智能系統的幫助下，自主選擇款式、面料、顏色，自主設計各種細節。這種深度自主化，讓普通消費者變成了設計師，突破了傳統的消費體驗。紅領轉變成了以用戶為中心，實現了向商業本質的迴歸——靠客戶需求驅動、整合產業鏈，形成永續的良性循環。

（資料來源：王中美. 紅領集團的定制化之路 [EB/OL]. [2017-03-27]. http://chuansong.me/n/1714157234823.）

(二) 消費者購買行為模式

消費者購買行為指的是消費者在整個購買過程中所進行的，在尋求、購買、使用、評價和處理預期能滿足其需要的商品或服務時，所表現出來的一系列有意識的活動。這一購買過程從引起需要開始，經過形成購買動機、評價選擇、決定購買到購買後的評價行為。研究消費者行為就是要研究消費者是如何用有限的可支配的資源（時間、精力、金錢等）來更高效率地、盡可能多地滿足自身需要的行為過程。可以說消費者購買行為涉及的內容太多，造成研究者千頭萬緒，不知從哪裡入手對其進行分析。市場行銷學家科特勒對消費者購買行為過程進行系統研究後，歸納出以下7個主要問題（「6W1H」研究法或「7O」研究法）：

(1) 誰構成市場？　　（Who）——購買名字（Occupants）

（2）他們買什麼？　（What）──購買對象（Objects）
　（3）他們為何買？　（Why）──購買目的（Objectives）
　（4）誰參與購買？　（Who）──購買組織（Organizations）
　（5）他們怎樣買？　（How）──購買方式（Operations）
　（6）他們何時買？　（When）──購買時間（Occasions）
　（7）他們何地買？　（Where）──購買地點（Outlets）

　　消費者購買行為通常受一系列複雜因素的影響，理論界形象地把這些因素產生影響的環節或過程稱為「消費者購買心理黑箱」。研究和瞭解「消費者購買心理黑箱」中將發生的事情，以便企業採取正確和行之有效的策略。消費者購買行為研究模式中比較有代表性的是刺激—反應模式，市場行銷因素和外部環境因素的刺激將會進入購買者的意識，購買者根據自己的特徵處理信息，再經過一定的決策過程做出購買決定。見圖4-1。

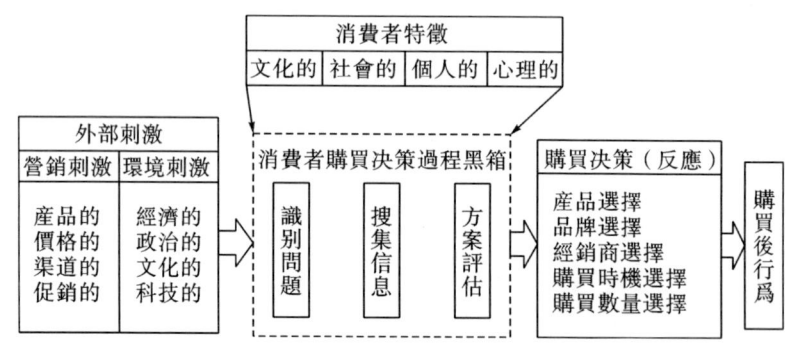

圖4-1　消費者購買行為分析模型

❖ **行銷案例**

　　Yieldr 為了揭示顧客在線機票預訂行為模式，找出航空公司潛在的盈利點，分析了北美和歐洲的 700 萬個廉價航空公司訂單和傳統航空公司的訂單。其中預訂時間、平均價格和上座率都是這個問題之中的變量。Yieldr 在這份報告中研究了多家數據，分析了北美和歐洲 700 萬份廉價訂單和傳統航空公司的訂單後，揭示了消費者在線預訂行為的特點。

　　該研究顯示：最大筆的預訂訂單都是在周一的工作時間做出的。在全部訂單數據中，22%的預訂都是在這一時段完成的，預訂量峰值為上午 11 點到 12 點；此後三天預訂的比例不斷減少，到周五又回升至 17%；預訂量在周五晚上到周六晚上再次下降，接著又在周日下午 3 點再次達到一個高峰。

　　研究還發現：當大規模團體需要預訂機票時，預訂時間就會更提前；機票越貴，預訂的時間就會越提前；平均往返套票價格為 240 歐元。

　　就預訂時間而言，Concur 曾表示，提前 15 天或以上預訂機票是最理想的，那時機票均價為 404 美元。但如果要在接近出行日期的時候預訂，提前 8 天預訂要比提前 7 天

預訂劃算得多。平均票價會從提前 8~14 天預訂的 493 美元躍升至提前 7 天以內的 575 美元。

Yieldr 還就其市場行銷技術進行宣傳，表示這一技術能保證航空公司在客戶最有可能購買機票時與客戶進行互動交流。該技術收集收益、客戶和預訂的數據，為航空公司提供一個更全面的銷售策略，就航空公司應該在何種時機瞄準客戶提供建設性指導方案。

(三) 消費者購買行為類型

消費者市場的購買行為按購買者的參與程度和產品品牌差異程度可以分為四類：複雜性購買行為、減少失調感的購買行為、尋求多樣化的購買行為和習慣性的購買行為。如表 4-1。

表 4-1　　　　　　　　　　　四種消費者購買行為類型

品牌差異程度 \ 購買者參與程度	高介入	低介入
產品間差異顯著	複雜的購買行為	尋求多樣性的購買行為
產品間差異較小	降低失調感的購買行為	習慣性的購買行為

1. 複雜的購買行為

如果消費者屬於高度參與，並且瞭解現有各品牌、品種和規格之間具有的顯著差異，那會產生複雜的購買行為。複雜的購買行為指消費者購買決策過程完整，要經歷大量的信息收集、全面的產品評估、慎重的購買決策和認真的購後評價等各個階段。

對於複雜的購買行為，行銷者應制定策略幫助購買者掌握產品知識，運用各種途徑宣傳本品牌的優點，影響最終購買決定，簡化購買決策過程。

2. 失調感的購買行為

失調感的購買行為是指消費者並未廣泛收集產品信息，並未精心挑選品牌，購買決策過程迅速而簡單，但是在購買以後會認為自己購買的產品具有某些缺陷或其他同類產品有更多的優點，進而產生失調感，懷疑原先購買決策的正確性。

對於這類購買行為，行銷者要提供完善的售後服務，通過各種途徑經常提供有利於本企業的產品的信息，使顧客相信自己的購買決定是正確的。

3. 尋求多樣化的購買行為

尋求多樣化的購買行為指消費者購買產品有很大的隨意性，並不深入收集信息和評估比較就決定購買某一品牌，在消費時才加以評估，但是在下次購買時又轉換其他品牌。轉換的原因是厭倦原口味或想試試新口味，是尋求產品的多樣性而不一定有不滿意之處。

對於尋求多樣性的購買行為，市場領導者和市場挑戰者的行銷策略是不同的。市

場領導者企圖通過佔有貨架、避免脫銷和提醒購買的廣告來鼓勵消費者形成習慣性購買行為。而挑戰者則以較低的價格、折扣、贈券、免費贈送樣品和強調試用新品牌的廣告來鼓勵消費者改變原習慣性購買行為。

4. 習慣性的購買行為

習慣性的購買行為指消費者並未深入收集信息和評估品牌，只是習慣於購買自己熟悉的品牌，在購買後可能評價也可能不評價產品。

對於習慣性的購買行為的主要行銷策略是：利用價格與銷售促進並吸引消費者試用；開展大量重複性廣告，加深消費者印象；提高購買參與程度和擴大品牌差異。

❖ 行銷情境

做生意，其實就是一個戀愛的過程，讓顧客找到你，瞭解你，愛上你。有些人說，這明顯是站著說話不腰疼，實際上執行起來可要複雜多了。這個過程中的關鍵點就是顧客。而作為賣方，就應該瞭解消費者心裡面在想些什麼。

問題：10類顧客（隨便逛逛型顧客、興奮型顧客、急躁性顧客、活潑型顧客、安靜型顧客、沉默型顧客、敏感性顧客、內向型顧客、優柔寡斷型顧客和權威型顧客），導購如何快速拿下？應如何應對不同消費者的不同心理特徵呢？

二、消費者購買決策的過程

消費者購買決策是指消費者謹慎地評價某一產品、品牌或服務的屬性並進行選擇、購買能滿足某一特定需要的產品的過程。在複雜購買行為中，消費者購買決策過程一般由認識需求、收集信息、方案選擇、購買決策和購後評價五個階段構成（見圖4-2）。

認識需求 → 收集信息 → 方案選擇 → 購買決策 → 購後評價

圖 4-2　消費者購買決策過程

（一）認識需求

這是消費者購買行為的始端。消費者只有首先認識到需要得到滿足的需求，才能產生購買動機。喚起消費者對需要的認識的刺激可以來自三個方面：一種是人體內部的刺激，如炎熱寒冷、饑餓等；另一種是人體外部的社會環境刺激，如流行趨勢、相關群體的影響；第三種是企業銷售環境的刺激，如主題餐廳、個性化菜名等。消費者對自身的各種需求加以正確認識，可以為購買決策限定範圍，因而是有效決策的前提。在這一階段，企業必須通過市場調研，促使消費者認識到需求的具體因素，行銷活動

應致力於發掘消費驅策力和強化需求，引發和深化消費者對需求的認識。

(二) 收集信息

消費者在需求的相關支配下，會積極地進行有關信息的收集，會注意相關產品的廣告說明，並樂於就有關問題同朋友討論或向專家諮詢。消費者信息來源主要有：個人來源，如家庭、朋友、鄰居、熟人；商業來源，如廣告、推銷員、經銷商、包裝、展覽；公共來源，如大眾傳播媒體報紙雜誌、消費者評審組織等；經驗來源，包括自身操作、實驗、處理、檢查和使用產品等。信息來源的豐富程度和可信度因產品類別和購買者特徵的不同而各有差別。市場行銷者的任務就是設計適當的市場行銷組合，尤其是產品品牌廣告策略，宣傳產品的質量、功能、價格等，使消費者最終選擇本企業的品牌。

❖ **行銷案例**

曼妥思「造人運動」

8月9日是新加坡的國慶節，依照慣例每年都會推出一首官方國慶主題歌曲，2012年推出的是「愛在晨曦中」。不過，它的風頭被曼妥思薄荷糖搶走不少，後者在國慶節的前一周發布了一支自己創作的國慶歌曲「國慶之夜」，鼓勵國民以一種新方式來慶祝節日：為新加坡造人。這首言辭露骨的R&B歌曲旨在宣傳曼妥思新推出的一款主題薄荷糖「我愛新加坡」。

不斷下降的出生率一直是令新加坡頭疼的國家難題。2011年《美國中央情報局世界概況》估計，新加坡出生率僅為7.72‰，處於全世界最低水平。而移民政策又不為本地人所認可，於是，國慶日除了政府領袖出席的盛大巡遊和閱兵表演，都是宣傳「多生孩子」的主論壇。

這回，曼妥思替新加坡政府好好地操了一回心，應景地發布了一支自己創作的國慶歌曲「國慶之夜」，號召大家多盡國民責任，以一種新方式來慶祝節日：「為新加坡造人」。露骨的言辭，酷勁十足的曲調，未必能獲得保守人士的歡迎，卻廣受年輕人喜愛。由於極具傳播性，一經推出迅速流行於網路，在YouTube上吸引了近40萬的點擊量，將近新加坡官方國慶歌曲的一半。「為新加坡造人」不正是這群人麼？如此稍具戲謔的口吻，反倒要比政府的說教來得更容易被接受，帶給人們一絲觸動。何況，他們亦正是曼妥思薄荷糖的目標客戶。

(三) 方案選擇

這是消費者購買決策的第三個階段，消費者收集到各種不同的資料後，就會對所需要商品的各個方面進行比較評價，以便做出選擇。比較評價一般分為三個步驟：第一，對商品所有品質進行瞭解，包括對商品的性能、質量、式樣、價格、廠牌、商標、包裝等進行全面瞭解。第二，對同類商品之間的優缺點進行綜合比較。第三，根據自己的喜愛和條件，確定購買對象。評價的標準是多方面的、綜合的，而不是單一的，消費者會應用不同的評估方法在多重屬性目標之間做選擇。同時，各商品的主要屬性

和重要性大小，又會因消費者價值觀念的不同而存在差異。因此，對同一決策方案，不同的消費者會做出完全不同的評價。

對企業來說，首先要注意瞭解並努力提高本企業產品的知名度，將其列入消費者比較與評價的範圍之內，進而才可能被選為購買目標。同時，還要調查研究人們比較與評價某類商品時所考慮的主要方面，並突出宣傳這些方面，以對消費者的購買選擇產生最大影響。

❖ 行銷情境

普通初級攝影愛好者需要購買一臺單反，他考慮的最主要因素是什麼？

(四) 購買決策

當消費者對收集的信息進行綜合評價，並根據一定選購模式進行判定後，就會形成明確的購買意圖。但購買意圖並不一定會導致購買行動，這一過程中還可能受到其他因素的干擾。這種干擾因素來自兩個方面：

1. 相關群體的態度

任何一個消費者都生活在一個特定的環境中。他的購買決策往往受其家庭成員、朋友、同事或權威人士等影響，和他關係越密切，影響程度就越大。

2. 意外事件

消費者原本做出的購買決策，可能會因為如漲價、失業、收支狀況的變化而發生改變。消費者修改、推遲或取消某個購買決定，往往是受已察覺風險的影響。「察覺風險」的大小，由購買金額大小、產品性能優劣程度，以及購買者自信心強弱決定。企業應盡可能設法降低這種風險，以推動消費者購買。

購買決策是消費者購買過程中關鍵的階段。在這一階段中，市場行銷者應該搞好各種銷售服務，如示範操作、指導使用、保證維修、實行退換、分期付款等，消除顧客的各種疑慮，加深他們對本企業及商品的良好印象，贏得他們的好感，促使其做出購買本企業商品的決策。

(五) 購後評價

一般來說，購後評價取決於消費者對產品的期望和產品實際使用效用的一致程度，如果產品的覺察性能符合消費者的預期，消費者就滿意；反之，如果產品的覺察性能不如消費者的預期，消費者就不滿意。消費者的買後感覺，直接影響到企業的信譽和今後的業務發展。購買者感到滿意，就會提高企業信譽並帶來重複購買或擴大購買，否則就會損壞企業信譽。

因此，企業要做好售後服務工作，一旦發現消費者有不滿意的地方，應積極主動採取措施，盡量降低其不滿足程度，提供良好的溝通渠道，供消費者投訴，並迅速賠償消費者所受的損失，並積極對不滿意的信息進行分析處理，從中找出產品開發的新創意和行銷服務的新關係。企業要明白，最好的廣告是滿意的顧客。

❖ 行銷情境

　　波音公司出售的每架飛機都價值幾千萬美元。假如你是公司銷售部經理，你認為可以從哪些方面提高客戶滿意度？

三、影響消費者購買行為的因素

❖ 行銷案例

關於寵物的消費者習慣及態度研究

　　零點公司對北京、上海、廣州、武漢、成都、瀋陽、鄭州、西安八市4,509位普通市民的入戶調查表明，讚成養寵物這一行為的人不到一半。實際上有略超過一半的人對養寵物這一行為表示反感。

　　三成多受訪市民表示曾經養過或打算養寵物。在提到的寵物中，第一層級的是狗（54.4%）和貓（39.6%）；魚（18.3%）和鳥（16.9%）處於第二層級；第三層級是烏龜（8.6%）和兔子（6.3%）；第四層級是雞（1.3%）、小豬（0.2%）、蛇（0.2%）、鬆鼠（0.2%）、鴨（0.2%）、鸚鵡（0.2%）、鴿子（0.2%）、老鼠（0.2%）、蟋蟀（0.1%）和猴子（0.1%）。

　　調查顯示，對養寵物的態度與自身是否養過寵物有顯著關係。養過或打算養寵物的人中僅有二成反感，未養過也沒有此打算的人中有近七成的人表示反感。不同年齡的群體對養寵物的態度有顯著差異。年輕人喜歡養寵物。隨著年齡的增長，反感比例上升。18～25歲中31.8%的人反感養寵物；26～55歲中反感者比例為55.4%，56～70歲中為66.6%。

　　從事不同職業的群體對養寵物的態度也有很大差異。農、林、礦從業人員（26.9%），在校大學生（30.9%），中學生（27.5%），媒體工作者（29.6%），民營及私營企業中層以上管理人員及個體業主（45.6%）對寵物反感比例較低。大學教師（71.4%）、離退休人員（65.9%）、黨政機關社會團體中公務員以外的幹部（63.2%）最為反感；在國有企業、集體企業就職的人員中有一半以上的人對養寵物表示反感；而三資企業、國內私營企業職員中這一比例相對較低。

　　反對養寵物原因各異，但本身對養寵物沒有興趣的人不到一成。他們提到的主要反對理由包括：「養寵物與自己的年齡不符」「動物應迴歸自然，人和動物的生活不協調」「養寵物，不如獻愛心」「養寵物是追求時尚、崇洋媚外的表現」「養寵物是有錢人空虛、消磨意志的表現」等。更多的反對理由集中在養寵物對家庭及公共衛生環境的破壞方面：有將近七成的人表示「養寵物太髒」；有近兩成的人認為「養寵物會帶菌，傳染疾病，不利於人的身心健康」；有人認為「寵物妨礙交通、影響公共秩序和城市環境、增加社會負擔」；還有人覺得「養寵物太吵鬧，影響睡眠」；有14%的人認為「養寵物浪費時間、太麻煩」。

　　討論：

1. 消費者行為研究的兩個視角是什麼？
2. 不同群體的寵物消費有何心理特點？

三、影響消費者購買的因素

消費者購買行為取決於需求和欲望，而需求和欲望受許多因素的影響。本書從影響消費者購買行為的個體因素和環境因素來分析。

(一) 影響消費者購買行為的個體因素

個人因素是消費者購買決策過程中最直接的影響因素。消費者購買決策受其個人特性的影響，特別是受其年齡、性別、自我觀念、經濟狀況和生活方式的影響。

1. 心理因素

（1）動機。

消費者的購買動機就是促使消費者滿足需要的想法。消費者心理動機是消費者為滿足某種心理感覺需要所引起的購買商品的動機。由於消費者個性心理特徵是多種多樣的，這就決定了消費者對不同消費品的心理購買動機會出現千差萬別。較為普遍存在的心理動機為求實動機、求廉動機、求新動機、求美動機、求名動機、求便動機、仿效動機和攀比動機等。消費者在選擇商品時，其購買動機不是單一的，往往受幾種動機的同時驅使。企業應當認真研究和拿捏消費者的購買動機。作為一個現代企業，不僅應瞭解消費者的購買動機，而且要善於激發購買動機，引起消費者購買商品的欲望，在那些尚未產生購買動機的消費者心中創造購買動機來推銷自己的產品。

（2）認知。

①知覺。

知覺是客觀事物直接作用於人的感覺器官，人腦對客觀事物整體的反應。知覺和感覺一樣，都是當前的客觀事物直接作用於我們的感覺器官，在頭腦中形成的對客觀事物的直觀形象的反應。客觀事物一旦離開我們感覺器官所及的範圍，對這個客觀事物的感覺和知覺也就停止了。但是，知覺又和感覺不同，感覺反應的是客觀事物的個別屬性，而知覺反應的是客觀事物的整體。知覺以感覺為基礎，但不是感覺的簡單相加，而是對大量感覺信息進行綜合加工後形成的有機整體。

②感覺。

感覺是人腦對直接作用於感覺器官的客觀事物個別屬性的反應，是對客觀世界的主觀映像。感覺分為：外部感覺，如視覺、聽覺、味覺、嗅覺和觸覺；內部感覺，如運動覺、平衡覺和內臟感覺等。感覺強度依賴於刺激度，行銷刺激如果與消費者的接受力不一致，消費者的感受與反應可能就達不到行銷者預期的效果。例如，即使是時尚的東西，提前時間太長，消費者也接受不了；商品降價幅度過大，消費者會產生對商品質量的懷疑。

❖ **行銷案例**

馬氏巧克力

　　在世界大部分地區，夏季都是巧克力的銷售淡季。在澳大利亞，夏季漫長，氣候炎熱，這對巧克力的銷售當然更不利。過去巧克力商發現，在夏季，巧克力的銷售量通常要下降 60% 左右。是不是夏天人們不喜歡吃巧克力？馬氏巧克力經過市場調查發現，問題不是出在夏天巧克力的滋味，而是人們覺得夏天巧克力會融化，吃起來黏黏糊糊的很麻煩，而且夏天巧克力很難保存好。

　　於是，馬氏公司開始行動。他們首先讓銷售商把馬氏巧克力保存和擺放在雪櫃裡，然後發動一場大規模的公關活動，告訴公眾有一種夏日品嘗巧克力的方法：冷藏後再吃。在「冷吃」的口號下，一些消費者被邀請親口嘗一包冷藏的馬氏巧克力。同時，公司還組織了一系列圍繞涼爽夏日遊樂場的馬氏巧克力宣傳活動。第一個夏天，馬氏巧克力的銷售量成百萬單位地增加，以後每年夏天都是暢銷貨。

　　(3) 記憶。

　　記憶是過去的經驗在人腦中的反應，是人腦對感知過的事物、思考過的問題或理論、體驗過的情緒、做過的動作的反應。對於消費者來說，記憶是如何根據人的記憶規律，賦予消費對象以鮮明特徵，把不好的記憶變為好的記憶，把不便回想的變成便於回想的，把短時記憶變為長久記憶，使消費者能夠很快、更多和長時間地記住有關商品的信息。

❖ **行銷情境**

　　每當聽到農夫山泉的時候，你會想起哪句廣告語？

　　(4) 個性。

　　每個消費者的個性都不同。個性是個人獨特的心理特徵和品質的總和，它決定著人的行為方式。個性通常可以用自信心、控製欲、自主意識、顧從性、交際性、防守性和適應性等特徵來描述。在能夠區分不同的個性，並且不同的個性與產品或品牌的選擇之間存在強相關的前提下，個性就可以成為分析消費者購買行為很有意義的變量。品牌也有個性，消費者更傾向於選擇與自身個性相符的品牌。這就要求銷售者針對消費者的某些特徵進行推廣。

❖ **行銷案例**

　　許多知名品牌都有自己獨特的個性，福特 F510 屬於「強健型」，蘋果屬於「興奮型」，《華盛頓郵報》屬於「能力型」，而 Method 屬於「成熟型」，古馳則體現著「經典」與「成熟」。因此，這些品牌能夠吸引那些與其個性高度匹配的人群。捷藍航空強調旅程中「人性」的迴歸。其口號為「在飛行的整個過程為每一個人」。捷藍航空提供頗受讚譽的客戶服務。

2. 經濟因素

經濟能力對於購買行為的影響更為直接。經濟能力包括收入情況（收入水平、穩定性和時間分佈），儲蓄與資產（資產多寡、比例結構、流動性如何），負債和借款能力（信用、期限、付款條件等），對花費與存錢的態度等。經濟能力越強，消費能力越強，對商品的品質要求越高。經濟能力對消費行為的影響是顯而易見的，如果他認為儲蓄比消費更重要，他也不會花那麼多錢買一套紅木家具。對行銷某些收入敏感性產品的人員來說，應該不斷注意每個人的收入、儲蓄和利率的發展趨勢。如果經濟指標顯示經濟衰退時，行銷者就可以採取措施，對產品重新設計、重新定位和重新定價，以便繼續吸引目標消費者。

3. 生活方式

生活方式即人如何生活。具體來說，它是在個體生長過程中，在社會諸因素的影響下表現出來的活動、興趣與態度模式。不同生活方式的群體對商品和品牌有不同的需求。企業行銷人員應設法從多種角度區分不同生活方式的群體，如節儉者、奢華者、守舊者、革新者、高成就者、自我主義者、社會意識者等，應探明消費行為與生活方式之間的關係，在設計商品或行銷策略時，明確針對某一生活方式群體。比如，名貴手錶製造商應研究高成就群體的特點；環保商品的目標市場是社會意識強的消費者。

❖ 行銷案例

德芙巧克力

在優雅古典的歐式街道，一個具有現代氣質的短髮女孩漫步走出，背景是法語香頌的音樂。她不時抬頭感受陽光，表現出一種悠閒的心情。突然，她在路邊的玻璃櫥窗中看到自己的影子，纖長脖子與櫥窗中美麗的珠寶正好搭配，如同那串華貴的珠鏈正是自己的點綴。女孩得意地註視著美麗的發現，而珠寶店裡的店員正目睹了這一幕，臉上揚起會意的笑容，女孩也善意地對她們回視一笑，驕傲地離開。離開的時候，她將一塊德芙巧克力放進自己的嘴裡，閉著眼，感受那絲滑的甜美在舌尖起舞，像一條閃亮柔滑的緞帶在喉頸纏繞。懂得享用生活的我們，擁有自己的珍寶，這就是德芙帶來的美好。

4. 生理因素

生理因素指年齡、性別、體徵、健康狀況和嗜好等生理特徵的差別。生理因素決定著不同的人對商品款式、構造和細微功能有不同需求。如不同年齡層次的人除有不同的世界觀或價值觀，還會因本身年齡選擇與他的年齡相一致的商品，又如，身材高大的人要穿特大號，上海及江浙人嗜甜食，湖南及四川人嗜麻辣，等等。

❖ 行銷案例

「95後」特點大剖析，你中槍了嗎？

2017年年初以來，不少即將畢業的「95後」進入公司，開始了屬於他們的職場生

活，但對於「95後」有些什麼鮮明的特點值得我們去關注呢？

其一，「95後」特點之工作即生活。他們不會只適應問題而不解決問題，他們會把自己的興趣融入工作之中，產生持久動力的源泉。

其二，「95後」特點之「懶癌」患者。許多過來人都覺得年輕人太懶，吃飯喊外賣，出門叫滴滴，支付用微信，購物上淘寶。然而，正因為年輕群體有這方面的需求，提供這些服務的公司才迅速發展起來。

其三，「95後」特點之節約注意力。他們喜歡看書，但又不願意整本地看，而是希望有人將書籍的精華內容整理好後直接為他們所用。他們會加入各種各樣的社群，交友、電影、生活、遊戲、吃貨、八卦、運動健身等應有盡有，為的是能找到志同道合的朋友，減少溝通成本。

其四，「95後」特點之模仿超越。他們在大學校園裡的社群行銷、兼職群、微商、代理甚至相親交友群等多得我們無法想像，他們加入各種付費群學習不僅僅是提升自己，還會在提升自己之後模仿並超越自己的老師。

這個年輕的群體借助互聯網大潮，成長的速度遠遠超出我們的想像，未來是我們的，但最終一定是他們的。

(二) 影響消費者購買行為的環境因素

影響消費者購買性行為的因素除了個體之外，還有環境因素，如消費者所處的社會階層、角色身分、家庭、相關群體和購買的情境。

1. 社會階層

社會階層是指在一個具有階層秩序的社會中按照其社會準則所劃分的若干較同質且具有持久性的群體。在不同社會中，社會階層劃分的依據是不同的。

現在多根據人們的職業、收入、財富、教育等綜合因素並將人們歸入不同的社會階層。一般同一階層中的人有相似的社會經濟地位、生活方式、價值觀和受教育背景，所以其興趣愛好、消費水平、消費內容、興趣和行為也會存在較大的相似性，因而多表現為相似的購買習慣和行為；不同社會階層消費者則在購買行為的各個方面存在一定差異。社會階層用來展示一定的社會地位，主要特點是多維性、層級型、對行為的限定性、同質性和動態性。

對於企業來說，要考慮自己的產品或服務的目標群體是社會的哪個階層，從而針對性地設計生產出相應的產品，確定價格水平和行銷方式。

2. 相關群體

相關群體指能直接或間接影響一個人的態度、行為或價值觀的團體。既包括社會的、經濟的團體，也包括職業的團體。例如，消費者模仿銀幕上的演員購買一種式樣

新穎的服裝，這個演員就是這些消費者的相關群體。在人們的生活中，無時無刻不受到各種相關群體的影響。只是關係不同，受影響的程度也不同而已：比較親切的相關群體包括家庭成員、鄰居、同事等；關係一般的相關群體包括各種有關的社會團體，雖無直接關係但影響很大的電影、電視、體育明星等。

❖ 行銷案例

蒙牛真果粒與《花兒少年》的雙贏

蒙牛真果粒與《花兒與少年》第二季的合作，不再是過去活動方與贊助商之間「一手交錢，一手交資源」的淺層關係，雙方在整個項目從生產到播出的運行週期中持續合作，共享資源，共同將內容這塊蛋糕做大。

說到內容行銷，廣告主搭車綜藝節目是最常見的方式之一。作為走高端路線的果粒牛奶飲品，蒙牛真果粒一直以有趣、年輕、時尚的形象示眾，營運多年，早已家喻戶曉。蒙牛真果粒負責人說：「真果粒今年最核心的策略是要提升品牌形象，而不是提升品牌的知名度。」選擇很多，幾經斟酌後，蒙牛真果粒鎖定了湖南衛視的一檔明星真人秀《花兒與少年》（以下簡稱「花少」）。

2014年，《花兒與少年》憑藉其獨特的節目設置以及嘉賓的明星效應，一度霸占各社交平臺熱門話題榜。2015年這個春夏，湖南衛視《花兒與少年》第二季再度刷屏，從井柏然與鄭爽這對「正經夫婦」CP到許晴的「公主病」，網友吐槽、粉絲掐架、熱鬧不斷，收視率居高不下。水漲船高，蒙牛真果粒的品牌曝光度與影響力也隨之上升。

事實上，娛樂行銷帶來的不只是曝光度，而是口碑效應的無窮大。截至6月16日，《花兒與少年》微博話題達到55億，「從每一期《花兒與少年》的預告、直播，到重播，都在談蒙牛真果粒，節目中也都會有產品出現，消費者會在不知不覺中感受到品牌的形象和想要傳遞給用戶的信息。」

（資料來源：韓溢．蒙牛真果粒與《花兒與少年》的雙贏商業模式［EB/OL］．(2015-07-06)．www.vmarketing.cn/index.php？mod=news.）

3. 家庭

在消費者購買行為中，家庭的影響是至關重要的，因為消費者的許多購買活動都是以家庭為單位進行的。每一階段的家庭權威性、職業狀況、收入高低、人口多少、相關影響力大小等都不相同，這些都直接影響消費者的購買行為。人一生所受家庭的影響主要來自自己的父母、配偶和子女。家庭特點可以從家庭權威中心點、家庭成員的文化與社會階層等方面分析。即使是相同的家庭權威中心點，但由於商品的價值大小不同，商品的複雜程度不同，其起決定作用的實際決策點也是在發生變化的。同時，在家庭成員的文化與社會階層方面，家庭主要成員的職業、文化及家庭分工不同，在購買決策中的作用也不同。

4. 角色身分

角色是指一個人在不同場合的身分。社會無形地為每一個人規定了他所扮演的角色的職責，並且以一定的社會規範為標準來衡量和評價每一個角色履行其職責的情況。不同角色都會影響其個人的購買行為，人們在購買商品時往往會結合自己在社會中所處的地位和角色來考慮，選擇符合自己身分和地位的商品。

5. 情境

消費者情境指那些獨立於單個消費者和刺激消費者的單個客體（產品、廣告）之外，能夠在某一具體時間和地點影響消費者購買行為的一系列暫時的環境因素。廣義上將情境分為五種類型，即物質環境、社會環境、時間、購買任務和先前狀態。

❖ **行銷情境**

小型連鎖超市和便利店越來越多地設立在居民區附近，請問這麼做的原因是什麼？

❖ **行銷案例**

家樂福超市賣場設計分析

零售企業的賣場設計應研究消費者的心理特點，使商店賣場設計適應消費者的心理特點。零售商店的賣場設計主要包括售貨現場布置與設計、信道設計、人工採光設計、商品的陳列設計和景點設計等方面。

售貨現場是由若干經營不同商品種類的櫃組組成的，售貨現場的布置和設計就是指合理安排各類商品櫃組在賣場內的位置，售貨現場的佈局應把具有連帶性消費的商品種類鄰近設置、相互銜接，給消費者提供選擇與購買商品的便利條件，並且有利於售貨人員介紹和推銷商品。

其一，研究消費者的無意注意，有意識地將有關的商品櫃組（如婦女用品櫃與兒童用品櫃、兒童玩具櫃）鄰近設置，向消費者發出暗示，引起消費者的無意注意，刺激其產生購買衝動，誘導其購買，會獲得較好的效果。

其二，考慮商品的特點和購買規律，如銷售頻率高、交易零星、選擇性不強的商品，其櫃組應設在消費者最容易感知的位置，便於他們購買、節省購買時間。

其三，盡量延長消費者逗留賣場的時間，注意售貨現場設計與商品刻意擺放。

總之，針對零售企業的賣場設計，要深入地研究消費者心理，掌握影響消費者購買行為的心理活動，要處處體現零售企業以消費者為中心的思想，從而達到最佳設計效果。

（資料來源：劉偉園. 商場超市賣場設計案例分析之家樂福篇 [EB/OL]. (2011-11

—21）．http：//mammon.tbshops.com/Html/news/112/55812.html．）

討論：根據消費者情境因素相關知識，家樂福賣場設計主要是從哪幾個方面進行規劃的？

第二節　組織市場分析

　　與消費者市場相比，組織市場一段包含人數較少且購買量較大的買主。供需雙方關係密切，購買者地理區域集中，組織市場的需求派生於消費者市場的需求和業務週期波動的影響。此外，許多企業商品和服務的總需求相當缺乏彈性。組織市場的行銷者除需要瞭解專業採購員和他們的影響者的作用外，還要瞭解採購、互購和租賃的重要性。

——科特勒《行銷管理》

一、組織市場的概念及特點

　　組織市場是指各種組織機構形成的對企業商品和勞務需求的總和。組織市場的購買者購買商品和服務的目的不是滿足自身及家庭的消費需要，而是從事企業經營活動，加工製造產品、轉售商品、租賃商品或提供服務。可見，組織市場的消費屬於中間消費、生產消費。組織市場的購買行為，雖然同消費品市場有類似之處，但也有其明顯不同的特點。下面討論一下組織市場的主要特點：

（一）購買者少，購買量大

　　在消費者市場上，購買者是消費者個人或家庭，購買者必然為數眾多，規模很小。在組織市場上，購買者絕大多數都是企業單位，購買者的數目必然比消費者市場少得多，購買者的規模也必然大得多。

（二）供需雙方關係密切

　　組織市場的購買者需要源源不斷的貨源，供應商需要有長期穩定的銷路，一方對另一方具有重要的意義，因此供需雙方互相保持著密切的聯繫。有些買主常常在商品的花色品種、技術規格質量、交貨期、服務項目等方面提出特殊要求，供應商應經常與買方溝通，詳細瞭解其需求並盡最大努力予以滿足。

（三）組織市場消費需求的技術性、專業性強

　　組織市場的產品日趨高級、精密，技術性、專業性非常強，這要求產品質量好，嚴格按照一定規格、型號、性能、甚至廠牌供應，不能任意改變。有的機器設備或工具改變一點就不能用了，有的原材料不合要求。生產的產品必然是次品甚至廢品。生產資料需求的這一特點，說明了生產資料本身的專用性。

（四）專業人員採購

　　組織市場的採購人員大都經過專業訓練，具有豐富的專業知識，清楚地瞭解商品

的性能、質量、規格和有關技術要求。供應商應當向他們提供詳細的技術資料和特殊的服務，從技術的角度說明本企業商品和服務的優點。

二、組織市場購買行為分析

(一) 組織市場購買決策的參與者

在任何企業中，除了專職的採購人員，還有一些其他人員參與到購買決策過程中。所有參與購買決策過程的人員構成採購組織的決策單位，在市場行銷學上稱為「採購中心」。企業的採購中心一般由下列人員組成。

1. 使用者

使用者，即實際具體使用欲購買的某種生產所需產品的人員。使用者是組織機構內使用所購產品和服務的成員，使用者往往首先提出購買建議，他們在決定計劃購買產品的品種、規格中起著重要作用。比如，公司要購買實驗室用的電腦，使用者是實驗室的技術人員。如果產品使用後達不到預定標準，使用者所受的損失也最大，因此在決策單位中他們被賦予一定行政上的權力。屬於使用者的人員包括業務經理、職工、工程師、研究開發部門工作人員、辦公室人員、公司管理人員、會計及銷售和市場行銷管理人員。

2. 影響者

影響者，即在企業內部和外部直接或間接影響購買決策的人員。他們協商確定產品規格和購買條件，影響供應商的選擇。在眾多的影響者中，企業外部的諮詢機構和企業內部的技術人員影響最大。屬於影響者的有採購經理、採購部門中的採購員、總經理、生產和辦公室人員、研究發展工程師、工程技術人員等。例如，工程技術人員在廠房、主要設備的購買中雖然不是決策者，但是有相當影響力的影響者。

3. 採購者

採購者，即具體執行採購任務的人員。比較重要的採購工作中，通常有企業的高層管理人員參加。採購者有時也在採購決策中起某些作用，如協助決定產品規格等，但他們的主要職責還是選擇賣主和進行談判，如果採購牽涉複雜，採購員裡還會包括談判的高級職員。

4. 決策者

決策者，即在企業中有權選擇購買產品和供應者的人員。在標準品的例行採購中，採購者常常就是決策者；而在比較複雜的採購中，公司領導人通常是決策者。

5. 批准者

批准者是那些批准決策者或採購者所提行動方案的人員。在公司比較複雜的購買中，公司領導人常常是批准者。

6. 信息控製者

信息控製者，即可以控制信息流的人員，他們控制外界與採購相關的信息流入企業，諸如採購代理商、技術人員、秘書、電話接線員等。他們可以拒絕或終止某些供應商和產品的信息流入，或者阻止供應商的推銷人員與使用者或決策者見面。

採購過程的參與者包含六種角色，但並不是所有企業採購產品都必須有上述人員參與購買決策過程。採購的產品不同，企業採購中心的規模和成員數量也就不同。如果一個企業採購中心的成員較多，供貨企業的市場行銷人員就不可能接觸到所有的成員，而只能接觸到其中少數幾位成員。在這種情況下，供貨企業的市場行銷人員必須瞭解誰是主要的決策參與者，以便影響最有影響力的重要人物。

❖ 行銷案例

服裝銷售生意經

趙明軍是知名服裝 A 品牌在廣東省廣州市的代理商，他想將 A 品牌服裝打入廣州市宏盛服裝商場銷售。以下是他的銷售過程。

第一步，瞭解經銷商的需要。趙明軍經過調查得知，宏盛商場是廣州市服裝銷售量最大的專業商場之一，該商場銷售的服裝品牌均為國內外知名品牌和著名品牌，而自己代理的 A 品牌服裝符合宏盛商場對服裝檔次的要求，與宏盛商場市場定位相一致。

第二步，瞭解該商場購買組織構成。趙明軍通過朋友關係打聽到，該商場有一個採購中心，由商場總經理、採購經理、銷售經理和品牌經理等人組成。採購的商品與數量不同，採購決策權限不同。在直接採購的情況下，由採購經理和品牌經理直接決策。在改善交易條件的採購中，由品牌經理提出初步建議報採購經理，採購經理匯總各品牌、各櫃組的意見後提出改善交易條件的初步採購方案報分管採購的副總經理審批。在新產品採購的情況下，國內外著名品牌的採購由商場分管採購的副經理直接決策，重大事宜須報總經理審批。知名品牌的採購由採購經理提出初步方案，報分管副總經理批准。而 A 品牌服裝屬於知名品牌，宏盛商場以前沒有經銷過，要進入宏盛商場，必須先經採購經理首肯。

第三步，瞭解採購組織中的人際關係和個人特徵。趙明軍瞭解到，宏盛商場的採購經理李英強，40歲，服裝學院服裝設計專業本科畢業，原先在一家服裝公司擔任服裝設計工作，5 年前應聘來到宏盛商場採購部，2 年前升任採購部經理。他專業知識豐富，工作認真負責，做事有主見，性格開朗，關心同事，上下級關係都處理得很好。他在採購部比較有威信，受到分管採購的副總經理信任。他提出的採購方案，副總經理大多沒有異議。趙明軍分析了宏盛商場採購組織的人際關係後認為，A 牌服裝進入宏盛商場的決策權掌握在採購經理李英強的手中，突破這一關，就基本成功了。

第四步，設計接近方案。如何接近並說服李英強呢？趙明軍通過對李英強工作經歷和個人特徵的分析認為，李英強並非可以輕易「拉攏」的，應當從增加溝通和強化感情入手。在前期的瞭解過程中，趙明軍得知李英強的業餘愛好是打網球，每到休息日，都要約幾個朋友去廣州的一家網球場玩兩個小時。趙明軍通過間接關係認識了李英強的一位球友邱偉光，進入了李英強的球友團，經常在李英強的休息日同他一道打網球，談網球比賽、網球名人和各種新聞消息，但是從不涉及服裝採購之事。

第五步，促成交易。趙明軍和李英強認識兩個月後，兩人的關係已經非常融洽，玩興日濃，相談甚歡。有一天，李英強主動問起趙明軍的工作和業務。趙明軍就向他

介紹了 A 品牌服裝的質量、服務和品牌聲譽。李英強表示知道這個品牌，又詢問了服裝價格和其他經銷條件，說朋友之間互相幫助是理所當然的，要趙明軍先發些貨試銷一下。趙明軍很快如約送貨，並經常去宏盛商場的 A 品牌服裝櫃臺瞭解銷售情況，指導營業員銷售技巧與方法，解決銷售中出現的各類問題，使 A 品牌服裝的銷售量穩步上升。李英強對此也非常滿意。如今，宏盛商場已經是 A 品牌服裝的大客戶了。

（資料來源：吳理安. 市場行銷學［M］. 北京：高等教育出版社，2001.）

(二) 組織市場購買行為類型

1. 直接重購

企業的採購部門根據過去和許多供應商打交道的經驗，從供應商名單中選擇供貨企業，並連續訂購過去採購過的同類產業用品。

2. 修正重購

企業的採購經理為了更好地完成採購工作任務，適當改變要採購的某些工業品的規格、價格等條件或供應商。這類購買情況較複雜，因而參與購買決策過程的人數較少。這種情況給「門外的供貨企業」提供了市場機會，並給已入門的供貨企業造成了威脅，這些供貨企業要設法拉攏其現有顧客，保護其既得市場。

3. 新購

企業第一次採購某種工業用品，新購的成本費用越高，風險越大，那麼需要參與購買決策過程的人數和需要掌握的市場信息越多。因此，供貨企業要派出特殊的推銷人員小組，向其顧客提供市場信息，幫助顧客解決疑難問題。

❖ 行銷案例

據統計，通用在美國的採購金每年為 580 億美金，在全球採購金額總共達到 1,400 億～1,500 億美金。1993 年，通用汽車提出了全球化採購的思想，並逐步將各分部的採購權集中到總部統一管理。目前，通用下設四個地區的採購部門：北美採購委員會、亞太採購委員會、非洲採購委員會、歐洲採購委員會，四個區域的採購部門定時召開電視會議，把採購信息放到全球化的平臺上來共享。在採購行為中充分利用聯合採購組織的優勢，協同殺價，並及時通報各地供應商的情況，把某些供應商的不良行為在全球採購系統中備案。

在資源得到合理配置的基礎上，通用開發了一整套供應商關係管理程序，對供應商進行評估。對於好的供應商，採取持續發展的合作策略，並針對採購中出現的技術問題與供應商一起協商，尋找解決問題的最佳方案；而對於評估中表現糟糕的供應商，則請其離開通用的業務體系。同時，通過對全球物流路線的整合，通用將各個公司原來自行擬定的繁雜的海運線路集成為簡單的洲際物流線路。採購和海運線路經過整合後，不僅總體採購成本大大降低，而且各個公司與供應商談判的能力也得到了質的提升。

三、組織市場的類型

(一) 生產者市場

生產者市場也稱為產業市場或企業市場。它指所購買的一切商品和服務用於生產其他商品或勞務，然後銷售、出租或供應給他人以獲取利潤的單位和個人。產業市場通常由以下產業組成：農業、林業、水產業、製造業、建築業、通信業、公用事業、保險業和其他服務業等。在組織市場中，生產者市場的購買行為有典型意義。它與消費者市場的購買行為有相似性，又有較大的差異性，特別是在市場結構與需求、購買單位性質、購買行為類型與購買決策過程等方面。

(二) 中間商市場

中間商市場也稱轉賣者市場，是指那些將購買的商品或勞務轉售或出租給他人以獲取利潤的單位和個人。轉賣者不提供形式效用，而是提供時間效用、地點效用和占用效用。

中間商市場由各種批發商和零售商組成。批發商的主要業務是購買商品和勞務並將之轉賣給零售商和其他商人以及產業用戶、公共機關用戶等，但它不能把商品大量賣給最終消費者，而零售商的主要業務則是將商品和勞務直接賣給最終消費者。在地理分佈上，中間商市場與生產者市場相比較為分散，但與消費者市場相比則較為集中。

(三) 非營利組織市場

非營利組織，也稱非營利部門，泛指所有不以營利為目的、不從事營利性活動的機構、組織或團體。中國現有的非營利組織包括政府機構以外的教育、醫療等各類事業單位，其他教育、醫療機構，註冊的民辦科技機構，商會、協會等社會團體等。非營利組織市場是指為了維持組織正常運作、履行組織職能而購買產品與服務的各類非營利組織所構成的市場。

(四) 政府市場

政府市場指那些為執行政府的主要職能而採購或租用商品的各級政府單位。也就是說，政府市場上的購買者是國家各級政府的採購機構。各國政府通過稅收、財政預算等，掌握了相當大一部分國民收入，形成了一個很大的政府組織市場。政府採購的目的不是盈利，而是履行政府職能，向社會提供公共產品，維護國家安全和社會公眾利益。

四、組織市場購買決策過程

在直接重購的情況下，購買決策過程的階段最短，修正重購的階段多一些，新購組織最為複雜，需要經歷八個階段。

第一，認識需要。購買過程是從企業的相關人員認識到要購買某種產品以滿足企業的某種需要開始的，由內部刺激和外部刺激兩種刺激引起。

第二，確定需要。行銷人員確定所需品種的特徵和數量。

第三，說明需要。產業購買者在採購中要進行價值分析，調查研究本企業要採購的產品是否具備必要功能。採購單位的專家小組要對所需品種進行價值分析，並寫出文字精練的技術說明書，做出採購人員評判及取捨的標準。行銷人員也要運用價值分析技術，向顧客說明其產品有良好的功能。

第四，物色供應商。供貨企業最高管理層要採取措施以提高本公司的知名度和美譽度。

第五，徵求建議。企業採購經理邀請合格供應商提出建議。行銷人員必須善於提出與眾不同的建議書，引起顧客信任，爭取成交。

第六，選擇供應商。企業採購員收到各供應商的有關資料後，通過全面的評估和權衡，最終確定供應商。

第七，簽訂合同。採購經理開出訂貨單給選定的供應商，在貨單上列舉技術說明、質量要求、擬購數量、交貨期、退貨辦法、產品保證條款和措施等，並正式簽訂供貨合同。

第八，評估履約情況。收集本企業使用部門對供應商所提供產品的反饋意見，對使用效果進行全面評價，以決定是否繼續購買。

根據組織市場購買行為類型，組織用戶購買決策過程可用表 4-2 表示。

表 4-2　　　　　　　　　　　組織用戶購買決策過程

購買決策過程	購買決策類型		
	新購	修改重購	直接重購
1. 認識需要	√	?	×
2. 確定需要	√	?	×
3. 說明需要	√	√	√
4. 物色供應商	√	?	×
5. 徵求建議	√	?	×
6. 選擇供應商	√	?	×
7. 簽訂合同	√	?	×
8. 評估履約情況	√	√	√

❖ **行銷案例**

上海浦東新區學校電腦集中招標採購

1. 項目背景

本項目為學校電腦採購項目，於 2014 年 8 月 23 日下達採購中心，被列入政府採購範圍。這次聯合集中採購計算機為 3,120 臺，涉及 120 所學校，分佈在浦東新區的各個地方，計算機的配置要求高，尤其是 120 臺教師機的配置具有本次採購機型的當前最

先進配置，具有極高性價比的高檔機。學生用機的數量也具有前所未有的規模。

2. 招標準備

由於本次招標計算機數量多，因此在確定招標方式上，既考慮120所學校需要計算機的時間上的急迫性，又考慮到採購程序的嚴密性、招標最大範圍的公開性，最終把招標方式確定為公開招標。8月24日以公開招標的方式在浦東新區政府採購網站發布招標公告，8月25日在解放日報上發布招標公告。

招標文件編制的具體做法是將計算機分為A、B和C三個包，A包為2,000臺學生機，B包為1,000臺學生機，C包為120臺教師機，這樣分主要考慮到兩個因素：其一是要求製造供應商供貨時間短，3,000臺計算機可以由兩家供應商提供，縮短製造週期。其二是教師機要求配置高，性能穩定可靠，兼顧到中高檔國內外品牌的投標、中標機會。

2014年8月27日開始出售標書，共有15家公司購買了招標文件。

3. 招標過程

2014年9月6日在浦東新區政府採購中心開標，特別邀請浦東新區公證處的二位公證員開標公證，邀請浦東新區政府採購監督小組的二位監督員作為監標人，浦東新區有線電視中心等新聞媒體進行了採訪，評標專家由上海市政府採購中心提供，在評標當天通知新區採購中心，保證了評標專家的保密性和公正性。9月7日評標，邀請上海市資深專家四位和一位使用單位人員組成評標小組。評標小組決定3,000臺學生電腦項目授予L公司，120臺教師電腦項目授予T公司。

4. 合同履行情況

2014年9月10日與L公司簽訂合同，L公司授權，具體工作由B公司實施。

2014年9月14日與T公司簽訂合同，T公司授權，具體工作由Q公司實施，隨後採購中心與使用單位、中標單位、被授權單位召開了協調會議，達成「工作安排備忘錄」。

2014年9月17日至21日B公司進行用戶情況調查，他們組織人員對120所學校逐一進行實地調查：邀請學校老師參加培訓，調查學校計算機機房情況、電源情況等。

中標的機器雖然不多，僅僅120臺，但這120臺電腦必須送到遍布浦東新區各個角落的120個小學，搬運到指定樓層的電腦教室，並安裝調試。合同簽訂後，即開始按單生產（生產週期在十天左右）。在這批電腦到達上海的第二天，Q公司每天用五輛車，每車隨行三人，以不同路線送到每個學校，三天內把120臺電腦送到位。有時找一個學校要走一個多小時。在電腦全部送到位後，Q公司派出六名工程師，用5天時間，到每一個學校進行安裝調試，為學校安裝必備軟件，並請校方親臨驗收與蓋章確認。校方驗收的滿意率達到100%。其中非常滿意的用戶達到80%。在開機的過程中，Q公司為每一個學校留下了名片，記錄下了學校總務老師和電腦老師的聯繫電話，以便今後的服務和聯繫。

❖ 本章小結

（1）消費者市場或叫最後消費者市場，是個人或家庭為了生活消費而購買商品或

服務的市場。組織市場是指各種組織機構形成的對企業商品和勞務需求的總和。

（2）消費者購買行為。市場行銷學家科特勒對消費者購買行為過程從購買名字、購買對象、購買目的、購買組織、購買方式、購買時間和購買地點七個方面進行分析。

（3）消費者購買行為類型。根據消費者購買行為的複雜程度和所購產品的差異化程度，劃分為複雜型購買行為、減少失調感的購買行為、尋求多樣化的購買行為和習慣性購買行為；根據消費者購買態度與要求，劃分為習慣型、理智型、經濟型、衝動型、隨眾型、情感型、不定型和疑慮型；根據消費者購買目標選定程度，劃分為全確定型、半確定型和不確定型。消費者購買決策過程：確認需要、信息收集、方案評價、購買決策、購買後行為。

（4）影響消費者購買行為的因素分為個體因素和環境因素：個體因素有心理因素（消費者動機、感覺、知覺和個性）、經濟因素、生理因素和生活方式；環境因素有社會階層、相關群體、家庭、角色身分和情境。

（5）組織市場決策的參與者包含使用者、影響者、採購者、決策者、批准者和信息控製者。市場購買行為類型有連續的再購買、變更的再購買和新購。新購組織最為複雜，需要經歷八個階段：認識需要、確定需要、說明需要、物色供應商、徵求意見、選擇供應商、簽訂合約、評估履約情況。

❖ 趣味閱讀

杭州「狗不理」包子店為何無人理？

杭州「狗不理」包子店是狗不理集團在杭州開設的分店，地處商業黃金地段，正宗的狗不理包子以其鮮明的特色（薄皮、水餡、滋味鮮美、咬一口汁水橫流）而享譽神州，但正當杭州南方大酒店創下日銷包子萬餘只的記錄時，杭州的「狗不理」包子店卻將樓下三分之一的營業面積租讓給服裝企業，依然「門前冷落鞍馬稀」。

當「狗不理」一再強調其鮮明的產品特色時，忽視了消費者是否接受這一「特色」，那麼受挫於杭州也是必然了。

首先，「狗不理」包子餡比較油膩，不合喜愛清淡食物的杭州市民的口味。

其次，「狗不理」包子不符合杭州人民的生活習慣，杭州市民將包子作為方便快餐對待，往往邊走邊吃，而「狗不理」包子由於薄皮、水餡、容易流汁，不能拿在手裡吃，只有坐下來用筷子慢慢享用。

最後，「狗不理」包子餡多半是蒜一類的辛辣刺激物，這與杭州這個南方城市的傳統口味相悖。

❖ 課後練習

一、單選題

1. 影響消費者購買行為模式的基本因素是（　　）。
　　A. 經濟收入水平　　　　　　　　B. 文化因素

C. 社會因素　　　　　　　　　D. 心理因素

2. 對於價格較低廉、購買較頻繁、購買風險不大的產品，消費者購買時介入程度會比較低。如果這類產品品牌間的差異比較大，消費者可能採取（　　）。

　　A. 變化性購買行為　　　　　　B. 平衡性購買行為
　　C. 複雜性購買行為　　　　　　D. 習慣性購買行為

3. 同類產品不同品牌之間差異小，消費者購買行為就（　　）。

　　A. 複雜　　　　　　　　　　　B. 簡單
　　C. 一般　　　　　　　　　　　D. 困難

4. 影響消費者最終決策的根本問題是（　　）。

　　A. 收集信息的豐富程度　　　　B. 對購買風險的預期
　　C. 他人的態度　　　　　　　　D. 意外的變故

5. 在執行（　　）採購時組織購買者所做的決策數量最多。

　　A. 直接再採購　　　　　　　　B. 間接再採購
　　C. 新購　　　　　　　　　　　D. 修訂再採購

二、多選題

1. 影響消費者購買行為的心理因素主要包括（　　）。

　　A. 動機　　　　　　　　　　　B. 知覺
　　C. 記憶　　　　　　　　　　　D. 個性
　　E. 感覺

2. 組織市場購買行為類型包括（　　）。

　　A. 直接重購　　　　　　　　　B. 修正重購
　　C. 招標選購　　　　　　　　　D. 新購
　　E. 競價選購

3. 組織市場參與決策的人員有哪些類型？（　　）

　　A. 使用者　　　　　　　　　　B. 影響者
　　C. 決策者　　　　　　　　　　D. 批准者
　　E. 信息控製者

4. 剔除導致不同消費群體具有不同心理特徵與購買行為特徵的深層次因素，影響消費者購買行為的其他因素包括（　　）。

　　A. 經濟因素　　　　　　　　　B. 文化因素
　　C. 社會因素　　　　　　　　　D. 個人因素
　　E. 心理因素

5. （　　）是組織市場的特徵。

　　A. 購買者較多　　　　　　　　B. 購買規模大
　　C. 進行直接銷售　　　　　　　D. 購買者在地域上相對分散
　　E. 專業人員採購

三、問答題

1. 消費者市場有哪些特點？
2. 針對不同的購買行為，行銷人員需主要做哪些行銷努力？
3. 什麼是組織市場？它與消費者市場有什麼區別？

四、案例分析

窮人的「牛奶」為何變成了「高價奶」？
——從豆漿到維他奶

一碗豆漿、兩根炸油條，是一日中的第一餐，這是長期以來許多中國人形成的飲食習慣。豆漿以大豆為原料製成，在中國已有兩千多年的歷史。它的形象與可樂、牛奶相比，渾身上下冒著土氣，以前喝它的人也多是老百姓。

但是現在，豆漿在美國、加拿大、澳大利亞等國的超級市場上都能見到，與可樂、牛奶等國際飲品並列排放，且價高位重，有形有派。當然，它改了名，叫維他奶。豆漿改名維他奶，是香港一家有50年歷史的豆品公司為了讓街坊飲品變成一種國際飲品，順應不斷變化的社會和現代人的生活形態，不斷改善其產品形象而特意選擇的。

20世紀50年代，香港人的生活並不富裕，營養不良的情況很普遍。當時，生產維他奶的用意，就是要為營養不良的人們提供一種既便宜又有營養價值的牛奶代用品——一種窮人的牛奶。在以後的20年中，一直到20世紀70年代初期，維他奶都是以普通大眾的營養飲品這個面貌出現的，是一個廉價飲品的形象。

可是到了20世紀70年代，香港人的生活水平大大提高，營養對一般人來說並不缺乏，人們反而擔心營養過多的問題。如果此時還標榜「窮人的牛奶」，那麼喝了不就掉價嗎？難怪豆品公司的職員發現，在馬路邊汽水攤前，喝汽水特別是外國汽水的人喝起來「大模大樣」，顯得「有派」，而喝維他奶的人，則大多站在一旁遮遮掩掩，唯恐人家看到。同時，豆品公司的業務陷入低潮。

20世紀70年代中期，豆品公司試圖為維他奶樹立年輕人消費品的形象，使它像其他汽水一樣，與年輕人多姿多彩的生活息息相關。這時期的廣告便根除了「解渴、營養、充饑」或「令你更高、更強、更健美」等字眼，而以「豈止像汽水那麼簡單」為代表。

到了1983年，該公司又推出了一個電視廣告，背景為現代化城市，一群年輕人拿著維他奶隨著明快的音樂跳舞。可以說，這個時期維他奶是一種「消閒飲品」的形象。然而在之後的幾年，香港的年輕人對維他奶怎麼喝也喝不出「派」來了。於是，從1988年開始的廣告開始重點突出它親切、溫情的一面。對於很多香港人來說，維他奶是個人成長過程中的一個組成部分，大多數人對維他奶有一種特殊的親切感和認同感。它是香港本土文化的一個組成部分，是香港飲食文化的代表，維他奶對香港人如同可口可樂對美國人一樣。由此，維他奶又開始樹立起一個「經典飲品」的形象。

之後，維他奶又開始打出健康牌，標榜維他奶是一種低脂肪、高營養的健康飲品，

一舉打入了歐美市場。對於生活水平較高的歐美消費者，擔心營養過剩的人們紛紛轉向喝維他奶這種健康飲品，維他奶也一改最初「窮人的牛奶」的形象，成為一種高檔飲品，受到了歐美消費者的青睞。

　　思考：為什麼豆漿改為維他奶能長期占領市場？懷舊情緒對企業的市場行銷活動有什麼影響？

❖ 行銷技能實訓

實訓項目：感知消費者行為

【實訓目標】

培養學生根據顧客的面部表情及形體語言等因素把握特定信息。

【實訓內容與要求】

1. 學生分成兩大組四小組。一大組表現，另一大組進行計時、評定。每一大組均分為甲、乙兩個小組，甲組表現、乙組猜，完成後角色互換。

2. 分組後，所有學生同時準備5分鐘，「表現小組」根據下面提示中的面部表情確定由誰表現及通過有情節的場景表現形式做出表現，每一小組表現完畢，「猜小組」有30秒時間討論，決定答案。

（提示：面部表情：快樂/悲傷　令人高興的驚奇/令人不高興的驚奇/擔憂/憤怒　關切/無聊　匆忙/有興趣）

3. 在學生中評選一名最佳表現者。

第五章　市場行銷調研

察消長之往來，辨利害於疑似。

——蘇軾《謝宣諭札子》

知彼知己者，百戰不殆，不知彼而知己，一勝一負，不知彼不知己，每戰必殆。

——《孫子兵法》

❖ 教學目標

知識目標
（1）市場行銷信息的含義與特徵。
（2）行銷信息系統的組成部分。
（3）市場行銷調研的含義。
（4）市場調研的內容以及市場調研的程序。
（5）市場調研的應用方法。
技能目標
（1）具備掌握市場行銷調研相關內容與步驟的能力。
（2）具備認識市場調研並設計調研報告的能力。

❖ 走進行銷

上海迪士尼告訴你市場調研的重要性

　　迪士尼樂園的歷史要追溯到 20 世紀。世界上第一家迪士尼樂園於 1955 年 7 月開園，立刻成為世界上最具知名度和人氣的主題公園。它由沃爾特・迪士尼創辦，也就是舉世聞名的迪士尼公司創始人、米老鼠之父。截至目前，迪士尼大家庭已擁有 6 個世界級的迪士尼樂園：美國加州、美國奧蘭多、日本東京、法國巴黎、中國香港和上海。值得一提的是，上海迪士尼平日票價全球最低。

開幕期兩周內門票已售罄

　　記者從上海市政府新聞發布會上獲悉，於 2016 年 6 月 16 日正式開幕的上海迪士尼，受到中外遊客歡迎，盛大開幕期兩周內迪士尼主題樂園門票已售罄，自 6 月末起的門票仍有餘量。

　　據上海國際旅遊度假區管委會常務副主任劉正義透露，上海迪士尼樂園已試營運 23 天，共接待 96 萬人次遊客。其中，五一小長假迎來客流峰值，達 11 萬人次，5 月 1 日當天的遊客人數達到 9 萬人。

王凱回應設施與定價基於市場調研，聽取遊客建議

上海迪士尼自內部測試啓動以來收穫了大量網友好評，不過最近也有一些帖子在微博、微信上熱傳，抱怨迪士尼周邊餐飲價格過高。

針對網友熱議，上海迪士尼度假區第一時間回應了新華社記者，稱迪士尼度假區的定價機制既借鑑了全球行業經驗，同時也考慮到了中國市場需求。迪士尼將始終認真收集和聽取遊客意見和建議。

上海迪士尼度假區有關負責人介紹，度假區內設施和服務的定價基於廣泛深入的市場調研和分析，調研對象包括廣大中國消費者、諸多業內專家以及本地監管單位等。記者瞭解到，面積超過 46,000 平方米的迪士尼小鎮上已有部分商戶率先向公眾開放，這一多樣且國際化的社區近期吸引了眾多人士到訪。

思考：上海迪士尼通過市場行銷調研做出哪些行銷決策？

在現代市場行銷觀念的指導下，企業如果要比競爭者更好地滿足市場消費需求，贏得競爭優勢，實現企業經營目標，就必須從研究市場出發，進行各種定性與定量的分析，預測未來市場需求規模的大小。實踐證明，市場行銷職能活動需要詳細、準確和最新的情報資料，行銷調研正是為不斷提供這些情報服務的。在深入瞭解、掌握市場信息的基礎上，運用科學的預測方法可以幫助行銷管理者認識市場的發展規律，制定正確的市場行銷組合策略，做出針對新企業、新產品投資的正確決策。

第一節　市場行銷信息系統

一、信息的概念

漫長的人類歷史發展進化，在不斷累積科學技術實踐的過程中，信息一開始都表現為真偽難辨的信息群。由於物質世界的內部規律對於人類來說，需要借助五官、思維以及識別監測技術手段，並且這些技術不斷地與時俱進、動態發展，因此我們說「信息即事物運動的狀態與方式」。

這是最具普遍性的信息的含義。它涵蓋所有其他信息的定義，還可以通過引入約束條件轉換為其他的信息定義。層層引入的約束條件越多，信息的內容就越豐富，適用範圍也就越小，由此構成相互間有一定聯繫的信息概念體系。

信息概念的廣義方面是指我們通常所指的音訊、消息、通信系統傳輸和處理的對象，泛指人類社會傳播的一切內容。信息是物質運動規律的總和。

因此，信息按照內容可以分為消息、資料和知識三類。

（一）消息

消息是信息的具體反應形式。信息是消息的實質內容，是能給人帶來新認識的消息。人們常常把外界的各種報導稱為消息。消息反應知識狀態的改變。不同的消息所包含的信息量是不同的，有的消息中包含的信息量大一些，有的小一些，有的對某些人來說甚至不包含信息。只有那些接受者瞭解、認識而且事先不知道的消息才能蘊含

著信息。

消息必須完全真實地反應客觀事實，用確鑿的事實來教育並影響讀者，絕不允許虛構和添枝加葉。無論是構成消息要素的時間、地點、人物、事件和結果，還是所引用的背景材料、數字，都要完全真實、準確可靠。消息也必須迅速、及時地把最新的事實報告給讀者，延誤了的信息就失去了新聞價值。

(二) 資料

資料是指人們在學習和工作中作為研究參考或保存的材料。資料多可以指需要查到某樣東西所需要的素材。資料可以看成信息物化後的一種存在形式。由於收集者不同，資料中可能蘊含著大量的信息而成為獲取信息的原料或源流，但也可能不包含對他人有用的信息。比如你需要一張圖片作為相冊的封面，這張圖片就是你所要找的資料。又比如生產、生活中閱讀、學習、參考等東西，如電子書格式資料、國內資料、網上下載資料等。

(三) 知識

知識是人類對自然界、人類社會及思維方式和事物運動規律的認識和掌握，是人的大腦通過思維重新組合的系統化信息的組合。人類要通過信息來感知世界、認識世界和改造世界，又要根據所獲得的信息組織知識。知識是信息的一部分，是特定的人類信息。

我們再結合市場行銷學的總體觀來解釋信息的含義，這一方面就是指信息含義狹義方面的問題，即一定時間和條件下，與企業的市場行銷有關的各種事物的存在方式、運動狀態及其對接收者效用的綜合反應。它一般通過語言、文字、數據、符號等表現出來，反應市場活動的相關情況，如社會環境情況、社會需求情況、流通渠道情況、產品情況、競爭者情況、科技研究及應用情況等。

❖ 行銷情境

賣蘋果的小生意見大知識

在人潮湧動的菜市場大門口兩側，有兩個賣蘋果的攤點。一邊的攤主是男的，另一邊的是個女的，他們同樣是賣蘋果，上面的明碼標價也同樣是 3.50 元/500 克。所不同的是，男攤主那兒的蘋果鮮亮紅潤，個大清麗，而女攤主出售的蘋果則干癟暗澤，兩相對比，女攤主的蘋果明顯遜色許多。同樣明顯的是，男攤主那兒的顧客絡繹不絕，而女攤主那兒無人光顧。我就是看不懂，那位女攤主哪來那麼大的耐心守著那些賣不出去的爛蘋果。

問題：猜猜看，女攤主為什麼有這麼大的耐心守著那些賣不出去的爛蘋果呢？

所有的市場行銷活動都是以信息為基礎而展開的，經營者進行的決策也是基於各種信息的，而且經營決策水平越高，外部信息和對將來的預測信息就越重要。市場信息是對市場上各種經濟關係與經濟活動的客觀描述與客觀反應，其中市場行銷信息形成了企業的戰略性經營信息系統的基礎。

二、市場行銷信息系統的含義

第二次世界大戰以後，隨著經濟的恢復與發展、新技術的應用、競爭的加劇，企業界日益重視信息資源的利用與開發。但由於缺乏一定完善的、系統的收集、處理信息的方法，往往企業主管人員所得到的信息中，真正需要的很少，而不需要的很多。同時，信息的及時性差、準確性不高，企業內部各單位指標名稱也不統一，缺漏較多，甚至主管人員都不知有些信息究竟由何部門提供。針對這種情況，開始出現了市場信息系統，就是一套用以有計劃、有規劃地收集、分析和提供信息的程序和方法。從而，人們認為市場行銷信息系統是由人員、設備和程序構成的一種相互作用的連續複合體。其基本任務是及時、準確地收集、分類、分析、評價和提供有用的信息，供市場行銷決策者用於制訂市場行銷計劃、執行和控製市場行銷活動。

美國市場行銷學權威教授菲利普‧科特勒認為，市場行銷信息系統（MIS, Marketing Information System）由人、設備和程序組成，為行銷決策者收集、挑選、分析、評估和分配需要的、及時的和準確的信息。

市場行銷信息系統作為一種信息的收集、管理、提供機構，承擔著數據資料的收集、處理、分析和評價、傳遞信息等功能。

凡在商場上取得勝利的企業，一是具有完整的行銷信息系統，做到「知己知彼」，善於揚長避短，度人量己。孫武說得好：「夫兵形象水，水之形避高而趨下；兵之形，避實而擊虛。水因地而制流，兵因敵而制勝。故兵無常勢，水無常形；能因敵變化而取勝者，謂之神。」這更使得我們清楚地認識到，行銷信息系統的完好建立能使企業因敵制勝。

❖ 行銷案例

啤酒中的市場行銷信息系統

雪花啤酒由90年代的地方名牌已發展成為全國品牌，在很多市場已成為主導品牌。資本加品牌以及完善的市場行銷信息系統運作應該是雪花品牌走向全國甚至世界的砝碼。今天我們已經看到，啤酒業正在整合，青島、雪花、燕京三足鼎立格局正在初具輪廓，但哈啤、珠江、三德利等品牌也正在擴大規模。因此，從啤酒業來看競爭越來越激烈，但雪花除了具備較有優勢的資本外，品牌的影響力卻是非常薄弱，並且其市場行銷信息系統不完備，而這又關係到雪花啤酒的整個市場行銷戰略的制定與執行。因此制定一個切實可行的市場行銷信息系統，對於雪花啤酒來說，就成為首要的和至關重要的問題。

遼寧是華潤雪花啤酒的發祥地，華潤啤酒的第一家企業就在遼寧瀋陽華潤雪花啤酒有限公司。從1994年開始到2004年年底，先後成立了大連華潤、鞍山華潤、遼陽華潤、盤錦華潤啤酒有限公司。遼寧公司近十年時間的成長壯大，見證了華潤啤酒飛速發展的平凡與神奇。這得益於其完善的市場行銷信息系統，囊括了倉庫管理、業務管理、費用管理、計劃管理等，實現了以事務為基礎，以客戶為中心，確保帳帳相符、

帳實一致的行銷管理指導思想。

具體來講，他們的市場行銷信息系統是怎樣的呢？我們可通過學習、思考來詳細瞭解。

三、市場行銷信息系統的構成

市場行銷信息系統的構成，要有企業內外的多方合作，一般市場行銷管理者將行銷信息系統的框架規劃為內部報告系統、行銷調研系統、行銷情報系統及行銷分析系統四個部分，如圖 5-1 所示。行銷信息系統的組成和市場環境、市場行銷管理人員的作用是相輔相成、相互影響的，並且是相互支撐、有機結合的。

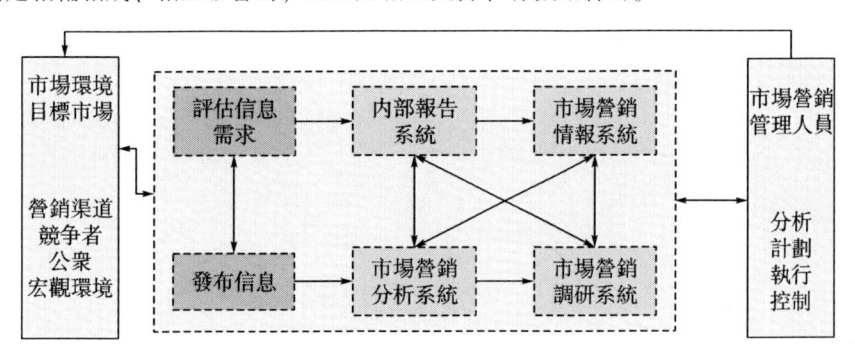

圖 5-1　行銷信息系統的構成

市場行銷人員所需信息一般來源於企業內部報告、市場行銷情報和市場行銷調研，再經過市場行銷分析對獲得的信息進行處理，使之對行銷決策更為適用和有效。

（一）內部報告系統

內部報告系統是市場行銷人員所運用的最基本的信息系統。內部報告系統主要是向行銷管理人員及時提供有關訂貨數量、銷售額、產品成本、存貨水平、現金餘額、應收及應付帳款等企業內部信息，以內部會計系統為主，同時結合銷售報告系統。

行銷管理人員通過分析這些信息，可以發現一些重要的問題以及新的機會，及時比較和預測目標的差異，進而採取切實可行的補救措施。

（二）市場行銷情報系統

市場行銷情報系統指市場行銷管理人員用以瞭解有關外部環境發展趨勢的信息的各種來源與程序。它用於提供外部環境的資料，幫助解釋內部報告系統並指明未來的方向及機會等。行銷情報系統收集外部信息的主要方式一般有無目的的觀察、有目的的觀察、無組織的收集、有目的且有計劃的獲取信息等。該系統的流程主要包括情報

定向、收集、整理、分析等。情報的定向在於確定企業行銷所需要的外部環境信息等情況；情報搜集的主要目的在於通過各種方式和各種渠道收集與企業有密切關係的情報。情報的整理與分析都是對所收集到的情報的一個取其精華、去其糟粕的過程。

(三) 市場行銷調研系統

菲利普‧科普勒曾經說過，行銷調研系統就是通過信息把消費者、顧客、大眾及行銷人員連接起來的職能。它的任務是客觀地識別、收集、分析和傳遞有關市場行銷活動各方面的信息，提出與企業所面臨的特定的行銷問題有關的研究報告，以幫助行銷管理者進行之後的分析與決策。

(四) 市場行銷分析系統

市場行銷分析系統指企業以一些先進的分析技術分析前面市場調研所收集的數據。行銷分析系統一般由資料庫、統計庫以及模型建立庫組成。企業擁有完備的資料庫，有組織地收集企業內部和外部資料，有助於行銷管理人員隨時取得所需資料；統計庫是指一組隨時可用於匯總分析的特定資料統計程序；模型建立庫是統計分析之後將其分析結果作為模型的重要投入資料，是由高級的行銷管理人員運用科學的方法，針對特定行銷決策問題建立的。

在一些公司中，行銷信息系統是由提供所有信息技術支持的個人或者集團來建立的，或者說，它是由行銷專家來建立的。

❖ **行銷視野**

蘇寧的行銷信息系統

國內較早試水「行銷信息系統」佈局的企業是蘇寧電器。通過近十年的規劃發展，公司已經形成了信息收集、專題分析和決策支持的一體化流水作業，內部數據報告、市場行銷情報、市場行銷調研、行銷決策支持四個子系統在會議流程的配合下，可以最大限度地利用內外部市場信息形成最優的商業決策。

蘇寧的行銷信息系統按功能可以區分為四個子系統，分別是負責收集公司內部行銷數據的內部報告子系統；收集外部行銷數據的市場行銷情報子系統；對數據進行調研及分析的市場行銷調研子系統；幫助行銷決策者制定決策的行銷決策支持子系統。如圖 5-2 所示。

其中內部報告子系統、市場行銷情報子系統、市場行銷調研子系統是信息來源系統，行銷決策支持系統利用前三個信息來源系統的信息輔助行銷決策；蘇寧行銷信息系統還與公司已有的其他信息系統進行了整合和數據的共享，比如 SAP/ERP 系統、財務系統、客戶關係管理系統（CRM）、供應商庫存管理系統（VMI）、呼叫中心信息系統等系統都是蘇寧行銷信息系統的輔助系統。

當初在提出建立蘇寧易購平臺這個策略的時候，張近東就頂著不小的壓力，在電器類 B2C 網上商城方面，已經有了京東；在圖書百貨方面，有了當當和卓越；在衣帽鞋飾方面，有了凡客誠品；在化妝品方面，有了聚美優品和草莓網。國內 B2C 網站競

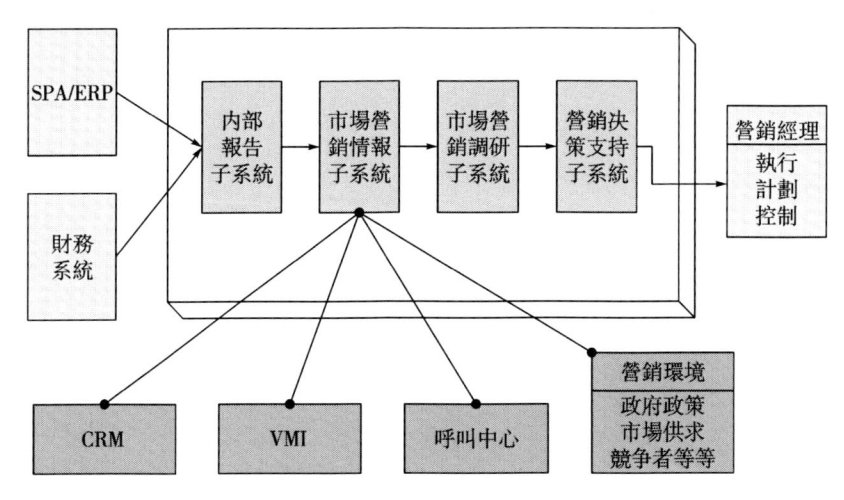

圖 5-2　蘇寧的行銷信息系統架構

爭相當激烈，蘇寧 B2C 僅僅是為了 B2C 嗎？在調研中發現自建網站是蘇寧行銷信息化戰略的重要組成部分，也是蘇寧進行行銷信息化的神來之筆，最主要表現在蘇寧易購豐富行銷信息系統的客戶數據來源、開展行銷活動方面。

（資料來源：趙棟梁. 蘇寧的行銷信息系統［EB/OL］.（2016-01-27）. http://mp.weixin.qq.com/s?＿＿biz＝MjM5ODMzNjQ1Mg＝＝&mid＝402317682&idx＝1&sn＝ca6f8db3dd6565d169dc7066355c72ad&mpshare＝1&scene＝23&srcid＝0408JrF5r0WK0ApOvYWe6lbc#rd.）

四、市場行銷信息系統的功能

行銷信息系統的基礎概念，在今天與過去相比，無多大區別。然而，最近信息技術的發展對何種信息是行銷經理可獲得的以及速度要求這兩方面的要求產生了根本性的衝擊。今天與昨天的一個巨大區別在於企業管理者使用行銷信息系統的容易性。隨著科技的發展，行銷信息系統的功能越來越強大，能為我們提供更好的服務。

第二節　市場行銷調研程序和方法

一、市場行銷調研的含義

市場行銷調研於 1910 年最先在美國出現，二戰後逐漸被推廣到世界各國。目前市場行銷調研在國內外企業中得到了廣泛的應用。企業中常見的問題，如產品偏好、地區銷售預測、消費者購買情況、產品市場競爭力、廣告效果等方面的資料和數據，都可通過市場調研獲得。

給出市場行銷調研的一個完整的定義是非常困難的，因為無論學術界還是企業界

都無法對此達成一致的意見。在對國內外專家學者的定義進行分析的基礎上，我們結合中國市場的具體情況，對市場行銷調研給出的定義為：市場行銷調研是個人或組織，利用科學的手段與方法，對與企業市場行銷活動相關的市場情報進行系統地設計、搜集、整理、分析，並提供各種市場調查數據資料和各種市場分析研究結果報告，為企業經營決策提供依據的活動。

從市場行銷調研的定義可見，市場行銷調研是為企業解決市場行銷問題服務的，是企業的一項目的性很強的活動。市場行銷調研是為企業的決策者提供所需的決策信息，是企業的重要行銷職能之一。市場行銷調研是一項系統性的工作，它要求相關人員首先根據企業所要解決的市場行銷問題制訂調研計劃，然後根據調研計劃的要求收集相關的信息，對收集到的信息進行分析處理，最後向相關的決策部門提供調研報告。

二、市場行銷調研的內容

市場行銷調研作為企業的行銷職能之一，其發展與市場行銷的發展基本同步，從19世紀末開始出現，發展到20世紀中期走向成熟，而且隨著信息技術的發展，市場行銷調研將會進入一個嶄新的發展時代。市場行銷調研的內容，也從早期的市場調研，即主要針對顧客的調研發展到針對企業的市場行銷決策中所遇到的各種問題的調研。市場行銷調研現已作為一個行業在發達的市場經濟國家迅速發展。中國的市場行銷調研經過十幾年的發展，現在也已初具規模。

市場行銷調研的內容十分廣泛。但由於市場行銷調研主要是圍繞企業行銷活動展開的調研，因而可根據調研重點不同將其分為行銷環境調研、市場需求調研、市場行銷要素調研和市場競爭調研，如圖5-3所示。

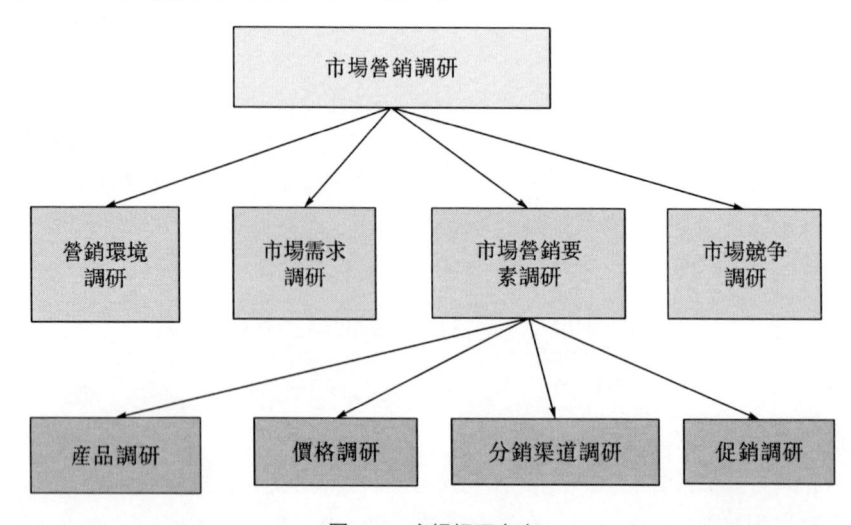

圖5-3 市場調研內容

市場行銷調研的關鍵是發現和滿足消費者的需求。為了認識和理解消費者的需求，制定和改進市場行銷決策，選擇滿足消費者需求的可獲利性的最佳行銷方案，企業管

理者就必須對消費者、競爭者、相關群體以及企業所處的環境相當瞭解。市場行銷研究或市場調研是企業瞭解市場和把握顧客需求的重要手段，是輔助企業決策的基本工具。

❖ 行銷視野

可口可樂告訴你，市場行銷調研的神奇之處

可口可樂這一風行世界一百餘年的奇妙液體是在 1886 年由美國佐治亞州亞特蘭大市的藥劑師約翰·彭伯頓博士（John S. Pemberton）在家中後院將碳酸水和糖以及其他原料混合在一個三角壺中發明的。可口可樂公司的總部設在美國佐治亞州的亞特蘭大市。目前，可口可樂是全球最大的飲料公司，又是全球軟飲料銷售市場的先鋒。全世界共有 200 多個國家及地區的消費者可以在當地享用這個公司提供的各種飲料。可口可樂占全世界軟飲料市場的 48%，其品牌價值已超過 700 億美元，是世界第一品牌。可口可樂為什麼能取得如此驕人的業績？僅從其出色的市場行銷中，我們就能窺到它成功的秘密。

詳盡的市場調查是行銷工作預測和決策的根本依據，否則，一切行銷工作戰略的選擇都是盲目的。一些運行不成功的企業在談論市場時大都沒有將市場細分詳盡，主觀的臆斷多。眾所周知，一個好的準備是成功的一半。因此首先應當從市場調研認真做起。

可口可樂公司則動用許多人力、財力調查市場。一些人可能認為沒有必要這樣，但是在可口可樂公司談市場時，必須首先要在取得詳盡資料的基礎上再逐步將目標陣地細化並標於地圖上。這也正是許多企業欠缺的地方。可以說可口可樂公司正是把握了區域性、目的性、可信度高的特點，才為它的成功奠定了基礎。

三、市場行銷調研的步驟

市場行銷調研要獲得正確的結論，不但要有科學的調查方法，而且對調研活動的步驟都要做出周密的安排。當然，行銷調研的步驟，應視具體情況而定，不可能有一個統一的模式。基本步驟如圖 5-4 所示，包括調研任務與計劃設計階段、調研實施前準備階段、實際調研階段、資料分析與結果報告四個階段。

(一) 調研任務與計劃設計階段

這個階段一般包括確定問題與調研任務、制訂調研計劃。

在執行調研之前，應確定需要解決的問題和調研目的。一般情況下，問題提得越明確，越能防止調研過程中不必要的浪費，使信息採集量和處理量減至最低。調研目的應根據調研問題所需的具體信息加以表述。

調研計劃，也稱為調研方案，是有關如何深入分析有關問題、達到調研目的的活動安排及策劃，是保證調研工作順利開展的指導綱領。

(二) 調研實施前準備階段

這主要包括對調研人員的培訓、任務的劃分、設計和印製調查表、購置相應設備器材等。

(三) 實際調研階段

我們在調研過程中必不可少的就是收集資料。在調研過程中一般首先考慮取得二次資料的可能性。運用現成的二次資料，不論在時間上或者成本上都可以節省，對資料的歷史背景也比較熟悉，也可以與實地調查資料對比。當然，如果二次資料不可用，就要考慮收集原始資料。我們現在處於互聯網發達的時代，獲取資料方法更加簡便了。

(四) 資料分析與結果報告

這個階段一般有資料的分析與整理、報告的編制以及提出相應的結論與建議。

通過調查和實驗得來的原始資料，必須加以整理，使資料系統化、簡單化與表格化，達到準確、適用與完整的目的。在這個信息爆炸的年代，我們必須學會處理獲得的原始資料的方法。

在資料得以詳細的分析與整理之後，就要編制市場行銷調研的報告了，在編制報告過程中，要注意圍繞調查與研究的目標。並且用準確客觀的文字、圖片等分析問題，得出結論，提出建議。這樣才能達到行銷調研的目的。

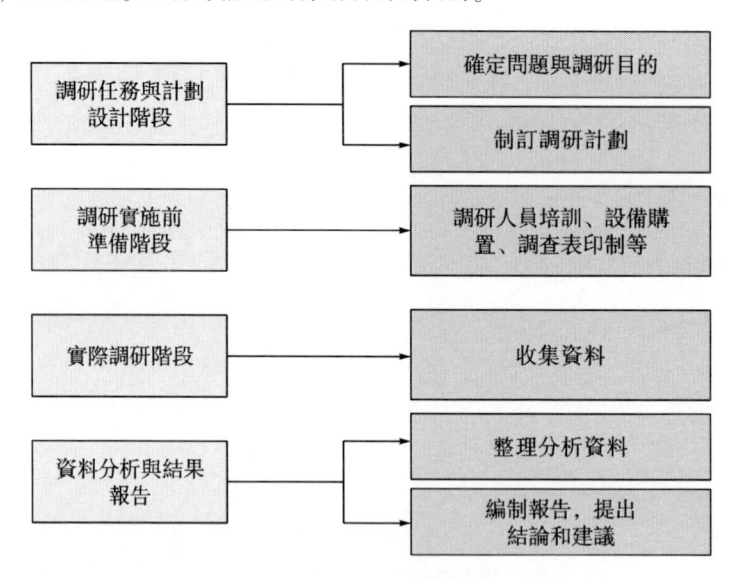

圖 5-4　市場行銷調研步驟

四、市場行銷調研的方法

(一) 確定調查對象

調查對象也稱所要研究的總體或母體。確定調查對象也就是解決「向誰調查」的

問題，這不僅關係到調查方法和技術的確定，而且很大程度上影響這次調研活動的成敗。調查目的和調查內容決定了調查對象，但在具體確定某項調研活動的調查對象時，調研人員不僅要有理論上的準備，而且還必須有經驗上更多的累積。調查對象有時作為具有同一特徵的許多個體的集合，在這一集合中又由多種不同特徵的小集合構成。故選擇正確的調查對象非常重要。

如何正確選擇調查對象，一般按照內容分類，可分為普查、典型調查、抽樣調查。

1. 普查

普查的使用範圍比較窄，只能調查一些最基本及特定的現象。普查是指一個國家或者一個地區為詳細調查某項重要的國情、國力，專門組織的一次性大規模的全面調查，其主要適用於不能夠或不適宜用定期、全面的調查報表來收集資料的情形。普查作為一種特殊的數據搜集方式，標準時點是指對被調查對象登記時所依據的統一時點。調查資料必須反應調查對象這一時點上的狀況，以避免調查時因情況變動而產生重複登記或遺漏現象。

普查時獲得的資料全面、準確性高並且為抽樣調查或其他調查提供基本依據。但是，普查工作量大，花費大，組織工作複雜；易產生重複和遺漏現象；工作量大可能導致調查的精確度下降，調查質量不易控製。

❖ **行銷案例**

2000年1月，全國城鄉3億多家庭陸續迎來了一批特殊的客人——600萬人口普查員頂風冒雪，踏遍每個鄉村和街道，深入每家每戶，如實記錄每個人的年齡、就業、受教育等情況。這是一次世紀之交重大的國情國力調查，是中國社會生活中的一件大事。

但是，2000年1月的人口摸底調查，全國匯總的人口數量最後竟然不足12億。這比1999年年底國家統計局公報的抽樣調查數字少了1,900多萬，比1998年也少了300多萬。

一位專家指出漏報率，隨即統計局進行了漏報調查，並拿出了一個漏報率。最後在2000年11月20日，得出了逾12.4億的人口普查統計數字。而新增加的漏報數字，則被分解到各個省份。

2. 典型調查

典型調查是一種非全面的調查。它是指根據調查研究的目的，在對調查對象進行初步分析的基礎上，在若干同類調查對象中選取一個或幾個有代表性的對象進行系統、周密的調查研究，從而認識這一類對象的本質特徵、發展規律，找出具有普遍意義的經驗和值得借鑑的教訓。此法又叫「解剖麻雀」。典型調查要求收集大量的資料，搞清所調查的典型中各方面的情況，做系統、細緻的解剖，從中得出用以指導工作的結論和辦法。

❖ **行銷案例**

以「7-eleven」為首的便利商店（Convenience Store）在20世紀70年代初引入日

本時，選擇了家務工作的主要承擔者——家庭主婦為對象進行調研。調研結果表明：①超級市場林立。②私家小車普及。③每周休息兩天使全家外出購貨之風盛行。調研者對此所做的結論是：家庭主婦每周外出購貨次數減少而每次購貨數量激增，這將不利於便利商店的經營和發展。

可是事實恰好相反，日本當時發展最快的零售形式正是這種便利商店。這次調查失敗的直接原因是，不該以家庭主婦作為調查對象。因為，便利商店的主要顧客是單身漢、學生和「夜行族」。同時，在調查時調研人員忽略了購買行為已出現了很大變化。如果以「個人」為對象開展調查，結論很可能就相反了。

3. 抽樣調查

抽樣調查也是一種非全面的調查，但它的目的在於取得反應總體情況的信息資料，因而，也可起到全面調查的作用。它是根據隨機的原則從總體中抽取部分實際數據進行調查，並運用概率估計方法，根據樣本數據推算總體相應的數量指標的一種統計分析方法。

(二) 調研方法

1. 案頭調查法

案頭調查法又稱資料查閱尋找法、資料分析法或室內研究法。它是利用企業內部和外部現有的各種信息、情報，對調查內容進行分析研究的一種調查方法。

案頭調查法要求更多的專業知識、實踐經驗和技巧。這是一項艱辛的工作，要求有耐性、創造性和持久性。它是收集已經加工過的資料，而不是對原始資料的收集，即收集二手資料。二手資料（Secondary Data）是指在某處已經存在並為其他目的已經收集好的資料。收集信息資料是實施調研過程中最艱苦、最易出錯、花費最多的一個環節。由於二手資料能為調研工作提供一個成本低廉和工作迅速的起點，調研人員通常從二手資料開始收集信息。一般可從內部的信息系統日常累積中取得，也可通過付費的方式查閱有關資料獲得，或通過專業信息服務機構獲得，或從權威行業協會專刊、國家公布的相關數據中獲得。

但當調研人員確認無法獲得相關的二手資料，或二手資料存在過時、不全、不可靠等不足時，就得對調研的問題做初步調查，並根據調查結果確定正式的調研方法以獲取一手資料。

2. 實地調查法

實地調查法，是應用客觀的態度和科學的方法，親自到隨機選取的地方，對某種社會現象，在確定的範圍內對當地的人群採取隨機抽樣調查，進行實地考察，並收集大量資料以統計分析，從而探討社會現象，得到與自己的課題相關的各種數據。也就

是說，實地調研為個人實現科學論文提供數據支撐。

實地調查的方法有訪問、觀察與實驗等，故通過這種方法收集起來的資料一般都是一手資料。一手資料（Primary data）是指為當前某一特定的目的而通過發放問卷、訪問面談等方式收集的直接原始資料。

❖行銷視野

垃圾不只是垃圾

帕林是柯的斯出版公司的經理。21世紀初，他就在公司設立了世界上最早的調研組織。當時，柯的斯出版公司的業務代表向美國鼎鼎有名的Campbell湯料公司推銷「星期六郵刊」的廣告版面。

但對方告訴他：郵刊不是湯料公司的好媒體，因為郵刊的主要讀者是工薪階層，而Campbell的湯料則是以高收入家庭購買為主。工薪階層主婦為了省錢，往往自己湊合著自己燒湯，只有高收入家庭才願意花10美分買已經調配好的Campbell湯料。

帕林要想辦法反駁對方的觀點。為此，他抽取了一條垃圾運輸線，讓人從該線路的各個垃圾堆中收集湯料罐。他發現從富裕區收集到的湯料罐幾乎沒有，因為富裕家庭總是讓僕人動手準備湯料。大部分湯料罐是從藍領區收集到的。帕林認為，對藍領階層的婦女來說，節約做湯時間可以更多地為家人做衣服或者做其他掙錢的活。

在擺出這些發現後，Campbell很快成為郵刊的廣告客戶。從此垃圾調研法就產生了。

（1）訪問法（Visitorial Research）。

訪問法又稱調查法，即直接向被調查人提出問題，並以所得到的答覆為調查結果。這是最常見的一種方法。它包括面談訪問、電話訪問、郵寄調查、日記調查、計算機訪問、投影法等。

面談訪問，無論是在服務性市場或消費品市場，面對面的調查都是獲得信息的最可靠的方法。在有深度要求和準確度要求的調查活動中，面談訪問必不可少。它可以用比較複雜的調查表，從而使討論有深度；面談能滿足被調查人無拘無束回答問題的欲望，調查者從中可獲得有關被調查者的購買意願、態度、生活方式等更多的信息。

（2）觀察法（Observational Research）。

收集最新數據資料的一種方法是觀察有關的對象和事物。例如，美國航空公司的研究人員可以待在飛機場、航空辦事處和旅行社內，聽取旅客談論不同航空公司和代理機構如何處理飛行安排的方法。研究人員也可以乘坐美國航空公司或其競爭者飛機，觀察航班服務質量和聽取乘客反應。這些觀察都可能產生關於旅行者如何選擇航空公司的一些有用設想。觀察法分為直接觀察法、儀器觀察法、實際痕跡測量法。

（3）實驗法（Experimental Research）。

實驗法是最科學的調研方法。實驗法的目的是通過排除觀察結果中帶有矛盾性的解釋來捕捉因果關係。如果實驗的設計和執行剔除了對結果的不同假設，調研和行銷經理就能相信所得出的結論。實驗法要求選擇相匹配的目標小組，並分別給予不同處

理，控製外來的變量和核查所觀察到的差異是否具有統計上的意義。在把外部因素剔除或控製的情況下，觀察結果可與試驗方案中的變量相關。

❖ **本章小結**

（1）市場行銷信息系統由人、設備和程序組成，為行銷決策者收集、挑選、分析、評估和分配需要的、及時的和準確的信息。

（2）市場行銷信息系統的構成。市場行銷人員所需信息一般來源於企業內部報告、市場行銷情報和市場行銷調研，再經過市場行銷分析對獲得的信息進行處理，使之對行銷決策更為適用和有效，這才是一個比較完善的市場行銷信息系統。

（3）市場行銷調研要獲得正確的結論，不但要有科學的調查方法，而且對調研活動的步驟都要做出周密的安排。其基本步驟包括調研任務與計劃設計階段、調研實施前準備階段、實際調研階段、資料分析與結果報告四個階段。

（4）市場行銷調研方法包括案頭調查法和實地調查法。

❖ **趣味閱讀**

又一跨界！摩拜單車開了主題餐廳……

摩拜單車攜手全球知名健康餐飲品牌 Wagas 打造的「摩拜單車主題餐廳」在北京、上海等城市驚豔亮相，共同傳遞「『摩』力輕生活，『騎』食很簡單」的輕生活時尚態度。這場跨界合作迅速成為各界焦點。

最近，摩拜單車新款車型在全國各地全面上線，騎行體驗更加輕便，一亮相就成為「街紅」，被網友評為截至目前最好騎的共享單車。據瞭解，新款摩拜單車在保留了經典款車型的 V 型鋁合金車架、軸傳動等「黑科技」元素的同時，進一步優化了傳動系統，讓騎行者省力 30％ 以上，輕鬆騎行，大幅提升用戶體驗。

同時，新款摩拜單車全行業率先採用了自動可調節座椅，只需輕輕扳動座椅下方的手柄即可輕鬆調節高低，滿足不同身高用戶的需求；在全行業率先配備購物籃，這一貼心設計讓共享單車的儲物空間大幅增加，大大方便用戶騎行。

Wagas 是來自於丹麥的健康餐飲品牌，一直倡導返璞歸真、快樂從容、充滿正能量的生活方式。他們通過為顧客提供新鮮健康的能量餐飲，用營養食材和簡約方式製作

美味，傳遞出品牌「輕心，輕體，輕食，輕居」的「輕生活」態度。

　　此次兩大品牌的跨界合作，詮釋出對「輕生活」理念的深層解讀。用心感受生活的美好，無論是騎行還是美食，告別繁復的拘束，用淡然和惬意的態度面對生活，這就是兩者共同追求的「輕生活」。

　　此次摩拜單車與 Wagas 攜手打造的主題餐廳，演繹出健康騎行和輕盈美食的燃情碰撞，傳達了品牌雙方對生活一致的理念和追求，開啟了全新的城市「輕」生活，未來雙方還將通過不斷深入的跨界合作，將健康樂活的品牌理念帶給更多的消費者。

　　摩拜單車根據市場的變化調研，結合時代發展，不斷前進，這樣才能在這個競爭的年代發展下去。

❖課後練習

一、單選題

1. 九芝堂股份有限公司的市場行銷信息系統不包含的是（　　）
   A. 業務管理　　　　　　　　B. 倉庫管理
   C. 帳務管理　　　　　　　　D. 人力資源管理
2. 美國市場行銷學權威教授菲利普‧科特勒認為行銷信息系統包括（　　）
   A. 工作人員、程序和經理　　B. 人、設備和程序
   C. 設備和人　　　　　　　　D. 工作人員和經理
3. 當今社會的市場調研範圍是（　　）
   A. 主要針對顧客的調研
   B. 主要針對市場、企業的市場行銷決策中所遇到的各種問題的調研
   C. 專門針對企業產品的調研
   D. 專門針對市場質量的調研
4. 在調研方法中，案頭調查法的二手資料是指（　　）
   A. 二手資料（Secondary Data）是指為當前某一特定的目的而通過發放問卷、訪問面談等方式收集的直接原始資料。
   B. 二手資料（Secondary Data）是指為當前某一特定的目的而通過電話調查等方式收集的直接資料。
   C. 二手資料（Secondary Data）是指在某處已經存在並為其他目的已經收集好的資料
   D. 二手資料（Secondary Data）是指為當前某一特定的目的而通過郵件訪問、計算機訪問等方式收集的資料。

二、多選題

1. 在以下選項中選出正確的行銷信息系統的作用（　　）
   A. 市場行銷信息系統是企業經營決策的前提和基礎
   B. 市場行銷信息系統是制定企業行銷計劃的依據

C. 市場行銷信息系統是實現行銷控製的必要條件
D. 市場行銷信息系統是進行內外協調的依據
E. 市場行銷信息系統是市場行銷的次要部分

2. 系統行銷信息系統的構成一般包括（　　）
   A. 內部報告系統　　　　　　　　B. 行銷調研系統
   C. 行銷情報系統　　　　　　　　D. 行銷分析系統
   E. 微觀報告系統

3. 以下關於行銷信息系統的職能，說法正確的是（　　）
   A. 數據資料的收集、處理　　　　B. 數據資料的分析和評價
   C. 數據資料的儲存和檢索　　　　D. 數據資料的再儲存管理
   E. 數據資料信息的傳遞

4. 市場行銷調研的內容有（　　）
   A. 行銷環境調研　　　　　　　　B. 市場需求調研
   C. 市場行銷要素調研　　　　　　D. 市場競爭調研
   E. 宏觀環境調研

5. 行銷調研的步驟一般包括（　　）
   A. 確定問題與調研目標　　　　　B. 制定調研計劃
   C. 收集信息　　　　　　　　　　D. 分析信息
   E. 提交報告

6. 本章節中講到的行銷調研的方法有（　　）
   A. 案頭調查法——二手資料　　　B. 實地調查法——一手資料
   C. 觀察法　　　　　　　　　　　D. 訪問法
   E. 實驗法

三、問答題

1. 你認為在市場行銷調研過程中，哪個步驟對調研的成功最為重要？
2. 市場行銷調研是市場行銷學中重要的知識，請問市場行銷調研的定義是什麼？
3. 根據市場行銷調研的需要，我們一般把市場行銷調研的方法分為哪些？

四、案例分析

YY食品集團公司廣告效果電話調查

　　YY食品集團公司是外商投資企業，主要生產與銷售蛋黃派、薯片、休閒小食品、果汁飲料、糖果、果凍、雪餅等系列產品，目前形成了具有1,000餘個經銷點的強大銷量網路，年銷售收入逾5億元。2001年，公司通過並全面推行ISO09001：2000國際質量管理體系，將公司的管理水準推上一個新臺階。

　　2014年初，YY食品集團公司的新產品「xx派」出現在電視廣告中，為了分析新產品的電視廣告效果，集團公司委託一家市場研究公司進行電視廣告效果的市場研究。

一、調研目的：
（1）瞭解 YY 牌「xx 派」食品在全國主要目標市場（城市）的品牌認知度、品牌美譽度、品牌忠誠度等。
（2）瞭解 YY 牌「xx 派」近段時間的（電視）廣告認知度。
（3）消費者媒介接觸習慣與背景資料研究，為 YY 食品集團公司下一步調整廣告投放策略提供參考。
（4）消費者對該食品的消費（食用）習慣與需求研究、為調整產品行銷策略提供依據。

二、研究內容
（1）消費者對 YY 牌「xx 派」的廣告認知率（接觸率）。
（2）消費者對 YY 牌「xx 派」的廣告內容評價。
（3）消費者對該食品的消費動機。
（4）消費者購買/食用 YY 牌「xx 派」的考慮因素及原因（動機）。
……

三、調查方法
電話隨機訪問。

四、調查對象的抽樣
將各城區電話號碼的全部局域號找到，按所屬區域分類排列，以此為樣本的前三位或前四位電話號碼，後四位電話號碼則從計算機中隨機抽取出來。將前三位或前四位電話號與後四位電話號碼相互交叉匯編，組成不同的電話號碼。

例如：某城市的電話號碼局域號有 781、784、786、789……後四位電話號碼庫有 1976、5689、9871、0263、1254……則抽樣出的電話音碼為 7811976、7815689、7819871、7810263、7811254、7841976、7845689、7849871、7840263、7841254……依此類推。

1. 調查對象的樣本配額要求
在所有城市的產生樣本中，要求每個城市至少有 300 個樣本在最近一兩個月內接觸過 YY 牌「xx 派」的電視廣告。如果達不到這個樣本數，必須追加樣本，最終將增加總樣本量。

2. 調查對象的樣本配額控製方法
計算每個城市每個區域應做的樣本量，將每類問卷的樣本數按各區的人口比例進行分配，計算出每區應做的樣本量。在進行電話訪問的同時，記錄被訪者所在的區域，由督導負責進行統計並隨時進行管控（因為電話號碼的局域號是不受區域限制的，有可能同一局域號跨越兩個行政區），確保各區樣本量的準確性。

五、調查結論
從本調查項目開始至實地調查結束時，YY 牌「xx 派」的電視廣告已連續播放兩個多月。從消費者接觸到廣告內容到對 YY 牌「xx 派」的瞭解，產生購買動機，到最終促使消費者的購買行動，每個環節都是近兩個多月以來電視廣告投放產生的效果。從總體來講，這段時間的廣告活動應該是比較成功的，對提高 YY 牌「xx 派」的品牌

知名度、促進 YY 牌「xx 派」的銷售量都起到相當大的作用……

　　思考：結合案例討論如何從調研目的中歸納出具體的調研內容、調研方法。

❖ 行銷技能實訓

實訓項目：在校生各方面的安全情況調研

【實訓目標】

　　通過在校師生安全意識相關方面的市場調研的實訓項目，並根據文章所講的調研內容與方法，培養學生市場調研的設計以及應用等能力。

【實訓內容與要求】

　　目前很多武漢的大學，社會人員可以隨意進出，並沒有進行嚴格的監管，學生的安全存在一定的隱患。針對這一情況，我們根據在校生各方面的安全情況進行調研。根據對在校師生的安全意識或者其他的相關方面進行調研來撰寫問卷調查報告，選取合適的調研方法，分析報告，得出在校生是否具有高度的安全意識等相關結論。

　　1. 以小組為單位根據已選定的調查方向進行調查問卷的設計。

　　2. 各小組派代表上臺用 PPT 展示本小組的調查問卷以及會用到的調研方法。

　　3. 其他小組成員和教師對各小組的調查問卷以及調研方法進行提問，並提出相應的意見。

　　4. 各調查小組根據老師和同學所提意見進行調查問卷的修改，並根據所學的市場調研內容與方法，進行市場調研實訓。

　　5. 分析問卷結果，得出相應的報告。

第三模塊
行銷戰略的設計

第六章　目標市場行銷戰略

「A goal properly set is halfway reached.」
「合適的目標是成功的一半。」

——林肯

找準定位，然後做到極致。

——山姆・沃爾頓《富甲美國》

❖ **教學目標**

1. 知識目標

（1）掌握市場細分的概念與實質，理解市場細分的作用；理解行為變量與描述變量的區別，記住並理解消費者市場的細分變量，瞭解生產者市場常用細分變量；理解市場細分的原則與步驟。

（2）理解無差異性、差異性與集中性目標市場行銷戰略的含義及各自優缺點；掌握評價細分市場的標準及目標市場選擇的五種模式。

（3）理解市場定位的概念及注意事項，掌握市場定位的三大基本策略及具體方法，瞭解市場定位的步驟。

2. 技能目標

（1）具備選擇一種或多種細分變量對市場進行細分的能力。
（2）具備正確評價各細分市場選擇合適的目標市場的能力。
（3）具備創造性的對產品進行定位的能力。

❖ **走進行銷**

　　長沙五十七度湘餐飲集團創立於 2004 年，擁有 57℃湘、水貨、小豬豬、好食上、海食上、我愛魚頭、燜燒客、魚樂水產、好食上青年餐廳、吃飯皇帝大 10 個餐飲品牌。無論是喜歡嘗新的年輕人，還是對食材質地有較高要求的中產階級；無論是喜食海鮮的大眾，還是偏好淡水魚的食客，都難以抗拒五十七度湘的魅力。57℃湘在全國的開店數量是 260 家。為什麼選擇如此之多的品牌發展？「實際上我們的選擇是基於發展的選擇！」長沙五十七度湘餐飲管理有限公司董事長汪崢嶸說。

　　一、「海食上」

　　「海食上」主打高端海鮮宴席，店面位於長沙市區標誌性建築摩天輪下賀龍體育館旁，由新加坡設計師設計，以「海鮮假日，城市客廳」為經營主題，在大連、廣州設立採購配送，保證海鮮品種的品質，成為湖南人待客的客廳，以精品湘菜、深海海鮮、

全國其他各類別菜式的吸納與組合，滿足人們日益增強的飲食文化與感觀需求。

二、「57度湘」

「57度湘」秉承「湘伴快樂，唱響中國」的宗旨，在全國首創中西結合的鐵板燒餐館，將傳統湘菜納入鐵板燒，和傳統鐵板燒菜品相結合，形成了新穎的菜品結構。57度湘餐廳店面裝修別致，具有時尚、休閒、愉悅的氛圍；炒手年輕帥氣，善於交流，和客人能愉快互動，特別受到年輕顧客的歡迎。

三、「水貨」

「水貨」作為全國首家無餐具餐廳，水貨設立了專門的清潔臺，食客們淨手之後用手抓的方式用餐，供應的食物和用餐的方式都滿載樂趣、創造力。餐廳選取火山岩為建材，低懸的鐵皮燈飾、倒映的液晶電視、寬大的木質方桌、熱情的服務人員，氛圍熱鬧而有趣，讓顧客在繁瑣沉悶的工作之餘，可以在「水貨」餐廳放鬆心情，感受大都市中的自在與妙趣。

四、「小豬豬」

「小豬豬」是中國萌系烤肉餐廳。餐廳主打特色烤豬肉、烤牛肉，同時配有多款中式熱菜、小炒、冷拼等，更免費提供韓國泡菜、烤肉配菜、烤肉蘸醬等菜品。「小豬豬」更是一間以好友聚會為主的餐廳，非常注重食客之間親密的用餐體驗。精心設計的餐位佈局，讓鄰座之間保持在「15cm」這個最親密的距離，結合餐廳巧妙地燈光效果和儲物空間設置，讓食客們在享受美味的同時，營造出彼此親密無間的歡樂氛圍。

五、「我愛魚頭」

「我愛魚頭」以田園化的裝修風格，個性古樸的家具器皿，讓人們重新迴歸大自然。倡導健康綠色生活的「我愛魚頭」，菜品全部為蒸菜，拒絕油炸煎炒，細細品味蒸菜的清香，別有一番風味在其中，陶淵明筆下「採菊東籬下，悠然見南山」的心境油然而生。

六、「吃飯皇帝大」

「吃飯皇帝大」要喚醒人們，吃飯這件事情真的很重要，用什麼方法能讓食客放下忙碌的工作、放下離不開的手機、放下浮躁的情緒，專心吃好一頓飯呢？唯有「好吃」，而且是好吃到極致才可以做到！「吃飯皇帝大」準備了100道菜，道道都有故事，道道都是土家風情的縮影，嘗試後才能體會到這個品牌的用心。

思考：為什麼汪崢嶸說選擇如此之多的品牌發展是基於發展的選擇？

在進行具體的行銷策略選擇之前，企業必須從戰略的角度出發，設計關乎企業行銷全局的、長遠的目標市場行銷戰略，為日後的各項行銷策略決策提供方向性的指導與把控。現代市場行銷戰略的核心被稱為「STP行銷」，即市場細分（Segmenting）、選擇目標市場（Targeting）和市場定位（Positioning）。在市場競爭日益激烈的今天，消費者的需求呈現出越來越大的差異性，試圖通過一種產品、一套行銷策略來吞下整個市場的做法已經越來越難成功。因此，企業必須通過市場細分、選擇目標市場、市場定位三個重要的步驟，準確鎖定目標消費者，並在消費者心目中佔有獨特的一席之地。

第一節　市場細分

一、市場細分的概念與作用

(一) 市場細分的概念

市場細分（Segmenting）概念於 1956 年由美國行銷學家溫德爾‧密斯在其所發表的《市場行銷戰略中的產品差異化與市場細分》一文中首先提出。所謂市場細分，是指根據消費者需求的差異性，選擇一種或多種分類標準，將市場劃分為若干需求大體相同的消費者群的過程。

假設一個市場上共有 100 位顧客，這 100 位顧客對某種產品的需求偏好完全一致，那麼就沒有必要進行市場細分。反過來，假如這 100 位顧客對某種產品的需求偏好完全不一致，即每個人有自己獨特的需求偏好，整個市場呈現出 100 種不同的需求，使每個人的需求都得以最大程度的滿足的方法，則是將市場劃分為 100 個細分市場，進而有針對性地設計 100 種不同的產品。顯然，這對企業的資源與實力提出了很高的要求，在現實中很難實現。因此，行銷人員往往遵照「求大同，存小異」的原則，將具有相似需求的顧客歸為一個群體，以群體為單位去設計產品與行銷策略，既能較大程度地滿足不同顧客的需求，又能較好地節約企業自身資源。比如，表 6-1 為四位顧客對洗面奶的需求偏好。

表 6-1　　　　　　　　　　需求偏好示例

顧客	需求
A	溫和、泡沫豐富
B	不刺激、美白
C	清潔力強、去油
D	深層清潔、清爽

儘管 A 與 B 的需求存在差異（泡沫豐富 vs 美白），但同時存在一致（溫和、不刺激），因此我們可以把 A、B 劃分為一個細分市場。同理，把 C、D 劃分為另一個細分市場。

(二) 市場細分的作用

1. 有利於發現市場機會，開拓新市場

❖ **行銷情境**

在課堂上，老師拿了一個玻璃杯，裡面放了一個大石頭，差不多和杯子一樣大。

❖ 問題：杯子滿了嗎？

整個市場就好比這個玻璃杯，看上去似乎已經滿滿的沒有新的市場機會了，實際上，通過市場細分，仍能發現未被滿足的消費者的需求，發現新的市場機會。

相對於大企業，市場細分對中小企業而言意義更為重大。中小企業由於自身資源的有限性往往盡量迴避與大企業的直面競爭，細分市場能幫助中小企業找到市場中的縫隙，以大企業所忽視的空白子市場作為目標市場，獲取生存空間。

2. 有利於合理利用企業資源，提升企業競爭力

市場細分的存在是必然的，一方面是因為消費者需求的差異性，另一方面則是因為企業資源的有限性。企業通過市場細分，可以根據自身能力合理選擇目標市場，繼而合理分配企業資源，提升企業競爭力。

❖ 行銷案例

中國亞馬遜「海外購」

亞馬遜進入中國電商市場已有十餘年，然而易觀發布的 2016 年第四季度中國網路零售 B2C 市場交易份額顯示，天貓和京東占了這個市場 87.4% 的市場份額，亞馬遜中國僅以 0.9% 的市場份額排名第八。在它的前面，還有唯品會、蘇寧易購、國美在線、當當和 1 號店。但跨境電商的崛起讓亞馬遜中國看到了機會。

出於對國產奶粉的不信任及進口奶粉的高昂價格，自 2013 年起，中國受教育程度較高的年輕人開始將目光轉到國外購物網站，海淘逐漸流行起來，熱門產品從最初的母嬰用品擴展到 3C 產品、服裝等。然而，高昂的轉運費、漫長的等待及語言問題，也讓一些對海淘有興趣的人望而卻步。

亞馬遜根據心理因素對用戶進行市場細分，將其分為保守型與新潮型，保守型用戶已非常習慣國內網購模式，拒絕改變，新潮型用戶勇於嘗試新鮮事物，追趕流行。於是亞馬遜用已有的傳統型電商模式服務於傳統型消費者，新增版塊「亞馬遜海外購」服務於新潮型消費者。2015 年 6 月，亞馬遜海外購正式對接美國亞馬遜，亞馬遜美國支持直郵中國的 25 個品類聚齊亞馬遜「海外購」商店，全面實現亞馬遜「海外購」戰略佈局。2016 年 11 月亞馬遜海外購實現與亞馬遜英國站點對接。2017 年 4 月 6 日，亞馬遜中國宣布亞馬遜海外購與亞馬遜日本站點正式實現對接，來自亞馬遜日本站點的 13,000 多個品牌的近 85 萬件高品質純正海外貨登陸亞馬遜海外購商店，產品既包括日本本土的前沿高街時尚品牌，也有母嬰玩具的明星品牌，還可以購買到包括虎牌、象印等在內的家居家電潮流品牌。

2013—2014 年，中國跨境電商海淘的訂單中，大概 50% 是發生在美亞網站上。這意味著消費者都已經在亞馬遜了，這是他們做海外直購的核心優勢。憑藉自身全球範圍內強大的供應鏈、物流整合能力和豐富的現金流，亞馬遜在中國推出跨境訂單全年無限次免費配送的 Prime 會員服務，用高成本的物流解決方案吸引用戶，給中國的跨境電商造成較大的壓力，為亞馬遜提升市場份額提供有力支撐。

3. 有利於擴充產品線，提升顧客忠誠度

一方面，消費者本質上是善變的，大量可選的同質商品會干擾他們對產品的忠誠度，使他們轉投競爭對手的懷抱；另一方面，即使是具有較高忠誠度的消費者，他們也在不斷成長，偏好、審美等都在不斷發生變化。因此，企業需要不斷進步，擴充產品線，以保證能不斷滿足消費者新的需求，來達到維持顧客忠誠度的目的，而市場細分為擴充產品線提供了很好的方向。

❖ **行銷案例**

從美特斯邦威到米喜迪

美特斯邦威按年齡進行市場細分，確定的目標消費者是 16～25 歲的年輕人。它通過多年的行銷活動在休閒服飾市場上佔有較大的市場份額。當它的忠誠消費者漸漸長大，走上社會參加工作後，儘管他們對美特斯邦威的喜愛程度沒有減少，但他們並不再做出購買行為了，因為休閒的服飾已不適合他們所希望塑造的成熟穩重的工作形象。於是美特斯邦威推出 me&city 這一新品牌，輕熟的設計風格、中檔的價格成功俘虜了 30 歲左右消費者的心。而當這些消費者成為父親母親後，美特斯邦威再次推出米喜迪這一童裝品牌，使得消費者的忠誠可以再次延續下去。

4. 有利於企業選擇目標市場，制定行銷策略

企業通過市場細分，可以綜合考慮選擇適合自己的一個或多個細分市場作為目標市場，繼而可以有的放矢，有針對性地制定易於被各個目標市場所接受的行銷策略，避免做無用功，從而提高經濟效益與管理效益。

二、市場需求分佈的類型

市場上消費者的需求分佈呈現三種類型：同質偏好、分散偏好和集群偏好。需要注意的是，完全同質偏好與完全分散偏好在現實中幾乎是不存在的，更多的是介於兩者之間。下面以某蛋糕店生產的奶油蛋糕為例來說明這三種類型的區別。如圖 6-1 所示。

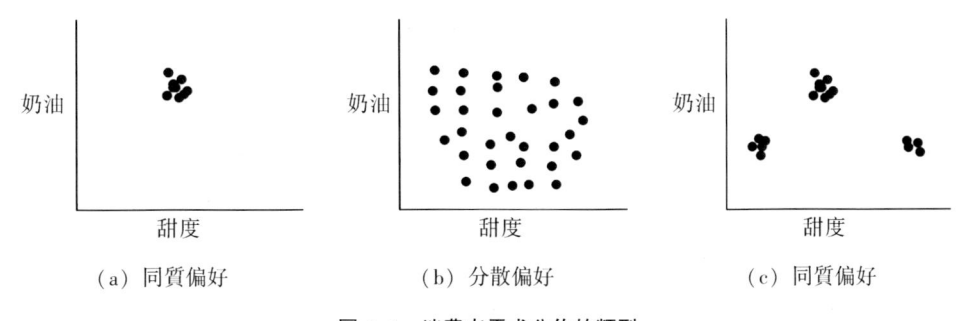

（a）同質偏好　　　　（b）分散偏好　　　　（c）同質偏好

圖 6-1　消費者需求分佈的類型

1. 同質偏好

同質偏好指的是市場上所有消費者有大致相同的偏好。如圖 6-1（a）所示，消費者對奶油及甜度的需求非常集中。面對這種需求分佈，蛋糕店只需製作一種奶油濃度

及甜度適中的蛋糕就可以非常好地滿足所有消費者的需求，因此並不需要進行市場細分。

2. 分散偏好

分散偏好指的是市場上所有的消費者對產品的偏好分散在整個空間。正如圖 6-1 (b) 所示，各種奶油及甜度的搭配都有消費者喜歡和接受。面對這種需求分佈，如果不進行市場細分，蛋糕店製作的蛋糕只能讓一部分消費者滿意，將不利於顧客滿意度的構建。因為消費者的需求過於分散，出於企業資源的考慮，一般只做較粗略的市場細分，仍難以滿足所有消費者的需求。

3. 集群偏好

集群偏好指的是市場上出現明顯的偏好集中，但又不是集中於一點，而是呈現出多點集中。如圖 6-1 (c) 所示，面對這種需求分佈，我們可以輕鬆地將市場細分為三個子市場，也非常清楚各個市場所需要的產品類型，這是進行市場細分較好的需求狀態。

三、市場細分變量

「變量」來源於數學，現在被廣泛應用於各種學科中，指的是一些在數量或質量上可以改變的事物。面對一個消費者市場，我們可以根據年齡對其進行分類，也可以根據個性進行分類。我們把這些能反應需求內在差異、能作為市場細分依據的可變因素統稱為「細分變量」。需要注意的是，「細分變量」很多，在進行市場細分時並不需要同時使用所有的細分變量，根據需要選擇若干個即可。

1. 消費者市場細分變量

消費者市場常用的描述變量有地理變量、人口統計變量；行為變量有心理變量、利益變量、行為方式變量。

消費者市場常用的細分變量及示例如表 6-2 所示：

表 6-2　　　　　　　　　消費者市場常用細分變量及示例

	變量	示例
描述變量	地理變量	地區、城市人口規模、人口密度、氣候、地形等
	人口統計變量	年齡、性別、職業、收入、學歷、宗教、種族、國籍、社會階層等
行為變量	心理變量	消費者的生活方式、個性等
	利益變量	求廉、求名、求質等
	行為方式變量	使用場合、忠誠度、進入市場的程度等

(1) 地理變量。

地理變量包括地區、城市人口規模、人口密度、氣候、地形等。地理變量是相對

穩定的變量，也是較易識別的變量。地理變量的長期作用往往會促進當地消費者消費習慣的養成。

例如著名的「南北甜咸豆腐腦之爭」，話題最初是這樣引發的。2011 年，網友「橋東里」在微博上說了一句：「@王軼庶說：『在豆腐腦咸甜一事上，最顯南北差異……彼此見對方都想吐……』」。就這樣一句簡單的食物點評，之後迅速地被轉發了近 4 萬次，評論超過一萬多條，引發了微博上關於豆腐腦吃法的大討論。在豆腐腦的吃法問題上，南方多食甜，北方多食咸。這種飲食習慣跟當地的氣候、資源有很大關係。

所以，當企業試圖進入不同地區的細分市場時，必須考慮到由地理變量導致的消費習慣的不同，要針對地理差異改進產品及行銷策略。

需要注意的是，隨著互聯網的發展，地球村的趨勢越來越明顯，人們對外來事物的包容性越來越大，使得地區差異有逐漸縮小的趨勢。

（2）人口統計變量。

人口統計變量包括年齡、性別、職業、收入、學歷、宗教、種族、國籍、社會階層等。相較於在互聯網時代差異日益縮小的地理變量，人口統計變量因其穩定性與易識別性常被作為首選的描述變量來使用。人口統計變量也會直接影響到某些行為特徵，比如低收入人群對產品的利益訴求偏向物美價廉，中等收入人群注重品質，對品牌有一定的要求，高收入人群則偏向奢侈品牌。

（3）心理變量。

心理變量包括消費者的生活方式、個性等。很多人在剛踏上社會參加工作時不可避免地需要做一段時間的「租房客」，有的人覺得只是暫時的一個落腳地，對居住條件並不那麼在意，也不願意花心思去改造。也有的人認為「房子不是自己的，但生活是自己的」，希望能在租來的房子裡按自己的想法打造一個屬於自己的小小天地，但家具高昂的價格、搬家時的麻煩讓他們望而卻步。

例如，宜家根據租房客對生活的不同態度進行細分，設計出了大量具有設計感、節省空間但價格低廉、拆裝方便的商品。在宜家，可以買到 39 元錢的小邊桌，可以買到 99 元錢的多用收納架。儘管很多消費者認為宜家價格便宜的小玩意並不耐用，但依然阻止不了宜家粉絲的熱情。

（4）利益變量。

利益變量是顧客追求的實際利益，這在很大程度上會受到人口統計變量的影響。比如低收入人群「求廉」，中等收入人群「求質」，高收入人群「求名」，但是也要注意，它們之間並不是一一對應的關係。比如有的父母收入一般，但為了把下一代培養好，也會願意支付較高的代價讓孩子學鋼琴等樂器。因此，利益變量是不穩定的變量，會隨著消費者角色的轉變而發生變化。

利益決定了消費者購買產品的真正目的，因此，在市場細分中，常常被作為一種最有效最重要的變量來使用。

（5）行為方式變量。

行為方式變量是顧客追求利益的方式方法，如使用場合、忠誠度、進入市場的程度等。按照使用場合，可以將消費者分為普通場合使用的消費者與特殊場合使用的消費者；按照忠誠度，可以將消費者分為絕對品牌忠誠者、多種品牌忠誠者、變換型忠誠者與非品牌忠誠者；按照進入市場的程度，可以將消費者分為常規消費者、初次消費者與潛在消費者。

行為方式變量能更清楚地揭示顧客對產品的使用細節，因此可以有效指導相應產品的設計與行銷策略的制定。

例如麥當勞在定價方面一直是「全國統一價」，允許不同地區有 0.5~1 元的差異，但其在火車站、景區內的價格，卻明顯高於其他商圈，而且「超值午餐」、優惠券在這些地方也無法使用。而消費者似乎都能接受這種較高的價格，甚至認為是合理的，關鍵就在於「使用場合」。在普通場合，即普通商圈的麥當勞，消費者具有較多的選擇，具有較強的討價還價能力，而在火車站、景點這種特殊場合，可選的商品較少，再加上時間因素，其討價還價能力大幅下降，對食物的要求是乾淨、快捷，對價格的關注下降，因此，麥當勞根據消費者的使用場合這一行為方式變量，對普通場合的消費者與特殊場合的消費者採用不同的價格策略，既讓企業獲得更多的利潤，又未引起消費者的反感。

❖ 行銷案例

「開園寶寶」與「團購寶寶」

某幼兒園剛開張，為了吸引家長提前報名，推出 100 名「開園寶寶」的優惠活動，前 100 名報名者可享受保育費 8 折，很多家長開心地報了名。三個月後，幼兒園再次推出新的「團購寶寶」活動，10 個寶寶組團，可享受保育費 7 折的優惠。這讓「開園寶寶」家長意見很大。他們認為，他們作為幼兒園的第一批消費者，必然應該享受最低價，而且當時報名時再三確認，園方承諾不會有更低的折扣，他們才報名的。對此，園方的解釋是：一是做「開園寶寶」活動時確實沒有推出「團購寶寶」的活動，當時的價格確實是最低的。二是「團購寶寶」要達到 10 人才能享受 7 折，「開園寶寶」一個人就可以享受 8 折，這並不具備可比性，在同樣是一個人報名的情況下，「開園寶寶」確實是最低價。園方的解釋並未讓「開園寶寶」的家長滿意，反而更加激怒了家長，大家紛紛要求退學。

提問：

（1）按行為方式變量細分，「開園寶寶」屬於什麼消費者？「團購寶寶」屬於什麼消費者？

（2）假如你是園方的話，你會如何處理？

2. 生產者市場細分變量

某些用於細分消費者市場的變量，同樣也可以作為生產者市場的細分變量。生產

者市場常用的細分市場變量如下。

（1）規模變量。

用戶規模是由其對產品的購買量決定的。大客戶數量少，但購買量大；小客戶數量多，但購買量小。很多生產企業將客戶按規模進行細分，然後再制定不同的價格策略以及溝通方式。

（2）利益變量。

與消費者市場類似，生產者市場上的用戶也會有自己獨特的利益訴求，有的更注重質量，有的更注重成本，有的更注重設計。相對於消費者市場，生產者市場上用戶的利益訴求要更外顯、更容易確定。

（3）地理變量。

企業可用地理變量確定重點服務區域。中國經過長時間的發展，已經形成多種較為集中的產業帶，例如慈溪小家電、莆田運動鞋、江蘇疊石橋家紡等。這就決定了生產者市場的用戶比消費者市場更為集中，企業的行銷策略能夠更有針對性。

3. 細分變量組合

在具體的細分市場的過程中，往往不是只採用某一個變量進行細分，而是同時選擇多種變量綜合細分，特別是將描述變量與行為變量結合起來，往往能幫助企業發現更好的細分市場。以家具為例，圖6-2表明了三個細分變量組合的簡單的市場細分。

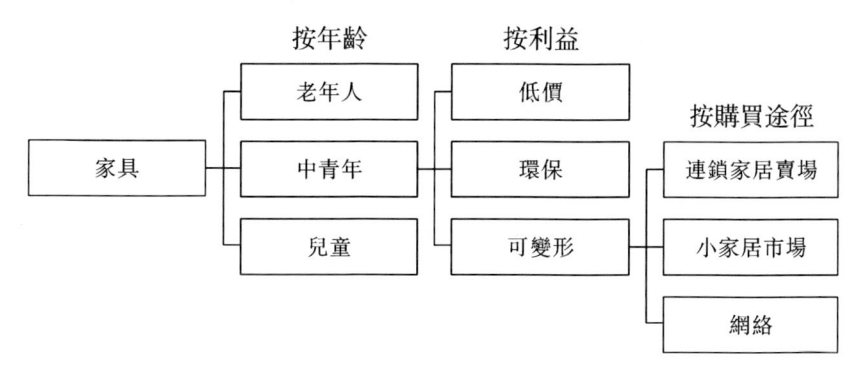

圖 6-2　簡單的細分變量組合

（1）按年齡。

按年齡進行市場細分可以將消費者分為老年人、中青年、兒童三個子市場。明確細分市場可以幫助企業有針對性的設計產品，比如老年人普遍偏愛實木深色的家具，中青年追趕時尚（如現在流行的北歐風），兒童則喜歡具有童趣的設計。

（2）按利益。

按利益訴求進行市場細分，可將中青年這個子市場進一步分為低價、環保、可變形三個子市場。同理，也可將老年人、兒童子市場進行類似細分。利益訴求可以幫助企業明確消費者的購買目的，從而在廣告宣傳與介紹時，做到有的放矢，能讓不同利益訴求的消費者都能找到適合自己的產品。

(3) 按購買途徑。

按購買途徑這一行為變量將市場再次細分為連鎖家居賣場（如居然之家）、小家居市場及網路賣場三個子市場。根據消費者的購買途徑，可以為企業設計分銷渠道提供很好的依據，明確促銷活動的對象特徵，有針對性地設計各項促銷活動，提高消費者滿意度。

以上只是一個簡單的示例，在實際的市場細分中，可選的細分變量非常多，每一個細分變量又可按另一細分變量進行進一步的細分。選擇什麼樣的細分變量、進行幾個層次的細分並沒有統一的答案，要根據行銷的產品、企業的實際情況綜合判斷。

一般認為，對已有的變量進行更深層次、更細緻的細分，能更有效地發現市場機會。

四、市場細分的原則與步驟

(一) 市場細分的原則

科特勒曾經說過，「並非所有的市場細分方法都是行之有效的。比如食鹽的購買者可以分為金黃頭髮的和黑頭髮的，但是頭髮的顏色和是否購買食鹽毫無關係。」因此，市場細分是否有效、是否能給企業帶來經濟效益，並不是看細分方式是否新穎、是否與眾不同，而是要看是否遵守以下三個原則。

1. 可區分性

可區分性是指細分市場對行銷組合中各要素的變動能做差異性反應。比如，在飲料市場上，男性更注重補充能量，女性更注重美容養顏，兩個子市場對產品的利益訴求是不同的，因此可以按性別進行細分。但在大米市場上，男性與女性對產品的利益訴求幾乎是沒有區別的，那麼按性別進行細分則是無效的。

2. 可測量性

可測量性是指各個細分市場的購買力和規模能夠加以測量，能用數據進行反應。比如越來越多的企業意識到大學生是個非常好的細分市場，收入穩定、對新鮮事物抱有強烈的好奇心、時間相對充裕且自由，因此設計了很多針對大學生的優惠活動，比如持學生證打折。某地區大學生這個細分市場的規模可以通過在校學生人數非常容易地測定，因此按職業進行細分是有效的市場細分。但是將在校大學生進一步細分為努力學習型、混畢業證型，那就是無效的市場細分，只有非常熟悉他們的人才能把他們放在正確的類型中，通過一般的調研很難確定，更不用說確定每種類型的人數了。

3. 可盈利性

可盈利性是指可以保證企業能夠持續盈利。比如某汽車製造企業按身高進行市場細分，發現了侏儒這一子市場，當時的汽車都是按普通人身高設計的，侏儒駕駛時會覺得非常辛苦，因此提出以此子市場作為目標市場，但是經過測算，發現為了生產這一特制汽車需另外準備一條新生產線，前期投入過大，最後只能放棄。

4. 可進入性

可進入性是指有現成的渠道進入或通過努力能夠開拓渠道進入該細分市場。例如

A 企業是做嬰幼兒輔食產品的，其合作的零售終端以連鎖母嬰店為主。按年齡進行市場細分，中老年人這個子市場以目前的渠道是無法進入的。如果 A 企業沒有能力在繼續維持現有渠道的基礎上開拓新的渠道接近中老年人，那麼這個市場細分就是無效的。

(二) 市場細分的步驟

市場細分的過程大致分為確定產品市場範圍、明確不同需求、細分市場的分割與命名、各細分市場的特點分析四個階段。這裡以一房地產開發商 A 企業開發住宅為例，說明市場細分的具體步驟。

1. 依據需求選定產品市場範圍

企業根據自身的經營條件和經營能力確定進入市場的範圍，如進入什麼行業，生產什麼產品，提供什麼服務。A 企業五年前在某市二環內拍下了一塊地，現在周邊已發展得不錯，準備進行房地產開發。

2. 列舉潛在顧客的基本需求

根據細分標準，比較全面地列出潛在顧客的基本需求，作為以後深入研究的基本資料和依據。經過初步調查，A 企業瞭解到購房者對住宅的利益訴求主要集中在這幾個方面：戶型、採光、通透性、交通、房屋自身質量、小區綠化環境、物業、價格、裝修、社區文化等。

3. 移去潛在顧客的共同需求，分析潛在顧客的不同需求

通過進一步的調研，將潛在顧客的共同需求移去，重點分析存在差異的需求，以此作為市場細分的基礎。經過進一步調研，A 企業發現，房屋自身質量、價格、交通是顧客的共同利益關注點，可將其移去。而在戶型、採光、通透性、小區綠化、物業、裝修、社區文化等方面，不同顧客存在不同的要求，例如買房投資等待升值的顧客會在交房後將房子出租或空置，他們希望房子能帶裝修，省去裝修等待的時間與麻煩，對小區綠化、物業、社區文化方面並沒有太多要求，而買來自己居住的顧客則希望能按自己的需求裝修房子，並對開發商的裝修不信任，對綠化、物業、社區文化方面非常關注。

4. 為子市場暫時取名

根據上一步的分析，將顧客簡單地區分為兩種類型，即形成兩個細分市場，為其暫時取名為投資型與自住型。

5. 進一步認識各子市場的特點，測量各子市場的大小

A 企業進一步深入瞭解各子市場的特點及規模，從而為下一階段目標市場的選擇提供依據，並能做到有的放矢，為產品設計、定價等各項行銷策略提供很好的支撐材料。

需要注意的是，這只是一個簡單的舉例，現實生活中的市場細分要複雜得多。

第二節　目標市場選擇

目標市場是企業打算進入的細分市場。企業進行市場細分的最終目的，就是找到適合的目標市場。顧客需求紛繁複雜，而企業資源又有限，因此企業必須學會取捨。

在進行有效的市場細分之後，企業需對各子市場進行評價，並結合企業資源進行綜合考慮，選擇一個或多個子市場作為目標市場，進而制定各項行銷策略。目標市場的選擇對企業來說是至關重要的。一旦做出錯誤的判斷，選擇了並不適合的目標市場，結果可能是一步錯滿盤輸，因此企業必須慎重對待。

一、評價細分市場

企業對市場進行細分後，需要對各個細分市場進行評價。只有綜合各個方面評價良好的細分市場，才可能作為企業目標市場的備選，因此，評價細分市場是目標市場選擇的基礎。評價細分市場通常需要結合企業資源從市場的規模與結構吸引力兩個方面來進行。

（一）細分市場的規模

評價細分市場首先應從量的方面進行，即分析市場現有規模與未來可能的規模（發展潛力）。現有的規模決定了當前市場大小。消費者數量越多，市場規模越大，則意味著總購買力越強大，企業也越容易盈利。未來可能的規模即發展潛力則是一種預期、一種估計。有的市場當前規模並不大，但是具有良好的發展趨勢，市場規模可以逐漸擴大，企業可在未來盈利。一般來說，理想的細分市場是規模較大、具有好的發展潛力的細分市場。

❖ 行銷案例

俞敏洪與大 V 店

在數字閱讀的強力衝擊下，傳統圖書出版市場近年來一直不太景氣，但在持續低迷的市場中卻有一匹「黑馬」——兒童出版市場。一方面，儘管很多父母都是「手機黨」，但出於對孩子健康的考慮，普遍都比較反對孩子接觸長時間的數碼產品，圖書成為孩子獲取知識的主要來源；另一方面，越來越多的父母開始注重「親子閱讀」。特別是隨著二孩政策的開放，閱讀年齡層次的下降，兒童圖書市場尤其是繪本類發展潛力不容小覷。

龐大的市場也帶來了新的商務模式的出現。2014 年 12 月 1 日，由新東方教育集團董事長俞敏洪和中國 PE 行業投資人盛希泰創立的洪泰基金投資了一個名為大 V 店的微信電商項目。大 V 店是一種新興的電子商務模式——媽媽社區電商，大 V 店的主營產品為圖書音像和母嬰用品，目前累計上架圖書 2,100 餘種，繪本類占比 90% 以上。大 V 店是親子類書籍首發的首選平臺。以海外產品為主的母嬰用品累計上架 4,000 多種，涵蓋嬰兒護理、美容護膚、奶粉輔食等多個品類。媽媽們可以在大 V 店開店鋪，而與多數微店平臺不同的是，大 V 店提供貨源、物流倉儲、配送、售後等服務，媽媽們只需要在社交網路（微信、微博、QQ 空間等）推廣自己的店鋪或商品即可。

（二）結構吸引力

一個具有適當規模和發展潛力的細分市場，也有可能使企業無法盈利。企業在評

價細分市場時不僅從量的方面進行考慮，還需結合質的方面，分析其結構吸引力，包括競爭強度、進入與退出壁壘、替代品的威脅、購買者與供應商的議價能力及轉換成本。

1. 競爭強度

有的細分市場規模和發展潛力都不錯，但早已被頗具實力的企業所占領，或是眾多企業正在拼命爭奪市場份額，這種市場並不適合作為目標市場，激烈的競爭會對企業的盈利能力造成極大的威脅。但是要注意，細分市場的競爭是否激烈，並不是單純地視競爭者的數目而定。有的細分市場競爭者數目並不多，但少數幾個企業作為市場領導者的地位非常穩固、難以動搖或者企業實力非常雄厚，一旦加入競爭企業會迅速反擊，這種細分市場的競爭也同樣激烈，不宜選為目標市場。

❖ **行銷案例**

天府可樂的消亡

在可樂這種產品進入中國市場的這 40 年，整個可樂市場基本上就是可口與百事的天下，市場領導者地位無可撼動。期間，也曾出現過民族品牌參與競爭，但兩大巨頭迅速反應並採取有效措施制止，至今未有成功者。

1981 年，天府可樂的配方誕生在重慶。它由當時的重慶飲料廠（天府集團前身）和四川省中藥研究所共同研製。其原料全部由天然中藥成分構成，不含任何激素。這一配方誕生之後，經同濟醫科大學的醫藥學病理學實驗證實，天府可樂配方可以有效抵抗黃曲霉素。黃曲霉素，一種被世界衛生組織劃定為一類致癌物的劇毒物質，極容易在玉米、大米、小麥、豆類、肉類、乳及乳製品等食品中產生。1985 年，當時的國家領導人視察重慶，在喝過「中國人自己的可樂」後，讚不絕口。回京後，國務院機關事務管理局對天府可樂經過嚴格審驗後，定為國宴飲料。1988 年更名為中國天府可樂集團公司，下屬灌裝廠達 108 個，其在中國市場佔有率達 75%，創產值 3 億多元，利稅達 6,000 多萬元。

但就是曾經如此輝煌的企業，現在的狀況卻是累計最高虧損達 7,000 萬元，連續八年被評為重慶市特困企業，債務高達 1.4 億元，剩下的 400 多名職工長期依靠上級部門救助艱難度日。而市面上幾乎看不到天府可樂的產品。

轉折發生在 1994 年，百事與天府共同成立了合資公司——重慶百事天府公司。資料顯示，當時，百事以現金出資 1,070 萬美元，天府則以土地、廠房和生產設備（折價 730 萬美元）作為出資。按照雙方的約定，合資公司生產的天府可樂產量應不低於總飲料的 50%。但雙方合資後，合資公司從廣告到銷售，全力推廣百事品牌飲料。原

天府可樂老總李培全說，天府可樂飲料銷量驟降，合資第一年還能占74%，到第二年就成了51%，第三年下降到21%，到2007年僅占0.5%。與此形成鮮明對比的是，合資不久，百事可樂就在重慶市場佔有率最高達到八成以上。

天府集團在財務監管上對合資公司更是失控。合資公司經營連年虧損，天府集團不僅未得分文，還背上了近3,000萬元的債務。但百事從合資公司獲得了豐厚利潤。李培全稱，百事公司向合資公司出售濃縮液的收入，估算在雙方合資前10年就高達1.5億元。

2006年，承受巨大經濟壓力的天府集團將手裡的股份作價1.3億元賣給百事。至此，天府集團以品牌消亡、市場盡失、資產歸零為代價，換來了帳面上的零負債。

2. 進入與退出壁壘

有的細分市場現在的競爭並不激烈，但是一旦盈利性增強，會迅速吸引同行甚至是其他行業的企業參與競爭，從而瓜分市場份額使企業盈利能力下降。潛在的競爭對手不易察覺，難以預測，給企業評價細分市場的競爭性帶來較大的障礙。儘管如此，我們仍然可以通過進入與退出壁壘對潛在的競爭者及競爭性進行粗略的估計。

進入壁壘指的是企業試圖進入某個新領域時所遇到的障礙，包括生產成本、專利技術、規模經濟等。進入壁壘越高，潛在的競爭對手就越少，企業的競爭壓力也就越小；反之，進入壁壘越低，潛在的競爭對手就越多，企業的競爭壓力也就越大。例如高新技術行業對技術與資金提出了較高的要求，一般企業難以進入，競爭相對較小，而服裝、餐飲等行業門檻較低，相對容易進入，競爭壓力較大。企業一般傾向於選擇高進入壁壘的細分市場。

退出壁壘指的是現有企業在市場前景不好、企業業績不佳時阻止企業順利轉移資源退出該市場的障礙，例如沉沒成本、職工解雇費用、行政障礙等。退出壁壘越高，意味著企業越難以輕易抽身，無論願意不願意都只能苦苦支撐，繼續加大各種促銷力度，從而加劇市場的競爭性；反之，退出壁壘越低，一旦勢頭不對，企業可以很輕鬆地抽身退出，大量競爭對手的撤離可以使市場上的競爭壓力得到有效緩解，同時如果企業認為無法繼續支撐下去也可以輕鬆退出，降低風險。例如紡織行業的退出壁壘較高，紡織企業的機器等生產設備具有很強的資產專用性，將這些專用性很強的固定資產轉賣給他人或其他企業是比較困難的。一旦該企業打算退出，不得不放棄一部分設備，這些設備的價值就不能全部收回或完全不能收回，從而使企業面臨損失。因此企業往往會選擇苦苦支撐，而不是輕易放棄市場。反過來，電視購物這個行業的退出壁壘幾乎不存在，如一個從事減肥藥的企業，可以在減肥藥市場萎縮後，進入增高產品市場，再到電子辭典市場。企業一般傾向於選擇低退出壁壘的細分市場。

3. 替代品的威脅

移動和聯通、電信在移動通信市場爭得頭破血流。等微信橫空出世，大家才恍然大悟，原來騰訊才是他們強大的競爭對手。所以企業在評價市場的競爭性時，要有大格局的視野，不能局限在同類產品競爭者，替代品的威脅也不能小視。

❖行銷案例

近視眼鏡的替代品

中國是世界上近視發生概率最高的國家之一。北京大學中國健康發展研究中心2015年發布的《國民視覺健康報告》顯示，全國近視人數接近5億，也就是說，每2個中國人就有1個是近視。且2012年的數據顯示，青少年近視患病率已位居世界第一位。如此龐大的消費市場吸引了眾多企業從事眼鏡的生產與銷售。儘管隱形眼鏡與激光治療近視手術都可以作為傳統眼鏡的替代品，但隱形眼鏡不能長時間久戴、激光手術的風險性等問題制約了其替代率，三種產品和平共處相安無事。

但隨著技術的進步，近視眼鏡新的替代品出現了。加拿大一公司日前成功開發出一款名為「Ocumetic」的仿生鏡片。只需以注射的方式注入眼睛，大約10秒後，這種眼鏡就會自動在眼球中展開，原先不良的視力不但能夠被矯正，還能比1.0的視力更好。不過，該鏡片只適用於25周歲以上的成人，該項技術正在取得國家政府的認可，最快2017年問世。為了研發這種仿生鏡片，這家公司花費8年時間，耗資大約300萬元。這種仿生鏡片實際上就是一種人造的晶狀體，移植方法也很簡單，類似白內障手術。只需要大約8分鐘，病人的視力即可矯正。據稱，植入這種鏡片後，不論隨著年齡的增長，人們眼睛如何老化，都會保持完好的視力。

當然，該產品目前還未上市，但假如經過若干年的發展大量的實驗證明了其安全性，一旦大規模上市，對目前從事眼鏡生產與銷售的企業來說，都是毀滅性的打擊。

4. 購買者與供應商的議價能力

購買者位於行業的下游，他們總是希望企業能給予更低的價格、更好的產品與服務。如果產品同質化嚴重或購買者大量集中，那購買者議價能力就會增強。隨著互聯網時代的到來，地理上的分散性已顯得越來越不重要，購買者可以通過網路大規模聚集增強其議價能力。購買者的議價能力越強，企業間的競爭越激烈，企業的壓力也越大，那麼該細分市場不具有結構吸引力。因此，理想的目標市場是購買者議價能力較小的細分市場。

供應商位於行業的上游。如果企業所需的原材料、產品等各種資源只能由少數幾個供應商提供，難以找到替代品，或者企業對該供應商的依賴性很大，或者企業不構成供應商的主要客戶，那麼供應商的議價能力都會增強，企業與其討價還價的空間越小，該細分市場不具有結構吸引力。因此，理想的目標市場是供應商議價能力較小的細分市場。

5. 轉換成本

轉換成本指的是當消費者從一個產品或服務的提供者轉向另一個提供者時所產生的一次性成本。這種成本不僅僅是經濟上的，也是時間、精力和情感上的，是構成企業競爭壁壘的重要因素。如果顧客從一個企業轉向另一個企業，可能會損失大量的時間、精力、金錢和關係，那麼即使他們對企業的服務不是完全滿意，也會三思而行。細分市場上的產品轉換成本越高，顧客越不願意轉向其他競爭對手，消費者忠誠度越高，該細分市場的結構吸引力就越強；反之，細分市場的產品轉換成本越低，顧客越容易轉向其他競爭對手，消費者忠誠度越低，該細分市場的結構吸引力就越弱。企業

一般傾向於選擇產品轉換成本高的細分市場。

❖ 行銷案例

糖豆廣場舞

在眾多的舞蹈類 APP 中，糖豆廣場舞的成績非常突出，其全網覆蓋的下載用戶已近 5,000 萬（其中移動端用戶 1,900 萬），日活躍用戶數量已超過 250 萬，90% 來自於移動端，2016 年完成來自 IDG 資本和祥峰的 500 萬美元 B 輪追加投資。糖豆廣場舞的成功，與其目標市場的確定是密不可分的。

一直以來，廣場舞大媽在互聯網上都是妖魔化的人物，各種廣場舞擾民的新聞屢見不鮮。一開始，糖豆廣場舞創辦人張遠也沒想到這個群體會有如此巨大的影響力。他創建糖豆網的初衷是做生活視頻網站，包含時尚、影視、美食等頻道。出乎意料的是 2013 年，糖豆網成為國內廣場舞視頻在 PC 端最大的「集散地」。中老年大媽跳廣場舞的視頻成為糖豆網最大品類，它們還總被反覆播放，張遠也想不明白這是為什麼，「我們沒有主動策劃，它完全是自己長出來的，廣場舞可能是中國民間很重要的文藝形式。」2014 年年初，蘑菇街等垂直電商興起，讓張遠意識到，綜合門戶總歸是沒有垂直人群屬性的，只有趣味相投的人聚在一起才有可能形成社區，從而探索出除廣告外的更多商業模式。於是張遠決定將目標消費者改為 60/70 後廣場舞熱愛者，並將「糖豆網」更名為「糖豆廣場舞」。

之所以選擇 60/70 後廣場舞熱愛者作為目標消費者，除了龐大的人口基數，中老年人極強的忠誠度也是吸引張遠的一個原因。如今 APP 的競爭也異常激烈，對於年輕人來說，換一個 APP 無外乎就是聯網、下載、安裝、註冊這樣簡單的幾個步驟，但對於中老年人來說，不盡然。很多中老年人對手機的設置操作並不熟練，手機上各種 APP 的安裝往往直接交給年輕人處理，他們很多甚至根本不知道如何卸載已安裝的 APP，因此在他們看來，換一個 APP 需要慢慢摸索，所付出的時間、精力的轉換成本是非常高的，他們並不願意輕易去改變手機裡已有的 APP。這就意味著，糖豆廣場舞憑藉 PC 端「糖豆網」時期良好的基礎一旦順利轉移到移動端後，用戶流失率是非常低的。

綜上，適合作為目標市場的理想的細分市場特徵如表 6-3 所示。

表 6-3　　　　　　　　　　　理想的細分市場特徵

評價標準		理想特徵
市場規模	—	規模較大、具有好的發展潛力
結構吸引力	競爭強度	競爭者數目較少，競爭強度低
	進入與退出壁壘	進入壁壘高、退出壁壘低
	替代品的威脅	缺少替代品或替代品的優勢不明顯
	購買者與供應商的議價能力	購買者與供應商的議價能力低
	轉換成本	轉換成本高

二、目標市場選擇的五種模式

對各細分市場進行評估後，企業將不理想的細分市場剔除，保留下來的理想的細分市場數目可能仍然較多，需結合目標市場行銷戰略，從中選擇一個或多個子市場作為目標市場。通常，按產品和市場兩個維度將目標市場的選擇分為五種模式，如圖6-3所示，其中M表示市場，P表示產品。

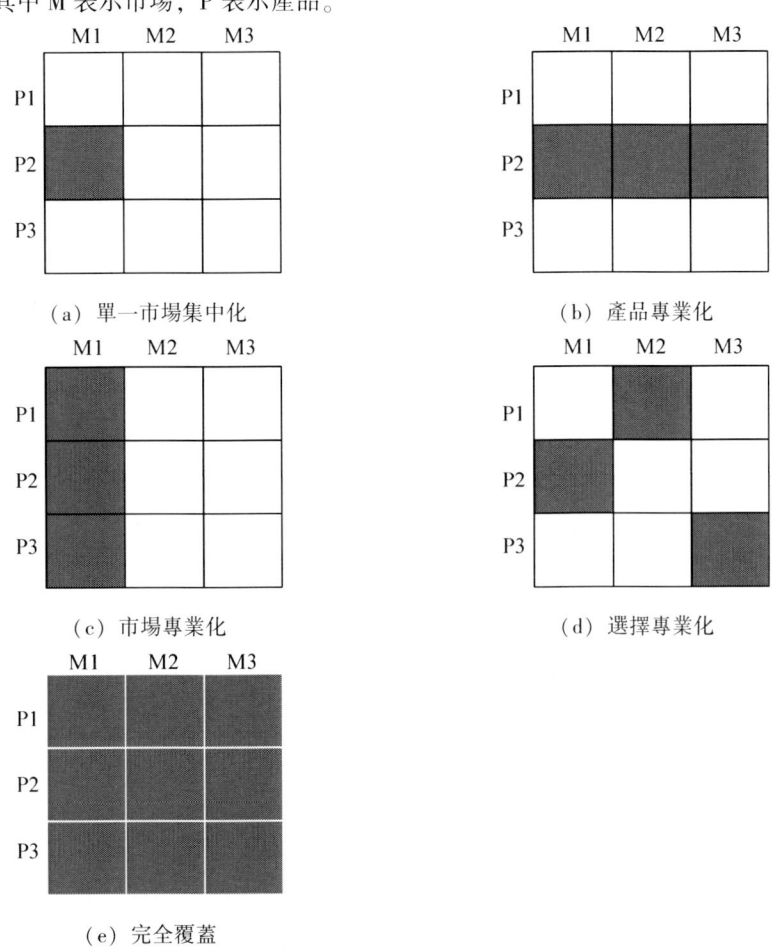

(a) 單一市場集中化

(b) 產品專業化

(c) 市場專業化

(d) 選擇專業化

(e) 完全覆蓋

圖6-3　目標市場選擇的五種模式

（一）單一市場集中化

單一市場集中化是相對最簡單的一種目標市場選擇模式，指的是企業只選擇一個子市場作為目標市場，並且只生產一種產品進行集中行銷。這種模式適合於以下情境：

(1) 企業的實力有限，只能承擔一個子市場的經營。
(2) 企業具備在該市場上從事專業化經營的優勢條件。

(3) 此市場上沒有競爭對手。

單一市場集中化可以使企業將「專業」做到極致。從產品的角度來說，企業只需專心從事一種產品的研究，就可以使企業資源得到最大程度的集中，充分發揮已有的技術、管理等方面的優勢，進行產品專項研發，做到精益求精。從市場的角度來說，企業所面對的消費者只是一個子市場，要充分瞭解其偏好與需求所付出的精力相對較少，因此可以更準確地把握其市場風向。

需要注意的是，儘管這種模式可以使得企業做到高度專業，在該細分市場上取得較高的美譽度及牢固的市場地位，但畢竟市場容量偏小，一旦有新的更有實力的競爭對手加入蠶食市場，而企業又沒有其他可獲利的市場來源，就會處於非常被動的地位。因此，這種模式與其他幾種模式相比，經營風險較大。

對於具有長遠戰略規劃的大企業來說，通常的做法是將單一市場集中化模式作為發展的起點，先在某個子市場上站穩腳跟，再逐步向其他產品或其他市場延伸。而對於大多數中小企業來說，單一市場集中化模式可能只是他們唯一的選擇。

❖ 行銷案例

方太廚具

方太廚具由抽油菸機起步，1996年寧波方太廚具有限公司成立，斥資2,000萬建立第一條抽油菸機生產線，年產30萬臺。這20年來，方太一直關注高端廚電領域，多次開創了行業先河，以行業前沿的技術、設計、質量和服務，贏得了更多中國家庭的選擇，穩居高端廚電領導者地位。儘管如今方太的產品已擴展到竈、消毒櫃、燃氣熱水器，甚至高科技產品如洗碗機、蒸微一體機等，但一提起方太，很多消費者的第一反應仍然是抽油菸機，抽油菸機也一直是方太的核心產品。

(二) 產品專業化

產品專業化是指企業集中生產一種產品，但向不同的消費者銷售該產品的不同型號或款式，旨在某一產品領域樹立聲譽。與單一市場集中化相比，雖然產品專業化仍然只專注一種產品，但面對的目標市場擴大了，並不局限於一個子市場，可以有效降低其風險性。當企業具有某種產品的核心技術優勢，而又有能力進入多個細分市場時，可以選擇產品專業化模式。

❖ **行銷案例**

樂高

　　樂高積木是兒童喜愛的玩具。這種塑膠積木一頭有凸粒，另一頭有可嵌入凸粒的孔，形狀有1,300多種，每一種形狀都有12種不同的顏色，以紅、黃、藍、白、綠色為主。它靠小朋友自己動腦動手，可以拼插出變化無窮的造型，令人愛不釋手，被稱為「魔術塑料積木」。與一般的玩具品牌不同，樂高並不單單是小朋友的專利，其產品根據年齡設計為四種類型，分別適合1~5歲、4~7歲、5~12歲、7~16歲的客戶。隨著年齡的增大，單個積木體積越小，拼裝越複雜。如今，玩樂高已成為一種時尚，不少90後甚至80後都對樂高情有獨鐘。

（三）市場專業化

　　市場專業化指的是企業專注於為一個子市場提供各種產品或服務，旨在某一顧客群中建立聲譽。如貝親專門提供品種齊全的母嬰用品，包括奶瓶奶嘴、洗護用品、紙尿褲、濕巾、洗衣液、水杯餐具等。這種模式使企業專心於某一子市場的研究，能夠更好地探究消費者的需求與偏好，提高顧客滿意度；同時，經營多種產品可以分散經營風險。但需要注意的是，目標市場的過度集中，使企業的命運與該市場緊緊地連接在一起。例如中國的二孩政策放開這一利好消息出現後，貝親立刻擴大生產規模，但是若中國的生育政策縮緊，貝親則會面臨收益下降的風險。

（四）選擇專業化

　　選擇專業化指的是企業同時選擇多個子市場作為目標市場，且能夠提供滿足各個子市場的需求的產品，其中各個子市場間缺少聯繫。該模式是一種多元化經營模式，適用於大企業，主要優勢是可以分散風險，即使某個子市場盈利情況不佳，企業也可以通過其他子市場保住利潤。

（五）完全覆蓋

　　完全覆蓋是指企業生產多種產品去滿足各種顧客群體的需要，是一種多元化經營模式。一般來說，實力雄厚的大企業到了一定階段會選擇這種模式。例如，騰訊目前提供的多元化服務包括：社交和通信服務QQ及微信、社交網路平臺QQ空間、騰訊遊戲旗下QQ遊戲平臺、門戶網站騰訊網、騰訊新聞客戶端和騰訊視頻等。下至蹣跚學步的幼兒，上至白髮蒼蒼的老人，無不是它的目標消費者。

　　綜上所述，企業的發展一般始於集中化，逐漸發展成專業化，最後轉向多元化。企業在創業初期，出於資源的限制，往往只能以一種產品滿足一種類型的消費者。隨著知名度的不斷提升及企業規模的擴大，或者立足於產品或者立足於市場開始延伸，至於選擇何種方向則是看企業在產品上具有突出優勢還是在市場上擁有穩定的忠實消費者。最後，實現多元化跨界發展，完成市場的全面覆蓋。在這個過程中，企業資源成為決定是否能夠成功轉變的關鍵因素。需要注意的是，多元化發展不能盲目，有些

時候，反而需要「瘦身」，回到專業化。

三、目標市場戰略的三種類型

企業在選擇目標市場時有三種可選的戰略：無差異性目標市場行銷戰略、差異性目標市場行銷戰略與集中性目標市場行銷戰略。每種戰略都是優點與缺點並存，選擇哪種戰略需結合企業所經營的產品特性及企業自身的實力綜合判斷。

（一）無差異性目標市場行銷戰略

1. 概念

無差異性目標市場行銷戰略指的是對市場不做細分，把所有對產品有需求的顧客看作一個整體，並將其作為目標市場，用一種產品、統一的行銷組合對待這個完整的市場。如圖 6-4 所示。

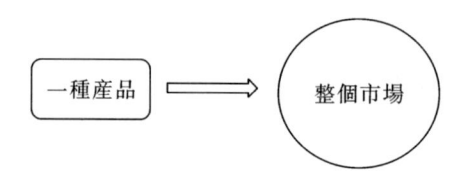

一種產品 ⟹ 整個市場

圖 6-4　無差異性目標市場行銷戰略

2. 優缺點

（1）優點：低成本，方便管理。

企業採用無差異性目標市場行銷戰略意味著只需要專心生產一種產品、專心經營一種行銷組合就可以了，這使得企業的資源可以最大限度地集中，生產的規模效應可以使產品的成本大幅降低，管理也不需要有任何區分，這是該戰略最大的優勢，也是早期很多企業選擇該戰略的原因。如可口可樂公司，最初只做可樂這一種產品，無論是兒童、少年、年輕人、中年人還是老年人，無論是學生、教師、白領、工人還是農民，無論是男性還是女性，都只能從可口可樂公司得到這一種產品，在早期競爭不那麼激烈的飲料市場，可口可樂只憑藉這一種產品就坐穩了行業龍頭的位置，通過規模生產降低成本並獲得了高額利潤。

（2）缺點：顧客滿意度低，適用範圍有限。

隨著市場競爭日益激烈，消費者的選擇越來越多，需求的差異性也越來越明顯。無差異性目標市場行銷戰略所帶來的單一產品只能吸引部分消費者，試圖讓所有消費者感到滿意是非常困難的，因此這種行銷戰略的適用範圍越來越有限。

（二）差異性目標市場行銷戰略

1. 概念

差異性目標市場行銷戰略指的是將市場細分為多個子市場後，選擇若干個子市場作為目標市場，用不同的產品、不同的行銷組合應對多個目標市場。如圖 6-5 所示。

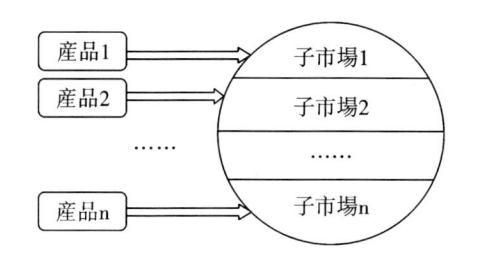

```
產品1  →  子市場1
產品2  →  子市場2
……       ……
產品n  →  子市場n
```

圖 6-5　差異性目標市場行銷戰略

2. 優缺點

（1）優點：能較好地滿足不同顧客群體的需求，分散企業的經營風險。

差異性目標市場行銷戰略通過具有差異性的產品，可以有針對性地滿足不同顧客群體的需求，提升顧客的滿意度。同時，由於同時運作多種產品，經營風險被分散，不會因某種產品的失敗而導致企業徹底失敗。

（2）缺點：成本大幅度增加。

經營兩種產品所付出的開拓市場費用、促銷費用等都是經營一種產品的兩倍，因此，採用差異性目標市場行銷戰略，選中作為目標市場的子市場越多，意味著需要經營的產品也越多，所付出的成本呈幾倍地增長。

差異性目標市場行銷戰略適合綜合實力較強的企業。實力不大的企業應盡量避免使用此戰略，因為多個目標市場會帶來成本的激增，如果沒有足夠的資金支持，各個目標市場的銷售額一旦短期內無法支撐各項行銷推廣費用，企業的資金鏈也很容易斷裂，導致失敗。

❖ 行銷案例

寶潔的洗髮水

寶潔一直是差異性目標市場行銷戰略應用的典型。以洗髮水為例，旗下有潘婷、飄柔、海飛絲、沙宣、伊卡璐、潤研等品牌。之所以會打造如此多的品牌，就是為了更好地滿足消費者的不同需求。有的消費者想要去屑，有的想要柔順，有的想要養護，有的想要享受專業沙龍的高品質，有的想要黑髮，不管是哪種利益訴求的消費者，都可以在寶潔找到滿意的產品。

當然，並不是所有的品牌都可以被消費者喜愛，例如潤研，就因為種種原因未被消費者接受而退出歷史舞臺，但一個品牌的失敗並不會導致寶潔整個企業的失敗，寶潔仍然可以通過潘婷、飄柔等品牌持續獲利，生存並發展下去。

（三）集中性目標市場行銷戰略

1. 概念

集中性目標市場行銷戰略指的是將市場細分為多個子市場後，選擇 1 個子市場或若干個相似且規模不大的子市場作為目標市場，開發相應的產品及行銷組合，如圖6-6

所示。企業追求的目標不是在較大的市場上佔有一個較小的市場份額，而是在一個或幾個較小的市場上佔有較大的，甚至是領先的市場份額，即「寧做鷄頭，不做鳳尾」。

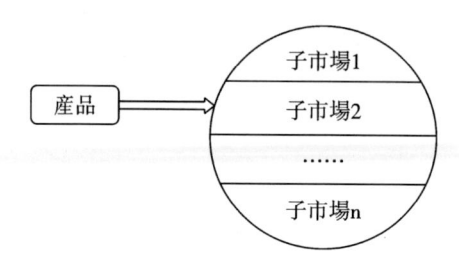

圖 6-6　集中性目標市場行銷戰略

2. 優缺點

（1）優點：專業化經營，集中資源。

集中性目標市場行銷戰略所選的目標市場很少，這樣有助於企業集中所有資源，專心研究分析該目標市場的需求，能很大程度提高顧客的滿意度。同時對企業的實力要求較低，只需能夠支撐開拓該目標市場上的費用即可，因此特別適合中小企業。

（2）缺點：經營風險較大。

正因為集中性目標市場行銷戰略所選擇的目標市場過於集中，一旦決策失誤會導致企業完全沒有其他獲利的來源而直接導致失敗，因此經營風險較大。即使企業的決策是正確的，所選的目標市場確實是能夠讓企業盈利的，但也有兩種情況值得警惕：

①該目標市場吸引其他強有力的競爭對手加入，蠶食目標市場。假如企業所選擇的目標市場確實是一個具有潛力且發展勢頭良好的市場，很容易吸引其他更有實力的競爭對手，他們有豐富的經驗及充沛的資金對該市場進行運作，而企業沒有其他可盈利的目標市場，一旦競爭失敗，這對企業的打擊是致命的。

❖ 行銷案例

曾碧波與他的洋碼頭

洋碼頭於 2009 年成立，2011 年 6 月正式上線，2010 年獲得天使灣創投的天使投資，2013 年 12 月獲得賽富基金千萬美元投資，2015 年 1 月完成 1 億美元 B 輪融資。

洋碼頭是為了中國廣大的「海淘迷」而誕生的，當時越來越多的消費者已經不再滿足於國內「淘寶」平臺，開始把目光轉向海外，從而促進了大量「海外代購」出現。但「海外代購」素質參差不齊，所謂代購將國內假貨偽裝成「洋貨」銷售的新聞也屢見不鮮。「洋碼頭」希望成為專注「海淘界」的淘寶，通過發貨地、國際物流等的約束肅清混亂的代購亂象，其模式就是美國買手或者商家在網站上提供各類商品，消費者選擇下單後，通過國際物流業務經過中國海關到達消費者手中，洋碼頭只是一個平臺。此外，洋碼頭旗下還有一個獨立的物流公司貝海國際速遞，向跨境賣家提供直郵和報關清關服務。2013 年洋碼頭推出一個認證買手直播的購物平臺 APP「海外掃貨神器」，在移動端補充了 C2C 的專注性。

儘管洋碼頭的模式新穎，也成功得到了融資，但最新融資 1 億美元的內部郵件裡，創始人曾碧波痛訴投資圈曾經對洋碼頭的不認可，特別是提到兩個有趣的故事：

「2012 年年底我還找了阿里巴巴戰略投資部，見了號稱阿里二號人物謝世煌 Simon，深入剖析我們的商業模式和計劃書，半年後的 2013 年 6 月份天貓國際誕生了。

2013 年 8 月份，我找到了我們的貨代公司 APEX 尋找戰略投資，對方說你們洋碼頭不值錢，貝海還值點錢，打包作價最多也就是 4,000 萬人民幣吧，給你 2,000 萬，要占大股如何？我拒絕了，今天 APEX 複製了貝海的營運模式走天津口岸接了亞馬遜直郵中國的物流業務。」

天貓國際的模式幾乎與洋碼頭一模一樣，迎頭直面洋碼頭，APEX 則作為亞馬遜中國開展海外購的供應鏈成員輔助進攻。洋碼頭作為剛剛起步的小企業在俩巨頭的虎視眈眈之下壓力巨大。

②消費者的需求發生轉移。

消費者是善變的，一旦需求發生轉移，採用集中性目標市場行銷戰略的企業沒有其他可以盈利的來源，將會是非常危險的事情。

❖ 行銷案例

海淘轉運公司

海淘轉運公司是隨著海淘的流行而誕生的新模式。在亞馬遜海外購出現前，中國消費者想順利在日本亞馬遜上購物，關鍵的問題在於收貨地址。日本亞馬遜默認的收貨地址是日本，中國的地址是無效的。轉運公司如 tenso 就非常好地解決了這個問題，消費者在 tenso 網站上註冊，tenso 給消費者分配一個獨一無二的日本境內地址。消費者登錄日本亞馬遜網站，選擇商品、購買、填寫 teson 給的地址、付款。日本亞馬遜將商品發到 tenso，消費者接到 tenso 的收貨通知後再通知 tenso 發貨至國內地址，支付相應的運費。轉運公司在整個過程中扮演了仲介轉移的角色，在為消費者解決收貨地址難題的同時，也從中獲取了應得的利潤。

然而，隨著國內各種跨境貿易的實體店的出現，以及亞馬遜等電商開通海外購直郵通道後，消費者有了更多的選擇以得到進口商品，依賴於轉運公司的海淘方式逐漸改變，轉運公司的業務嚴重受到影響。

四、決定目標市場行銷戰略選擇的因素

三種目標市場行銷戰略都是優缺點並存，企業在進行選擇時應以「適合」作為基本原則。一般來說，決定目標市場行銷戰略選擇的因素主要有四個方面，具體見表6-4。

表 6-4　　　　　　　　　決定目標市場行銷戰略選擇的因素

因素＼行銷戰略	無差異性市場行銷戰略	差異性市場行銷戰略	集中性市場行銷戰略
企業綜合實力	強	強	弱
產品同質性	強	弱	弱
市場類同性	強	弱	弱
產品生命週期	引入期	成長期、成熟期	成長期、成熟期

(一) 企業綜合實力

企業綜合實力是個較寬泛的範疇，包括人、財、物、管理、技術等多種要素的綜合。如果企業綜合實力較強，可選擇無差異性或差異性市場行銷戰略；反之，則更適合集中性市場行銷戰略。

(二) 產品同質性

產品的同質性指的是儘管產品的品質或多或少存在差異，但消費者並不在意，認為其差別不大，在消費時可以相互替代。例如金龍魚、福臨門的玉米油，就屬於高度同質的產品。如果產品是同質的，企業可以實行無差別市場行銷戰略；反之，有些產品如化妝品、家用電器等，消費者對其性能、造型、花色、品種等的需求差異很大，企業則更適合採用差異性或集中性市場行銷戰略。

(三) 市場類同性

市場類同性指的是消費者的偏好一致的程度。如果消費者對產品的偏好比較接近，對行銷刺激的反應差異不大，我們認為該市場具有較強的類同性，那麼比較適合採用無差異性行銷戰略；反之，如果消費者對產品的偏好比較分散，對行銷刺激的反應表現出明顯的差異，那麼更適合採用差異性或集中性行銷戰略。

(四) 產品生命週期

產品位於引入期，即新產品剛上市時因為沒有競爭對手消費者缺少選擇，可採用無差異性市場行銷戰略。但隨著產品進入成長期、成熟期，消費者對產品越來越熟悉，需求開始向深層次發展，表現出多樣化和個性化，同時其利潤空間吸引了其他企業參與競爭，消費者有了更多的選擇，這個時候則應改變行銷戰略，轉向差異性或集中性市場行銷戰略。

第三節　市場定位

一、市場定位的概念

(一) 概念

只要市場上存在競爭，消費者就擁有選擇的權利。如何使我們的產品從眾多同類產品中脫穎而出並贏得消費者青睞，是行銷人員一直苦苦思考的問題，從「產品至上」到「包裝至上」，直至今日的「定位至上」，都是不同時期對該問題的探索。

定位理論由美國著名行銷專家艾‧里斯（Al Ries）與杰克‧特勞特（Jack Trout）於20世紀70年代提出。里斯和特勞特認為，定位要從一個產品開始。產品可能是一種商品、一項服務、一個機構甚至是一個人，也許就是你自己。但是，定位不是你對產品要做的事。定位是你對預期客戶要做的事。換句話說，你要在預期客戶的頭腦裡給產品定位，確保產品在預期客戶頭腦裡占據一個真正有價值的地位。一般來說，定位包括四個方面的內容：

(1) 產品。側重於產品實體定位，如質量、成本、特徵、性能等。
(2) 企業。側重於企業形象塑造，如品牌、員工能力、可信度等。
(3) 競爭者。側重於企業相對競爭者的市場位置，如七喜汽水在廣告中稱它是「非可樂」飲料，暗示其他可樂飲料中含有咖啡因，對消費者健康有害。
(4) 消費者。側重於確定企業的目標消費群，如高檔、中檔、低檔。

本章中市場定位的概念，偏向產品方面。市場定位，也叫產品定位，指企業根據競爭者現有產品在市場上所處的位置，針對顧客對該類產品某些特徵或屬性的重視程度，為本企業產品塑造與眾不同的鮮明的個性或形象，並將這種形象生動地傳遞給顧客的過程。簡而言之，市場定位的功能是為產品或服務設計一種獨特的形象或個性，使消費者能夠將其與其他產品區別開來。市場定位的實質，就是搶占消費者的心智資源。成功的產品，往往憑藉其鮮明特點在消費者心中佔有一席之地，例如順豐的「快捷」、高露潔的「防蛀」、海飛絲的「去屑」等。市場定位作為目標市場行銷戰略的一個部分，對之後行銷策略的制定具有導向性作用，從產品的設計到價格的制定、渠道的鋪設、促銷方式的選擇都必須始終圍繞定位進行。

(二) 消費者心智模式給市場定位的啟示

如今越來越多的企業重視市場定位，在產品推出之前向專業的戰略定位諮詢公司如特勞特公司等進行諮詢已不是罕見的事情。市場定位的本質就是搶占消費者的心智資源，要抓住消費者的心，必須瞭解他們的思考模式，這是進行定位的前提。特勞特在《新定位》一書列出了消費者的五大思考模式。這五種模式對市場定位的啟示如下：

(1) 消費者心智資源有限——進行市場定位非常有必要。

中國礦泉水有近700個品牌，中國廣告公司有7.8萬家，中國啤酒廠有1,600家，

4,000個品牌，感冒藥有200多個品牌，國內銷售的挖掘機有50個以上品牌。市場競爭如此激烈，可選擇的商品如此之多，消費者既沒有時間也不願意去搞清楚這些商品之間的區別。

「定位之父」傑克・特勞特首次提出的心智階梯原理指出，為方便購買，消費者會在心智中形成一個優先選擇的品牌序列——產品階梯，當產生相關需求時，消費者將依序優先選購。一般情況下，消費者總是優先選購階梯上層的品牌。客戶的心智階梯不會超過七個層次，第二名所得到的關注僅有第一名的一半，第三名已經成為弱勢。

比如你要買牙膏，在你的潛意識中就會出現一個牙膏類別的品牌階梯，通俗地說，出現一張購物單，在這個購物單上，你可能列出了高露潔、佳潔士、中華等品牌，它們自上而下有序排列。這種階梯存在於我們的潛意識裡，每個人對每一品類產品都隱含著一個這樣的階梯。排名越靠後，被消費者購買的可能性就越低。

因此，企業要想脫穎而出，只有兩種選擇：

①成為行業第一，穩居消費者心智階梯第一位。但顯然每個行業只有一個第一，並不是所有企業都能做到這一點。

②能夠有突出的特色吸引消費者，在消費者心智階梯中留下深刻的印象。相對來說，這更容易實現，因此，市場定位顯得越來越有必要。

(2) 消費者厭惡複雜混亂——定位要簡潔。

企業對自己的產品是充滿感情且高度認可的。在介紹產品特色時，從性能到質量，從外觀到包裝，從供應商到渠道商，可表達的內容太多了，而消費者對這種複雜混亂的信息並沒有什麼好感，因此，想讓信息穿透厭惡複雜、混亂的消費者心智，並能保持較長時間，必須要做到極簡。通過簡潔的市場定位將產品特點濃縮為一個詞甚至一個字，反而比複雜大段的介紹更易在消費者心中留下深刻的突出的印象，贏得消費者青睞。例如恒大冰泉從「天天飲用，健康長壽」到「健康美麗」再到「長白山天然礦泉水」「我們搬運的不是地表水」「做飯泡茶」「我只愛你」，中間再穿插「一處水源供全球」「出口28國」「爸爸媽媽我想喝」，如此繁多的廣告語早已讓消費者眼花繚亂，更加疑惑於恒大冰泉的定位以及要傳達的核心理念，遠不如農夫山泉「大自然的搬運工」。

(3) 消費者缺乏安全感——市場定位應易於傳播。

出於對所付出的金錢、對產品性能的擔憂等，人們在消費新產品時是缺乏安全感的，通常會根據他人的認知來做出自己的購買決定，即所謂的「從眾心理」。比如就餐時，人們往往更願意找那些排著隊的餐館。要克服人們消費時的不安情緒，要麼通過領先的市場地位直接引領消費者從眾，要麼通過易於消費者口口相傳的簡潔的市場定位，形成廣泛的知名度，從而幫助消費者證明其選擇的正確性。例如感冒藥「白+黑」的藥品名是「氨酚偽麻美芬片Ⅱ/氨麻苯美片」，比較繞口，剛上市時隨著「白天吃白片不瞌睡，晚上吃黑片睡得香」的精準定位及廣泛傳播，儘管很多人當時並不需要購買這個藥，但很快大家都記住了「白+黑」。當有消費者需要購藥時向朋友打聽，朋友馬上表示聽說過，這會在很大程度上減緩他的不安情緒。

(4) 消費者的印象不會輕易改變——市場定位要慎重。

由於「首因效應」即第一印象的作用，消費者初次接觸產品對產品特色形成怎樣的認

識,多年以後這一認識根深蒂固、很難輕易改變。例如當年的娃哈哈「非常可樂」,以「中國人自己的可樂」將自己與百事、可口區別開,針對兩樂忽視的農村市場,娃哈哈一度也非常成功,但當它準備轉而向城市市場進攻時,被城裡人打上「農村人的可樂」的印記,遲遲未能被市場接受。因此,市場定位不僅必須做,而且還要具有長遠發展眼光,要做好。

(5) 品牌延伸易使消費者失去焦點——市場定位要保持聚焦。

雖然盛行一時的多元化、擴張生產線加強了品牌多元性,但使消費者模糊了原有的品牌印象,因此在進行品牌延伸時要注意定位的一致性,保持聚焦。例如雲南白藥從做「藥」轉到做「牙膏」,其實是非常需要勇氣的,雲南白藥牙膏行銷傳播中精選了「牙齦出血、牙齦腫痛、口腔潰瘍」這三大類症狀,與老百姓熟知的雲南白藥「止血、止痛、消炎」功效非常吻合,因此在延伸時並未讓消費者有違和感,市場定位依然非常清晰且聚於一點。

❖ 行銷案例

王老吉對定位的堅持

這麼多年來王老吉所有廣告就沿用一句廣告詞,「怕上火喝王老吉」。平面廣告的畫面主角永遠是一個王老吉的紅色罐子。所以,很多廣告公司老總有時候會調侃,做王老吉的廣告沒什麼創意空間,沒什麼好發揮的。但是一個最好的烹飪師就是把最簡單的一道菜做得非常出色,這個工作才真的有成果。為了確保王老吉高端、時尚的定位,所有廣告片一直由香港頂級的導演製作。最簡單的平面廣告,也是請最專業的設計師來幫我們設計的。

任何一個偉大的品牌,必須是一個非常明確的、單一的產品。王老吉這16年來就只有一個品項,就是大家面前的310毫升紅色罐裝王老吉。這一個品項,我們銷售額就突破了上百億,大家都用「奇跡」來形容。從另一個角度看,如果我們有很多品項,大家就覺得不是奇跡了。大概10年前,茶飲料剛剛興起,我們也認為市場巨大,推出加多寶綠茶和紅茶。這兩款產品跟現在市場上那些茶飲料確實不一樣,銷量也非常好,在廣東省擠進了前三強,消費者也非常認可。做了一年多以後,特勞特中國公司幫我們進行整個品牌梳理的時候,大家一致認為加多寶綠茶和紅茶是與整個企業戰略定位相違背的。所以,我們果斷把這樣一條生產線砍掉。當時這兩款產品的投資已經過億,銷售額也上億,這樣做是需要下很大的決心的。

二、市場定位的基本策略與具體方法

(一) 三大基本策略

市場定位作為目標市場行銷戰略中的一個部分,從宏觀層面有三種基本的指導思想,即三大基本策略。

1. 避強定位

避強定位指的是避開強有力的競爭對手,把產品定位於市場上的空白處,也稱為

「填補策略」。避強定位是一種「見縫插針」「拾遺補闕」的定位方法,其優點是能夠使企業遠離其他競爭者,避免與競爭對手產生直接衝突,企業有一個從容發展的機會,經營風險較小,因此常為大多數企業所用。

採用避強定位之前必須仔細分析「空白」的性質和大小以及企業自身實力特點,以確定該「空白」作為企業的定位是否合適。

(1) 分析市場空缺原因。首先確定因為競爭對手沒發現、沒看上、無暇顧及,還是根本沒有需求。很多企業容易陷入一個誤區,輕易地以為空缺的存在是因為競爭對手的問題,而不是市場本身的問題。千萬不能盲目地低估競爭對手。

(2) 分析空缺的市場規模。即這些尚未滿足的需求是否有一定的規模足以使企業有利可圖。

(3) 分析企業自身實力。即企業是否有足夠的能力為這一空白市場提供產品,並長期經營下去。

(4) 經濟性考慮。假如上述三個方面都沒有問題,企業還需要進行經濟方面的核算。如果開發產品或啟動市場成本太高,企業收益無法彌補,那麼仍然不應該採用這個定位。

❖ 行銷案例

江蘇衛視「幸福中國」VS 湖南衛視「快樂中國」

中國電視界素來有「一個西瓜,兩個蘋果,一地芝麻」的說法。一家獨大的西瓜指央視,蘋果之一是湖南衛視,位置穩如泰山,而另外一個蘋果則是輪番轉換。

湖南衛視自 2004 年推出「快樂中國」這一品牌定位,一直沿用至今,憑藉老牌綜藝節目「快樂大本營」強力圈粉後,「超級女聲」「爸爸去哪兒」「我是歌手」等更是掀起了一陣又一陣的收視高潮,穩坐「衛視圈一哥」寶座。

江蘇衛視在《非誠勿擾》開播之前,一直不溫不火,在全國市場覆蓋薄弱,節目收視率和影響力在全國 31 個省級衛視中要排到 20 多位,經營創收也一直只有一兩個億,根本沒有辦法和有著「小央視」之稱的湖南臺相提並論。

江蘇衛視統計了下自己收視率較高的節目,都是《情感之旅》《服務先鋒》《女人百分百》等情感類節目。於是江蘇衛視將自己定位為「情感衛視」,旗下節目資源進行了重新編排整合,這樣做也得到了觀眾的認可,收視率從二十多位躍升至全國前六。像《人間》等節目就是這段時間的代表作,收視率頗高,還出現了鳳姐等能引領一時話題的人物。特別是《非誠勿擾》的開播為江蘇衛視帶來了新生,儘管像馬諾、馬伊咪等女嘉賓與部分男嘉賓的言行在社會上引起很大的爭議,出現了諸如「寧願坐在寶馬車裡哭,也不願坐在自行車後笑」等招致各種口誅筆伐的「名句」,但不可否認,這個節目使江蘇衛視打了一場漂亮的翻身仗。

2010 年,根據江蘇廣電總臺(集團)的整體品牌規劃及江蘇衛視的實際發展需要,江蘇衛視將品牌從「情感」升級為「幸福」,提出了「情感世界,幸福中國」的品牌口號。作為「幸福」品牌的主力傳播載體,江蘇衛視通過整合和優化節目內容、

大型活動、影視劇、主持人、宣傳、行銷等多方面資源，逐步成為全國性優勢傳媒品牌。

2. 迎頭定位

迎頭定位與避強定位正好相反，是一種與市場上占據領導地位的競爭者「對著干」的策略，即你是什麼，我亦是什麼。迎頭定位的優點是競爭過程引人注意，甚至產生轟動效應，消費者會對勇於挑戰市場領導者的產品產生強烈的好奇心，有利於幫助剛上市的新產品短期內迅速打開知名度。迎頭定位不一定要壓垮對方，能夠做到平分秋色就是很大的成功了。但是迎頭定位直接與競爭對手產生衝突，可能引發激烈的市場競爭，是一種風險性較大的定位策略，對企業實力有較高要求，企業要慎重。採用迎頭定位需要滿足以下條件：

（1）產品要優。產品是根本，是消費者是否做出購買行為的根本落腳點。消費者出於好奇邁出了第一步嘗試了產品，如果產品品質足以與競爭者的產品媲美，當以後需要重購時消費者可能會繼續選擇本產品；反之，如果產品品質並未達到競爭者產品的水準，消費者感到很失望，以後也就不再願意重複購買。儘管銷售量可能會在短期內迅速提升，但不可能長久。

（2）消費者認同。企業在長期的經營中已樹立良好的形象與聲譽，當採用迎頭定位與競爭對手抗衡時，消費者易於對企業的產品產生認同。

（3）企業有與競爭對手長期抗衡的實力。正因為迎頭定位過於惹眼，競爭對手往往會採用猛烈的進攻，甚至打起「價格戰」，企業必須有足夠的實力能與競爭對手長時期抗衡，否則，這種定位會非常危險。

❖ 行銷案例

恒大冰泉

2013年11月9日晚的恒大亞冠奪冠慶典上，「恒大冰泉」的標示元素首次出現。2013年11月10日恒大集團在廣州總部舉行恒大冰泉上市發布會，全面解開恒大冰泉的神秘面紗，正式對外宣布進軍高端礦泉水市場。

憑藉恒大一貫財大氣粗的風格，恒大冰泉的廣告一時鋪天蓋地。「不是所有大自然的水都是好水，恒大冰泉，世界三大好水，我們搬運的不是地表水，是3,000萬年長白山原始森林深層火山礦泉。」廣告詞直指競爭對手農夫山泉。並在超市的貨架上專挑農夫山泉隔壁，挑釁意味非常明顯，使天然水的老大哥農夫山泉感到莫大壓力。

儘管這個出身豪門的產品，並沒有取得預想中的輝煌，2014年目標100億元，實際銷售9.68億元，而2013年、2014年、2015年1—5月累計虧損達40億元，但在剛上市時，「迎頭定位」確實幫助它吸引了不少眼球。只是後續的廣告策略、渠道建設、定價策略等都存在各種各樣的問題，最終導致恒大冰泉的失敗。

3. 重新定位

重新定位是指企業為已在某市場銷售的產品重新確定某種形象，以改變消費者原有的認識，爭取有利的市場地位的活動。重新定位的原因很多，比如產品上市後銷售

情況不佳、市場反應不理想，或是產品意外地擴大了銷售範圍，或是原有的定位束縛了企業的發展等。儘管一般市場定位不要輕易改變，但企業要適應市場環境變化，在有些時候就必須調整市場行銷戰略。

❖ 行銷案例

東阿阿膠的重新定位

　　東阿阿膠在阿膠這個品類裡屬於非常強大的品牌，其他的品牌幾乎沒有生存空間。為了封殺競爭品牌，當對手價格往下走的時候，東阿阿膠的價格也會隨之往下走，窮追不捨，趕盡殺絕。但低價競爭的負效應就是出現了品牌邊緣化，當時的主流消費人群是低收入、年齡大的農村消費者，這個情況很危險。

　　我在品牌梳理中發現，儘管有些固有人群對阿膠這種傳統產品較為認可，但是總的來說，吃阿膠還是一種比較偏門的補充性需求，主要用於補血。這有點像最初的王老吉涼茶，預防上火時可以喝一喝，但這種需求對大多數消費者來說都不是生活必需，只有把涼茶做成主流飲料之後，才能立於不敗之地。如果甘於做一個小品牌，東阿阿膠原來的定位沒有問題，但是要想把品牌做大，就必須找到基礎性消費需求。

　　鑒於此，我們給東阿阿膠的第一個建議就是把槍頭調轉、指向外部，讓阿膠跳出固有品類，指向滋補市場。以前人們吃阿膠，主要是為了補血，這是一種很特別的消費領域，有固定的消費區域、固定的消費習慣、固定的消費時機、固定的消費人群：通常是母親或者其他女性長輩流傳下來的習慣，認為女性在冬天可以吃一點阿膠補血，消費者主要集中在華東和廣東。光是補血這兩個字，消費者就少了一半，因為大家都認為只有女人才需要補血（小孩補腦、男人補腎）。更糟的是，補血的定位和旗下另一個拳頭產品復方阿膠漿的定位重疊，左右互搏。

　　那麼，現在我們要重新界定它，把阿膠重新定位為滋補上品，進入滋補市場，和人參、鹿茸、蟲草、蛋白粉、進口的膳食補充劑之類產品展開競爭。實際上，阿膠在歷史上本來就是滋補上品，我們現在只是把這個定位重新挖掘出來，找出李時珍、楊貴妃等諸多可信的歷史名人作為文化支撐。

　　東阿阿膠進入滋補市場有一個很大的品牌優勢。因為大部分的滋補品，比如人參、鹿茸、蟲草等，消費者沒法監控它的品質，有各種各樣的規格，價格從低到高，非常混亂，而東阿阿膠是一個大家都可以接受、信任的品牌，可以用品牌提供可靠性，確保產品品質。現在大家都能看到東阿阿膠的關聯定位廣告詞，把阿膠和人參、鹿茸、蟲草這些昂貴的補品放在一起：滋補三寶——人參、蟲草、阿膠；滋補國寶——東阿阿膠等。

（二）常見的市場定位的方法

　　市場定位的核心就是確定產品特色。尋找產品特色的具體方法有很多，這裡只列舉常見的七種方法。

1. 產品特性

每種產品都是各種特徵的混合體，以某種突出的最顯著的特性作為產品特色，讓產品與眾不同，從而占據消費者的心智資源。例如，黑人牙膏的美白、舒適達的抗敏等。

2. 製作方法

頗具神秘感的製作方法也可以作為產品特色，消費者並不需要理解究竟是如何製作的，只要讓他們相信，這個產品具有某種獨門秘方、某種領先的技術就足以讓其與競爭對手區別開來。例如康師傅推出的「愛鮮大餐」系列產品，採取「蒸熟面」新工藝，一下子就與市面上傳統的油炸方便面區別開來。至於是否如它所宣傳的那樣「面體非常接近面館的原味，充盈著『私房』的美味體驗」，則是仁者見仁，智者見智。

3. 成為第一

強調市場領導者的地位，如「行業第一」「佔有率第一」等。例如，加多寶在與王老吉爭奪商標權時的那句廣告語「全國銷量第一的紅罐涼茶改名為加多寶」。但是成為市場領導者不易實現。

4. 比附定位

做不了市場老大，可以有第二種選擇，以市場領導者為標杆，進行比附定位。比附定位具體有：甘居老二、高級俱樂部和攀龍附鳳三種方式。

5. 市場專長

即稱為該行業的「專家」，只專注於某一種產品的研究與生產，在這個品類裡做到「專業」。例如只做絨毯的「二十一家紡」，竹纖維紡織品專家「綠卿」。

6. 情感定位

運用產品直接或間接地衝擊消費者的情感體驗而進行定位。事實上，有時消費者購買某個品牌的產品時，不僅要獲得產品的某種功能，更重要的是想通過品牌表達自己的價值主張，展示自己的生活方式。如果企業在品牌定位時忽略了這一點，一味強調產品的屬性和功能，不能滿足消費者心理上的更多需求，就會漸漸被市場所淘汰。

例如，動感地帶「我的地盤我做主」，歐派櫥櫃「有家有愛有歐派」。

7. 低價定位

如果企業可以在成本上取得優勢，制定較低的價格，那麼也可以成為自身特色，如沃爾瑪「天天低價」。

三、市場定位的步驟

1. 分析行業環境

市場定位就是要在消費者心中成功的建立差異點，我們把這種差異點稱為區隔。任何企業無法在真空中建立區隔，周圍的競爭者們都有著各自的概念，我們需要對行業環境進行分析，找到競爭對手。

無論是避強定位還是迎頭定位，都必須清楚地知曉競爭者的定位如何，才能有效地避開或是針對性地進攻。因此，這一步是市場定位的起點、所有定位工作的基礎。

2. 尋找區隔的概念

大家在說「我們的產品定位是××」「我們的市場定位是××」時，本意上只是在說

「我想做什麼」或「我要做什麼」，卻沒有真正站在消費者心智的角度，未能解決「我能做什麼」的問題，這樣的解讀是無效的。這就是為什麼總有企業打著「定位」的旗號，卻鮮有操作成功的案例。其本質原因是，不只你在做 STP 式思考，其他競爭對手也在做同樣的工作。如果在顧客心智中無法形成有效區隔，產品自然也就無法被選擇。因此，分析行業環境之後，企業需要結合消費者，尋找一個概念，使自己與競爭者區別開來。

企業需對自身優勢進行審視，尋找區隔的概念，形成初步的市場定位。這個部分需結合企業自身優勢。如果確定的區隔概念並不是企業的強項，即使找到了好的差異點，企業也難以使之實現。

3. 找到支持點

有了區隔的概念，還要找到支持點，讓它真實可信，即對區隔的概念進行充實與豐滿。區隔的概念往往比較抽象，需要通過有形的、具體的事物使消費者有清楚的認知。

❖ 行銷案例：

西貝莜面村

西貝莜面村曾經分別請過特勞特和里斯中國做定位，分別定位為「西北民間菜」和「西北菜」，事隔一年又定為「烹羊專家」，而最終，由創始人賈國龍改回「西貝莜面村」。

「西北菜」是個寬泛的大詞，而且這在消費者認知裡是沒有的，中國人或許還能知道個八大菜系，而對西北菜是什麼，沒有概念。有的應該是我們對西北這樣一個方位的模糊印象。大西北、大草原、黃土高坡、畜牧發達、地廣人稀，樸實。

西北菜到底是什麼呢？不知道！或許有一點，就是那邊人多吃饃饃、面條類的主食。

西北菜，或許在 2011 年時，從戰略角度來講，是希望占領西北這個高地。但是從長遠來講，因為太大，往往不容易找到重心，再加上競爭與分化明顯，那麼反而容易被擊破。

2012 年就變成了烹羊專家，區隔概念的支持點落在「羊」上。雖然西北與羊還是有關聯的，但是烹羊專家一詞套在一個叫莜面村的品牌上，這在品牌與品類上似乎聽起來就有些不協調。而消費者之前收到的關於西貝莜面村的認知根本不在羊這個點上，然後呢，企業又得想方設法在羊上面下文章，盡量把莜面與羊聯繫起來。

莜面，其實就是燕麥，但幾乎是沒有看到把它單獨放到餐飲品類上來的，可以說

是西貝開創了在餐飲品牌上的一個新品類，把健康五穀雜糧的理念用一個單品發揮了出來。2013 年創始人賈國龍改回「西貝莜面村」，走了一大圈才發現原來這個集品牌與品類於一體的品牌名已經足以說明定位了。

4. 傳播與應用

並不是說有了區隔的概念，就可以等著顧客上門。最終，企業要靠傳播才能將概念植入消費者心智，並在應用中建立起自己的定位。以行銷著稱的鹵味品牌——老枝花鹵，最初憑藉「小時候，姥爺院子裡的下酒菜」「石頭行銷」等輸出「成都文化」，再通過二分之一分享裝、「好吃不長胖」以及明星效應推廣，贏得了年輕消費者的認可，讓消費者在購買同類產品時，一想到「成都文化」就想到它。

❖ **本章小結**

（1）目標市場行銷戰略的基本思路是在對市場進行細分的基礎上，選擇合適的子市場作為目標，並對產品進行定位，以抓住目標消費者的心。

（2）市場細分的變量分為描述變量與行為變量兩類，描述變量包括地理變量與人口統計變量，行為變量包括心理變量、利益變量與行為方式變量。在使用時，兩種變量可以組合。

（3）市場細分是否有效，視四個原則而定：可區分、可測量、可盈利、可進入。

（4）市場細分、目標市場的選擇、市場定位都有其特定的步驟，熟悉該步驟可達到事半功倍的效果。

（5）目標市場的選擇有三種基本戰略：無差異性、差異性與集中性。每種戰略都有其優點與缺點，不存在最好的戰略，好與不好都要根據企業自身情況與行業環境而定。

（6）理想的目標市場的特徵：市場規模較大、發展潛力較好；競爭者數目少；進入壁壘高、退出壁壘低；缺少替代品，或替代品的優勢不明顯；購買者與供應商的議價能力低；轉換成本高。

（7）目標市場選擇的五種模式包括單一市場集中化、產品專業化、市場專業化、選擇專業化、完全覆蓋。一般情況下，企業始於集中化，發展成專業化，直至最後完全覆蓋。

（8）市場定位的實質是占據消費者心智資源，應慎重對待。

（9）市場定位有三種基本戰略：避強定位、迎頭定位、重新定位。

❖ **趣味閱讀**

王大爺賣菜

72 歲的王大爺是湖南株洲的農民。2013 年年底，他在兒子居住的深圳小區菜市盤下一個攤位賣菜，1 年賺了 50 多萬元，讓人吃驚，那麼，王大爺賣菜有什麼秘訣呢？

王大爺發現，深圳買菜的人可以分為兩類。一類喜歡新鮮的好菜；一類是圖省事的，對難處理的菜一般不買。王大爺準備了兩種類型的菜，來滿足上面兩類人的需求。

第一類菜：賣相很好的菜。每天菜販子把菜送到他的攤位時，王大爺就和王大媽一起摘菜，把菜搞得漂漂亮亮，然後用保鮮膜包裝好，這樣的菜很受白領顧客的喜愛。

第二類菜：方便烹飪的菜。王大爺和王大媽把土豆削皮，把豆豆折成一段一段，把南瓜切成一小塊一小塊，等於賣半成品菜。價格貴30%左右，卻深受時間緊的上班族和手腳不靈便的老人的喜愛。

王大爺的半成品菜，深受顧客歡迎，也引起了小區附近很多小餐館老板的興趣。雖然價格要貴一點，但可以省下一個小工的開支。那麼多菜，王大爺摘不過來，小區有一群沒事干的人，王大爺把閒散的人力資源充分整合起來摘菜，同時保證了質量。

❖ **課後練習**

一、單選

1. 卓爾公司分別推出針對不同年齡段女性顧客的專用化妝品，該公司的市場細分依據是（　　）。

　　A. 地理細分　　　　　　　　B. 行為細分
　　C. 區域細分　　　　　　　　D. 人口細分

2. 採用無差異性行銷戰略的最大優點是（　　）。

　　A. 市場佔有率高　　　　　　B. 成本的經濟性
　　C. 市場適應性強　　　　　　D. 需求滿足程度高

3. （　　）差異的存在是市場細分的客觀依據。

　　A. 產品　　　　　　　　　　B. 價格
　　C. 需求偏好　　　　　　　　D. 細分

4. 百麗集團生產各種男士、女士與兒童皮鞋，這採用了（　　）。

　　A. 單一市場集中化　　　　　B. 產品專業化
　　C. 市場專業化　　　　　　　D. 選擇專業化

5. 某工程機械公司專門向建築業用戶供應推土機、打樁機、起重機、水泥攪拌機等建築工程中所需要的機械設備，這是一種（　　）策略。

　　A. 單一市場集中化　　　　　B. 產品專業化
　　C. 市場專業化　　　　　　　D. 選擇專業化

6. 集中性目標市場策略最適用於（　　）。

　　A. 大型企業　　　　　　　　B. 中、大型企業
　　C. 小型企業　　　　　　　　D. 各類型企業

7. 在海飛絲占據龐大的市場份額的情況下，清揚洗髮水的市場定位是「去屑」，這採用了（　　）。

　　A. 避強定位　　　　　　　　B. 迎頭定位
　　C. 重新定位　　　　　　　　D. 選擇定位

二、多選

1. 市場細分的有效性包括（　　）。
   A. 可區分性　　　　　　　　　B. 可進入性
   C. 可退出性　　　　　　　　　D. 可盈利性
   E. 可測量性
2. 目標市場行銷戰略由三個步驟組成（　　）。
   A. 細分市場　　　　　　　　　B. 選擇目標市場
   C. 市場定位　　　　　　　　　D. 市場細分
   E. 市場環境分析
3. 企業在市場定位過程中（　　）。
   A. 要瞭解競爭產品的市場定位
   B. 要研究目標顧客對該產品各種屬性的重視程度
   C. 要避開競爭者的市場定位
   D. 要充分強調本企業產品的質量優勢
   E. 要研究目標顧客對該產品各種屬性的重視程度

三、問答

1. 簡述對消費者市場進行細分的變量。
2. 簡述目標市場選擇的五種模式。
3. 簡述評估各細分市場的標準。
4. 簡述市場定位的三大策略及具體方法。

四、案例分析

李嘉誠的微型公寓

2014年7月西寧晚報刊登了一篇標題為《李嘉誠香港賣微型公寓：居室面積8平米，被指像囚室》的新聞，內容如下：

香港樓市一回暖，首富李嘉誠又上了新聞頭條。

長實在新界大埔區的新樓「嵐山」本周開售，不聲不響地刷新了新盤「小戶型」的紀錄——其中一套「開放式」戶型實用面積僅177平方英尺，折合約16平方米。新盤資料一面世，長實馬上被套上「無良開發商」的帽子，媒體冷嘲熱諷，紛紛送上「劏房豪宅」（註：「劏房」在港指將一套住宅切割成多個套房出租）、「牢房豪宅」等稱號。

香港樓價長年居高不下，小戶型的面積就越來越小得令人稱奇。包括恒基、華人置業、信和置業等開發商，近年來都曾推出總面積不到20平方米，居室面積小於10平方米的迷你戶型。「嵐山」這次引發爭議的戶型，居室面積只有8平方米多，而香港赤柱監獄單人囚室甚至有7.5平方米。

然而，輿論罵歸罵，開發商每次推出這類迷你戶，卻總是意外地受歡迎，有時甚至要用「哄搶」來形容——最近信和置業推售的九龍大角咀新盤奧朗-御峰，其中包括一大批面積在 20 平方米左右的迷你戶，僅僅開售半天就售罄，收到的預訂更超購 21 倍，早上 9 點開售前售樓處已經排起長龍。

更加令人意外的則是，香港的學界專家這回並沒有像往常一樣，跟媒體站在一起痛批開發商，反而紛紛表示認可，不少更指出這是「大勢所趨」。香港中文大學未來城市研究所副所長姚鬆炎更引述調查數據指出，過去一年來面積在 400 平方英尺（約 36 平方米）以下的小型單位，無論租金、價格升幅還是成交量都遠超平均水平，這反應了市場對小型單位的需求很大，因此日後開發商設計新盤時一定會增加這類單位。

提問：
1. 微型公寓的目標消費者是誰？
2. 李嘉誠的選擇是否正確？為什麼？

❖ 行銷技能實訓

實訓項目：制定目標市場行銷戰略

【實訓目標】
培養學生的進行市場細分、選擇目標市場及進行市場定位的能力。

【實訓內容與要求】
1. 自選一種產品，按市場細分的步驟對消費者進行細分。
2. 根據細分市場的評價標準對各細分市場進行評價，選擇目標市場。
3. 設計市場定位。

第七章　競爭性行銷戰略

忽略了競爭對手的公司往往成為績效差的公司；效仿競爭者的公司往往是表現平平的公司；在競賽中獲勝的公司則在領導著它們的競爭者。

——菲利普・科普勒

凡戰者，以正合，以奇勝。故善出奇者，無窮如天地，不竭如江河。

——《孫子兵法》

❖ **教學目標**

知識目標
（1）瞭解競爭者分析的內容。
（2）掌握競爭者分析的步驟。
（3）掌握競爭性行銷戰略的分類及其內容。
技能目標
（1）具備根據實際案例分析競爭者的能力。
（2）具備根據企業所處的市場定位評估競爭企業的戰略和目標，制定相關的競爭性行銷戰略的能力。

❖ **走進行銷**

快時尚品牌大戰白熱化 優衣庫與ZARA的最新競爭戰略

快時尚高燒不退，日本服裝連鎖品牌Uniqlo（優衣庫）、瑞典快時尚巨頭H&M和ZARA的母公司Inditex SA等巨頭之間的競爭也日益激烈。由於暖冬等因素，服裝零售業的整體情況並不算太好。

想要在休閒時尚領域取得成功，企業規模非常重要。相比其他零售巨頭，優衣庫的規模依然較小，在全球17個國家擁有1,734家門店，其中有44家門店位於美國，中國449家，日本846家。而H&M在全球門店數量超過4,000家，Gap Inc擁有3,700家門店，Inditex則為7,000家。

儘管規模相比其他集團並沒有優勢，但是大小並不能決定成敗。許多分析師都認為，優衣庫未來發展的關鍵，是在提供高性價比的優質商品的同時，打造一個獨特的品牌形象。

諮詢公司Interbrand亞太地區的CEO Stuart Green表示：「想要有所突破，優衣庫必須提供更加個性化的購物體驗。要在保持產品質量的同時，與消費者建立更深層次

的情感聯繫，提高他們對品牌的忠誠度。這並不是一件很容易的事情。」

由於暖冬的影響，優衣庫的外套、Heat Tech 內衣及其他冬季服裝的銷售均受到了不小的影響，導致利潤增速出現了下滑，母公司迅銷集團（Fast Retailing）也因此受到了衝擊。

分析師認為，為了邁入新的增長階段，優衣庫需要進一步擴大線上銷售的規模，並根據地區特色，調整亞洲以外市場的策略，吸引美洲郊區消費者等重要的消費群體。

為了進一步拓展全球市場，優衣庫採取了幾項關鍵策略：

招兵買馬，雇傭關鍵人才

優衣庫近年來吸收的部分人才包括曾經在 Hermès 和 Lacoste 供職的法國設計師 Christophe Lemaire。他目前是優衣庫在巴黎的研究中心的負責人、國際品牌專家、美籍華裔 John Jay。他曾經為 Nike、Coca-Cola 和 Microsoft 等多家公司製作品牌宣傳廣告。

與各界意見領袖合作，強化產品特色

柳井正對未來的規劃中，除了減少成本、提高效率、重新評估定價策略以外，最重要的策略之一，便是通過與各界意見領袖合作，為優衣庫的產品加入更鮮明的時尚特色。

優衣庫目前的合作對象包括日本潮牌 The Bathing Ape 的創始人 Nigo。優衣庫與 Nigo 合作，讓優衣庫的 T 恤更加潮範。優衣庫 T 恤的其他靈感來源還包括波普藝術家 Andy Warhol、米老鼠和日本傳統的歌舞伎等。

《Vogue》法國版的前主編 Carine Roitfield，也為門店帶來了別致的設計風格。

BNP Paribas（巴黎銀行）的奢侈品行業分析師 Luca Solca 表示：「相比其他大型時尚零售商，優衣庫的優勢之一在於，他們並不把精力投入在追隨時尚潮流上，而是努力為消費者提供質量好、價格合理的產品。在此基礎之上，他們通過與意見領袖展開合作，為自己的服裝增加時尚和前衛的元素，吸引消費者。」

問題：

1. 思考優衣庫為拓展全球市場、增大市場份額，所採取的競爭性行銷戰略是什麼？
2. 比較優衣庫與 ZARA 品牌大戰所採取的策略的區別。

企業的行銷戰略和戰術必須從企業的競爭實力、地位出發，並根據企業同競爭者實力對比的變化，隨時加以調整，使之與自己的競爭地位相匹配。由於現代市場行銷中競爭的重要性，市場行銷不應僅包括產品、價格、促銷、渠道四方面因素，還應讓競爭成為現代市場行銷的第五大因素。競爭意識要在企業的行銷決策、行銷規劃、行銷組織中充分體現出來。在行銷實踐中也要採取有效的策略開展競爭，以不斷提高企業競爭能力。

第一節　競爭者分析

現代市場行銷要求企業不能僅僅被動地迎合市場需求，更重要的是走在市場前面，引導和刺激需要，並通過競爭來提高企業的綜合素質。企業的行銷戰略和戰術必須從

自己的競爭實力地位出發，並根據自己同競爭者實力對比的變化，隨時加以調整，使之與自己的競爭地位相匹配。因此，競爭者分析非常重要。

一、競爭者分析的含義

競爭者分析是指企業通過某種分析方法識別出競爭對手，並對它們的目標、資源、市場力量和當前戰略等要素進行評價。

在市場競爭中，企業需要分析競爭者的各方面要素，才能以此為出發點採取各種行動，使得企業取得成功。比如分析競爭者的優勢與劣勢，做到知己知彼，才能有針對性地制定正確的市場競爭戰略，以避其鋒芒、攻其弱點、出其不意，利用競爭者的劣勢來爭取市場競爭的優勢，從而來實行企業行銷目標。

分析競爭對手的目的是瞭解市場上每個競爭對手已經採取或可能採取的戰略行動，判斷競爭對手對企業的戰略舉措會做出何種可能的反應，預測競爭對手在可能發生的行業變化和環境變化的情況下，會做出何種反應或調整。許多明智的企業深知跟蹤競爭對手的價值，在資金投入上也不遺餘力，力求建立一個有效的、競爭性的情報系統。

❖ 行銷視野

戰略的含義及演變

在中國，戰略一詞自古就有。先是「戰」與「略」分別使用，「戰」指戰鬥、交通和戰爭，「略」指籌略、策略、計劃，《左傳》和《史記》中已使用「戰略」一詞，西晉史學家司馬彪曾有以「戰略」為名的著述。唐代詩人高適的《高常侍莫二．自洪涉黃河途中》有這樣的句：「當時無戰略，此地即邊戍。」這裡，戰略一詞意為作戰之謀略。明代軍事家茅元儀編有《武備志》，其中第二部分為《二十一史戰略考》。戰略的含義大致指對戰事的謀劃。到了清代末年，北洋陸軍督練處於1906年編出中國第一部《軍語》，把「戰略」解釋為「籌劃軍國之方略也」。

西方戰略管理文獻中沒有對「戰略」的統一定義。「戰略」一詞源於希臘語「Statgos」意為軍事將領或地方行政長官。579年，東羅馬皇帝毛萊斯用拉丁大寫了一本名為「Statejicon」的書，有人認為它是西方第一本戰略著作。另有一種說法認為具有戰略含義的概念兩次出現於法國人頡爾特1772年寫的《戰術通論》，該書提出「大戰術」與「小戰術」的概念，「大戰術」相當於今天所說的戰略。

二、競爭者分析的步驟

(一) 識別競爭者

競爭者一般是指那些與本企業提供的產品或服務類似，並且所服務的目標顧客也相似的其他企業。

分析競爭對手，必須分析現有競爭對手和潛在競爭對手兩個方面，而許多企業只把重點放在了前者，卻忽視了對後者的分析。但是，公司的現實和潛在的競爭者的範

圍極其廣泛，如果不能正確地識別，就會患上「競爭者識別近視症」。

分析競爭對手的目的，是瞭解每個競爭對手的戰略和目標、評估其優勢與劣勢等，從而制定出自己的競爭戰略。

首先要識別出誰是現實競爭者、誰是潛在競爭者，然後對確定的競爭對手（包括現實競爭者與潛在競爭者）進行信息搜集與相關分析，瞭解它們可能採取的戰略行動的實質及成功的希望、各競爭對手對其他公司的戰略行動傾向做出的反應，以及各競爭對手對可能發生的產業變遷和更廣泛的環境變化可能做出的反應等。

最後識別企業的競爭者。識別企業競爭者必須從消費者需求角度、行業、企業所處競爭地位三個方面分析。

（1）從消費者需求角度劃分，可分為欲望競爭、類別競爭、形式競爭、品牌競爭四種競爭類型。本書第三章已對此種競爭類型進行了相關分析，此處不再贅述。

（2）從行業的角度來看，企業的競爭者類型有如下三種。

①現有廠商：指本行業內現有的與企業生產同樣產品的其他廠家，這些廠家是企業的直接競爭者。

②潛在加入者：當某一行業前景樂觀、有利可圖時，會引來新的競爭企業，使該行業增加新的生產能力，並要求重新瓜分市場份額和主要資源。另外，某些多元化經營的大型企業還經常利用其資源優勢從一個行業侵入另一個行業。新企業的加入，將可能導致產品價格下降、利潤減少。

③替代品廠商：與某一產品具有相同功能、能滿足同一需求的不同性質的其他產品，屬於替代品。隨著科學技術的發展，替代品將越來越多，某一行業的所有企業都將面臨與生產替代品的其他行業的企業進行競爭。

（3）從企業所處的競爭地位來看，競爭者的類型有如下三種。

①市場領導者（Leader）：指在某一行業的產品市場上佔有最大市場份額的企業。如柯達公司是攝影市場的領導者，寶潔公司是日化用品市場的領導者，可口可樂公司是軟飲料市場的領導者等。市場領導者通常在產品開發、價格變動、分銷渠道、促銷力量等方面處於主宰地位。市場領導者的地位是在競爭中形成的，但不是固定不變的。

②市場挑戰者（Challenger）：指在行業中處於次要地位（第二、三甚至更低地位）的企業。如富士是攝影市場的挑戰者，高露潔是日化用品市場的挑戰者，百事可樂是軟飲料市場的挑戰者等。市場挑戰者往往試圖通過主動競爭擴大市場份額，提高市場地位。

③市場追隨者（Follower）：指在行業中居於次要地位，並安於次要地位，在戰略上追隨市場領導者的企業。在現實市場中存在大量的追隨者。市場追隨者的最主要特點是跟隨。在技術方面，它不做新技術的開拓者和率先使用者，而是做學習者和改進者。在行銷方面，不做市場培育的開路者，而是搭便車，以減少風險和降低成本。市場追隨者通過觀察、學習、借鑒、模仿市場領導者的行為，不斷提高自身技能，不斷發展壯大。

④市場補缺者（Market Nichers）：多是行業中相對較弱小的一些中小企業。它們專注於市場上被大企業忽略的某些細小部分，在這些小市場上通過專業化經營來獲取最

大限度的收益，在大企業的夾縫中求得生存和發展。市場補缺者通過生產和提供某種具有特色的產品和服務，贏得發展的空間，甚至可能發展成為「小市場中的巨人」。

故企業應從不同的角度，識別自己的競爭對手，關注競爭形勢的變化，以更好地適應和贏得競爭。

❖ **行銷視野**

繼香奈兒之後 Bobbi Brown 將在魔都開一家快閃咖啡店

彩妝品牌跨界餐飲越來越多，繼香奈兒後，Bobbi Brown 也將在上海來福士廣場開一家限時咖啡店，共營業 7 天。

香奈兒可可小姐限時咖啡店的熱潮剛過，又有國際大牌將在魔都開快閃咖啡館了。據悉，雅詩蘭黛旗下頂級專業彩妝品牌——Bobbi Brown 即將在上海來福士廣場開一家膠囊氣墊咖啡館，從 2017 年 5 月 22 日營業至 5 月 28 日，共持續 7 天。

據瞭解，Bobbi Brown 從膠囊咖啡機中汲取靈感，獨創了膠囊氣墊粉底，因此，跨界開咖啡店以膠囊氣墊咖啡館為名。

值得一提的是，Bobbi Brown cafe 上海來福士店的開業，意味著來自紐約的 3D 打印咖啡機將首次登陸上海。贏商網瞭解到，3D 打印咖啡機結合 3D 打印技術和噴墨技術，能打印出顧客喜歡的圖案，甚至能打印出人的頭像，與常見的平面拉花有很大的不同。

Bobbi Brown 膠囊咖啡館此次選擇在上海來福士廣場開店，像喜茶一樣引起排隊熱潮。這是我們所預見的，也是 Bobbi Brown 對競爭者進行分析之後的戰略，成為市場的挑戰者。

(二) 判定競爭者的戰略和目標

分析競爭對手的目的之後，就是瞭解並且判定每個競爭對手的戰略和目標。

雖然每個競爭者的最終目標都是獲取利潤，但不同競爭者為實現最終目標所制定的子目標組合和側重點不同。瞭解競爭者的目標可以判斷他們對不同競爭行為的反應。

競爭者戰略可以概括為三種類型：總成本領先戰略（Over Cost Leadership）、差異化戰略（Differentiation）和集中化戰略（Focus）。

1. 總成本領先戰略（Over Cost Leadership）

總成本領先戰略指的是通過降低產品生產成本、在保證產品和服務質量的前提下，使自己的產品價格低於競爭對手，以爭取最大市場份額的競爭戰略。企業通過這種戰略，可以使自己成為該行業內的最低成本生產者。成本領先戰略首先關注的是將價格作為主要的行銷工具。成本領先戰略是一種獲得競爭優勢的方法，特別是對市場的領導者而言。

如果一個企業能夠取得並保持全面的成本領先地位，那麼它只要能使價格相等或接近於該產業的平均價格水平就會成為所在產業中高於平均水平的超群之輩。當成本領先的企業的價格相當於或低於其競爭廠商時，它的低成本地位就會轉化為高收益。然而，一個在成本上占領先地位的企業不能忽視使產品別具一格的基礎。一旦成本領

先的企業的產品在客戶眼裡不被看作與其他競爭廠商的產品不相上下或可被接受時，它就要被迫削減價格，使之大大低於競爭廠商的水平以增加銷售額。這就可能抵銷了它有利的成本地位所帶來的好處。手錶工業的德克薩斯儀器公司和航空運輸業的西北航空公司就是兩家陷於這種困境的低成本廠商。前者因無法克服其在產品別具一格的不利之處，而退出了手錶業，後者則因及時發現了問題，並著手努力改進行銷工作、乘客服務和向旅行社提供服務，而使其產品進一步與其競爭對手的產品並駕齊驅。

❖ **行銷案例**

優衣庫在華逆襲成功秘笈——成本領先戰略

2014年3月28日，優衣庫在華南最大的旗艦店在廣州維多利廣場盛大開業，4層的大賣場擠滿了眾多慕名而來的人群。就在離優衣庫維多利亞店不遠，2011年已經開業的優衣庫太古匯店依然紅紅火火。一條商業街上，兩家超大規模旗艦店相差不到500米，再一次證明了優衣庫在消費者心目中的超高人氣。

近年來，當傳統實體商業集體陷入「電商恐慌潮」之時，優衣庫、ZARA、H&M等品牌卻加快了中國內地開店速度，在市場掀起了一股強勁的快時尚（專題閱讀）風暴。其中，來自日本的優衣庫表現得尤為搶眼。根據2013年上半年的統計，優衣庫在海外門店數達到410家，在中國就有212家，占據海外門店總數一半以上。

優衣庫在中國的快速擴張讓其在眾多快時尚品牌中脫穎而出。

消費人群定位：不走大眾路線，改走中產階級路線

優衣庫自進入中國市場初期就被定位為「大眾品牌」，與其在日本的市場定位如出一轍。那時候日本優衣庫的行銷口號是「以市場最低價格持續提供高品質的商品」的大眾品牌，但日本所謂的大眾幾乎可以解釋成為中國中產階級以上的水準，和中國的概念完全不同。所以，優衣庫在中國並不具有明顯的價格優勢，兩國客單價約相差10倍。當時的中國管理層則認為必須在價格上做出調整，因此犧牲了設計和質量。

為把價格降下來，中國市場的產品面料全部都改過標準，使得產品品質與日本市場差距明顯，這些以低價銷售而改造過的商品並未獲得中國消費者認同，甚至一度處於被中國內地市場視為一個低檔品牌的尷尬局面。

經過調整後，優衣庫把自己定位成一個中產階級品牌，才真正在中國市場上找到屬於自己的位置。

陳列大有學問，優衣庫呈現「百搭」理念

優衣庫的服裝多為基本款式、適合百搭，價位較低，產品實用性廣泛。服裝的陳列講究以超級整理術凸顯倉儲式陳列效果，不僅細緻到每個貨架的陳列高度，每一件衣服陳列在貨架的對齊方式都有嚴苛的統一標準。

各種商品搭配陳列，整齊地擺放和攔置在貨架臺上，把模特置身於透明的圓桶內展示，完全展現「百搭」理念。

從20世紀90年代以後，優衣庫90%以上的產品都是在中國生產的。在日本，同種面料的成本估計要高出15%～30%，同樣的勞動力成本可能要高出11%。這足以說明

優衣庫利用中國廉價勞動力降低經營成本的意圖。

憑藉著這個戰略優勢，優衣庫開始在中國市場擴充，進駐大型商場和設立專賣店，但並沒有打開多種銷售渠道，廣告以及其他的推廣形式較少。優衣庫銷售渠道單一。為在中國市場扎穩腳跟，優衣庫便開始尋求更廣闊的發展計劃。

在過去十幾年間，優衣庫已摸索出中國市場的生存法則，其也正雄心勃勃地制定下一個目標：2020年優衣庫在中國的店鋪數預計達到1,000家，成長業績實現五倍的增長。雖然優衣庫在中國未來的市場還有很多不確定的因素，但不管變數如何，如今的優衣庫正靠著生存本能不斷快速吞食中國市場。

2. 差異化戰略（Differentiation）

差異化戰略是指通過開發特別的技能而獲得差異。這在行業內是非常有用的競爭策略。這體現在許多方面，如產品質量、銷售、售後服務或商標等，這些方面是消費者看重的地方。

很多企業利用自身特別技能來實現差異化戰略。比如像 Mercedes Benz 在汽車業中聲譽卓著，這是指設計或品牌形象；Jenn-Air 在電器領域中利用其外觀特點；Crown Cork 及 Seal 在金屬罐產業中利用良好的客戶服務特點；Caterpillar Tractor 在建築設備業中利用其強大的經銷網路及其他方面的獨特性等。最優化的情況是公司使自己在多個方面都差異化。例如，卡特皮勒推土機公司不僅以其經銷網路和優良的零配件供應服務著稱，而且以其極為優質耐用的產品享有盛譽。應當強調，差異化戰略並不意味著公司可以忽略成本，只是說明此時成本不是公司的首要戰略目標。

差異化戰略是增強企業競爭優勢的有效手段。產品差異化對市場價格、市場競爭、市場集中度、市場進入壁壘、市場績效均有不同程度的影響。差異化的產品或服務能夠滿足某些消費群體的特殊需要，這種差異化是其他競爭對手所不能提供的，可以與競爭對手相抗衡；產品或服務差異化也將降低顧客對價格的敏感性，不大可能轉而購買其他的產品和服務，從而使企業避開價格競爭。

❖ 行銷案例

昆明地鐵商業市場的差異化戰略：有商機有客流有人氣，還缺啥？

顧客A：我希望在地鐵站有肯德基或麥當勞，每天上下班都可以吃到我最愛吃的漢堡和雞翅。

顧客B：在候車或乘車的時候，我不喜歡看手機，如果能在站點買到雜誌或報紙，我覺得很不錯，既能打發時間，又能增長見識！

顧客C：把昆明傳統的米線店開在地鐵口吧，生意肯定特別好！

顧客D：地鐵卡能刷米線嗎？米線店會跟著地鐵站點走嗎？

顧客E：在地鐵站增設一些小門市，販賣便利日用品或者一些方便食品，讓乘坐地鐵的人都能買到所需。

顧客F：給地鐵的每一個站點都設置一個主題吧。時尚購物、婚紗攝影、餐飲美食、影視藝術等主題，不僅吸引眼球，而且對佈局也相對好把控。

昆明地鐵通車了！春城市民期盼已久的地鐵生活也隨之展開。

地鐵，體現的不僅僅是速度和便捷，更是城市商業發展的黃金線和生命線，它將會帶來一個商家與地鐵緊密相連、高速擴張的時代。自昆明地鐵通車之日，昆明的商業發展也隨之提上日程，備受關注。昆明地鐵沿線的商業發展情況如何？採取的戰略是否成功呢？

3. 集中化戰略（Focus）

集中化戰略也稱為專一化戰略，是指在一個專門的細分市場上企業可以保持競爭優勢。一個企業只要具有低成本和價格優勢或獲利優勢，就可以擁有競爭優勢，從而在市場上擺脫弱勢或原來無法守住地位的狀態。

這一戰略圍繞著為某一特殊目標服務，通過滿足特殊對象的需要而實現差別化或者實現低成本。專一化戰略常常是總成本領先戰略和差異化戰略在具體特殊顧客群範圍內的體現。或者說，專一化戰略是以高效率、更好的效果為某一特殊對象服務，從而超過面對廣泛市場的競爭對手，或實現差別化，或實現低成本，或二者兼得。例如，專為石油開採油井提供鋼棒扳手的企業，就是通過鋼棒的充足庫存、廣泛分佈服務網點，甚至提供直升機送貨服務而成功地實行了專一化戰略。

❖ 行銷案例

格力空調的集中化戰略

格力空調是唯一一家堅持專一化經營戰略的大型家電企業，著名財經雜誌美國《財富》中文版揭曉的消息表明：作為中國空調行業的領跑企業，格力電器股份以7.959 億美元的營業收入，0.55 億美元的淨利潤，以及 6.461 億美元的市值再次榮登該排行榜第 46 位，入選《財富》中國企業百強，成為連續兩年進入該排行榜的少數家電企業之一。不僅多項財務指標均位居家電企業前列，而且在 2002 年空調市場整體不景氣的情形下，格力空調的銷售實現了穩步增長，銷量增幅達 20%，銷售額及淨利潤均有不同程度的提高，取得了良好的經濟效益，充分顯示了專一化經營的魅力。

波特曾經指出「有效地貫徹任何一種戰略，通常都需要全力以赴」的戰略原則。指出了「如果企業的基本目標不止一個，那這些方面的資源將被分散」的戰略後果。正因為如此，許多企業在商戰中選擇和確定了自己的專一化發展戰略，並且運用這種發展戰略取得了明顯的經濟效益。格力就是一個這樣的企業。那格力到底如何運用集中化戰略呢？

(三) 評估競爭者的實力和反應

1. 評估競爭者的實力

對競爭對手實力的分析評估，目的在於揭示競爭對手的強項和弱項在哪裡，而其優勢與劣勢將決定其發起戰略反擊行動的能力以及處理所處環境或產業中事件的能力。競爭性行動在本質上分為戰略性和戰術性兩種。戰略性行動需要獲取大量的資源，並難以被成功地執行和改變。相反，採取戰術性行動需要較少的資源，相對來說更容易執行和改變。

阿瑟·德利·特爾諮詢公司把企業在目標市場的競爭地位分為以下六種：

(1) 主宰型。
(2) 強狀型。
(3) 優勢型。
(4) 防守型。
(5) 虛弱型。
(6) 難以生存型。

2. 競爭者的市場反應模式

(1) 遲鈍型競爭者。

某些競爭企業對市場競爭措施的反應不強烈，行動遲緩。這可能是因為競爭者受到資金、規模、技術等方面的能力的限制，無法做出適當的反應；也可能是因為競爭者對自己的競爭力過於自信，不屑於採取反應行為；還可能是因為競爭者對市場競爭措施重視不夠，未能及時捕捉到市場競爭變化的信息。

❖ 行銷案例

輕奢行業或將迎來新一輪的調整。據美國媒體消息，一家紐約對沖基金 Caerus 在 16 號的投資者日前發布聲明，敦促輕奢集團 Kate Spade 賣盤。Kate Spade 目前股價在同行業中處於較低水平，Kate Spade 集團一直在努力嘗試增加消費者對手袋和小皮具的需求。今年年初，公司關閉了副線 Kate Spade Saturday 和男裝品牌 Jack Spade，希望把重點放在核心品牌 Kate Spade New York 的發展。

可是，Kate Spade 集團並未對市場競爭變化信息及時捕捉。在奢侈品銷售持續低迷的艱難時期，品牌集團之間的併購或將正在醞釀。最終在與 Coach 和 Michael Kors 輕奢侈品牌的公司市值比較上，Kate Spade 最小，約為 24.05 億美元。若決定出售必將引起投資人發起競購，Kate Spade 或將遭受被收購的命運。

(2) 選擇型競爭者。

某些競爭企業對不同的市場競爭措施的反應是有區別的。例如，大多數競爭企業對降價這樣的價格競爭措施總是反應敏銳，傾向於做出強烈的反應，力求在第一時間採取報復措施進行反擊，而對改善服務、增加廣告、改進產品、強化促銷等非價格競爭措施則不大在意，認為不構成對自己的直接威脅。

❖ **行銷案例**

當舞臺帷幕緩緩升起、燈光閃爍之時,演員們會瞬間實現角色的轉換。在商業競爭的舞臺上,同樣的法則也在上演,我們有理由相信:矢志不渝地朝著努力的方向前行,就定會柳暗花明!

亞細亞屬於股份制企業。雖說在當年,亞細亞在一片『國』字號江山下誕生,凸顯另類,贏得了「要趕時髦就到亞細亞」的美譽。當鄭州人掉進亞細亞漩渦時,鄭州商界的「國字軍」再也坐不住了。

誰也沒料到亞細亞是如此凶猛,紫百、鄭百、商城、商業、華聯的老總們頓時忍不住了。

「五大商場的老總們能在當年扯起了『聯誼』大旗,就足以說明當年亞細亞的『瘋狂』帶給大家的壓力。」石志剛說,「於是,五大商場一方面同仇敵愾,一方面則把投訴信遞給了政府,控訴『異類』的非正當經營惡劣行徑擾亂了市場的正常運轉。」

從此,鄭州商業市場就陷入了混戰。

五大商場紛紛押寶於國字號的招牌,並宣誓會嚴格管理各自旗下的經營部門,斷絕任何與異類的經貿往來。這時,亞細亞已是四面楚歌了。

面對被銷售業績超過自己幾倍的對手封殺,亞細亞最終選擇了魚死網破的決鬥,其所發動的一次讓利 50 萬元的大銷售,也由此點燃慘烈的價格戰。

當時,亞細亞商場總經理王遂舟手持對講機發出命令,同類商品只要發現其他對手價格低,馬上調價。而後,紫百也出奇招,實行同類商品比價退差。緊接著,從單一商品到單一品類商品,再到所有商品,商業、華聯等全部捲入了價格戰漩渦。顯然,商戰結果十分慘烈。

(3) 凶狠型競爭者。

競爭企業對市場競爭因素的變化十分敏感,一旦受到來自競爭挑戰就會迅速地做出強烈的市場反應,進行激烈的報復和反擊,勢必將挑戰自己的競爭者置於死地而後快。這種報復措施往往是全面的、致命的,甚至是不計後果的,不達目的決不罷休。這些強烈反應型競爭者通常都是市場上的領先者,具有某些競爭優勢。一般企業輕易不敢或不願挑戰其在市場上的權威,盡量避免與其做直接的正面交鋒。

❖ **行銷案例**

以賣健康三明治出名的賽百味已經建立 52 年了,他們一直喜歡自誇公司在全球的店鋪數量超過任何連鎖餐館,公司在美國和加拿大一共有 3 萬家店,在全球擁有超過 4 萬家店。麥當勞的店鋪數量排名第二,在全球有 36,000 家,不過麥當勞的銷售額超過賽百味,因為他們對於競爭對手的市場信息採取強烈的反應。

賽百味為了跟上時代潮流,也去除了雞肉中的抗生素,並且停止使用籠養雞蛋。緊隨其後,麥當勞如今任何食物都能打著有機健康的招牌,使得賽百味一直以來崇尚健康的光環也消失了;賽百味在美國推出了外送服務,人們可以在 Facebook 上點賽百味的三明治。馬上,麥當勞也在美國推出了外送服務,這周麥當勞中國還上線了手機

訂餐 App……

目前為止賽百味做的一系列努力都沒帶來什麼進展，2016 年銷售額降低了 1.7%。而麥當勞 2017 年第一季度營收 56.8 億美元，經營收入為 30.3 億美元，同比增 14%。

（4）隨機型競爭者。

這類競爭企業對市場競爭所做出的反應通常是隨機的，往往不按規則出牌，使人感到不可捉摸。例如，不規則型競爭者在某些時候可能會對市場競爭的變化做出反應，也可能不做出反應；他們既可能迅速做出反應，也可能反應遲緩；其反應既可能是劇烈的，也可能是柔和的。

❖ 行銷案例

未來 5 年內中國將超過美國成為全球最大的奢侈品市場。同時，奢侈品在線銷售業績會繼續蓬勃發展，線上平臺被視為各大奢侈品集團未來 5 年的關鍵戰場。

近幾年，國外奢侈品牌紛紛瞄準中國奢侈品電商市場。全球最大的奢侈品集團 LVMH 日前被曝可能將於今年 2017 年 6 月正式推出自有大型電商平臺，除上線旗下所有品牌外，也將引進其他奢侈品牌。業內猜測，這在一定程度上或將對國內垂直類奢侈品電商形成壓力。

但是，當下中國奢侈品電商市場假貨濫行、貨源魚龍混雜等情況屢見不鮮，市場發展尚未成熟。所以也不確定國外奢侈品是否將進軍中國電商市場。

（四）進攻和迴避對象的選擇

企業在明確了誰是主要競爭者，分析了競爭者的戰略、目標，評估其實力和反應之後，就要決定自己的競爭對策——進攻或迴避：進攻誰、迴避誰。企業一般分為強者競爭者或弱者競爭者、近競爭者或遠競爭者、好競爭者或壞競爭者。

波特認為，支持好競爭者，攻擊壞競爭者。

各企業在事先確定了它的目標顧客群及行銷組合後，就大致上確定了它的競爭者。它進一步考慮的是在這些競爭者中，選擇誰是要攻擊和要迴避的競爭者，這樣企業就能集中精力，有效作戰。

❖ 行銷視野

2009 年年底，格蘭仕日用電器湖南省核心經銷商會議，它們的主題：「顛覆傳統積極進攻」。顛覆行業利潤空間，真正實現大品牌；顛覆行業傳統渠道模式，精耕細作，開發鄉鎮根據地；顛覆行業傳統行銷模式，不壓貨，抓促銷。「積極進攻，分銷天下」。

1. 強競爭者與弱競爭者

大多數企業喜歡把目標瞄準實力較弱的競爭者，這種做法無需太多的時間和資源。但相應地，企業也不會有很大的成效。因此，我們認為企業應當與一些實力強大的競爭者較量一番。一方面，企業若想與實力強大的競爭者相抗衡，就必須在很多方面努力改進，這將增強企業整體實力，使企業長期受益；另一方面，即使再強的競爭者也有弱點，只要企業策略選擇與實施得當就能獲得成功。

2. 近競爭者與遠競爭者

大多數企業都會與那些跟它們極相似的競爭者競爭，但與此同時，企業應注意避免企圖「摧毀」這些最接近的競爭者。我們可以看看下面的例子：曾有一個特種橡膠用品生產商作為不共戴天的仇敵來攻擊並買走了另一特種橡膠用品生產商的股份，給後者造成很大的損失。結果是，另外幾家大型的輪胎企業的特種用品部門得以乘虛而入，很快躋身特種橡膠製品市場，把它當成了剩餘生產能力產品的傾銷市場。從這個例子我們看到，企業「摧毀」了其最接近的競爭者，卻引來了更多更難對付的競爭者。

3. 「好」競爭者與「壞」競爭者

每個企業都需要競爭者並從競爭者那裡獲得利益。競爭者的存在帶來了幾方面的好處：其一，可對增加總供給有所幫助；其二，可以分擔市場與產品開發的成本，並有助於推廣新技術；其三，可以為一些吸引力不大的細分市場服務或促使產品差異化；其四，減少了「反托拉斯」的風險，並增強了工人與管理當局協商的能力。但並非所有的競爭者都會給企業帶來益處。每個行業都含有「好的」和「壞的」競爭者。好的競爭者遵守行業規則：他們希望有一個穩定、健康的行業，合理地定價，推動他人降低成本，促進差異化，接受為他們的市場佔有率和利潤規定的合理界限。壞的競爭者破壞行業規則：他們試圖花錢購買而不是靠自己的努力去贏得市場佔有率，喜歡冒大風險，超額投資等。總的來說，他們打破了行業的平衡。

所以，一個明智的企業經營者應當支持好的競爭者，攻擊壞的競爭者，盡力使本行業成為由好的競爭者組成的健康行業。在這個行業中，競爭者遵守行業規則，不互相傾軋，不胡作非為，在一定程度上保持差異並通過自身的努力贏得而不是購得市場佔有率。這將有利於所有企業的發展。

（資料來源：周正祥. 選擇要攻擊和要迴避的競爭者［EB/OL］.（2006-11-02）. http://www.chinavalue.net/Finance/Article/2006-11-2/47627.html.）

當然，我們市場中也有許多的頑強的競爭，如寶潔在限制入侵者時，願花費巨資對抗新的競爭品牌，並防止它們在市場上獲得立足點。

由於競爭對手過於強大，自己目前還沒有做好直接競爭的準備。如果直接競爭，會對自己造成不利的影響，在這種情況下通常選擇迴避策略。

由於競爭對手與自己實力相當或者弱於自己，打擊競爭對手會擴大自己的市場份額，並且在各方面基本做好直接競爭的準備，因此可以對這樣的競爭對手發起攻擊。

競爭對手研究是十分重要的，發現其競爭薄弱環節，幫助企業制定恰如其分的進攻戰略，擴大自己的市場份額，另外，對競爭對手最優勢的部分，需要制定迴避策略，以免發生對企業的損害事件。此外，針對競爭對手進行長期跟蹤研究，對其生產、經營、管理、開發等方面進行全方位跟蹤與監測，可以在競爭中做到知己知彼，並據此對自己的戰略戰術做出實時的調整與改進。

第二節　競爭性行銷戰略的類型

競爭性行銷戰略（Competitive Marketing Strategy）是指在市場經濟條件下，企業作為商品生產者和經營者，為爭取實現自身的經濟利益而採取的客觀決策和部署。它直接關係到企業的生存和命運。競爭性行銷戰略的任務是把企業從目前的地位提升至一個更強、更具有競爭力的位置上。為此，企業需要有理念、目標和方向，需要運用資源和能力，把握機會，需要培育核心競爭能力和開發出新產品，以適應外部環境的變化，形成新的競爭優勢，迎接新的挑戰。從企業所處的競爭地位來看，它包括市場領導者戰略、市場挑戰者戰略、市場跟隨者戰略、市場利基者戰略。

一、市場領導者戰略

（一）市場領導者的含義

市場領導者指佔有最大的市場份額，在價格變化、新產品開發、分銷渠道建設和促銷戰略等方面對本行業其他公司起著領導作用的公司。

（二）市場領導者戰略

1. 擴大總需求
（1）開發新用戶，吸引未使用者、進入新的細分市場、開發新的領地。
（2）尋找新用途，創新研發，尋找產品的新用途，吸引顧客。
（3）增加使用量，誘導顧客提高使用率、增加每次使用量。

2. 保護市場份額
市場領導者要保持領先地位，一方面要防止劣勢出現，以免給競爭者可乘之機；另一方面，要善於變防守為進攻。而進攻的最好手段是不斷創新。

3. 擴大市場份額
保持較大的廣告投入，以鞏固和提高產品在顧客心中的地位；根據顧客的要求不斷地完善產品，改進服務；根據顧客需求的變化和對顧客需求變化趨勢的預測，不斷地推出新產品。

❖行銷視野

著名的市場領導者包括通用汽車（汽車業）、柯達（攝影器材業）、IBM（電腦業）、全錄（影印機業）、文驗（消費性包裝品業）、可口可樂（軟性飲料業）、麥當勞（速食品業）以及吉列（刮鬍刀片業）等。除非居主宰地位的公司能享有合法的獨占權，否則它將面臨艱辛的歷程。它必須隨時保持警覺，因為其他的公司會不斷地猛烈挑戰，或者企圖攻擊其弱點。市場領導者可能很容易失去其優勢，而淪為第二或第三的地位。市場上如果有產品創新，領導者可能失掉領導的地位（例如，Tylenol 的非阿斯匹靈止痛劑取代 Bayler 的阿斯匹林的領導地位）。

市場領導地位不是簡單地由具有最大的市場份額實現的。領導地位的創立需要具有如下特徵：

（1）在整個市場或主要的細分市場中擁有最大的市場份額。

（2）具有影響市場走勢和競爭對手的能力。

（3）有單獨或與其他競爭者共同領導的記錄，反應在諸如產品創新、政府對行業標準的制定和技術變革立法等方面。

（4）市場認可的行業領導者。

總體目標影響市場活力，市場份額將在尋求領導地位的優勢企業和較小的企業間再分配。

❖ 行銷案例

浙江少年兒童出版社的市場領導者戰略

這是一家從 2003—2016 年，連續 14 年在少兒零售圖書市場佔有率數一數二的龍頭出版社；這是一家在 500 多家出版社競逐少兒出版，卻連續三年規模遞增一個億碼洋的出版社；這是一面 2016 年來到 8 個多億銷售碼洋高峰，卻沒有一本教材教輔，持續躬耕主業、80% 為原創的少兒出版主業旗幟。

你或者認為，這樣一家狂飆突進的出版快車，一定會以盲目擴張、品種填充來維持自己持續領先的市場規模，然而，這家出版社的年出新書品種不到 600 種。這家出版社掌門人經常說的是，「好書一定是打磨出來的」「出版一定是慢活，是工匠活，出版社的發展、出版社品牌的打造一定是長期過程」。

很多人關注到了這家出版社的超級暢銷書，卻忽略了暢銷書的背後，這家出版社強大的原創實力，原創圖書品牌的迭次萌發；很多人關注到了這家出版社亮眼的市場業績，忽略的卻是，要做銷售，其實很簡單，拼命造貨、鋪貨，規模肯定上去；問題是，庫存多少，在途多少，應收帳款多少，退貨多少，整個投入產出的比例，資產的週轉率，經營結構是否穩健、務實、持續、良性。如此，才能承受得住市場競爭的風險，始終立於不敗之地。

是的，這家出版社就是浙江少年兒童出版社。很多同行仰慕他們強大的作家隊伍資源，亮眼的市場成績單，而明眼人深知，產品的背後，其實是從組織保障、人才隊伍、行銷體系、激勵機制到最後產品佈局形成的無縫鏈接的系統，這就是他們的市場領導者戰略。那汪忠先生對於出版社的市場領導者戰略是如何實施的呢？

［資料來源：陳香. 浙江少年兒童出版社的市場領導者戰略 ［N］. 中華讀書報，2017（04）.］

二、市場挑戰者戰略

(一) 市場挑戰者的含義

市場挑戰者指在行業中占據第二位及以後位次，有能力對市場領導者和其他競爭者採取攻擊行動，希望奪取市場領導者地位的公司。

有些居次者仍然具有很大的勢力。諸如福待汽車、柯尼卡相機膠卷、百事可樂、箭牌口香糖、美爽化妝品、肯德基漢堡等公司。這些居次位的廠商可以攻擊市場領導者或其他的競爭者以奪取更大的市場佔有率。因此，居次位的行銷作戰策略可變換角色。

(二) 市場挑戰者戰略

(1) 正面進攻。正面進攻就是集中全力向對手的主要市場陣地正面發動進攻，即進攻對手的強項而不是它的弱點。

(2) 側翼進攻。側翼進攻就是集中優勢力量攻擊對手的弱點。具體可採取兩種策略：一種是地理性的側翼進攻，即在全國或全世界尋找對手力量薄弱地區市場，在這些地區市場發動進攻。二是市場細分性側翼進攻，即尋找還未被領先企業覆蓋的商品和服務的細分市場，在這些小市場上迅速填空補缺。

(3) 圍堵進攻。圍堵進攻是一種全方位、大規模的進攻策略。挑戰者擁有優於對手的資源，並確信圍堵計劃的完成足以打垮對手時，可採用這種策略。

(4) 迂迴進攻。即完全避開對手的現有陣地而迂迴進攻。具體做法有三種：一是發展無關的產品，實行產品多角化；二是以現有產品進入新地區的市場，實行市場多角化；三是發展新技術、新產品以取代現有產品。

(5) 遊擊進攻。目的在於以小型的、間斷性的進攻干擾對手的士氣，以不斷削弱防守者的力量。

❖行銷案例

SoBe 飲料的競爭策略：市場挑戰者戰略

在任何超市、雜貨店或者便利店，競爭最激烈的貨架就是飲料。SoBe 成功投產後，他把自己定位於對抗已有名聲的 Snapple 果茶和 Arizona 冰茶品牌，其創立人約翰·貝洛想要研製一個時髦果汁和冰茶的替代品。第一款產品就是成功產品 SoBe Black Tea 3G，其中的「3G」分別是人參、巴西可可和銀杏（這三樣東西英文單詞的頭一個字母都是 G），包裝上的蜥蜴圖像成為 SoBe 品牌的整體形象，SoBe 憑藉其功能性利益 (3G)、豐富的包裝以及一個穩定的新產品系列組合，獲得了爆發性增長。「就做你自己」(SoBe Yourself) 的口號抓住了該品牌的挑戰者氣質和非傳統的遊擊行銷訴求。「SoBe 愛情巴士」(SoBe Love Buses) 提供了產品的品嚐機會，而通過贊助像滑雪運動員博德·米勒和高爾夫選手約翰·戴利這樣挑戰常規的傳奇運動員創造了口碑。2001年1月，SoBe 被百事收購。現在，百事依然是龍頭老大可口可樂的有力競爭者。

三、市場跟隨者戰略

(一) 市場跟隨者含義

市場跟隨者指那些在產品、技術、價格、渠道和促銷等大多數行銷戰略上模仿或跟隨市場領導者的公司。

(二) 市場跟隨者戰略

(1) 緊密跟隨戰略。戰略突出「仿效」和「低調」。跟隨企業在各個細分市場上的市場行銷組合方面,盡可能仿效領先者,以至於有時會使人感到這種跟隨者好像是挑戰者,但是它從不激進地冒犯領先者的領地,在刺激市場方面保持「低調」,避免與領先者發生直接衝突。有些甚至被看成靠拾取主導者的殘餘謀生的寄生者。

(2) 距離跟隨戰略。戰略突出在「合適地保持距離」。跟隨企業在市場的主要方面,如目標市場、產品創新與開發、價格水平和分銷渠道等方面都追隨領先者,但仍與領先者保持若干差異,以形成明顯的距離。對領先者既不構成威脅,又因跟隨者各自佔有很小的市場份額而使領先者免受獨占的指責。採取距離跟隨策略的企業,可以通過兼併同行業中的一些小企業而發展自己的實力。

(3) 選擇跟隨戰略。戰略突出在選擇「追隨和創新並舉」。跟隨者在某些方面緊跟領先者,而在另一些方面又別出心裁。這類企業不是盲目跟隨,而是擇優跟隨,在對自己有明顯利益時追隨領先者,在跟隨的同時還不斷地發揮自己的創造性,但一般不與領先者進行直接競爭。採取這類戰略的跟隨者之中有些可能發展成為挑戰者。

❖ 行銷案例

調味品企業如何使用市場跟隨戰略

經過十幾年的潛心經營,貴州陶華碧「老干媽」風味豆豉成為中國最成功的調味品之一。2000年,因為良好的市場反應,「老干媽」銷售額達到4,548萬元。到了2003年,陶華碧的銷售額直逼6億元,從2006年起年銷售收入超過10億。到目前為止,陶華碧一年的銷售額超過30億元。

「老干媽」一火,全國一下子出來一大幫「老干媽」「老干爹」,你出頭像,我也出頭像,結果一個個年紀輕輕的小伙、姑娘,硬是要裝扮老一點,或是抬出自己的父母,印在瓶貼上。但是如果這些企業不叫「老干爹」,他們可能連現在一半的銷量也達不到。其中最為成功的就是湖南華越公司,他們生產的劉湘球「老干媽」,因為成功地搭上了「老干媽」的順風車,在市場上攻城略地。1998年,華越公司為劉湘球「老干媽」投入的廣告費用就高達160萬元。儘管最後兩家「老干媽」企業用時長達3年半之久,在京城演繹了法院和國家商標局兩出鬥法大戲。但華越公司似乎是最大的贏家,因為在這場跟隨中,企業得到了發展壯大。雖然後來華越因為商標問題而衰落,實在是可惜得很,但這並不能否定其跟隨策略的正確性。

在調味品領域裡面,還有一些小廠,跟在海天、李錦記、味事達的後面生產與這

些名牌產品幾乎一模一樣的產品。產品的名稱、包裝都弄得非常相似，或是只做一點兒小小的改動。從無到有，也取得了一些好的戰果。

廣東廣州有一家小企業，瞄準業內大廠出產品，只要大廠生產什麼，它馬上就有貨，而且它很善於聽取經銷商的意見，經銷商讓它生產什麼，它就生產什麼。海天黃豆醬 2007 年在中央電視臺播出電視廣告，一些小調味品廠商，立即跟進，如珍極、中邦等企業，通過自己的銷售渠道迅速占領了市場。那麼，對於凡是處於市場競爭中的企業，市場跟隨戰略都是可以使用的嗎？

四、市場利基者戰略

（一）市場利基者含義

市場利基者指選擇某一特定較小的區隔市場為目標，提供專業化的服務，並以此為經營戰略的企業。

（二）市場利基者戰略

市場利基者戰略是指企業為了避免在市場上與強大的競爭對手發生正面衝突而受其攻擊，選取被大企業忽略的、需求尚未得到滿足、力量薄弱的、有獲利基礎的小市場作為其目標市場的行銷戰略。

行銷大師菲利普·科特勒從市場行銷角度界定的利基者戰略是通過市場細分、再細分，選擇一個未被服務好的利基市場進行行銷，同時他還指出，在一個競爭性市場中，總是存在一定數量的市場利基者，它們的戰略與該市場中的領先者、追隨者有所不同。科特勒並未提及利基戰略的適用範圍，但從內容來看，市場行銷的利基戰略適用於所有的企業，不同的是地位和作用。其核心思想是「在市場中找到一個利基，然後在利基中做大市場」。

市場利基戰略是適用於弱者/中小企業的成功戰略，凝聚了以下戰略思想與原則：

（1）避實擊虛：不與大企業/強者展開硬碰硬的直接競爭，而是選擇其忽視、不願做或不會全力去做的業務範圍為「戰場」。

（2）局部優勢：堅持「單位空間內高兵力比」原則，集中全力於某個狹窄的業務範圍內，在這個局部形成相對於強大者的優勢，努力成為第一。

（3）集中原則：分散是戰略的大忌，利基戰略要求集中於利基業務，集中於戰略目標，集中於建造壁壘。

（4）根據地原則：在某地域市場獲取第一併鞏固之後，再向其他地域市場擴展，集中全力成為第一之後再擴展，如此持續下去，最終由各地的根據地組成一個大的根據地。

❖ 行銷案例

木林森挑戰 LED 行業利基市場戰略

LED 行業激烈的價格戰使許多廠商遠離低端產品，轉而將其資源投入到更加有利可圖的利基市場。這些小眾市場主要包括紅外 LED、紫外 LED、汽車照明、植物生長燈、智能照明等。傳統觀點認為，早期階段進入藍海市場會給企業帶來一定的競爭優勢。然而，中國領先製造商木林森股份有限公司（MLS 或 Forest Lighting）正挑戰這一概念。

木林森臺灣總經理 James Wang 在接受 LEDinside 的最近一次採訪中表示：「公司的商業策略主要集中在大規模生產成熟 LED 產品上，而不是分配高端照明產品研發或其他利基市場資源。」木林森目前主要生產家庭和辦公室日常生活必需的基礎光源、燈泡和管燈等。

木林森花費了很大一部分費用在製造工藝上。Wang 表示：「大多數 LED 器件都是內部生產的，如 LED 驅動器和黏合劑。我們只從其他生產商那兒購買部分器件。使用這種生產模式的優點是可以確保產品的可靠性和兼容性。大多數木林森產品通常使用晶元光電（Epistar）的 IP 防護 LED 芯片。相同的 IP 防護 LED 芯片也可用於運往菲律賓和其他發展中市場的產品中，這些地區的 LED 條例並不那麼嚴格。目前，我們正處於品牌信譽非常重要的時刻。」

額外的生產成本節約措施主要採取自動或半自動生產線的形式。不過，自動化生產工藝並非適用於所有的產品。公司有些 LED 管燈不能進行半自動化生產，而有些 LED 驅動器可能需要人工焊接。Wang 繼續解釋道：「公司大多數 LED 管燈包裹著玻璃，因為開發塑料 LED 管燈仍需要非常高的成本。」這主要是由於研發塑料管燈需進行額外的固化和化學藥劑處理以防止管彎曲且抗紫外線。

LEDinside 研究部主任 Roger Chu 表示：「木林森當前全球排名位於第八名或第九名。」2014 年，木林森成為首家闖入全球 LED 封裝排名前十的中國供應商，這主要歸功於其大規模生產的投資。Wang 稱：「公司目前雄心勃勃，希望在未來十年內進入全球前四的位置。」

企業在目標市場中的競爭性行銷戰略、競爭地位等主要根據市場所占份額、其所擁有的競爭優勢和劣勢，對市場的影響力等來判定。表 7-1 是對競爭性行銷戰略的分類的比較。企業的競爭地位不同，其競爭性行銷戰略也不同。競爭地位並不是一成不變的。

今日的市場主宰者不一定是明天的行業老大，因此，市場主宰者竭力維護自己的領導地位，其他競爭者則拼命往前趕，努力改變自己的地位。正是這種激烈的市場競爭，促使企業爭創競爭優勢，占據市場有利位置，從而推動行業和社會的發展。

表 7-1　　　　　　　　　　競爭性行銷戰略的比較

競爭性行銷戰略	市場領導者	市場挑戰者	市場跟隨者	市場利基者
市場份額	第一位	占據第二位及以後位次	有著明顯的市場份額	在一個很小的細分市場上擁有較大的份額，在整個市場上的份額很小
市場所占份額趨勢	保持份額	份額不斷增加	擁有或不斷增加其細分市場份額	份額小但逐漸增大或逐漸減少
對整個市場的影響力	大	大	有限	很小
優點	1. 覆蓋主要市場 2. 擁有最大的利潤，領導作用	1. 被看作另一個領導者 2. 創新並有進攻性 3. 為將來獲利不斷投資	1. 質量價格比適當 2. 緊跟行業的發展 3. 成本具有優勢	1. 靈活且反響快 2. 避免與強大的競爭對手發生正面衝突而受其攻擊
缺點	投資風險大	受市場領導者影響	處於被動地位	獲利較小

❖ 本章小結

（1）瞭解競爭者一般是指那些與本企業提供的產品或服務類似，並且所服務的目標顧客也相似的其他企業。

（2）掌握競爭者分析的主要內容，理解與掌握競爭者分析的步驟，即識別競爭者，判定競爭者戰略和目標，評估競爭者的實力和反應，以及選擇進攻和迴避的對象。

（3）能對不同競爭地位的企業確定競爭戰略。競爭性行銷戰略主要包括市場領導者、市場挑戰者、市場跟隨者和市場利基者的戰略。

❖ 趣味閱讀

萬達、百度競購派拉蒙影業，全美娛樂公司：我們不賣

公司如宮廷，內鬥似宮鬥。萬達、百度競相收購派拉蒙是否失望而歸？背後權力的遊戲是否結束？

在一方節節潰敗的背景之下，如今似有收官之勢，是否結果已塵埃落定？

派拉蒙是好萊塢六大影業公司之一，《變形金剛》和《忍者神龜》都是該工作的代表作之一。但近年來，派拉蒙面臨經營困境，還背負著 120 億美元的債務。

報導稱，百度此前考慮與 DMG 傳媒合作收購派拉蒙影業，以進軍好萊塢市場。DMG 是《鋼鐵俠 3》的合作製片方，也是一家全球娛樂公司，其在美國加州、北京和上海都有辦公室，並在深圳上市。但是談判在 2016 年 5 月底被迫終止，原因是維亞康姆的控股方 Sunmer Redstones 家族反對。

擁有派拉蒙影業的維亞康姆是美國第三大傳媒公司。2016 年 7 月 10 日，《華爾街日報》曾報導萬達有意成為派拉蒙潛在買主，收購其 49% 的股份，但是本月的上周五 Sumner Redstones 家族重申反對立場，收購前景渺茫。而萬達的出價則令派拉蒙影業的估值從 80 億美元上升到 100 億美元。

而目前，百度旗下的視頻流媒體公司愛奇藝目前還處於虧損，並存在獨立拆分的可能性，收購好萊塢公司或能讓百度獲得內容優勢。

中國財團對國際文化影視企業的收購競爭日趨白熱化。2016 年稍早時候，萬達集團宣布收購美國傳奇影業，萬達旗下美國院線 AMC 就收購美國院線卡麥克（Carmike Cinemas）和歐洲院線 Odeon & UCI 達成協議。

上周，即 2016 年 7 月初，AMC 宣布以 9.21 億英鎊，約 9 倍 EBITDA（稅息折舊及攤銷前利潤）併購 Odeon & UCI，至此完成美國和歐洲影院收購的全球佈局。但併購前後也經歷了 3 年的多輪艱苦談判，主要原因是價格一直未達成一致，後因英國退歐公投帶來了新機遇，雙方終於達成協議，不過交易仍有待歐盟批准。萬達的目標是到 2020 年，佔有全球電影票房的 20%。

但派拉蒙的情況有所不同，價格絕不是唯一的決定因素。無論是百度還是萬達，想要收購派拉蒙影業都會經歷一個非常艱難的過程，原因就是派拉蒙的母公司維亞康姆的控股股東 Sumner Redstones 家族對來自中國的投資幾乎會毫無懸念地投上反對票。

Redstones 家族更傾向於把派拉蒙出售給美國的傳媒公司，比如哥倫比亞廣播公司 CBS，原因主要有兩點：其一，不希望派拉蒙在目前表現不景氣的時機下被賣掉；其二，不希望引入新的主要股東，比如萬達。但是維亞康姆 CEO Philippe Dauman 仍然堅持與萬達談判，希望賣出一個好價格。

維亞康姆的發言人在一份聲明中指責 Redstones 家族干預收購：「這真讓人難以理解。萬達的收購是一個難得的好機遇，能夠為派拉蒙和維亞康姆都帶來長期的好處。」

華爾街對於萬達的收購也不抱太大希望，認為 Dauman 無法說服 Redstones 家族鬆口。投行交易員 Lloyd Greif 表示：「所有交易員都會認為 Redstones 的做法是正確的。維亞康姆可以說，『你看，我們為 49% 的股份拿到了一個好價錢』，但是他們很快發現再好的價錢也沒有用。」

派拉蒙近年來業務處於低迷狀態。分析師認為公司只要有大手筆，一定會比現在更加值錢。下周派拉蒙將會發布夏季新片——由 J. J. Abrams 導演的《星際迷航 3：超越星辰》（Star Trek Beyond），這將成為派拉蒙重回巔峰的一個契機。

維亞康姆的財務也面臨著巨大壓力。8 月份公司將會發布今年二季度財報。由於派拉蒙的影片在過去一個季度的票房表現一般，市場猜測財報可能不及預期。

❖ **課後練習**

一、單選

  1. 競爭者分析是指企業通過某種分析方法識別出競爭對手，並對它們的目標、資源、_____和當前戰略等要素進行評價。（　　）

  A. 目的   B. 市場力量
  C. 資料   D. 對手

 2. 競爭者一般是指那些與本企業提供的產品或服務＿＿＿＿＿，並且所服務的目標顧客也＿＿＿＿＿的其他企業。（　　）

  A. 類似、不同   B. 不同、相同
  C. 不同、不同   D. 類似、相似

 3. 分析競爭對手，必須分析哪些方面？（　　）

  A. 現有競爭對手和潛在競爭對手兩個
  B. 現有競爭對手
  C. 潛在競爭對手
  D. 現在或者潛在競爭對手

 4. 識別企業競爭者必須從哪些方面分析？（　　）

  A. 市場、行業
  B. 市場、行業、企業所處競爭地位
  C. 行業、企業所處競爭地位
  D. 市場、企業所處競爭地位

 5. 競爭性行銷戰略是指在市場經濟條件下，企業作為商品生產者和經營者，為爭取實現自身的經濟利益而採取的（　　）。

  A. 客觀決策和部署   B. 戰術
  C. 經營戰術   D. 措施

二、多選

 1. 競爭性行銷戰略包括（　　）。

  A. 市場領導者戰略   B. 市場挑戰者戰略
  C. 市場跟隨者戰略   D. 市場利基者戰略
  E. 總成本領先戰略

 2. 競爭者分析的步驟包括（　　）。

  A. 識別競爭者   B. 判定競爭者戰略和目標
  C. 評估競爭者實力和反應   D. 進攻和迴避對象的選擇
  E. 對競爭者決策的確定

 3. 從消費者需求角度分析，企業的競爭者有哪些？（　　）

  A. 欲望競爭者   B. 屬類競爭者
  C. 產品競爭者   D. 品種競爭者
  E. 品牌競爭者

 4. 從行業的角度來看，企業的競爭者有哪些？（　　）

  A. 消費者   B. 現有廠商
  C. 潛在加入者   D. 替代品廠商
  E. 需求者

5. 從企業所處的競爭地位來看，競爭者的類型有哪些？（　　）
   A. 市場補缺者　　　　　　　　B. 市場領導者
   C. 市場挑戰者　　　　　　　　D. 市場追隨者
   E. 市場利基者

6. 競爭者戰略可以概括為（　　）類型：
   A. 總成本領先戰略（Over Cost Leadership）
   B. 差異化戰略（Differentiation）
   C. 集中化戰略（Focus）
   D. 競爭者戰略（Competitive）
   E. 跟隨者戰略（Follower）

7. 競爭者的市場反應分類有（　　）。
   A. 遲鈍型競爭者　　　　　　　B. 選擇型競爭者
   C. 凶狠型競爭者　　　　　　　D. 隨機型競爭者
   E. 不規則型競爭者

三、問答題

1. 競爭者分析的目的是什麼？
2. 簡述競爭者分析的步驟。
3. 簡析競爭性行銷戰略的內容。

四、案例分析題

2016年區域性乳企的競爭性行銷戰略

中國經濟進入新常態，中國乳業也進入新常態。新常態反應出三個主要特徵：一是經濟增長速度放緩；二是供需矛盾突出；三是消費結構升級。新常態下的中國乳業同樣表現出這三個特徵，2014年整體液態奶同比增長11%，2015年整體液態奶同比增長5%，增速明顯放緩。另外，行業產能過剩現象日益突出，尤其是大眾化產品過剩，而有效供給不足，特別是隨著消費升級的加快，供需矛盾愈加突出。隨著城市中產階層的擴大，他們對乳品消費提出新要求，需要更安全、品質更高的乳品，這將推動城市乳品消費結構升級，同時也驅動企業在今後一段時期內進行產品結構升級。

在告別了高速增長時代，區域性乳企如何來破解供需矛盾？如何來順應消費結構升級？在2016年應該採取何種有效的競爭戰略呢？乳業諮詢公司的建議是：

突出專業型

區域性乳企應該走產品專業型路線。隨著市場的成熟和競爭的充分性，專業性對於區域性乳企愈加重要，要做小而專、小而美的企業，不要做小而全的企業。

產品高端化

區域性乳企普遍定位於低檔和中低檔市場，在產品結構呈現底部寬而中上部窄，就是說低腰產品多，中腰和高腰產品少。無論是現在還是將來，低端產品需求飽和，

低檔市場空間擁擠，價格競爭激烈。所以講，區域性乳企要謀求在高端產品領域的突破。在今後的一個時期內，產品高端化、提升市場定位是區域性乳企的主要戰略目標之一。

產品差異化

產品高端化的基礎是產品差異化，所以講產品差異化是競爭戰略的核心。如何實現產品差異化？關鍵一點是開展消費者需求調查，在調查數據的基礎上運用科學的需求缺口分析模型，找出那些重要而未滿足的需求。這些未滿足的需求就是消費者的「痛點」，解決這些痛點就可以實現產品差異化。

產品結構合理化

企業不僅要經過產品線梳理淘汰那些利潤低、增長慢的不良產品，而且還需調整產品結構，使得產品角色比例合理化。從目前來看，大多數區域性乳企的產品角色比例是不合理的，即戰鬥型和份額型的產品角色占比過高，而形象型和利潤型的產品角色占比過低。調整目標是，形象型、利潤型、份額型、戰鬥型的產品角色比例為10%：40%：45%：5%。

打造核心單品

成功企業的一個顯著特徵是有一兩個核心單品，如光明有莫斯利安、暢優，蒙牛有特侖蘇、冠益乳、優益C，伊利有金典、舒化奶、每益添。隨著市場成熟與競爭加劇，有沒有核心單品更成為衡量一個企業成功與否的關鍵性指標。所以，區域性乳企在今後要集中力量打造一兩個核心單品，要不斷提高核心單品在銷售中的權重，這也是配合精簡產品線、完善產品結構的重要舉措。

增加品牌活躍度

區域性乳企普遍存在品牌影響力問題，但這不會給區域性乳企的成功帶來太大的阻力，因為在中國市場上品牌活躍度比品牌知名度更能促進銷售，尤其像牛奶這類低關注度的快銷品。因此，區域性乳企要增強品牌在終端的活躍度。

渠道全面化

一是線下渠道的完善，要傳統渠道、現代渠道和社區訂奶渠道齊發力，並且要有明確的各類渠道目標。比如，訂奶渠道的目標是封閉性，傳統小店的目標是便利性，現代渠道的目標是形象性。二是線上線下渠道融合，不僅要將線上渠道作為品牌推廣渠道，更要當作銷售渠道來建設。

思考：

1. 根據本案例分析區域性乳製品企業的競爭性行銷戰略，對區域性乳製品戰略進行競爭者分析。

2. 舉一個具體的有關中國乳製品的企業為案例，分析其所採取的市場性行銷戰略。

❖行銷技能實訓

【實訓項目】

根據本章所學內容，選取中國或者國外某乳製品企業作為分析對象，對該企業的競爭者、其所採取的戰略進行分析，設計一份策劃，針對該企業所面臨的問題，識別

出競爭對手，並對它們的目標、資源、市場力量和當前戰略等要素進行評價。該企業作為商品生產者和經營者，為爭取實現自身的經濟利益而採取客觀決策和部署，這直接關係到該企業的生存和命運。我們需要設計並策劃出某乳製品企業與競爭性行銷戰略相關的一份報告。

【實訓目標】

通過設計、策劃某乳製品企業的競爭性行銷戰略相關的一份報告的項目，培養學生對企業案例中競爭性行銷戰略的分析能力。

【實訓內容與要求】

1. 選取一個乳製品企業作為研究對象。
2. 同學們進行自由分組，2~3個人每組。
3. 詳細分析該企業的內部實力，以及競爭對手的戰略、目標、實力以及反應等。
4. 根據分析的情況，回答出該企業應該採取的相關措施以及戰略。
5. 設計和策劃一份該企業的競爭性行銷戰略的報告。

第四模塊
行銷策略的制定

第八章　產品策略

對產品質量來說，不是 100 分就是 0 分。

——鬆下幸之助

一家企業應該忠誠地為顧客設想新的特徵、服務保證和特殊獎勵，讓他們從中獲得方便和愉悅。

——菲利普・科特勒（Philip Kotler）

❖ **學習目標**

知識目標
（1）掌握整體產品和產品組合的概念。
（2）掌握產品生命週期的概念及各階段行銷策略。
（3）瞭解包裝設計的內容和原則。
（4）瞭解新產品的概念及開發程序。

技能目標
（1）具備運用所學理論知識指導「產品策略」的相關認知活動的能力。
（2）具備運用所學「產品策略」的理論和實務知識研究相關案例，培養學生分析和解決問題的能力。

❖ **走進行銷**

小米的大市場源於極客個性

自 8 月 16 日雷軍高調模仿喬布斯發布小米手機以來，這款號稱國內首款雙核且主頻最快的小米手機以其高配置和 1,999 元的低價格，引起了人們廣泛的關注。一方面是粉絲群的熱衷追捧和 30 萬人排號購機，另一方面是對硬件參數宣傳噱頭的質疑。小米手機的定位是「高性能發燒級手機」，為此雷軍解釋道：「一款發燒友喜歡的手機才有可能成為暢銷手機，電子消費走到今天，已經變成發燒友產品在引領時尚和潮流。只有發燒友喜歡，這款手機才可以真正走向大眾。因為這些發燒友是意見領袖，他們可以影響一大群人。」配置上，小米手機採用高通 MSM8260 雙核 1.5GHz 處理器、1CBRAM ＋ 4GB ROM 的設計、4 英吋夏普 854×480 像素半透半反射電容屏，還有 800 萬像素攝像頭和 1930mAh 高容量電池。

小米手機這樣的低價格是否還有盈利空間和對其成本價的推測是被討論得最多的話題。我們可以先瞭解小米手機誕生的背景，身兼金山軟件、小米科技、多玩三家公司董

事會主席的雷軍，同時還專注於天使投資，在過去四年內投資了凡客誠品等十幾家公司。2010年4月，需要再次創辦北京小米科技有限責任公司，專注於智能手機軟件開發與移動互聯網業務營運。2010年年底推出支持跨手機操作系統平臺、跨通信營運商的手機端免費即時通信工具米聊，在推出後的半年內註冊用戶突破300萬。此外，小米公司還推出手機操作系統MIUI，6月底MIUI社區活躍用戶達30萬。據雷軍向媒體介紹，移動聊天工具米聊、手機操作系統MIUI和小米手機是小米科技的三大核心產品。這些背景足夠讓人相信雷軍並非是為賣手機而做手機。小米科技相關負責人透露：小米目前沒有盈利壓力，未來的盈利點暫時沒有具體計劃，將大致著眼於互聯網服務和內容。雷軍認為，蘋果的出現改變了行業競爭的規則，競爭不再是硬件的競爭，而是硬件、操作系統、互聯網應用三位一體的競爭。小米手機的最終盈利點是通過服務賺錢，通過契合軟硬件為用戶提供更流暢的內容和服務，提升用戶的手機端移動互聯網體驗。

　　小米手機在推出後將面臨不少的考驗。平心而論，單從硬件配置和結構設計來看，小米手機並無太多亮點和創新，這樣的手機換成任何一家手機廠商都有能力做出來，它吸引眼球的地方還是在於其高性價比的功能。首先，1,999元的超低價確實讓圖實惠的普通消費者動心，但要等到十月份才會量產發售。這期間將有30款以上的新雙核機器發售。更重要的是iPhone5也在十月上市，這些都增加了其他品牌的舊旗艦手機大幅降價的可能，到時小米1999低價格的競爭力我們還要拭目以待。另外小米手機的售後服務方式還未公布，相關負責人稱將在十月份小米手機正式發售時同步公布，業界認為小米手機的製造不掌握在自己手中，短時間建設售後隊伍將面臨成本和技術兩方面的難題。若完全依託網路則增加了用戶的維修成本和時間。和擁有多條手機產品線的大廠不一樣，只有一款手機發布的手機商（蘋果除外），真正失去競爭力的時候是等該產品當前配置不再是最高端配置而是和主流配置相仿的時候。對此雷軍表示十八個月內一定會有第二款小米手機發售。

　　搜狐網手機用戶調查結果顯示，八成人看好小米，五成人選擇是因為其「價錢便宜」。小米手機在給自己鋪路的同時也開啓了國產智能手機的降價風潮，要知道同樣配置的外國廠商手機目前的價格是小米手機的2倍多。有人擔心低價戰略會帶來整個手機行業長時間的艱難，筆者認為這種擔心是多餘的。手機做出來是給消費者用的。中國的消費者只對便宜的手機買單，山寨手機的盛行就是一個例證。據ThinkBank調查顯示，中國手機市場對價格非常敏感，中國這幾年手機的銷售量和單機售價成反比，當單機售價低於175美元後，銷售量開始顯著增長。尤其當單機售價進入100～125美元的價格區間後，出貨量將達到頂峰。中國消費者的消費習慣不會有太大變化，所以這一規律同樣適用於智能手機。目前的「高配置」手機在不久的將來成為千元智能機也不是沒有可能。

　　小米手機發布會後不出一個月，就感覺到了腹背受敵的壓力。性價比方面，華為即將在十月推出在配置上與小米手機相似的Honor手機，價格只售1,888元；操作系統方面，阿里巴巴推出基於雲計算技術的阿里雲OS操作系統和首款搭載此系統的雲智能手機天語W700；另外百度在九月初推出了「百度易」手機系統，戴爾代工的百度手機也將於年底前上市；通信軟件方面，騰訊力推「微信」，據說目前微信用戶量已是米聊

的 3 倍以上，同時騰訊聯手天語在十月推出內置 QQ-service 平臺的手機。定制手機的盛行，再一次說明智能手機市場的爭奪不再僅僅局限於手機硬件銷售，而是拓展到手機桌面和相關軟件的爭奪，誰占領了軟件服務領域，誰就占領了終端。

思考：

1. 請結合產品的整體概念，闡述小米手機在產品設計方面的成功之處。該成功和其消費者群體的個性與快樂有什麼樣的內在聯繫？

2. 在當今智能手機市場環境下，請規劃小米手機的發展思路。

第一節　產品與產品分類

產品策略是市場行銷 4P 組合的核心，是企業市場行銷活動的基礎。其他各種策略是以產品策略為核心來制定的。在市場經濟條件下，企業深刻理解和把握產品的內涵，意義非常重大。

一、產品整體概念

關於產品的整體概念，西方學者曾有過多種分析與表述。最開始出現產品整體概念時提到了三個層次：核心產品、形式產品和延伸產品。隨著時代的發展，產品整體概念也不斷地豐富和充實。目前一般認為產品整體概念的層次組合有五個層次：核心產品、形式產品、期望產品、附加產品和潛在產品。如圖 8-1 所示。

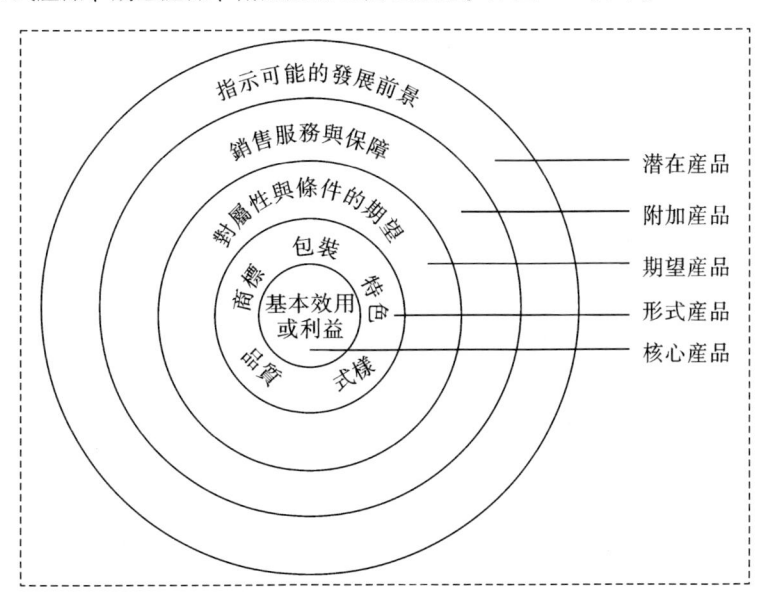

圖 8-1　產品整體概念的 5 個層次

(一）核心產品

核心產品是指消費者購買某種產品時所追求的利益，是顧客真正要買的東西，因而在產品整體概念中也是最基本、最主要的部分。消費者購買某種產品，並不是為了佔有或獲得產品本身，而是為了獲得能滿足某種需要的效用或利益。比如一個人購買一輛汽車，其真正購買的不是一種能移動的交通工具，而是為了減少時間和體力的消耗，能解決交通不便，能獲得生活快樂的感覺等。顧客購買任何東西，都是源於某種需要。他們之所以購買產品，是因為希望該產品能夠向他們提供某種滿足。所以與其說顧客是在購買產品，不如說他們是在購買一種滿足。所以，企業應把握好產品的功效與目標顧客需求之間的必要聯繫。

(二）形式產品

形式產品是核心產品借以實現的形式，即向市場提供的實體和服務的形象。若有形產品是實體品，則它在市場上通常表現為產品質量水平、外觀特色、式樣、品牌名稱和包裝等。比如汽車可以分轎車、卡車、旅行車、大型巴士等形態種類，不同的外在形式具有不同的功能，它是構成一個產品的一般條件。產品的基本效用必須通過某些具體的形式才得以實現。市場行銷者應首先著眼於顧客購買產品時所追求的利益，以求更完美地滿足顧客需要，從這一點出發再去尋求利益得以實現的形式，進行產品設計。

(三）期望產品

期望產品是指購買者購買某種產品通常所希望和默認的一組產品屬性和條件。一般情況下，顧客在購買某種產品時，往往會根據以往的消費經驗和企業的行銷宣傳，對所欲購買的產品形成一種期望，如對於旅店的客人，其期望是乾淨的床、香皂、毛巾、熱水、電話和相對安靜的環境等。任何產品都必須具備這樣一些基本屬性，顧客才期望得到它們。如果任何一個產品的提供者製造的產品連顧客期望的基本屬性都不具備，那他的產品就缺乏了上市的基本條件。

(四）附加產品

附加產品又稱產品的附加利益，是指在產品的銷售和使用過程中企業向顧客提供的服務、便利以及可以用價值衡量的一切無形的東西。它們不是產品本身，它們是無形的，但是附加產品能幫助消費者在購買和使用產品時獲得更多的便利感、安全感、榮譽感等。

附加產品的概念來源於對市場需要的深入認識。因為購買者的目的是滿足某種需要，因而他們希望得到與滿足該項需要有關的一切。美國學者西奧多‧萊維特曾經指出：「新的競爭不是發生在各個公司的工廠生產什麼產品，而是發生在其產品能提供何種附加利益（如包裝、服務、廣告、顧客諮詢、融資、送貨、倉儲及具有其他價值的形式）。」

(五）潛在產品

潛在產品是指一個產品最終可能實現的全部附加部分和新增加的功能。許多企業

通過對現有產品的附加與擴展，不斷提供潛在產品，其給予顧客的就不僅僅是滿意，還能使顧客在獲得這些新功能的時候，感到喜悅。比如一輛汽車的製造者不僅建立了便利的維修網路，而且當顧客把壞車送去維修時，還可免費借用一輛車，以供維修期間使用。所以潛在產品指出了產品可能的演變，也使顧客對產品的期望越來越高。潛在產品要求企業不斷尋求滿足顧客的新方法，不斷將潛在產品變成現實的產品，這樣才能使顧客得到更多的意外驚喜，更好地滿足顧客的需要。

產品整體概念的五個層次體現了以顧客為中心的現代行銷觀念。產品整體概念是建立在「需求＝產品」這樣一個等式的基礎上的。

❖ 行銷情境

先有雞還是先有蛋？

有一個餐廳生意好，門庭若市，老闆年紀大了，想要退休，就找了三位經理過來。老闆逐一找他們問：「先有雞還是先有蛋？」

問題：大家猜猜三個經理是怎麼回答這個問題的？

二、產品分類

在進行市場行銷管理的過程中，要根據不同類型的產品去制定不同的市場行銷策略。對產品進行科學、合理的分類能使我們更有效地制定相應的行銷策略。產品分類的方法各種各樣，根據不同的分類方法可劃分許多不同的產品類別。在這裡，我們主要介紹根據消費者購買產品的目的不同而對產品進行的分類：消費品和產業用品。

(一) 消費品

消費品指那些由最終消費者購買並用於個人消費的產品。一般可以分為：便利品、選購品、特殊品和非渴求品。由於消費者購買這些產品的方式不同，因而行銷人員對產品採取的行銷方法也不同。

1. 便利品

便利品也叫日用品，指消費者購買頻繁，通常會立即購買，並且希望能隨時買到的產品和服務。對於這類產品，顧客只會願意花少量的時間和精力去對比各商品的品牌和價格。如洗衣粉、糖果和衛生紙就是日用品。它們的價格通常很低，並且購買點很多，如城市街角的便利店，車站的小賣部等。

2. 選購品

選購品是指顧客對使用性、質量、價格和式樣等基本方面進行認真權衡後選購的產品。為了挑選最適當的商品，往往會去多家零售店瞭解並比較商品的價格、式樣、質量、服務等，才能做出購買決定。選購品占到產品的大多數，價格一般也要高於便利品，消費者往往對選購品缺乏專門的知識，所以花費的購買時間也就比較長。服裝、皮鞋、農具、家電產品等是典型的選購品。

3. 特殊品

特殊品是指具備獨有特徵和（或）品牌標記的產品。對這些產品，有相當多的購買者一般都願意做出特殊的購買努力，如海外代購、前往專營店搶購等。消費者在購買前對於特殊品的品牌、特點、質量等有著充分的認識，並且只願意購買特定品牌的某些產品，從而屏蔽其他品牌的產品。常見的特殊品有名牌奢侈品、小汽車、立體聲音響、攝影器材以及男士西服等。

4. 非渴求品

非渴求品又稱非渴求物品、非渴求產品或未覓求品，是指消費者不瞭解或即使瞭解也沒有興趣購買的產品或服務。傳統的非渴求品有人壽保險、工藝類陶瓷以及百科全書等。剛上市的、消費者從未瞭解的新產品也可歸為非渴求品。當然，非渴求品並不是終身不變的，特別是新產品，隨著消費者對產品信息的瞭解，它可以轉換為其他類別的產品。所以，對於非渴求品，企業行銷人員往往需要開展大力度的行銷工作並千方百計地吸引潛在的消費者，從而擴大銷售。

(二) 產業用品

產業用品是指不用於個人和家庭消費，而用於生產、轉售或執行某種職能的產品，多屬於中間產品或技術產品。產業用品在全部工業產品中佔有相當大的比重。一般可以把產業用品分為三大類：

第一類是進入成品的物品，包括原材料、加工過的材料和零部件等。

第二類是間接進入成品的物品，包括建築物及土地權、重型設備、輕型設備以及維護、修理和經營用品等。

第三類是無形產品——服務。雖然服務可以與產品實體一起購買，但它本身屬於無形的產品。服務的項目是很廣泛的，如建築物的維修服務、運輸公司的運輸服務、廣告社的廣告服務、市場行銷調查機構的服務、數據處理服務、各種諮詢服務、銀行業務及其他金融服務等。服務的無形性這個特點，增加了服務銷售與購買的複雜性。

第二節　產品組合

一、產品組合及其相關概念

現代企業為了擴大銷售、分散風險、保證連續穩定的發展、增加利潤等，往往需要給目標市場提供系列產品組合而不是單一的產品或服務，這就涉及產品組合決策問題。

(一) 產品組合、產品線及產品項目

產品組合是指某一企業生產或銷售的全部產品大類、項目的組合。產品項目是指產品目錄上列出的各種不同質量、品種、規格和價格的特定產品。產品線即產品大類，是指一組具有相同使用功能，能滿足同類需要，但型號規格不同的產品。一條產品線

可以包括一系列產品項目，一個企業可以生產、經營一條或幾條不同的產品線。

(二) 產品組合的長度、寬度、深度和關聯度

1. 產品組合的寬度（廣度）

產品組合的寬度或廣度是指一個企業所擁有的產品線的數量。如表8-1所示，寶潔公司生產清潔劑、牙膏、肥皂、紙尿布及紙巾，有5條產品線，表明產品組合的寬度為5。

2. 產品組合的長度

產品組合的長度是指企業各條產品線所包含的產品項目總數。比如寶潔的產品長度是25。每條產品線的平均長度，即全部產品品種數除以全部產品線所得的商（25/5=5），寶潔公司平均每條產品線中有5個品牌。

3. 產品組合的深度

產品組合的深度是指產品線中每種產品品牌有多少花色品種和規格。例如，寶潔公司的佳潔士牙膏有3種規格和2種配方，那麼，它的深度為6（3×2=6）。通過計算公司的每一品牌的種類數目，還可得到寶潔公司產品組合的平均深度。

4. 產品組合關聯度

產品組合關聯度是指各產品線的產品在最終用途、生產條件、銷售渠道或其他方面相互聯繫的緊密程度。如寶潔公司的產品最終用途是消費品，又通過同一銷售渠道進入市場，其關聯度較大。但如果產品對不同購買者起不同的作用，那關聯度較小。

產品組合的四個維度為企業制定產品戰略提供了依據。

表8-1　　　　　　　　　　寶潔公司的產品組合

	產品組合的寬度				
	洗滌劑	牙膏	香皂	方便尿片	紙巾
產品線長度	象牙雪 1,930	格里 1,952	象牙 1,879	幫寶適 1,961	媚人 1,928
	德萊夫特 1,933	佳潔士 1,955	科克斯 1,885	露膚 1,976	粉撲 1,960
	汰漬 1,946		洗污 1,893		旗幟 1,982
	快樂 1,950		佳美 1,926		絕頂 1,992
	奧克雪多 1,914		爵士 1,952		
	德希 1,954		保潔淨 1,963		
	波爾德 1,965		海岸 1,974		
	圭尼 1,966		玉蘭油 1,993		
	伊拉 1,972				

❖ 行銷案例

結合表8-2的條件，分析並詳細說明上汽集團的汽車產品組合的廣度、深度和長

度各是多少？

表 8-2　　　　　上汽集團汽車產品組合廣度和產品線的深度

	上海大眾				上汽集團	上海通用		
	第一代	第二代	第三代	第四代		別克	賽歐	麒麟轎車
	桑塔納	桑塔納2000	帕薩特	波羅				
	普通型	時代超人	基本型	基本型		GL	SL 基本型	
產品線深度	警務用車	自由沸點	豪華型	舒適型	七座旅行車	GLX		
	出租用車	俊杰		運動型		GS	SLX 選裝Ⅰ型	
	LPG 雙燃料車	時代陽光	變型車	豪華型		G		
	旅行轎車					新世紀		
	99 新秀			GTI 型		新一代別克	SLX AT 選裝Ⅱ型	
	世紀新秀							

二、產品組合策略

產品組合決策是企業根據市場需求、市場競爭狀況和企業自身能力，對優化產品組合的長度、寬度、深度和關聯度做出的決策。

(一) 擴大產品組合策略

擴大產品組合策略是開拓產品組合的廣度和加強產品組合的深度。具體方式有：在維持原產品品質和價格的前提下，增加同一產品的規格、型號和款式；增加不同品質和不同價格的同一種產品；增加與原產品相類似的產品；增加與原產品毫不相關的產品。

(二) 縮減產品組合策略

縮減產品組合策略是削減產品線或產品項目，特別是要取消那些獲利小的產品，以便集中力量經營獲利大的產品線和產品項目。縮減產品組合的方式有：減少產品線數量，實現專業化生產經營；保留原產品線削減產品項目，停止生產某類產品，外購同類產品繼續銷售。

(三) 高檔產品策略

高檔產品策略，就是在原有的產品線內增加高檔次、高價格的產品項目。採用這一策略的企業也要承擔一定風險。因為，企業慣以生產廉價產品的形象在消費者心目中不可能立即轉變，使得高檔產品不容易很快打開銷路，從而影響新產品項目研製費用的迅速回收。

(四) 低檔產品策略

低檔產品策略，就是在原有的產品線中增加低檔次、低價格的產品項目。與高檔

產品策略一樣，低檔產品策略的實行能夠迅速為企業尋求新的市場機會，同時也會帶來一定的風險。如果處理不當，可能會影響企業原有產品的市場聲譽和名牌產品的市場形象。此外，這一策略的實施需要有一套相應的行銷系統和促銷手段與之配合，這些必然會加大企業行銷費用的支出。

❖ 行銷案例

一年間兩次梳理產品線 Burberry 瘦身計劃能見效嗎

英國奢侈品牌 Burberry 發布的今年上半年財報顯示，截至 9 月 30 日的 6 個月內公司利潤暴跌近 40%，即 7,200 萬英鎊，期內收入為 11.59 億英鎊，按年增 5%，但撇除匯率因素，實際收入減少 4%。面對如此慘淡的業績，Burberry 決定砍掉 15%～20% 的產品線。這是繼 2015 年 11 月 Burberry 將旗下 Prorsum、Brit 和 London 三條原本定位和價位都不盡相同的產品線合併為單一品牌之後的又一次瘦身行動。但在業內看來，從現在品牌的設計來看，Burberry 的整體產品創新已經落後，單一砍掉產品線意義不大。在其他品牌都在加大產品創新力度時，Burberry 此舉還可能在一定程度上造成消費者的流失。

公司首席財務官 CarolFairweather 在公司電話會議上表示，Burberry 計劃削減 15%～20% 的產品種類。對於砍掉旗下品牌，Burberry 給出的理由是，公司希望未來所出售的產品更加聚焦。

但在財富品質研究院院長周婷看來，在市場大環境低迷的當下，品牌梳理產品線是個聰明的選擇，但是如果希望依靠精簡產品線而達到節流的作用，那就事倍功半。從 Burberry 的精簡策略來看，品牌恐怕將進入一場自我淘汰的死循環。

北京商報記者獲悉，除了減少產品線、合併子品牌之外，Burberry 還先後多次進行過減薪、裁員等節流方式。據公司計劃，Burberry 將減少工作複雜性、簡化工作流程和消除重複工作。公司稱，2016 年大約可以節省 2,000 萬英鎊成本，對於具體裁員計劃 Burberry 沒有透露。

據瞭解，在過去數十年的國際市場拓展中，Burberry 曾進行過快速擴張，公司 2000 年後採取「以量取勝」策略，攻占大眾市場，這為公司和股東帶來了豐厚收益，但也令品牌失去了光環。

第三節　產品生命週期

隨著科學技術的飛速發展和人們生活水平的不斷提高，產品的市場生命週期呈現縮短的趨勢。為此，企業管理者有必要深入研究產品生命週期理論，認識產品開發的規律，制定長遠的產品開發戰略，最大限度地延長產品的生命週期。

一、產品生命週期概述

產品生命週期理論是美國哈佛大學教授雷蒙德‧弗農（Raymond Vernon）1966年在其《產品週期中的國際投資與國際貿易》一文中首次提出的。產品生命週期（Product Life Cycle），簡稱PLC，是產品的市場壽命，即一種新產品從開始進入市場到被市場淘汰的整個過程。產品生命週期理論認為，如同動物的生命從出生到死亡有一個週期一樣，產品在市場上的變化也要經歷一個導入、成長、成熟和衰退的週期性過程。而這個週期在不同的技術水平的國家裡，發生的時間和過程是不一樣的，期間存在一個較大的差距和時差。一般情況下，新產品首先在母國市場商業化，然後再逐步向其他國家的市場進行擴散。在這一過程中，產品商品化程度最高的國家處於最高級階段，其他工業國家次之。由於發展中國家處於初級階段，因此，在經濟特別落後的國家該產品可能還未進入其市場。生命週期概念可以被用來確定某種產品同一時期在不同國家或地區市場上的相應階段。

（一）產品生命週期階段劃分

任何一種產品被人們接受都需要一個過程。同樣，產品在市場上所占的銷售份額和對企業的盈利貢獻也是不斷變化的，而且產品最終會被市場淘汰。

典型的產品生命週期一般可分為四個階段，即導入期、成長期、成熟期和衰退期。如圖8-2所示。產品導入期是指新產品進入市場的最初階段，這是新產品能否在市場上站穩腳跟的關鍵時期。如果該產品在導入期即被消費者拒絕，那麼，企業為此做出的努力將前功盡棄。成長期是指產品在市場上已經打開銷路、銷售量穩步上升的階段。成熟期是產品在市場上普及且銷售量達到高峰的飽和階段。衰退期是指產品銷售量持續下降、即將退出市場的階段。

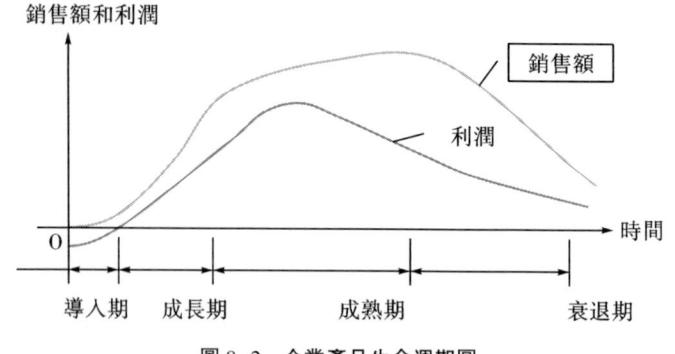

圖8-2 企業產品生命週期圖

❖ **行銷情境**

請分析說明目前下列產品分別處於PLC的哪個階段？
家用汽車、汽車電話、計算機、電視機、打字機、傳呼機。

(二) 產品生命週期的其他形態

產品的生命週期有多種形態，並不是每一種產品的生命週期的曲線都呈正態分佈。有的產品一進入市場就快速進入成長期，而沒有經過導入期；有的產品可能要經過很長時間才能進入成長期；有的產品可能會中途夭折。特殊的產品生命週期還有以下形態：

1. 再循環形態

再循環形態是指產品銷售進入衰退期之後，由於種種因素的作用重新進入第二個成長階段。原因可能是市場需求的變化或者是企業投入了更多的促銷費用。如圖 8-3 所示。

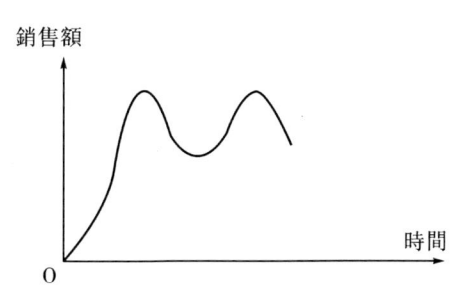

圖 8-3　產品生命週期再循環

2. 多循環形態

多循環形態又稱「扇形」運動曲線，是另外一種比較特殊的生命週期曲線。它表示一種產品進入成熟期之後，由於發現了新的特徵，找到了新的用途，或者發現了新市場，從而使其生命週期不斷延長。如圖 8-4 所示。

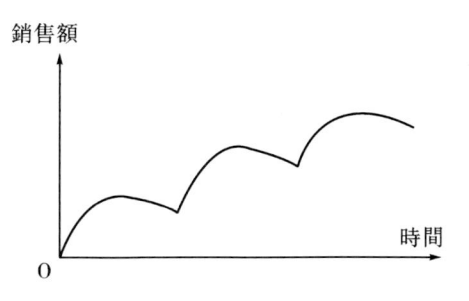

圖 8-4　產品生命週期多循環

3. 非連續循環形態

這類商品一上市即熱銷，而後很快在市場上銷聲匿跡。大多數時髦商品屬於非連續循環。如圖 8-5 所示。

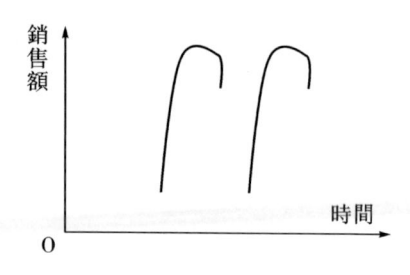

圖 8-5　產品生命週期非連續循環

二、產品生命週期各階段的特徵與行銷策略

(一) 導入期的特點及企業的行銷策略

導入期是新產品進入市場的最初階段。其主要特點是：
(1) 消費者對該產品知之甚少，甚至一無所知。
(2) 產品銷售量少，銷售額增長緩慢。
(3) 為打開市場，企業投入的促銷費用極高。
(4) 企業利潤很小，甚至虧損。
(5) 市場競爭程度低，只有少數企業介入該市場。
(6) 最先購買者是少數追求新奇、喜歡冒險的「創新者」。

在導入期，企業主要的行銷目標是迅速將新產品打入市場，在盡可能短的時間內擴大產品的銷售量。如圖 8-6 所示，可採取的具體策略有：

(1) 快速撇脂策略。高價高促銷策略，即企業以高價和大規模促銷將新產品推進市場，加強市場滲透與擴張。採用此策略必須具備如下條件：產品鮮為人知；瞭解產品的人急於購買，並願意以賣主的定價支付；企業面臨潛在的競爭，必須盡快培養對本產品「品牌偏好」的忠實顧客。

(2) 緩慢撇脂策略。高價低促銷策略，即企業以高價和低促銷費用將新產品推進市場，以多獲利潤。採用此策略必須具備如下條件：市場規模有限，消費對象相對穩定；顧客已經瞭解該產品；顧客願意支付高價；潛在競爭的威脅較小。

(3) 快速滲透策略。低價高促銷策略，即企業以低價和大規模的促銷活動將新產品推進市場，以最快的速度進行市場滲透和擴大市場佔有率。採用此策略必須具備如下條件：市場容量相當大，顧客並不瞭解該新產品；市場對價格比較敏感；潛在競爭威脅大；商品的單位成本可因大批量生產而降低。

(4) 緩慢滲透策略。低價低促銷策略，即企業以低價和少量的促銷費用將新產品推向市場，以廉取勝，迅速占領市場。採用此策略必須具備如下條件：市場規模大；產品有較高的知名度；對價格較為敏感；有相當數量的潛在競爭者。

		促銷水平	
		高	低
價格水平	高	快速撇脂策略	緩慢撇脂策略
	低	快速滲透策略	緩慢滲透策略

圖 8-6　導入期可選擇的市場策略

(二) 成長期的特點及行銷策略

成長期是產品在市場上已經打開銷路，銷售量穩步上升的階段。其主要特點有：
(1) 購買者對商品已經比較熟悉，市場需求擴大，銷售量迅速增加。
(2) 產品已具備大量生產的條件，生產成本相對較低。
(3) 銷售額迅速上升，利潤迅速增長。
(4) 競爭者相繼加入市場，競爭趨向激烈。

在成長期，企業的主要行銷目標是盡可能維持高速的市場增長率。可採取的具體策略有：
(1) 增加花色品種，改進款式、包裝，以適應市場的需要。
(2) 進行新的市場細分，從而更好地適應增長趨勢。
(3) 廣告促銷從介紹產品、提高知名度轉到提高產品品質、樹立產品形象。
(4) 拓寬銷售渠道，擴大商業網點。
(5) 適當地降低價格以提高競爭能力和吸引新的顧客。

(三) 成熟期的特點及行銷策略

成熟期是產品在市場上普及銷售量達到高峰的飽和階段，具體而言又可以分成三個時期：成長成熟期、穩定成熟期和衰退成熟期。總的來說，其主要特點是：
(1) 產品已為絕大多數的消費者所認識與購買，銷售量增長緩慢，處於相對穩定狀態，並逐漸出現下降的趨勢。
(2) 此階段銷售量最高，並保持相對穩定。
(3) 產量達到最高點，成本和價格降到了最低點，利潤升到最高點。
(4) 競爭十分激烈，後期已有部分企業開始退出競爭。

成熟產品是企業理想的產品，是企業利潤的主要來源。因此，延長產品的成熟期是該階段的主要任務。延長產品成熟期的策略可以從以下三個方面考慮：
(1) 產品改良。它主要包括：①提高質量。②增加特性。③更新款式。
(2) 市場改良。從廣度和深度上拓展市場，爭取新顧客，刺激老顧客增加購買。
(3) 行銷組合改良。它是指通過改進行銷組合的一個或幾個因素來刺激銷售，延長產品的市場成熟期。通常使用的方法有：降低價格、加強促銷、改進行銷渠道等。

(四) 衰退期的特點及行銷策略

衰退期是產品銷售量持續下降、即將退出市場的階段。其主要特點有：
(1) 產品逐漸老化，新產品不斷湧入市場，銷售量逐漸下降。

(2) 同行業為減少存貨損失，競相降價銷售，競爭激烈。
(3) 生產規模萎縮，成本上升，利潤顯著下降。
(4) 該產品逐漸被新產品代替，最後完全退出市場。

在衰退期，企業的主要任務是盡快退出市場，盡量減少因存貨過多給企業造成的虧損。可選擇的策略有：

(1) 維持策略：維持原有投入，利用其他競爭者退出市場的機會，通過提高服務質量、降低價格等方法維持銷售。

(2) 集中策略：有選擇地降低投資水平，放棄沒有前景的顧客群，加強對有利可圖的子市場的投資。

(3) 榨取策略：大幅降低促銷，增加目前利潤，迅速榨取現金。

(4) 放棄策略：即企業停止生產衰退期產品，上馬新產品或轉產其他產品。

產品生命週期各階段的特點、目標和戰略。如表 8-3 所示。

表 8-3　　　　　產品生命週期各階段的特點、目標和戰略

階段		導入期	成長期	成熟期	衰退期
特徵	銷售	銷售量低	銷售量劇增	銷售量最大	銷售衰退
	成本	單位顧客成本高	單位顧客成本一般	單位顧客成本低	單位顧客成本低
	利潤	虧本	利潤增長	利潤高	利潤下降
	顧客	創新者	早期使用者	中期大眾	落後者
	競爭者	很少	增多	人數穩中有降	下降
行銷目標		提高產品知名度，提高試用率	市場份額最大化	保護市場份額，爭取最大利潤	壓縮開支，榨取品牌價值
策略	產品	提供基本產品	擴大服務保證	品牌和型號多樣化	逐步撤出衰退產品
	價格	用成本加成法	滲透市場市價法	通過定價與競爭者抗衡或戰勝他們	降價
	分銷	建立選擇性分銷	密集分銷	建立更密集的分銷	有選擇地減少無利潤渠道出口
	廣告	在早期使用者和經銷商中建立知名度	在大眾市場建立知名度，激發興趣	強調品牌差異和利益	降低至維持絕對忠誠者的水平
	促銷	加強促銷，引誘試用	減少促銷，利用使用者的要求	加強促銷，鼓勵轉換品牌	降低到最低標準

第四節　包裝策略

商品需要包裝後再進入流通領域。設計良好的包裝不僅可以保護商品，方便貯運，還可以促進銷售，因此，包裝也被許多行銷人員稱為 4P 之後的第 5 個 P。

一、包裝的含義、種類

（一）包裝的含義

包裝是指對某一品牌商品設計並製作容器或包紮物的一系列活動。其構成要素有：
（1）商標、品牌——包裝中最主要的構成要素，應占據突出位置。
（2）形狀——包裝中必不可少的組合要素，有利於儲運、陳列及銷售。
（3）色彩——包裝中最具刺激銷售作用的構成要素，對顧客有強烈的感召力。
（4）圖案——在包裝中，其作用如同廣告中的畫面。
（5）材料——包裝材料的選擇影響包裝成本，也影響市場競爭力。
（6）標籤——含有大量商品信息，包括印有包裝內容和產品所含主要成分、品牌標誌、產品質量等級、生產廠家、生產日期、有效期和使用方法等。

（二）包裝的種類

（1）運輸包裝（外包裝或大包裝）——主要用於保護產品品質安全和數量完整。
（2）銷售包裝（內包裝或小包裝）——實際上是零售包裝，不僅要保護商品，更重要的是要美化和宣傳商品，便於陳列，吸引顧客，方便消費者認識、選購、攜帶和使用。

二、包裝在行銷中的作用

1. 保護商品

保護功能，是包裝最基本的功能，即保證產品從出廠到消費整個過程中不致損壞、散失、溢出或變質。一件商品，要經多次流通，才能走進商場或其他場所，最終到消費者手中。這期間，需要經過裝卸、運輸、庫存、陳列、銷售等環節。在儲運過程中，很多外因，如撞擊、潮濕、光線、氣體、細菌等因素，都會威脅到商品的安全。

2. 促進銷售

包裝具有識別和推銷的功能。美觀大方、漂亮得體的包裝不僅能夠吸引顧客，而且能夠刺激消費者的購買欲望。包裝是「沉默的推銷員」。以前，人們常說「酒香不怕巷子深」「一等產品、二等包裝、三等價格」。只要產品質量好，就不愁賣不出去。在市場競爭日益激烈的今天，包裝的作用與重要性也為廠商深諳。人們已感覺到「酒香也怕巷子深」。如何讓自己的產品得以暢銷，如何讓自己的產品從琳琅滿目的貨架中跳出，只靠產品自身的質量與媒體的轟炸，是遠遠不夠的。因為，在各種超市與自選賣場如雨後春筍般而起的今天，產品自身的包裝是直接面向消費者的。好的包裝，能直接吸引消費者的視線，讓消費者產生強烈的購買欲，從而達到促銷的目的。

3. 增加盈利

優良、美觀的包裝往往可抬高商品的身價，使顧客願意付出較高的價格購買。蘇州生產的檀香扇，在香港市場上原價是 65 元一把，後來改用成本是 5 元錢的錦盒包裝，售價達 165 元一把，結果銷量還大幅度提高。

4. 便於儲運

包裝便於商品裝卸、節約運力、加速流轉、保護質量。

❖ **行銷案例**

紅星青花瓷珍品二鍋頭

作為一家有著 50 多年歷史的釀酒企業，北京紅星股份有限公司（以下簡稱「紅星公司」）生產的紅星二鍋頭歷來是北京市民的餐桌酒，一直受到老百姓的喜愛。然而，由於在產品包裝上一直是一副「老面孔」，紅星二鍋頭始終走在白酒低端市場，無法獲取更高的經濟效益。

隨著紅星青花瓷珍品二鍋頭的推出，紅星二鍋頭第一次走進了中國的高端白酒市場。紅星青花瓷珍品二鍋頭在產品包裝上融入中國古代文化的精華元素。酒瓶採用仿清乾隆青花瓷官窯貢品瓶型，酒盒圖案以中華龍為主體，配以紫紅木托，整體顏色構成以紅、白、藍為主，具有典型中華文化特色，將中國的傳統文化與白酒文化結合在一起。

對此，紅星公司市場部有關負責人告訴記者，紅星青花瓷珍品二鍋頭酒是紅星公司 50 多年發展史上具有里程碑意義的一款重要產品。「它的推出，使得紅星二鍋頭單一的低端形象得到了徹底的顛覆，不僅創造了優異的經濟效益，還提高了公司形象、產品形象和品牌形象。」記者瞭解到，紅星青花瓷珍品二鍋頭在市場上的銷售價格高達 200 多元，而普通的紅星二鍋頭酒僅為五六元。

三、包裝的要求與設計原則

（一）包裝的要求

在市場行銷中，為適應競爭的需要，包裝要考慮不同對象的要求。

（1）消費者的要求。由於社會文化環境不同，不同的國家和地區對產品的包裝要求不同。因此，包裝的顏色、圖案、形狀、大小、語言等要考慮不同國家、地區、民族等的消費者的習慣和要求。

（2）運輸商的要求。運輸商考慮的主要因素是商品能否以最少的成本安全到達目的地。所以要求包裝必須便於裝卸、結實、安全，不至於在到達目的地前就損壞。

（3）分銷商的要求。分銷商不僅要求外包裝便於裝卸、結實、防盜，而且內包裝的設計要合理、美觀，能有效利用貨架，容易拿放，同時能吸引顧客。

（4）政府要求。隨著人們綠色環保意識的加強，要求企業包裝材料的選擇要符合政府的環保標準，節約資源，減少污染，禁止使用有害包裝材料，實施綠色包裝戰略。同時要求標籤符合政府的有關法律和規定。

（二）包裝的設計原則

（1）安全。

（2）適於運輸，便於保管與陳列，便於攜帶和使用。

（3）美觀大方，突出特色。
（4）與商品價值和質量水平相匹配。
（5）尊重消費者的宗教信仰和風俗習慣。
（6）符合法律規定，兼顧社會效益。

❖ **行銷案例**

綠色環保包裝

自從中國加入 WTO 後，就一直倡導綠色環保理念。包裝設計作為企業生產經營的一個重要環節關乎人們的日常生活，也不能僅僅考慮它的方便性和美觀性，也要注重其與生態環境的兼容性。推進綠色環保產品的包裝首先要進行創意上的綠色包裝設計，因為它會影響到產品包裝材質、包裝方式，同時還要考慮到其生產成本。盡量減少對環境的污染。

因此，才有了今天用可回收紙製作的包裝袋，也有用麻繩類做的包裝盒。而這些包裝不僅僅在美觀上更讓人舒適，在藝術上也讓人更加欣喜。將創意結合環保的設計理念應當是以後的趨勢，那就讓我們一起來欣賞這些讓人喜愛的包裝設計吧。

四、包裝策略

（一）類似包裝策略

類似包裝策略指企業生產的各種產品，在包裝上採用相同的圖案、相近的顏色，體現出共同的特點，也叫產品線包裝。這種包裝策略可以節約設計和印刷成本，並且易樹立企業形象，提高企業聲譽及促進新產品推銷，但是如果某一產品質量下降，那麼會影響到類似包裝的其他產品的銷路。

（二）等級包裝策略

等級包裝策略指對不同質量等級的產品分別使用不同包裝，表裡一致，如高檔優質包裝、普通一般包裝。或者對同一商品採用不同等級包裝，以適應不同購買力水平或不同顧客的購買心理。如送禮商品和自用商品採用不同檔次的包裝。

（三）異類包裝策略

異類包裝策略指企業的各種產品都有自己獨特的包裝，在設計上採用不同的風格、色調和材料。

這種策略不會因某一種商品行銷失敗而影響其他商品的市場聲譽，但也相應地會增加包裝設計費用和新產品促銷費用。

（四）配套包裝策略

配套包裝策略指企業將幾種相關的商品組合配套包裝在同一包裝物內出售，如系列化妝品包裝。這可以方便顧客購買、攜帶和使用，有利於新產品的銷售，也利於帶動多種產品銷售及新產品進入市場。

（五）再使用包裝策略

再使用包裝策略指包裝物內商品用完之後，包裝物本身還可用作其他用途。這種策略通過給消費者額外的利益而擴大銷售，同時包裝物再使用可起到延伸宣傳的作用。但這種刺激只能收到短期效果。

（六）附贈品包裝策略

附贈品包裝策略指在包裝物內附有贈品以誘發消費者重複購買，是一種有效的營業推廣方式。這一策略對兒童和青年以及低收入者比較有效。

（七）更新包裝策略

更新包裝策略指企業的包裝策略隨市場需求的變化而改變的做法。這可以改變商品在消費者心目中的地位，進而收到迅速恢復企業聲譽之佳效。

第五節　新產品開發

一、新產品的概念和種類

當今的市場競爭日益激烈，生產力的發展和技術的進步使得產品不斷地更新換代，傳統產業不斷地被新興產業所取代，產品若不能滿足人們日益增長的需求，則必然面臨被淘汰的命運。企業也一樣，在如今的市場環境下，企業想要獲得長久的生存，就必須不斷地發現市場新的需要，從而不斷地推出新的產品。從企業的角度來說，新產品的概念不僅僅是由於科技的重大突破或產品技術的重大革新帶來的全新物品。所謂新產品，是指與原有產品相比較，具備新的特徵，並且新的特徵能夠吸引消費者的好奇心、滿足消費者新的需要的產物。原有產品在規格、品質、功能、形態上發生比較明顯、新穎的改變，與原產品產生明顯的差異，就可以看作新產品。在這裡，我們可以將新產品分為以下幾類：

（一）全新產品

全新產品是指由於科技的重大發現或突破、技術的革新、新材料的引入等，研製出市場上從來沒有過的產品，如首次推出的汽車、電腦、智能手機等。全新產品與其他新產品的概念有顯著的不同，具備較高的特殊性和優越性；同時，全新產品往往可以申請發明專利，受相關知識產權法律保護，發明企業擁有專利權。成功的全新產品甚至可以改變人們的生產生活方式。當然，全新產品的研製需要耗費大量的人力、物力、財力，而且成功率有時很難掌握，風險比較大。

（二）換代產品

換代產品是指在原有產品的基礎上，通過新技術、新材料等手段對其功能形態等進行較大程度的更新，使其產品性能得到大幅改善和創新。換代產品在新產品中比較常見，很多電子產品都是依賴產品換代尋求新的市場突破。

(三) 改進產品

改進產品是指根據市場的反饋和各方需要對原有的產品進行各方面不同程度的改進。比如說在原有產品用途不變的基礎上，對其設計和材料的使用進行改進，採取新的樣式、包裝、外觀；也可以對產品的原有功能進行改進或加入新的功能；當然也對原有產品進行差異化改進，加深產品線的深度。

(四) 仿製產品

仿製產品是指企業模仿既有產品生產並推出同樣的或基本同樣的產品。一般而言，當企業在新興市場發現某些尚未在該市場上市的既有產品時，可以在法律允許的範圍內，仿製相應產品進行第一次推廣。

二、新產品的主要特徵

(1) 創新性。新產品往往具有新的原理、新的構思和設計，由新的材料和新的元器件構成，具有新的性能、用途等創新或改進內容。

(2) 先進性。新產品必須滿足技術先進的條件，在性能、質量、能耗等技術經濟指標方面要比老產品有明顯的提高。

(3) 繼承性。任何發明創造或新產品，都是在以往知識累積的基礎上孕育產生的。

三、新產品開發的程序

新產品開發是指企業從事新產品的研究、試製、投產，以更新或擴大產品品種的過程。一個完整的新產品開發過程要經歷八個階段：構思產生、構思篩選、產品概念形成和測試、行銷規劃、商業分析、產品研製、市場試銷、批量上市。如圖8-7所示。

(一) 新產品構思

構思是為滿足一種新需求而提出的設想，大致勾畫出新產品的輪廓及其市場前景。在這一階段，行銷部門的主要責任是：積極地在不同環境中尋找好的產品構思；積極鼓勵公司內外人員發展產品構思；將所匯集的產品構思轉送公司內部相關部門，徵求修改意見，使其內容更加充實。

企業通常可從企業內部和企業外部尋找新產品構思的來源。公司內部人員包括：研究開發人員、市場行銷人員、高層管理者及其他部門人員。這些人員與產品的直接接觸程度各不相同，但他們的共同點是熟悉公司業務的某一個或某幾個方面。企業可尋找的外部構思來源有：顧客、中間商、競爭對手、企業外的研究和發明人員、諮詢公司、行銷調研公司等。

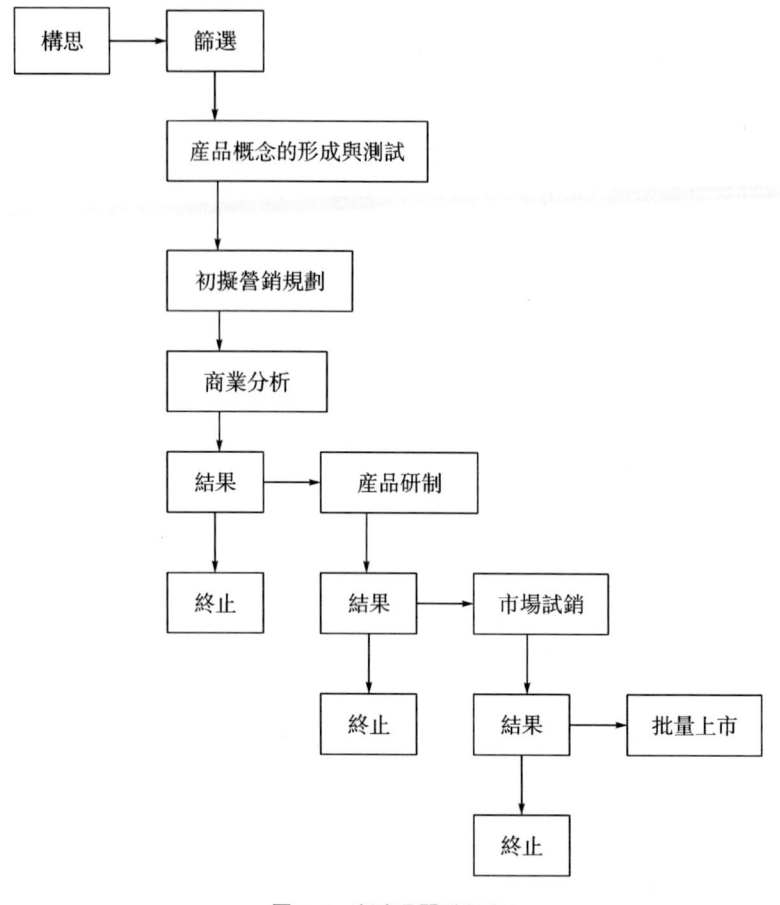

```
構思 → 篩選
          ↓
    產品概念的形成與測試
          ↓
      初擬營銷規劃
          ↓
       商業分析
          ↓
      結果 → 產品研製
       ↓       ↓
      終止   結果 → 市場試銷
              ↓       ↓
             終止   結果 → 批量上市
                     ↓
                    終止
```

圖 8-7　新產品開發程序

(二) 篩選

篩選的主要目的是選出那些符合本企業發展目標和長遠利益，並與企業資源相協調的產品構思，摒棄那些可行性小或獲利前景不好的產品構思。構思篩選的主要方法是建立一系列評價模型。評價模型一般包括：評價因素、評價等級、權重和評價人員。其中確定合理的評價因素和給每個因素確定適當的權重是評價模型是否科學的關鍵。

(三) 產品概念的形成與測試

產品構思經篩選後，需要進一步發展，形成更具體、明確的產品概念。產品概念是企業從消費者的角度對產品構思進行的詳盡描述。即將新產品構思具體化，描述出產品的性能、具體用途、形狀、優點、外形、價格、名稱、提供給消費者的利益等，讓消費者能一目了然地識別出新產品的特徵。因為消費者不是購買新產品構思，而是購買新產品概念。新產品概念形成的過程也是把粗略的產品創意轉化為詳細的產品概念。並通過產品概念測試篩選出可以進一步商業化的產品概念。

(四) 初擬行銷規劃

對已經形成的新產品概念制訂行銷戰略計劃是新產品開發過程的一個重要階段。該計劃將在以後的開發階段中不斷完善。初擬行銷規劃包括三個部分：

第一部分是描述目標市場的規模、結構和消費者行為，新產品在目標市場上的定位，市場佔有率及前幾年的銷售額和利潤目標等。

第二部分是對新產品的價格策略、分銷策略和第一年的行銷預算進行規劃。

第三部分則描述預期的長期銷售量和利潤目標以及不同時期的行銷組合。

(五) 商業分析

商業分析是指從經濟效益分析新產品概念是否符合企業目標。它包括兩個具體步驟：預測銷售額和推算成本與利潤。預測新產品銷售額可參照市場上類似產品的銷售發展歷史，並考慮各種競爭因素，分析新產品的市場地位、市場佔有率等。

(六) 新產品研製

將通過商業分析後的新產品概念交送研究開發部門或技術工藝部門試製成產品模型或樣品，同時進行包裝的研製和品牌的設計。這是新產品研製的一個重要步驟。應當強調，新產品研製必須使模型或樣品具有產品概念所規定的所有特徵。根據美國科學基金會調查，新產品開發過程中的產品實體開發階段所需的投資和時間分別占總開發總費用的30%、總時間的40%，且技術要求很高，是最具挑戰性的一個階段。

(七) 新產品試銷

新產品試銷的目的是通過將新產品投放到有代表性的小範圍目標市場進行測試，幫助企業真正瞭解該新產品的市場前景。市場試銷的目的主要有兩個：一是驗證新產品開發技術經濟設想的準確性；二是為制定新產品導入市場的行銷組合策略收集信息。

(八) 批量上市

新產品試銷成功後，就可以正式批量生產，全面推向市場。這時，企業要支付大量費用，而新產品投放市場的初期往往利潤微小，甚至虧損。因此，企業應在以下幾方面慎重決策：

(1) 何時推出新產品。針對競爭者的產品而言，有三種時機選擇，即首先進入、平行進入和後期進入。

(2) 何地推出新產品。新產品是否推向單一的地區、一個區域、幾個區域、全國市場或國際市場。

(3) 如何推出新產品。企業必須制定詳細的新產品上市的行銷計劃，包括行銷組合策略、行銷預算、行銷活動的組織和控制等。

四、新產品採用與擴散

(一) 新產品與創新

儘管企業花費巨資開發新產品，但是往往歸於失敗。西方學者的統計經驗表明，

新產品的上市成功率約為10%。影響新產品上市成功的因素固然很多,但有兩個最重要的因素不容忽視:一是行業類型;二是創新程度。

就不同行業而言,比如日用消費品與電子產品,前者的上市成功率要低於後者。這是因為日用消費品市場比電子產品市場富於變化,不容易預測需求走向,而且那裡的消費者也很難說明他們究竟需要什麼樣的新產品。相比之下,電子產品的購買者就能向企業提供足夠詳細的需求信息,這將非常有利於企業新產品的開發和創新。

創新程度也影響新產品上市。所謂創新,是指一種思想、活動、產品或勞務被人們認為是新穎事物。有些事物可能已有悠久的歷史,但對初次見到者而言,也屬創新。通常,人們對某種事物的看法取決於它是否被視作一種創新。

(二) 新產品採用過程

所謂新產品採用過程,是指消費者個人由接受創新產品到成為重複購買者的各個心理階段。迄今為止,有關採用過程的研究當首推美國著名的學者埃弗雷特・羅杰斯,他在1962年出版的《創新擴散》一書中,把採用過程看作創新決策過程,並據此建立了創新決策過程模型。他認為,創新決策過程包括五個階段,即認識階段、說服階段、決策階段、實施階段和證實階段。這五個階段又受到一系列變量的影響,它們不同程度地促進或延續了創新決策過程。下面就具體地分析一下這五個階段的特點。

1. 認識階段

在認識階段,消費者要受個人因素(如個人的性格特徵、社會地位、經濟收入、性別年齡、文化水平等)、社會因素(如文化、經濟、社會、政治、科技等)和溝通行為因素的影響。他們逐步認識到創新產品,並學會使用這種產品,掌握其新的功能。研究表明,較早意識到創新的消費者同較晚意識到創新的消費者有著明顯的區別。一般地,前者較後者有著較高的文化水平和社會地位,他們廣泛地參與社交活動,能及時、迅速地收集到有關新產品的信息資料。

2. 說服階段

有時,消費者儘管認識到了創新產品並知道如何使用,但一直沒有產生喜愛和佔有該種產品的願望。而一旦產生這種願望,決策行為就進入了說服階段。在認識階段,消費者的心理活動尚停留在感性認識上,而現在其心理活動就具備影響力了。在說服階段,消費者常常要親自操作新產品,以避免購買風險。不過,即使如此,也並不能促使消費者立即購買,除非市場行銷部門能讓消費者充分認識到新產品的特性。

在說服階段,消費者對創新產品將有確定性認識,他會多次在腦海裡「嘗試」著使用創新產品,看看它究竟是否適合自己的情況。而企業的廣告和人員推銷將提高消費者對產品的認知程度。

3. 決策階段

通過對產品特性的分析和認識,消費者開始決策,即決定是否採用該種新產品。

4. 實施階段

當消費者開始使用創新產品時,就進入了實施階段。在決策階段,消費者只是在心裡盤算,究竟是使用該產品呢,還是僅僅試用一下,並沒有完全確定。到了實施階

段，消費者就考慮「我怎樣使用該產品?」「我如何解決操作難題?」這時，企業市場行銷人員就要積極主動地向消費者進行介紹和示範，並提出自己的建議。

5. 證實階段

人類行為的一個顯著特徵是，人們在做出某項重要決策之後總是要尋找額外的信息，來證明自己決策的英明和果斷。在決策後的最初一段時間內，消費者常常覺得有些後悔，他或她會發現所選方案中存在很多缺陷，反而認為未選方案有不少優點。事實上，如果再給一次機會，他或她會選擇其他方案。不過，後悔階段開始不久便被不和諧減弱階段代替。此時，消費者認為已選方案仍然較為適宜。在整個創新決策過程中，證實階段包括了決策後不和諧、後悔和不和諧減弱三種情況。消費者往往會告訴朋友們自己採用創新產品的明智之處。倘若他或她無法說明採用決策是正確的，那麼朋友們就可能不會採用。

(三) 新產品擴散過程

所謂新產品擴散，是指新產品上市後，隨著時間的推移，不斷地被越來越多的消費者採用的過程。也就是說，新產品上市後逐漸地擴張到其潛在的市場的各個部分。擴散與採用的區別，僅僅在於看問題的角度不同。採用過程是從微觀角度考察消費者個人由接受創新產品到成為重複購買者的各個心理階段，而擴散過程則是從宏觀角度分析創新產品如何在市場上傳播並被市場採用的更為廣泛的問題。

在新產品的市場擴散過程中，由於個人性格、文化背景、受教育程度和社會地位等因素的影響，不同的消費者對新產品的接受的快慢程度不同。羅杰斯根據這種接受快慢的差異，把採用者劃分成五種類型，即創新採用者（可簡稱為「創新者」）、早期採用者、早期大眾、晚期大眾和落後採用者（如圖 8-8 所示）。儘管這種劃分並非精確，但它對於研究擴散過程有著重要意義。

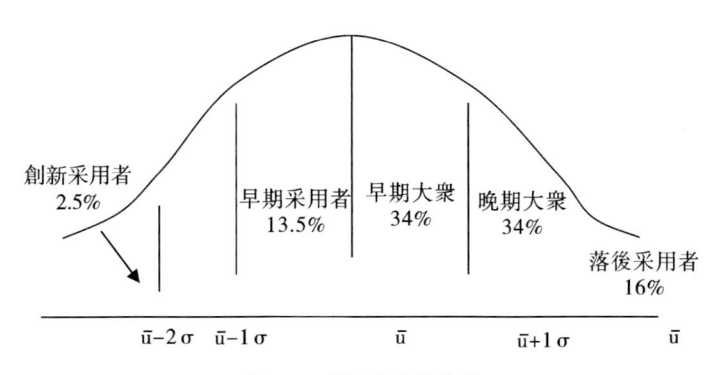

圖 8-8　採用者分佈曲線

1. 創新採用者

創新採用者也稱為「消費先驅」，通常富有個性，勇於革新冒險，經濟寬裕，受過高等教育，易受廣告等促銷手段的影響，是企業投放新產品時的極好目標。

2. 早期採用者

早期採用者一般是年輕，富於探索，對新事物比較敏感並有較強的適應性，經濟狀況良好的消費者，其對早期採用新產品具有自豪感。促銷媒體對他們有較大的影響力，但與創新採用者相比，持較為謹慎的態度。

3. 早期大眾

早期大眾一般接受過一定的教育，有較好的工作環境和固定的收入，較少保守思想，不甘於落後於潮流，但由於特定的經濟地位所限，購買高檔產品時持非常謹慎的態度。

4. 晚期大眾

晚期大眾指較晚跟上消費潮流的人。他們的工作崗位、受教育水平及收入狀況往往比早期大眾略差。他們對新事物、新環境多持懷疑態度或觀望態度，往往在產品成熟期才開始購買。

5. 落後採用者

落後的採用者的思想非常保守，懷疑任何變化，對新事物、新變化不信任。

這些比較為新產品擴散提供了重要依據，對企業市場行銷溝通具有指導意義。

❖ 行銷案例

開發狩獵靴：瞭解顧客需求

L. L. Bean 公司位於美國緬因州，是美國著名的生產和銷售服裝以及戶外運動裝備的公司，於 1912 年開始生產狩獵靴。到 20 世紀 90 年代，公司已經發展到擁有十億美元資產，持續三十多年年增長率都超過 20%。為顧客著想這一理念始終貫穿於新產品開發的過程中。

（1）瞭解顧客的真實感受。針對公司的狩獵靴，產品開發小組就要選定那些經常狩獵的人，設計一些問題，使其能夠詳細描述狩獵活動的感覺和環境，進而瞭解其對狩獵靴的感覺和希望。在訪談中，面談者的工作就是要有一種非引導的方法來提出開放性的問題，如「你能給我講述一下最近狩獵的一次經歷、一個故事嗎？」「告訴我你最好的狩獵故事，它是怎樣的經歷？」然後非常安靜地聽顧客盡情講述。兩人小組的另外一位負責記錄，一字一句地記錄，不加過濾，不做猜測。通過這些在狩獵者家中或者具體的狩獵場所訪談，可以獲得狩獵者的真實想法，而不是提問者的想法。小組人員的工作更多的是聆聽。當結束一次面談的時候，小組盡快詳細回顧並整理面談內容，因為這時會談的場景和內容在腦海還保存著清晰的記憶，能很快找出那些關鍵的印象深刻地描述出來。這樣面談了 20 位狩獵者，產品開發小組獲得了豐富的狩獵者的狩獵經歷資料。

（2）轉化為產品需求和設計思想。所有的面談結束後，整個開發團隊進入隔離階段，集中精力研究顧客需求，努力將顧客的語言翻譯成一連串關於新的狩獵長靴要滿足的需求。由於收集了豐富的材料，隊員們在白板上貼了數百個即時貼的便條，每個便條都是一個需求陳述。他們必須將所有的這些需求濃縮成更加易於管理、便於利用的需求數目。團隊採取投票的方式來將需求按重要性排列，每一個投票都代表了他們

面談的獵人的需求。幾個回合的投票逐漸地減少需求的數目。然後，團隊成員將剩下的需求進行分組排列，再排列，形成更小的需求組。大家在歸納需求組的過程中並不相互討論，這就迫使隊員對自己所想不到的一些相互關聯進行思考，而這種關聯是別人正在思考而自己看來可能並不明顯的。所以，這時候隊員都在進行學習，團隊逐漸達成了一種共識。

最後，數量有限的幾個需求組形成了，團隊成員討論關於每一組需求的新的陳述。作為一個團體，大家必須清楚這些即時貼上的小小的意見，是否完全抓住了隊員思考的問題，描述是否準確。通過大量細緻的工作，團隊將每組的內容轉化為一個陳述。這個流程進一步將需求的數目減少到大約 12 個。三天封閉會議結束的時候，L. L. Bean 的產品開發團隊開發出了一份列有最終顧客需求的總結報告。此後便是將需求轉化為設計思想的過程，頭腦風暴會議是主要的討論形式。比如「在靴子裡裝一個動物氣味的發散裝置，每走一步都會散發出一點點氣味。像一個小型火車一樣，氣味從靴子裡出來如同火車兩側的氣體一股股噴出，只不過是無形的」。從各種瘋狂的主意中能得到產品最具創新變化的核心思想。

(3) 對新產品測試。這種新的狩獵長靴設計原型生產出來後，被送往所有 L. L. Bean 公司希望改進其產品的地方——顧客，在產品最終要使用的環境中進行實際測試。為保證開發人員能夠近距離地看到和聽到這些顧客專家的意見，L. L. Bean 安排了一次實地旅行。在新罕布什爾的品可漢峽谷地區，L. L. Bean 集合了一組實地測試者來評審，包括導遊、山頂裝袋工、徒步旅行者、大農場管理員、滑雪巡邏隊員等，這些顧客大部分是 L. L. Bean 公司好幾個季節的測試者。會議的第一天花費在一次精力充沛的徒步旅行上，按每個人所穿的靴子的尺寸進行分組，每個人的包裡都有兩三雙靴子，幾乎每個小時都要更換所穿的靴子產品，如穿 9 號的要與一個穿 8 號的靴子交換靴子，有 L. L. Bean 生產的，也有競爭對手生產的。大家在各種環境裡實驗，及時記下對適應性、穩定性的評價，以便於公司及時做出調整。經過幾個月的試用，公司獲得了所有的改進建議。

在產品上市時的目錄介紹中，公司能夠通過測試期間的照片來說明種種問題，在推廣產品時可以宣傳整個測試過程，以便獲得顧客的信賴。該種類型靴子在市場中很快獲得認可，供不應求。

思考：
1. 請結合本章所學知識分析 L. L. Bean 公司的新產品開發的過程。
2. L. L. Bean 公司的新產品開發給我們什麼啟示？

❖ 本章小結

(1) 產品是行銷組合中最重要也是最基本的因素。產品整體概念包含五個層次，分別是核心產品、形式產品、期望產品、附加產品和潛在產品。

(2) 產品組合策略和包裝策略也日益重要。包裝、商標都是產品不可分割的組成部分。企業必須從顧客的需求出發，詮釋產品的概念和內容，並且提供顧客所需的產品和服務。

（3）隨著需求的不斷變化，產品的銷售會出現一個週期性的變化，任何一種產品最終都會有被淘汰的時候。企業在產品生命週期的不同階段應採取不同的策略，並開發新產品滿足不斷變化的需求。

❖ 趣味閱讀

產品與故事——百歲山天然礦泉水

此廣告片是景田百歲山礦泉水最新推出的電視廣告，其內容是：一位年輕貌美的公主由護衛隊護送出城，畫面中極力渲染護衛隊的奢華，高頭白馬復古豪車，與此同時一位平民打扮的老人（男）拿著一瓶景田百歲山礦泉水在民巷中行走，前後兩個鏡頭形成鮮明的對比，最終在一個充滿陽光和恬靜的路口兩人會合，老人把礦泉水放在一個方凳上，望著礦泉水正坐下準備享受此時此刻的寧靜與陽光，而公主看到了老人和礦泉水，示意護衛隊停下，並且公主親自下車優雅地向老人走去，在老人準備拿起礦泉水的一刻，公主出人意料先一步拿起礦泉水，老人與公主相視一笑，心領神會，公主回到車上，在上車之前，回頭深情地望向老人，之後出現廣告語和渾厚的男音旁白「水中貴族，百歲山。」

景田百歲山礦泉水，作為飲用水它的檔次定位是高於康師傅礦物質水、娃哈哈純淨水、農夫山泉等同類產品。據瞭解，景天百歲山確實是礦泉水並且成本要高於山泉水以及純淨水。關於 600ML 同等容量的產品價格，景田百歲山礦泉水一瓶的價格為 3.5 元，遠高於其他同類產品。單論成本的話，我想並沒有如此大的差距。這就說到景田百歲山礦泉水的定位：貴族。就是要打造一種高檔，所以高價。

那麼究竟是為什麼公主拿走了老人的水？這背後其實有一個動人的背景故事：1650 年在斯德哥爾摩街頭，52 歲的笛卡爾邂逅了 18 歲瑞典公主克莉絲汀。笛卡爾落魄無比、窮困潦倒又不願意請求別人的施捨，每天只是拿著破筆破紙研究數學題。有一天克莉絲汀的馬車路過街頭發現了笛卡爾是在研究數學，公主便下車詢問，最後笛卡爾發現公主很有數學天賦。道別後的幾天，笛卡爾收到通知，國王要求他做克莉絲汀公主的數學老師，其後幾年中相差 34 歲的笛卡爾和克莉絲汀相愛。國王發現後處死了笛卡爾。在最後笛卡爾寫給克莉絲汀的情書中出現了 $r=a(1-\sin)$ 的數學坐標方程，解出來是個心形圖。公主看到後，立即明了戀人的意圖，她馬上著手把方程的圖形畫出來，看到圖形，她開心極了，她知道戀人仍然愛著她。

百歲山巧妙地借用愛情故事，以「穿越時空、年輕、愛情延續」為創意，迎合受眾對感情的期待，並巧妙演繹產品的內涵，給觀眾留下了深刻的印象。

❖ **課後練習**

一、單選題

1. 在產品整體概念中最基本、最主要的部分是（　　）。
    A. 核心產品　　　　　　　　B. 包裝
    C. 有形產品　　　　　　　　D. 附加產品
2. 產品組合的寬度是指產品組合中所擁有的（　　）的數目。
    A. 產品項目　　　　　　　　B. 產品線
    C. 產品種類　　　　　　　　D. 產品品牌
3. 產品生命週期是由（　　）的生命週期決定的。
    A. 企業與市場　　　　　　　B. 需要與技術
    C. 質量與價格　　　　　　　D. 促銷與服務
4. 上海「通用」生產了別克後，又推出了賽歐，這是（　　）策略。
    A. 向上延伸　　　　　　　　B. 向下延伸
    C. 雙向延伸　　　　　　　　D. 品牌延伸
5. （　　）是指在原有產品的基礎上，利用現代科學技術製成的具有新的結構和性能的產品。
    A. 全新產品　　　　　　　　B. 換代產品
    C. 改進產品　　　　　　　　D. 仿製產品

二、多選題

1. 企業往往不只經營一種產品，由此形成了產品組合，界定產品組合的主要特徵就是（　　）。
    A. 寬度　　　　　　　　　　B. 長度
    C. 高度　　　　　　　　　　D. 深度
    E. 關聯度
2. 快速滲透策略，即企業以（　　）推出新品。
    A. 高品質　　　　　　　　　B. 搞促銷
    C. 低促銷　　　　　　　　　D. 高價格
    E. 低價格
3. 等級包裝策略是企業對自己生產經營的不同質量等級的產品分別設計和使用不同的包裝，它有利於（　　）。
    A. 全面擴大銷售　　　　　　B. 消費者識別商品
    C. 擴大企業影響　　　　　　D. 消費者購買商品
    E. 適應不同需求層次消費者的購買心理
4. 優化產品組合的過程，通常是企業行銷人員進行（　　）現行產品組合的工作過程。

  A. 調查   B. 分析
  C. 研究   D. 評價
  E. 調整

5. 由於新產品形式比較廣泛，企業的能力和條件存在差異，因此新產品開發的方式也有所不同。較常用的有（　　　）。

  A. 獨立研製   B. 委託開發
  C. 協作開發   D. 技術引進
  E. 研製與引進相結合

三、問答題

1. 簡述產品整體概念的五個層次。
2. 針對導入期的產品，可採取的行銷策略有哪些？
3. 簡述包裝的作用。

四、案例分析題

J牌小麥啤酒生命週期延長策略

  國內某知名啤酒集團針對啤酒消費者對啤酒口味需求日益趨於柔和、淡爽的特點，積極利用公司的人才、市場、技術、品牌優勢，進行小麥啤酒研究。2000年利用其專利科技成果開發出具有國內領先水平的J牌小麥啤。這種產品泡沫更加潔白細膩、口味更加淡爽柔和，更加迎合啤酒消費者的口味需求，一經上市在低迷的啤酒市場上掀起一場規模宏大的J牌小麥啤的概念消費熱潮。

J牌小麥啤的基本狀況

  J牌啤酒公司當初認為，J牌小麥啤作為一個概念產品和高新產品，要想很快獲得大份額的市場，迅速取得市場優勢，就必須對產品進行一個準確的定位。J牌集團把小麥啤定位於零售價2元/瓶的中檔產品，包裝為銷往城市市場的500ML專利異型瓶裝和銷往農村、鄉鎮市場的630ML普通瓶裝兩種。合理的價位、精美的包裝、全新的口味、高密度的宣傳使J牌小麥啤酒2000年5月上市後，迅速風靡本省及周邊市場，並且遠銷到江蘇、吉林、河北等外省市場，當年銷量超過10萬噸，成為J牌集團一個新的經濟增長點。由於上市初期準確的市場定位使J牌小麥啤迅速從誕生期過渡到高速成長期。

  高漲的市場需求和可觀的利潤回報使競爭者也隨之發現了這座金礦，本省的一些中小啤酒企業不顧自身的生產能力，紛紛上馬生產小麥啤酒。一時間市場上出現了五六個品牌的小麥啤酒，而且基本上都是外包裝抄襲J牌小麥啤，酒體仍然是普通啤酒，口感較差，但憑藉1元左右的超低價格，在農村及鄉鎮市場迅速鋪開，這很快造成小麥啤酒市場競爭秩序嚴重混亂，J牌小麥啤的形象遭到嚴重損害，市場份額也嚴重下滑，形勢非常嚴峻。J牌小麥啤也因此出現：一部分市場迅速進入了成熟期，銷量止步不前，而另一部分市場受雜牌小麥啤酒低劣質量的嚴重影響，消費者對小麥啤不再信任，J牌小麥啤銷量也急遽下滑，產品提前進入了衰退期。

J牌小麥啤的戰略抉擇

面對嚴峻的市場形勢，是依據波士頓理論選擇維持策略，盡量延長產品的成熟期和衰退期最後被市場自然淘汰，還是選擇放棄小麥啤酒市場策略，開發新產品投放其他的目標市場？決策者經過冷靜的思考和深入的市場調查後認為：小麥啤酒是一個技術壁壘非常強的高新產品，競爭對手在短期內很難掌握此項技術，也就無法縮短與J牌小麥啤之間的質量差異；小麥啤酒的口味迎合了當今啤酒消費者的流行口味，整個市場有較強的成長性，市場前景是非常廣闊的。所以選擇維持與放棄策略都是一種退縮和逃避，失去的將是自己投入巨大的心血打下的市場，而且若研發新產品開發其他的目標市場，則研發和市場投入成本很高，市場風險性很大，但如果積極採取有效措施，調整行銷策略，提升J牌小麥啤的品牌形象和活力，使其獲得新生，重新退回到成長期或直接過渡到新一輪的生命週期，自己也將重新成為小麥啤酒的市場引領者。

事實上，該公司準確的市場判斷和快速有效的資源整合，使得J牌小麥啤酒化險為夷，重新奪回了失去的市場，重新煥發出強大的生命活力，重新進入高速成長期，開始了新一輪的生命週期循環。

思考：
1. 分析J牌小麥啤的優勢與劣勢。
2. 如果你是公司的決策人，你會採取哪些具體措施來延長J牌小麥啤的生命週期？

❖ 行銷技能實訓

模擬創辦公司

【實訓目標】

培養學生運用所學產品策略相關知識，分析與評價企業的核心產品定位及應對策略的能力。

【實訓內容與要求】

五位同學一組，模擬創辦公司，根據本企業目標顧客特點，列出經營產品表，說明本公司產品組合的關聯度及核心產品定位。

第九章　品牌策略

我們全身心地投入取悅到顧客的工作中去，我們為品牌澆築熱情，我們是品牌的創造者、樹立者和信徒。

　　　　　　　　　　　——雷富禮　寶潔公司董事局主席兼 CEO

品牌的出現是伴隨著消費者的不安全感而來的。

　　　　　　　　　　　——讓·諾爾·卡菲勒　法國品牌專家

❖ **教學目標**

知識目標
（1）瞭解品牌與品牌資產的內涵、作用和重要性。
（2）從消費者、公司和社會的視角來解釋品牌的角色。
（3）明確消費者和品牌的關係。
（4）掌握各種品牌策略及其特點。
（5）瞭解品牌保護的相關知識。

技能目標
（1）學習掌握品牌命名與設計的能力。
（2）學習各品牌組合策略的特點，獲得熟練運用各種品牌組合策略的能力。
（3）獲得品牌保護與管理等工作的相關能力。

❖ **走進行銷**

為何 OPPO 成為年輕人最喜愛的手機品牌

全球領先的移動互聯網第三方數據機構 iMedia Research（艾媒諮詢）最新發布了《2016—2017 年中國智能手機市場監測報告》。報告顯示，OPPO 以全年出貨量 7,840 萬部及 18.0%的銷售占比領先於國內其他手機品牌。

據悉，在 OPPO 專注於用戶關注的拍照、閃充等專利技術，憑藉著品牌和產品與生俱來的「時尚基因」，讓手機不再成為單一的通信工具，而這些成績也獲得了年輕用戶對 OPPO 的認可。

同時，OPPO 手機還擁有時尚的外觀以及多樣化的配色，深受追求個性化的年輕用戶喜愛。特別是 OPPO 推出的最新款 OPPO R9s 旗艦拍照手機，擁有時下最流行的「清新綠」配色，還未上市，即獲得明星李易峰、陳喬恩、林允、董力及時尚潮人的追捧，成為今年春季最流行的時尚街拍必備手機潮品。

其次，OPPO R9s 還擁有 3,010mAh 大容量電池，以及 OPPO 獨立自主研發的 VOOC 閃充技術，同時在國家專利總局申請了 18 項核心技術專利，有著智能全端式五級防護，在絕對安全的情況下將最快充電速度提升了 4 倍以上。超強的手機續航能力及閃充技術，讓 OPPO R9s 在智能手機快速充電領域繼續領跑。

這麼多年來，OPPO 一直持續創新，不斷打造出一款又一款擁有超高含金量的產品，OPPO R9s 連續 5 個月創下國產銷量第一，不斷受到年輕人的好評。值得一提的是，2016 年度 OPPO 發明專利申請量在智能移動終端公司中位列第一。

OPPO 十分善於洞察年輕用戶的核心需求，手機產品不僅外形始終引領時尚風潮，更通過持續創新等技術手段，在年輕人最關注的拍照、續航、充電等方面均有優異表現，可見，OPPO 是真正在為年輕用戶做手機的企業。

思考：根據你對本案例的學習，查閱相關資料，綜合分析 OPPO 手機是如何成為年輕消費者喜愛的品牌的？這一結果又給 OPPO 帶來了哪些影響？

過去在選購品牌的時候，消費者往往會更看重品牌的功能性價值。隨著消費者越來越老練，新的生活方式和新的消費趨勢出現了。如今的消費者正朝著享樂性和符號性轉變。我們的購買行為常常會凸顯出我們的身分建構。因此，自我概念和自我形象對購買行為的影響越來越大。結果出現了兩種主要的品牌化趨勢：第一種是以隱喻的方式創建品牌內涵；第二種是發展消費者與品牌之間的管理。

第一節　品牌與品牌資產

一、品牌的內涵及作用

（一）品牌的概念

對「品牌傳播」內涵的認識，也就是對「品牌」定義的揭示，《行銷術語辭典》上對品牌的定義為：品牌是指以識別一個或一群賣主的商品或勞務的名稱、術語、記號、象徵或設計及其組合，並用以區分一個或一群賣主和競爭者。

著名的廣告大師大衛·奧格威的定義則為：品牌是一種錯綜複雜的象徵——它是產品屬性、名稱、包裝、價格、歷史聲譽、廣告方式的無形總和，品牌同時也因消費者對其使用的印象以及自身的經驗而有所界定。

美國行銷學的權威人物菲利普·科特勒認為：品牌是一個名字、名詞、符號或設計，或是上述的總和。

總的來看，品牌是用以識別銷售者的產品或服務，並使之與競爭對手的產品或服務區別開來的商業名稱及其標誌。通常由文字、標記、符號、圖案和顏色等要素或這些要素的組合構成。

（二）品牌的內涵

品牌實質上代表著賣者對交付給購買者的產品特徵、利益和服務的一慣性的承諾。

最佳品牌就是質量的保證。但品牌還是一個複雜的象徵，品牌的整體含義可分成六個層次。

1. 屬性

品牌首先使人們想到某種屬性。如家電品牌「海爾」意味著質量可靠、工藝精湛、服務上乘等。公司可以採用一種或幾種屬性為其家電做廣告。

2. 利益

品牌不只意味著一整套屬性。顧客不是在買屬性，他們買的是利益。屬性需要轉化為功能性或情感性的利益。耐久的屬性體現了功能性的利益：「多年內我不需要買同樣功能的家電。」質量可靠可減少維修費用，上乘服務可方便消費者。

3. 價值

特指可以兼容多個產品的理念，是品牌向消費者承諾的功能性、情感性及自我表現型利益，體現了製造商的某種價值感。如「高標準、精細化、零缺陷」是「海爾」體現的服務價值。品牌價值需要通過企業的長期努力，使其在消費者心目中建立起一定的價值，再通過企業與客戶之間保持穩固的聯繫加以體現。

4. 文化

品牌的內涵是文化，品牌屬於文化價值的範疇，是社會物質形態和精神形態的統一體，是現代社會的消費心理和文化價值取向的結合。「海爾」體現了一種文化，即高效率、高品質。

5. 個性

品牌的個性是品牌存在的靈魂，品牌個性是品牌與消費者溝通的心理基礎。從深層次來看，消費者對品牌的喜愛是源於對品牌個性的認同。「海爾」最突出的品牌個性是真誠。

6. 用戶

品牌暗示著購買或使用產品的消費者類型。

所有這些都說明品牌是一個負責的符號。當受眾可以識別品牌的六個方面時，我們稱之為深度品牌；否則只是一個膚淺品牌。品牌的內涵在於它除了向消費者傳遞品牌的屬性和利益外，更重要的是它向消費者所傳遞的品牌的價值、品牌個性及在此基礎上形成的品牌文化。

❖ 行銷視野

什麼是偶像品牌化

品牌失敗的一個重要原因是：企業不是創造人們喜愛的品牌，而是創造那些不令人生厭的品牌。多數行銷者不斷追求「瞬間的」和「即刻的」東西——簡而言之，微不足道的東西。

我們必須認識到品牌不屬於行銷者。品牌屬於消費者。消費者的接納是唯一重要的選票，然而公司戰略對此一次又一次的忽視，這些戰略將產品和服務定位成「目的」，而不是滿足消費者的需要、願望和幻想的手段。

成功的品牌通過預想人的基本需要和精神需要來滿足消費者，成功創建了有魅力的品牌——偶像品牌。

偶像品牌不單純指那些出售產品和服務的公司。對許多品牌的追隨者來說，它們就像一個活生生的虛擬家庭，家裡滿是志趣相投的人，公司是這一家庭的支持者，只不過碰巧銷售產品和服務而已。想像一下這些偶像品牌，你就會更加明白為什麼這些品牌有如此高的客戶忠誠度和如此多的忠實追隨者。

這就是偶像品牌化如何起作用的。社會只是在這些成功後面推了一把。

（三）品牌的作用

品牌對商品的消費者、生產經營者以及國家均具有重要的作用。

1. 品牌對消費者的作用

在消費者心中，品牌是一個複雜的實體。眾所周知，消費者對品牌形成了一種依戀。這也就是大家所知的「品牌沉浸」——一個在消費者與品牌之間形成依戀的過程。此外，品牌創造和改變了消費者的感知、態度、信念、行為，使消費者萌生諸多情感（比如，「我愛 ipod」）。

例如胡椒博士（Dr Pepper）、Oasis 和 Five Alive 都是可口可樂公司的品牌，它們之間的差別在於品牌定位（另一個品牌化要素）。每個品牌都以某個特定細分市場為目標，並用不同的價值觀與其相關聯。

總體來說，品牌對消費者有以下五種作用：

（1）有助於消費者識別產品的來源或產品製造廠家，更有效地選擇和購買商品。

（2）借助品牌，消費者可以得到相應的服務便利，如更換零部件、維修服務等。

（3）品牌有利於消費者權益的保護，如選購時避免上當受騙，出現問題時便於索賠和更換等。

（4）有助於消費者避免購買風險，降低購買成本，從而更有利於消費者選購商品。

（5）好的品牌對消費者具有很強的吸引力，有利於消費者形成品牌偏好，滿足消費者的精神需求。

2. 品牌對生產者的作用

（1）有助於產品的銷售和占領市場。品牌一旦形成一定的知名度和美譽度後，企業就可利用品牌優勢擴大市場，促成消費者品牌忠誠，品牌忠誠使銷售者在競爭中得到某些保護，並使它們在制定市場行銷企劃時具有較強的控製能力。

（2）有助於穩定產品的價格，減少價格彈性，增強對動態市場的適應性，減少未來的經營風險。由於品牌具有排他性，在激烈的市場競爭中，知名品牌以其信譽度和美譽度，使消費者樂意為此多付出代價，企業能夠避免捲入惡性價格競爭而保持相對

穩定的銷售量。品牌的不可替代性又是產品差異化的重要因素，可以減少價格對需求的影響程度。

（3）有助於市場細分，進而進行市場定位。品牌有自己的獨特風格，除有助於銷售外，還有利於企業進行細分市場，企業可以在不同的細分市場推出不同的品牌以適應消費者個性化的差異，更好地滿足消費者。

（4）有助於新產品開發，節約新產品市場投入成本。一個新產品進入市場，風險是相當大的，而且投入成本也相當大，但是企業可以成功地進行品牌延伸，借助已成功或成名的品牌，擴大企業的產品組合或延伸產品線，採用現有的知名品牌，利用其一定的知名度和美譽度，推出新產品。

（5）有助於企業抵禦競爭者的攻擊，保持競爭優勢。新產品一經推出，如果長效，很容易被競爭者模仿。品牌忠誠是競爭者無法通過模仿獲得的。當市場趨向成熟，市場份額相對穩定時，品牌忠誠是抵禦同行競爭者攻擊的最有利的武器。另外，品牌忠誠也為其他企業的進入構築了壁壘。所以從某種程度上說，品牌可以看成企業保持競爭優勢的一種強有力的工具。

❖ 行銷視野

在線品牌

網路對行銷和品牌化的成功非常重要。在線品牌戰略應該包括搜索引擎行銷策略，消費者在主要的搜索引擎上搜索你們的產品和服務的時候，是否能夠很容易地找到你們的網站至關重要。不像其他在線廣告方式（如彈出式廣告和橫幅廣告），搜索引擎結果清單是消費者在搜索產品或者解決方案的時候展現給消費者的。當你的網站受到許多提問的時候，它也就給你的品牌增加了可信度。結果，在搜索引擎結果清單的顯著位置列出跟你的產品或服務相關的關鍵詞，對贏得消費者的品牌忠誠度非常重要。這種品牌忠誠度將帶來更多的銷售機遇。

3. 品牌對國家的作用

一個大國的崛起遠遠不只是經濟的崛起，更是自身的文化、意識形態和價值觀在全球範圍內形成強大的形象力。建立這樣的影響力則需要一個國家積極地打造和推廣自身的國家形象和品牌。中國近幾年來開始啟動國家行銷的工作。例如，2009年商務部只做了一則30秒鐘的「中國製造」的形象廣告，這也是最早的以廣告片方式進行國家行銷的嘗試。由此可見，中國政府越來越明確一個觀點，打造一個符合中國真實形象的國家品牌，是讓日益發展的中國屹立在世界大國之林的重要一步。

國家品牌建設體現在政治、經濟、文化等多個層面。在政治上，在現有的良好基礎上進一步加大民主建設力度，讓民眾積極參與社會主義民主政治建設；在經濟上，促進產業升級和調整，緩解能源資源問題，實現各地域、各行業協調發展；在文化上，不斷滿足人民的精神文化需求，促進國民素質全面提高。

❖ 行銷視野

中國確定 5 月 10 日為「中國品牌日」

據中國之聲《全國新聞聯播》報導，2016 年中國的商標註冊申請量達到了 369 萬件，同比增長 28%，增幅連續十五年位居世界第一。截至 2016 年年底，中國累計商標註冊量已經超過 1,400 萬件。為擴大自主品牌的知名度和影響力，今年 4 月國務院批准發改委《關於設立「中國品牌日」的請示》，決定從今年開始，將每年 5 月 10 日設立為「中國品牌日」。

❖ 行銷案例

維珍

作為一家頂級風險投資企業，維珍是世界上最知名和最受尊重的品牌。由理查德‧布蘭森爵士在 1970 年構建的維珍集團，已經持續在很多領域發展了非常成功的業務，包括手機、交通運輸、旅遊、金融服務、休閒、音樂、度假、出版和零售等。

維珍在世界各地已經創立了超過 200 家知名品牌企業，在 29 個國家雇用了將近 5 萬名員工。2006 年全球收入總額超過了 100 億英鎊。

維珍信奉與眾不同。在消費者心目中，維珍象徵著物有所值、質量、創新、娛樂以及有競爭力的挑戰。維珍通過員工授權提供優質服務，促進及跟蹤顧客反饋以不斷地通過創新用戶體驗。

當維珍開始一項新投資計劃時，它會將其建立在深入的研究和分析基礎上。典型的做法是，維珍常常站在顧客角度來考慮什麼可以使行業做得更好。

它也可以在整個集團內部動用有才之人。新投資往往是維珍其他部門臨時委派一些員工過來操控的。這些人帶來了商標管理風格、技能及經驗。他們頻繁地與其他人合作，從而將技能、知識、市場展示等匯集在一起。

當某個維珍公司成立運作的時候，幾個因素促成了它的成功：維珍名字的影響力；理查德‧布蘭森的個人威望；它與朋友、聯繫人以及合作夥伴之間無與倫比的關係網；維珍的管理風格；維珍內部人才授權的方式。對某些保守主義者來說，這聽起來頭腦似乎不夠冷靜。在他們看來，維珍的管理層很小，沒有官僚主義，只有小型董事會，沒有大型的總部就像一場噩夢。

維珍旗下的公司就像家庭成員一樣不分等級。它們被授權允許經營自己的業務，而其他公司會相互幫助，問題的解決方案來自各類資源。從某種意義上來講，它是一個社區，人們分享共同的思想、價值觀、興趣和目標。維珍成功的證據是真實可見的。

問題：

1. 瀏覽 www.virgin.com 網站並開展研究，你能發現和解釋維珍在建立品牌時應用了什麼行銷組合嗎？
2. 維珍的市場目標是什麼？

3. 維珍的企業價值觀是什麼？它們是如何轉移到品牌形象上的？
4. 在你看來，為什麼維珍如此成功？

二、品牌資產

❖行銷案例

伊利：五星品質促進品牌資產攀升

近幾年，伊利的品牌價值逐年攀升，在 2016 年 WPP 集團發布的 Brandz 最具價值中國品牌 100 強榜單中，伊利蟬聯食品類品牌排行榜第一。探尋其品牌價值攀升背後的助力，伊利「端到端」的優質乳「五星」體系功不可沒。伊利優質乳「五星」體系即通過「好奶源、強研發、嚴管理、優物流、高標準」來打造原奶和乳製品。

好奶源是優質乳品的最基本要求。為了打造好奶源，伊利著力發展奶源基地的建設，通過打造先進的規模化、標準化、集約化牧場，來實現對奶源品質的把控。

在強研發方面，研發創新一直是伊利向前邁進、引領市場的重要因素。通過全球織網戰略佈局和實驗室經濟的推動，伊利集聚全球頂尖創新研發資源反哺本土市場，在營養配方、加工工藝等多個方面，達到世界一流水準。

嚴格的管理是伊利贏得信賴的基礎。為此，伊利積極與世界接軌，引入國際頂級質量管理標準及認證，建立並實施完善的、一流的質量管理體系，對產品從源頭到終端的各個環節進行嚴格管控。

優質的物流保證了消費者能夠安全、便捷、放心地選購產品。目前，伊利牧場原奶運輸實現全程 GPS 定位，有效把控原奶運輸環境，實現從牧場到工廠的全程監控。在銷售方面，伊利也通過互聯網實現了線上質量可追溯體系，消費者購買伊利奶粉，均能夠通過產品罐上的可追溯二維碼查詢到產品生產的相關信息。

高標準有效保證了伊利產品質量和產品的營養價值。在全產業鏈的各個環節，伊利都以超高標準嚴格要求，在「國家線」的基礎上，制定了「企標線」和「內控線」，進一步提升了企業自身食品安全的風險管控能力。

企業的市場行銷行為發展到一定階段後，人們越來越多地從戰略的高度去理解和分析它，即企業市場行銷的終極目標是什麼？評價企業市場行銷行為成功與否的標準是什麼？在這個過程中，人們對一個概念的關注越來越多，這就是品牌資產。那麼，什麼是品牌資產？品牌資產又是由什麼構成的呢？

(一) 品牌資產的概念

國內外學者對品牌資產有不同的詮釋，本書認為：品牌資產是一種超過商品或服務本身利益以外的價值。它通過為消費者和企業提供附加利益來體現其價值，並與某一特定的品牌緊密聯繫著。

(二) 品牌資產的有形構成要素

品牌資產是基於消費者對該品牌形成相對穩定的形象認知，並在此基礎上對該品

牌產生偏好和忠誠，形成品牌資產的無形要素，而品牌資產的有形要素的形成則提供了物質層面的支撐。品牌資產的有形要素是指那些用以標記和區分品牌的商標設計等有形的事物，如品牌的名稱、標誌和標誌、廣告和廣告樂曲以及包裝等。

根據菲利普·科特勒的觀點，品牌是一個複雜的符號標誌，它能表達六個層次的意思，即屬性、利益、價值、文化、個性和使用者。只有讓品牌的內涵和消費者之間建立起某種聯繫，即讓消費者對品牌所包含的意義有所認知、感受和體驗，並在消費者的頭腦中佔有一席之地進而才能形成品牌資產。正是從這個角度出發，通常將品牌資產分為品牌知名度、品牌認知質量、品牌聯想、品牌忠誠度以及其他專有資產五個方面。如果把整體品牌資產看作是一朵鮮花的話，那麼品牌資產的各個要素就可以被看作是這朵鮮花的花瓣（見圖9-1）。

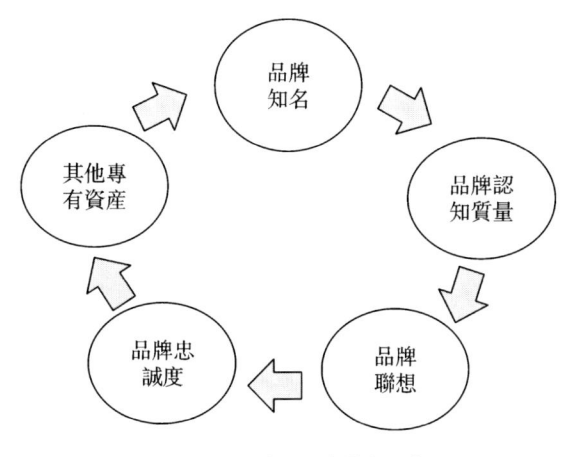

圖9-1　品牌資產的構成要素

1. 品牌知名度

品牌知名度是指品牌被公眾知曉的程度，是評價品牌資產的量化標準之一。從消費者的心理和行為反應來看，品牌知名度就是目標群體對商品、公司、商標等信息的學習和記憶的結果。而它作為一種條件聯繫，形成和消退也依賴於強化。這種強化的根源在於對商品各種物理特性以及消費者通過體驗和感受這些物理特性而形成的認知。消費者對品牌認知的不同程度可用品牌認知金字塔來表示（見圖9-2）。

2. 品牌品質形象

當一種品牌所體現的品質被多數消費者看好時，即消費者感覺良好時，這個品牌就會走俏、吃香；而當一種品牌所體現的品質在消費者的感性認知中處於不佳狀態時，這個品牌就沒有希望，甚至會走向沒落，即使努力改進產品的質量也無濟於事，無法影響或改變消費者的成見。

3. 品牌聯想

品牌聯想是指消費者記憶中與某品牌相關聯的每一件事情，是品牌特徵在消費者心目中的具體體現。當人們想起一個特定的品牌時，會很自然地與某種特定的產品、服務、形象，甚至愉快的場景等聯繫起來；或者當時某種產品或服務存在需求，或者

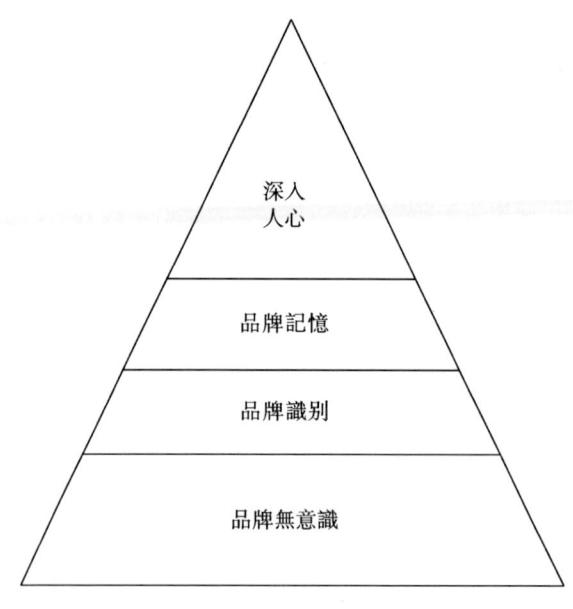

```
          深入
          人心

        品牌記憶

       品牌識別

      品牌無意識
```

圖 9-2　品牌知名度的層級

體驗到某種場景時，就會和某一特定的品牌對接起來，這些都是品牌聯想的具體表現。例如，提到肯德基，人們就會想到和藹可親的山德士上校白色的西裝、滿頭的白髮、饒有趣味的山羊胡子、親切的微笑，還有香辣雞翅、原味雞塊、土豆泥等美味，溫馨、恬靜的氛圍以及令人「吮指回味」的感覺……

4. 品牌忠誠度

品牌忠誠度是指消費者在與品牌的接觸過程中，由於該品牌所標示的產品或服務的價格、質量因素，甚至是由於消費者獨特的心理和情感方面的訴求所產生的一種依戀而又穩定的感情，並由此形成偏愛而長期重複購買該品牌產品的行為。

品牌忠誠度的形成不完全是依靠產品的品質、知名度、品牌聯想及傳播，它與消費者本身的特徵密切相關，它的形成有賴於消費者的產品使用經歷。提高品牌忠誠度，對一個企業的生存發展、市場份額的擴大都具有極其重要的作用。

❖ 行銷視野

中國汽車品牌忠誠度的現狀

根據最近進行的一項「中國汽車行業研究」結果顯示，中國的消費者缺乏對汽車品牌的忠誠度，價格是影響購車行為的主要因素。調查顯示，消費者在購車時主要通過媒體渠道獲取有關購車信息。54%、16%和19%的購買者分別將傳統媒體、朋友和廣告作為主要信息來源。16%的人會通過互聯網獲取購車信息，但僅有8%的人稱他們會去汽車經銷商的產品展示廳獲取相關資料。同時，價格仍然是決定購車意向的關鍵。關於購車時首要考慮的因素，選擇「物有所值」的為36%，選擇「品牌」的僅占

17%，而汽車的性能、設計、安全性和舒適性目前也不是消費者最關心的因素，這與國外主要汽車市場有著很大的區別。中國的汽車經銷商尚未樹立起足夠強大的影響力，或者說還沒有與潛在的消費者建立起足夠緊密的關係。雖然個別汽車品牌已經佔有國內市場主導地位，但是其品牌尚未樹立競爭優勢；廠商還沒有與顧客建立起密切的聯繫，價格繼續主導購車的決策過程。中國購買者不習慣通過汽車經銷商購車，原因在於可供選擇的型號尚不豐富，經銷商提供的服務水準也有待提高。汽車廠商在中國建立的品牌忠誠度還有很長的路要走。

5. 其他資產

作為品牌的重要資產組成部分，它主要是指那些與品牌密切相關的、對品牌的增值能力有重大影響的、不宜準確歸類的特殊資產，一般包括專利、商標、專有技術、分銷渠道、購銷網路等。

❖ 行銷案例

從錘子手機發布會談信仰：消費觀念改變

2017年5月9日19：30，錘子科技將在深圳舉辦「2017新春新品發布會」。截至目前，堅果Pro在京東參與預約的人數已經超過50萬，人們說這才是真正的信仰。

在科技產品領域中，我們會經常聽到信仰一詞。比如一位同學從初代iPhone開始，每代iPhone都第一時間入手，這便是果粉的信仰；裝機時只選海盜船機箱、散熱器、內存，這就是賊船的信仰。

信仰的表現為：當信仰的產品即將發布，你會變得極為興奮；無論你需不需要，你都會購買；搶到首輪預約，可以開心一個月；當產品出現質量問題時，你都可以自圓其說。如果你還記得在蘋果發布會前23天開始排隊預約的果粉，你大概就會瞭解這類品牌信徒的心理和行為。

當然，能成為信仰的品牌不多，這也絕非易事。回顧以往的消費觀念，從一開始的「消費者是上帝」，到「成為消費者平級的朋友」，以及是現在被提及最多的「匠心精神」，品牌與消費者的關係一直處於變化之中。這種變化的背後深層次是整個市場消費者行為的轉變。

當消費者對你的產品以及是產品中的某些內容產生了強烈的情感共鳴，再通過不斷的產品刺激，自然而然就會形成對於品牌的價值認同，最終形成一定的品牌信仰。

追求的品牌信仰的本質，就是因為品牌定義了「我們是怎樣的人」。

當我們談論一個品牌時，我們實質上所指的，是這個品牌的符號意義，是這個符號背後代表的形象，是以這個形象為共性、聚攏起來的一批人群，是這些人群所構成的一個圈子。

人們追逐品牌信仰，並不僅僅是喜歡這個產品，而是因為這個形象非常契合人們的期望，渴望融入這個圈子之中。而錘子手機，則很好地利用了這一點。

第二節　品牌策略的制定

　　品牌策略是一系列能夠產生品牌累積的企業管理與市場行銷方法，主要有：品牌化決策、品牌使用者決策、品牌名稱決策、品牌戰略決策、品牌再定位決策、品牌延伸策略、品牌更新。品牌策略的核心在於品牌的維護與傳播，如何把品牌做到消費者心坎裡去，是品牌策略中最重要的一個環節。

一、品牌命名與設計

（一）品牌的命名策略

　　孔子曰：「名不正則言不順。」品牌名稱，是品牌的核心要素，是品牌傳播獲得成功的基本前提。里斯與特勞特就曾說道：「在定位時代，你能做的唯一重要的行銷決策就是給產品取一個名字。你必須取一個能啓動定位程序的名字，一個能告訴預期客戶該產品主要特點的名字。」好的品牌名稱，是產品傳神的眼睛，能懾住消費者的心神，能使品牌傳播收到事半功倍的效果。同時使得品牌無形資產得以具象化，並產生效益。正如美國強生公司手冊上所寫：「我們公司的名稱和商標是我們迄今為止最有價值的資產。」

　　當然，一個好的品牌名稱，雖然僅寥寥二三字，得來卻頗為不易。往往是百般求索而不得，偶然之中卻倏忽而至。但其中的一些規律性卻是需要進行把握的。

　　1. 品牌命名的要求

　　雖然好的品牌名稱僅兩三個字，但它卻同時符合諸多的要求，否則就不能稱之為好的品牌名稱。曾有人將品牌命名的科學化選擇概括為如下 13 個角度：

你的品牌名稱與本身產品有關聯性嗎？
你的品牌名稱是否具有一定的內涵？
你的品牌名稱受目標消費者的欣賞程度如何？
你的品牌名稱是否達到較好的認知度？
你的品牌名稱很容易記住嗎？
你的品牌名稱字數長度是否合適？
你的品牌名稱發音是否順口？
你的品牌名稱音感好嗎？
你的品牌名稱有無褻瀆其他品牌名稱？
你的品牌名稱與同類品牌的名稱是否具有相似性？
你的品牌名稱是否有某些方面的偏好？
你的品牌名稱與其他品牌的名稱是否具有區分性？
你的品牌名稱是否給人正面的聯想？

　　這些概括確實是有道理的，但卻顯得不夠凝練，故這裡我們將品牌的基本要素概

括為如下六個：

（1）好讀易記。

好讀易記是對品牌名稱最根本的要求。品牌名稱只有易讀、易記，才能高效地發揮它的識別功能和傳播功能。要做到這一點，就要做到簡潔、明快，一看就能認知，一聽就能識別，一般為兩三個字，如「海爾」「聯想」「格力」「奇瑞」「長虹」「娃哈哈」「康師傅」。只有極少數為四個字的，如「鄂爾多斯」「江南布衣」「香格里拉」。另外，要避免生僻的字、筆畫多的字、發音不響亮的字，要求「音、義、形」的完美統一。

（2）個性鮮明。

曾有這樣一首打油詩：「紅棉遍地開，珠江到處流，五羊滿街跑，熊貓遍地走。」它諷刺了國內企業產品命名互相雷同、拾人牙慧、缺乏個性的現象，而這恰是命名的大忌。命名是一種創造，應有獨特的個性，世界上許多馳名品牌都是精心創意的結果。如日本索尼公司（SONY），原名為「東京通信工業公司」。本想取原來名稱的三個英文單詞的第一個拼音字母組成的「TTK」作為名稱，但產品將來要打入美國，而美國這類名稱多如牛毛，如 ABC、NBC、RAC、AT&T 等。公司經理盛田昭夫想，為了企業的發展，產品的名稱一定要風格獨特、醒目、簡潔，並能用羅馬字母拼寫。再有，這個名稱無論在哪個國家，都必須保持相同的發音。遵循上述想法，盛田昭夫查了不少辭典，發現拉丁文中「SONUS」是英文「SOUND」（意為「聲音」）的原型；另外，「SONNY」一詞非常流行，有「精力旺盛的小伙子」「可愛的小家伙」之意，正好有他所期待的樂觀、開朗的含義。同時，他又考慮到該詞如果按照羅馬字母的拼法，發音正好與日文中的「損」字相同，這將引發不利的品牌聯想。突然，他靈機一動，將「SONNY」的一個字母「N」去掉，變為了「SONY」。「SONY」既是「SOUNS」的諧音，又有「SONNY」之意，盛田昭夫覺得太棒了。今天，這一獨有的名稱不僅使索尼公司財運亨通，而且也成為消費者歡迎的名牌產品。

（3）聯想美好。

好的品牌名稱，往往能讓消費者產生美好的聯想。其包括吉祥、快樂、舒適、美麗、健康、可愛等各種美好的文化韻味。

例如：「凌志」聯想到的是狀志凌雲；「吉列」聯想到的是吉祥多多；「榮事達」聯想到的是吉祥如願；「金利來」聯想到的是順心發財；「米老鼠」聯想到的是機靈可愛；「娃哈哈」聯想到的是兒童的快樂；「康師傅」聯想到的是健康衛生的食品。

❖ **行銷視野**

小米手機之所以取名叫「小米」，是因為米是中國人的主要糧食，大家都離不開它，一提起來，大家就覺得很有親近感。所以最後取名小米。除此之外，小米這個米字的 LOGO，除了漢語拼音 MI 的意思一樣，還有一個是「移動互聯網」英文的首字母縮寫，倒過來其實是中文字「心」，但是少了一點，就是寓意讓用戶省一點心。

（4）接軌國際。

現在，中國市場已是世界一體化的市場，因此，我們初創品牌時，就應考慮品牌

名稱能與國際接軌,以利於所創造的品牌能打入國際市場。與國際接軌,首先要考慮的是品牌的英文譯名是否有不好的意思。例如,有一種出口產品的品牌名稱叫「芳芳」,如芳芳牙膏、芳芳唇膏等系列產品。其漢字品牌名稱確實不錯,但它音譯成「Fang Fang」後,意思為「Long sharp tooth of dogs and wolves」(狗和狼的長而尖利的牙齒)或「Snakes poison-tooth」(毒蛇的牙)。消費者對這樣的產品躲還來不及,就更不用說買了。

(5) 聯繫企業。

在現代市場中,由於品牌眾多,生產廠家也眾多,給人印象深刻的,往往是品牌名稱與生產企業名稱相統一的那些品牌。因為品牌名稱往往是靠廣告與銷售傳播推廣的,而企業名稱還有公關活動、新聞報導等傳播渠道。如二者統一,其傳播效果就會產生 1+1>2 的優勢;相反,如二者名稱不統一,企業要分別宣傳兩個名稱,其效果勢必會事倍功半。從中國品牌的排行榜上,就可以看出不少品牌與企業名稱往往是一致的:「海爾電器」——海爾集團、「紅塔山」香菸——紅塔集團、「長虹」電視——長虹集團、「康佳」電視——康佳集團、「999」胃泰——三九集團、「五糧液」白酒——五糧液酒廠、「聯想」電腦——聯想集團。

2. 品牌命名的方法

有了如上諸多要求,僅僅是有了一根衡量品牌名稱的標杆,那麼供這一標杆衡量的諸多備選名稱又怎麼得來呢?因為,備選名稱越多,最優化選擇的餘地就越大,就越能創造出最佳的品牌名稱。為創造出又多又好的備選名稱,下列幾種方法是值得一試的。

(1) 信息啟迪法。檢索到各種各樣的信息,以啟發品牌名稱創意的產生。

①某名人或某一類的形象信息。

生活中的一些成功者,或者企業本身的創立者,他們的名字便具有一定的知名度或特定含義,就完全可以借用為品牌名稱。如「希爾頓飯店」「波音飛機」「福特汽車」「(姚)永芳珍珠霜」「李寧運動服」「太白酒」等。文學作品中虛構的人物,也屬這類信息,如法國的「包法利飯店」、西班牙的「唐吉訶德賓館」、中國的「阿詩瑪香菸」「劉三姐旅遊公司」「阿凡提瓜子」。另外,生活中某一類人物的形象也是可供啟發的信息,如「康師傅」——健康的大廚師形象,「娃哈哈」——快樂的兒童形象。

②某種動植物的信息。

如福特汽車公司暢銷的汽車「野馬」,蘋果公司的「蘋果電腦」;中國的「熊貓電子」「飛鴿自行車」「狼牌運動鞋」「雪豹皮衣」「海螺襯衫」「白貓洗衣粉」「小白兔牙膏」「杉杉西服」「牡丹電鍋」「蓮花味精」等。值得注意的是,以類似的信息命名,宜進行一定的改造,不要直接使用,以免雷同。如「海螺」同時用於上海襯衫與安徽水泥,對哪家企業來說,均未必是好事。而「野馬」「雪豹」「白貓」,均在動物前面加了個性化的修飾,效果就好多了。

③抽象數字圖形的信息。

抽象的數字或圖形為人們所熟悉,一旦滲透到記憶之中,就能產生強烈的效果;另外,數字與圖形又具抽象性,其中意義可供人們作多方面的挖掘品味。受其啟發的

品牌有：「555 香菸」「999 胃藥」「八峰藥業」「361 運動鞋」「三角電飯鍋」「方正集團」「四通集團」「三菱汽車」「五星啤酒」等。

④吉祥美好的詞彙信息。

由於市場與社會的變幻莫測，人們總不免有著期盼吉祥、美好的心理願望。因此，有著吉祥、美好含義的詞彙，往往是啓發命名的最佳信息。這方面的品牌有：「金利來」「萬家樂」「榮事達」「萬事達」「高寶」「舒樂」「雅倩」「嘉麗」「佳佳」「紅豆」「萬事通」「鴻達」「順發」「鴻遠」「舒膚佳」等。

⑤洋味的詞彙信息。

為與國際接軌、使自己的品牌具有個性，直接從外語詞彙得到啓發，取一個洋味十足的名字，也是一個很好的思路。這方面的品牌有：「雅戈爾服裝」「澳柯瑪冰櫃」「迪康制藥」「桑塔納轎車」「德力西電氣」「芬格欣滋補液」等。

（2）廣義靈感法。

廣義靈感論的核心是強調人們通過知識信息的組合，不斷催生即時性思維成果，從而提高思維效率。凡知識信息在總體上符合「邏輯式」，具體表現又往往為「非邏輯」的組合，都必然導致廣義靈感源源不斷地產生，使主體的思維在有序與隨機的顛簸中通向預期的結果。

（3）頭腦風暴法。

頭腦風暴法（Brainstorming）的原本意思為 Using the blain to storm a problem，即運用風暴似的思潮以解決問題。頭腦風暴法是創造學家奧斯本提出來的，他認為，頭腦風暴法的應用，一般以 10~12 人的小組為宜，參與者的文化層次最好相當，有一位知識豐富、善於創造輕鬆愉快氣氛的主持人，並且有 2~3 個創造力特別強的人以引導，並激發他人的思考。

(二) 品牌標誌的設計

品牌是一個集合性概念，它包括品牌名稱、品牌標誌、商標和版權。品牌名稱是品牌中可以用語言表達的部分，而品牌標誌則是品牌中可被識別但不能用語言表達的部分，包括符號、圖形、專門設計的顏色和字體等。如「可口可樂」幾個英文字母組成的圖形等。版權則指複製、出版和出售這些標誌等設計作品而在法律上的專有權利。

1. 標誌設計的分類

從品牌傳播中的品牌標誌的功能上審視，其可以分為企業形象標誌和商品品牌標誌兩種形式：

（1）企業形象標示。

企業形象標示是企業形象的體現方式之一，也是確立企業形象的重要手段。通過形象標誌，把企業的理念、性質、規模、產品的主要特性等要素傳達給社會公眾，以便識別和認同。它不僅具有帶動所有視覺設計要素的主導力量，更是整合所有視覺要素的核心。

現在許多企業在品牌傳播過程中都把品牌標誌和企業標誌統一起來，使之成為一個完整的企業形象標誌，並將它用於企業所涉及的任何場所，這就是人們通常所說的

CI 中的「VI 識別設計」及企業形象系統設計。

（2）商品品牌標誌。

商品品牌標誌又稱商標，是指通過註冊的商品標誌，受到國家法律的保護。商品品牌標誌是企業的代表形象，是產品的質量象徵，也是企業的名譽保證。

每一個品牌都是獨立的，但其中一個品牌可以使用其企業的名稱作為其品牌名，如迪士尼、福特、寶潔。還有一種情形就是所謂的混合品牌模式，那麼還要考慮到企業品牌標誌與產品品牌標誌的延續關係；如果是不相關品牌模式，那麼每一個產品都要有新的名字。例如，P&G 公司的洗髮產品在中國內地市場就採用了多個不同的品牌：「海飛絲」「飄柔」「潘婷」「潤研」「沙宣」「伊卡璐」。因此，在具體的品牌傳播過程中，有的企業將自身形象標誌與商品品牌標誌統一起來使用，這樣有利於標誌形象的單一化，使之成為一個完整的品牌形象，這樣更有利於在公眾心目中樹立一個權威的品牌形象。但有的企業由於要不斷推出新產品，於是將企業形象標誌和商品品牌標誌分別用不同的圖形標誌區分使用。它們的重點則是放在產品品牌的推廣與銷售上。

以耐克標誌為例，在品牌傳播過程中，耐克標誌是一個描述耐克生產廠商的符號。耐克標誌也會讓人們想起古希臘神話中的勝利女神的翅膀。此外，標誌與耐克運動系列服飾聯繫起來，還引發出速度與力量的概念。整個標誌既簡潔，又體現出精練與準確的內涵。

2. 標誌設計的特性

品牌標誌的本質是品牌信息傳播，這就得要把握標誌所要傳播的信息要點，要通過最佳的視覺元素的編排，達到傳播信息的目的，使接受者在視覺上和心理上產生特定的感受與聯想。而衡量一個標誌設計成功與否的標準，就是它是否能讓陳列在貨架上的產品引起顧客最多的注意力，並使他們很快建立起對標誌名稱的印象，促成消費者採取購買行動。如此，標誌設計就形成了如下特性：

（1）獨特性。

標誌的形式法則和特殊性就是要使其具備各自獨特的個性，不允許有絲毫的雷同，這使得標誌的設計必須做到獨特別致、簡明突出，追求與眾不同的視覺感受，給人留下深刻的印象。只有富有創造性、具備自身特色的標誌，才是具有生命力的標誌。個性特色越鮮明的標誌，視覺表現的感染力就越強。

（2）注目性。

注目性是標誌所應達到的視覺效果。優秀的標誌應該是能吸引人的注意，並能給人以較強烈的視覺衝擊力的。保持良好的視覺形象，使品牌標誌不論是在商品的包裝上，還是在各類媒體的宣傳運用當中，均可起到突出品牌的積極作用。

（3）通用性。

通用性是指標誌應具有較為廣泛的適應性。標誌對通用性的要求，是由標誌的功能和需要在不同的載體和環境中展示、宣傳的特點所決定的。從對標誌的識別性角度來看，就要求標誌能通用於放大或縮小，通用於在不同背景和環境中的展示，通用於在不同媒體和變化中的效果。

(4) 信息性。

標誌的信息傳遞有多種內容和形式。其內容信息有精神的，也有物質的；有實的，也有虛的；有企業的，也有產品的；有原料的，也有工藝的。其信息成分有單純的，也有複雜的。標誌信息傳遞的形式有圖形的、有文字的，也有圖形和文字相結合的；有直接傳遞的，也有間接傳遞的。人對信息的感知有具象的，也有抽象的，有明確的，也有含蓄的。

(5) 藝術性。

藝術是一種為了表現藝術家思想情感的審美形式，它是屬於少數人的，永遠沒辦法和大眾完全徹底交流。藝術如果被大眾認可了、接受了，也就不成其為藝術了。但是標誌不同，標誌設計出來是為了讓大眾認可，從而接受、產生購買的欲望。所以標誌設計要和大眾交流，要以大眾的美為美。

(6) 時代性。

時代性是標誌在企業形象樹立中的核心。品牌標誌既是產品質量的保證，又是識別商品的依據。品牌標誌代表著一種信譽，這種信譽是企業幾年、幾十年，甚至上百年才培育出來的。經濟的繁榮、競爭的加劇、生活方式的改變、流行時尚的趨勢導向等，都要求品牌標誌必須適應時代。

二、品牌組合策略

(一) 品牌歸屬策略

品牌歸屬策略是指企業在決定使用產品品牌後，就產品品牌所有權歸屬問題做出的決策。品牌歸屬有三種選擇：

1. 自有品牌

即生產者採用自己的品牌，如海爾、美的、聯想、蘋果等。

2. 他人品牌

(1) 中間商品牌。即製造商將其品牌賣給中間商，再由中間商用自己的品牌為產品包裝並轉賣出去，換而言之就是由批發商或零售商開發並使用自有品牌。如武商量販、三福、蘇寧、國美等。

(2) 其他生產者品牌。其他生產者品牌也稱為貼牌品牌。「貼牌生產」一詞源自 OEM（Original Equipment Manufacturer），英文原義是原始設備生產商。其本質是指擁有優勢品牌的企業為了降低成本，縮短運距，搶占市場，委託其他企業進行加工生產，並向這些生產企業提供產品的設計參數和技術設備支持，來滿足對產品質量、規格和型號等方面的要求，生產出的產品貼上委託方的商標出售的一種生產經營模式。

3. 混合品牌。即一部分產品使用生產企業品牌，一部分產品使用經銷商品牌，如友芝友與蒙牛。採用混合品牌的做法有三種方式。

（1）部分他人品牌。生產者在部分產品上使用自己的品牌，部分產品使用中間產品品牌。這樣，既能保持企業的特色，又能擴大銷路；

（2）部分自有品牌。為了進入新市場，企業先使用中間商的品牌，取得一定市場地位後在使用自己的製造產品品牌。

❖行銷案例

品牌管理：來自印度的觀點

國內市場出現了一個新的群體：理性的顧客。他們是信息經濟時代的產物，見多識廣，也敢於提出問題和表達觀點。這些理性顧客給精明的行銷人員帶來了一連串挑戰和機遇。這對行銷者來說意味著什麼呢？

行銷者沒有忽視這一範式的變化，他們中有些人（即便不是所有人）已經開始迎接這些挑戰。比如國內最大的耐用品行銷者 LG 公司認為消費者觀念已經出現了轉變，主要是在產品攝入度方面變化明顯，消費者對此期望越來越高。餐飲業表示見多識廣的消費者已經讓行銷者對品牌傳播有了新的認識，消費者再也不單純依靠廣告來審視品牌。

「新型顧客到處尋找可以反應品牌理性成分的標籤，在零售環境中（如購買點）滿懷期望地瞭解產品。」LG 行銷副總裁吉利斯·巴帕特如是說。Jyothy 實驗室行銷副總裁拉維也這麼認為。「顧客現在特別留意你所說的品牌事實，即品牌所擁有的特徵、屬性和優勢，」他解釋道，這也是有辨別力的新型消費者的需求。「消費者不再單純根據廣告評價一個品牌，現在他們更多的是靠體驗——服務、包裝、口碑，這在高價商品中更為突出。」說得真好！

這也導致了另一個重要的市場行銷挑戰——消費者變化無常。他們的忠誠度現在不再是理所當然的了。其他行銷者也注意到了這點。Jyothy 實驗室的拉維感覺到消費者願意更多地體驗，也在尋求其他選擇。今天的消費者想法都很清楚——這個品牌如何改善自己的生活？「你會發現行銷者已經開始從中尋找線索了。比如，Santro 已經從高大車型轉向了華麗車型。」拉維解釋道。

不斷轉變的消費者以及不斷演變的市場共同創造了一個局面，其中品牌經理不能再靠以前那些好用的行銷智慧了，這些行銷智慧主要產生於 4P 模型，但是現在被批過時了。讓我們近距離觀察一下品牌管理領域面臨的挑戰。

在急遽變遷的時代，事情自然也變得難辦。對行銷者而言，打造強勢品牌成為了一大挑戰。通過分析過去十年內出現的挑戰，我們發現行銷者開始調整姿態迎接挑戰。

對行銷者來說，去教育創新是首要的。朱斯認為：「當前的形勢下，在產品、屬性或技術方面持續創新，以及採取這些創新滿足消費者需求的能力絕對是必要的。」

拉維也讚同創新在開發新客戶方面所起的作用，特別是那些與客戶需求相關、能滿足客戶需求的創新。LG 公司的巴帕特在提到創建強勢品牌的時候談到了兩種障礙，

他認為，問題主要來源於不創新的品牌。他抱怨道：「品牌間日益縮小的差異和產品革新週期的縮短，以及競爭跟隨策略，這些都減少了利潤。」

除了這些挑戰，還有一些令人困擾的問題，它們是行銷者在適應市場行情時的「膝跳反應」的結果。長此以往的話，這是非常有害的。拉維指出，「很多企業為了瘋狂地吸引客戶，開展了一系列促銷活動，不然消費者就不會購買」。但是梅迪拉塔認為更嚴重的問題是在行銷人員中，特別是在快速消費品行銷人員中出現的一種上升的趨勢，即只是採用簡單的降價路徑而迴避艱難的創新路徑。

問題：
1. 討論當今品牌經理面臨的主要挑戰。
2. 有哪些提議能夠讓行銷者和/或品牌管理者在當今競爭激烈的市場環境中成功？

(二) 品牌統分策略

品牌統分策略是指某個企業或企業的某種產品在某種市場定位之下，採用一個或多個品牌，從而有助於最大限度地形成品牌的差別化和個性化，企業進而以品牌為單位組織開展行銷活動。

1. 個別品牌

個別品牌是指企業各種不同的產品分別使用不同的品牌。其好處主要包括：一是企業的整個聲譽不至於受其某種商品的聲譽的影響。例如，如果某企業的某種產品失敗了，不致給這家企業的臉上抹黑（因為這種產品用自己的品牌名稱）。二是某企業原來一向生產某種高檔產品，後來推出較抵檔的產品，如果這種新產品使用自己的品牌，也不會影響這家企業的名牌產品的聲譽。

2. 多品牌

多品牌策略是指企業根據各目標市場的不同利益分別使用不同品牌的品牌決策策略。寶潔公司從洗髮水的功能出發及時地向市場上推出了不同功能和不同品牌的洗髮水，為滿足不同目標市場上消費者的不同需求，多個品牌各自沿著各自的路走入市場，各有各響亮的牌子，各有各特殊的用途可供消費者「各取所需」。不同品牌的洗髮水沿著各自的路子走入市場，共同提高了企業產品的市場佔有率，使產品迅速覆蓋了中國大江南北。

3. 統一品牌

統一品牌是指企業所有的產品都統一使用一個品牌名稱。例如，美國通用電氣公司的所有產品都統一使用「GE」這個品牌名稱。企業採取統一品牌名稱的主要好處包括：一是企業宣傳介紹新產品的費用開支較低；二是如果企業的名聲好，其產品必然暢銷。

4. 分類品牌

分類品牌是指企業的各類產品分別命名，一類產品使用一個牌子。西爾斯·羅巴克公司就曾採取這種策略，它所經營的器具類產品、婦女服裝類產品、主要家庭設備類產品分別使用不同的品牌名稱。這主要是因為：

（1）企業生活或銷售許多不同類型的產品，如果都統一使用一個品牌，這些不同

類型的產品就容易互相混淆。例如，美國斯維夫特公司同時生產火腿和化肥，這是兩種截然不同的產品，需要使用不同的品牌名稱，以免互相混淆。

（2）有些企業雖然生活或銷售同一類型的產品，但是，為了區別不同質量水平的產品，往往也分別使用不同的品牌名稱。例如，中國最大的現代化皮鞋生產企業森達集團將高檔男鞋的品牌定為「法雷諾」，高檔女鞋為「梵詩蒂娜」，都市前衛男鞋為「百思圖」，都市前衛女鞋為「亞布迪」，工薪族男女鞋為「好人緣」。2002 年，森達皮鞋的時常佔有率達 31%，其中，「百思圖」進入全國皮鞋品牌前 10 名，「好人緣」銷售 100 萬雙，「梵詩蒂娜」占據了國內 95% 的高檔主流商場。

（三）複合品牌策略

複合品牌策略是指對同一種產品賦予其兩個或兩個以上的品牌。根據同一產品的兩個品牌或兩個以上品牌的相互關係，複合品牌策略可細分為主副品牌策略與品牌聯合策略。

1. 主副品牌策略

主副品牌策略是一種最基本的複合品牌策略，指在一種產品中同時出現兩個或兩個以上的品牌，其中一個是主導品牌，另外的是產品的副品牌。主導品牌說明產品的功能、價值和購買對象，副品牌則為主導品牌提供支持和信用。副品牌通常是企業品牌，在企業許多產品品種中出現。企業品牌代表著一種組織，它由具有共同價值觀的人員構成。實行這種品牌策略的公司也有很多，例如吉列公司其生產的刀牌品牌名為「Gilletle，Sensor」。其中 Gilletle 是副品牌，表明是吉列公司所出，為該刀牌提供了吉列公司的支持和信用；而 Sensor 是主導品牌，說明了該刀片的特點。再如，惠普公司也採用了這種品牌策略。在 HP laser-jef 系列激光打印機中，HP 是副品牌，傳遞的信息是該產品是惠普公司生產的；laser—jef 表明產品的功能特性。類似的還有 Shelleil、Heinz ketchup、Millen Lite、豪門干啤等。

2. 品牌聯合策略

品牌聯合策略也是一種複合品牌策略，指兩個公司的品牌同時出現在一個產品上。這是一種伴隨著市場激烈競爭而出現的新型品牌策略，它體現了公司間的相互合作。使用這種品牌最典型的成功例子是英特爾（Intel）公司和世界主要計算機廠家的合作。英特爾公司是世界最大的計算機芯片製造商，曾開發和生產 8086、286、386、486 等 86 系列計算機芯片，由於 86 系列芯片沒有得到商標保護，其競爭對手 AMD 公司和 Cymx 公司等公司也大量生產 86 系列計算機機芯片，大大損害了英特爾公司的收益。因此，從 1991 年開始英特爾公司決心逐步放棄 86 系列芯片的生產並推出奔騰系列芯片。隨之制定了耗資巨大的促銷計劃，擬每年花 1 億美元，鼓勵計算機的製造商在其產品上使用「Intel Inside」的標示。對參與這一計劃的計算機制造商購買奔騰芯片給予 3% 的折扣，若在計算機外包裝上也註有「Intel Inside」的話，則給予 5% 的折扣。1992 年，英特爾公司的銷售額比上年增加 63%。由於芯片是計算機的核心，計算機的性能主要取決於使用的芯片，而英特爾一直是優良芯片的最大供應商，因此在消費者心目中形成了一種印象，計算機就應該使用英特爾公司的芯片。

三、品牌擴展

品牌擴展是品牌策略的重要方面。品牌擴展是指企業利用其成功品牌名稱的聲譽來推出改良產品或新產品，包括推出新的包裝規格、香味和式樣等，以憑藉現有名牌產品形成系列名牌產品的一種名牌創立策略。它與品牌延伸的區別在於：品牌延伸意指使用一個品牌名稱在同一市場上，成功地切入同一市場的另一個區塊。對於擁有顧客忠誠的某種品牌來說，怎樣才能使品牌擁抱吸引力，使其能長期受到顧客的青睞和高度的忠誠呢？答案是，應不斷追求品牌的擴展並準確把握和運用品牌擴展策略。

當一個企業的品牌在市場上取得成功後，該品牌則具有市場影響力，會給企業創造超值利潤。隨著企業發展，企業在退出新的產品時，自然要利用該品牌的市場影響力，品牌延伸就成為自然的選擇。這樣不但可以省去很多新品牌推出的費用和各種投入，還通過借助已有品牌的市場影響力，將人們對品牌的認識和評價拓展到品牌所要涵蓋的新產品上。

（一）品牌擴展的作用

在國際市場，尤其是西方國家，品牌擴展已經成為企業發展的核心，受到了廣泛的關注。概括起來，品牌擴展的作用主要表現在以下幾個方面：

1. 品牌是企業進行市場擴張的有力手段

這種品牌策略充分利用了原始品牌的資源，有利於新產品快速進入市場並降低市場推廣費用，避免了開發新品牌的成本，降低了新產品進入市場的風險。因此，將原始品牌已經建立起來的知名度、忠誠度轉移到延伸品牌，可以憑藉消費者對原始品牌的好感與印象降低對新產品的抵觸而增加對其的接受程度。

2. 品牌擴展有利於豐富品牌組合以及適應消費多元化的趨勢

品牌擴展可以使產品組合更加豐富，為消費者提供更多的選擇。同時，在擴大產品線的基礎上，增加了品牌的整體競爭實力，豐富了原始品牌的形象並注入活力，增強了對原始品牌的品牌聯想，使品牌形象富於創新並更加豐滿。同時，由於新產品的加入，也增加了原始品牌的新鮮感，使顧客對原始品牌具有更多的不同感受。

3. 品牌經營者可用某個強勁的品牌來使新產品很快獲得識別

當新品牌或重新定位的品牌有消費者已熟悉的成分時，消費者對此新定位所傳達的信息會有一種熟悉的感覺，這種感覺是通過對原有品牌的認知和品牌擴展而獲得的。

4. 品牌擴展可以增加消費者的新鮮感及對零售商的依賴

成功的品牌延伸能為現有的品牌或產品帶來新鮮感，令它們增加活力，為消費者提供更完整的選擇。一般來說，很少有消費者某一品牌忠誠到對其他品牌不想試一試的程度。擴展消費群體的唯一辦法就是進行品牌擴展，為目標市場提供幾種品牌。例如，可口可樂退出的第一個擴展品牌「健怡可口可樂」，就獲得了極大的成功。「健怡可口可樂」迅速成為美國第三暢銷的不含酒精飲料以及美國銷售量第一的低糖飲料。品牌也能增加零售商對生產商品牌的依賴程度，為生產企業贏得競爭中的優勢。

5. 品牌擴展能夠增強核心品牌的影響

品牌能夠提高整體品牌的投資效益，即整體的行銷投資達到理想經濟規模時，核心品牌和主力品牌都將因此而獲益。如海爾的品牌擴展使之成為「中國家電大王」，比競爭者更勝一籌。

(二) 品牌擴展的潛在問題

1. 損害品牌形象

一些企業把消費者心目中的高檔產品擴展到低檔產品上。近幾年來，茅臺酒面對五糧液的攻勢亂了方寸，將品牌從「國酒」的高端市場拉到中低端市場，稀釋了品牌「尊貴」的內涵，也挫傷了茅臺酒原有的消費群體的忠誠度，銷售狀況自然不佳。無限向下延伸的結果就是品牌價值的掠奪性開採，最終會降低銷售額和市場佔有率，損害企業形象。

2. 淡化品牌特徵

品牌鮮明、獨特的個性是塑造強勢品牌的基礎和根本，當一個品牌的獨特個性逐漸被消費者所接受，並形成品牌忠誠度就不容易改變。消費者對品牌偏愛和忠誠度越高，品牌延伸商品被目標消費群體認知、接受的可能性就越大。但不當延伸往往會稀釋品牌的個性，從而迅速瓦解目標消費群對品牌的偏愛度和忠誠度。「金利來，男人的世界」這句廣告語揭示了產品的核心主張以及品牌定位。當精巧的「金利來」女用皮包上市後，就淡化了品牌的特徵，既削弱了品牌原有的男子漢的陽剛之氣，也沒有贏得女士們的歡心。

3. 破壞銷售關係

一個品牌的產品從少數的幾款上升到幾十款，隨著這種數量的增加，使得包裝消費品的庫存品種數量逐日增加。然而，零售商不僅僅因為某一大類商品有更多品種的產品，就為其提供更多的貨架空間。隨著製造商信譽的不斷降低，零售商把越來越多的貨架空間分給它們的自營商標產品。製造商之間對剩餘的有限安置空間的競爭，提高了總的促銷費用，並使利潤轉移給了實力不斷增強的零售商們。

❖ 行銷案例

海爾品牌延伸戰略分析

海爾集團是 1984 年在引進德國利勃海爾冰箱生產技術的基礎上發展起來的。1984—1991 年，海爾只生產一種產品——電冰箱。經過多年的努力，在業界樹立了高質量、優質服務的品牌形象，並成為當時中國家電產品唯一的馳名商標。隨後，海爾開始逐步推行品牌延伸戰略：自 1992 年到 1995 年，海爾品牌逐步延伸到洗衣機、空調等家電產品；1998 年，海爾進軍黑色家電領域；1999 年海爾品牌電腦成功上市，如今的海爾集團已成為擁有包括白色家電、黑色家電、米色家電在內的多規格、多品種家電群、幾乎覆蓋了所有家電產品，在消費者心目中樹立了海爾家電王國的形象。

影響品牌延伸成功因素分析：

（1）相似度。海爾以白色家電為核心，延伸到黑色家電、米色家電以及移動通信領域，基本上都遵循了產品與原產品的相似性原則。家電產品技術上的相似性、核心價值的一致性、分銷渠道的相似性、主要成分的相似性以及海爾多年來營造的高品質、高科技品牌形象，使得消費者認可了海爾這一系列的延伸過程。但後來海爾又延伸到房地產與醫藥領域，結果只能失敗，理由非常簡單：延伸品牌與核心品牌無論是在受眾、技術、類型、可替代性還是主要成分上都全無一點相似性。

（2）強勢度。海爾是在其電冰箱市場的問鼎地位確認之後進入其他家電市場的，這不僅為其延伸累積了品牌專業資產，也在品牌定位精準之後打造了一個良好的品牌美譽度，使得消費者對其品牌形象加以認可，為成功延伸奠定了基礎，更為之後海爾能夠進入洗衣機、空調、電視機甚至移動通信設備等眾多市場所進行的科技、產品的創新研究或開發提供了足夠的資金，占盡了市場先機。

（3）消費者因素。品牌可以進行延伸的前提是這一品牌要具有較高的知名度，且在消費者心目中有較高的地位。海爾在進行大規模的品牌延伸前已經成為了家喻戶曉的品牌，它生產的電冰箱以高品質和優質的售後服務著稱使海爾一舉成為中國家電產品的唯一馳名商標。海爾還憑藉著自己的實力，建立了牢固的用戶忠誠度。「用戶永遠是對的」，海爾根據這一理念進一步形成「真誠到永遠」的全方位承諾。「國際星級服務一條龍」新概念，使海爾品牌與用戶之間形成一種親情般的關係；此外，海爾還在讓用戶在使用期產品時毫無怨言，它在全國各大城市都設立了「9999」售後服務熱線，用戶只需一個電話，剩下的事全由海爾來做，這樣就在海爾與消費者之間架起了一座座「心橋」。

（4）市場因素。企業想要成功地進行延伸，必須重視延伸的市場環境。海爾用了七年的時間來醞釀品牌延伸，在這七年裡，不僅品牌自身得到了很大發展，還認清了整個家電市場的競爭環境。通常情況下，競爭越激烈，品牌延伸的相對價值就越高。海爾正是在中國家電行業競爭最激烈的時候加入到品牌延伸的行列中去的。

（5）行銷及公司因素。海爾在創立和打造自己的品牌戰略時非常注意運用各種行銷活動和宣傳攻勢，充分突出海爾的商標設計、口號、電視和雜誌廣告等。如海爾的CI整體形象策劃，在外界做了一個統一的形象，從 Haier 這幾個英文字母到兩個小孩，使人們會迅速聯想到海爾產品，和海爾人的承諾「真誠到永遠」，這對提高海爾知名度，提升海爾的品牌形象起到了很大的作用；此外，海爾在延伸品牌時，還會深入分析市場機會，為細分市場提供相應「賣點」的延伸產品，這樣，其延伸產品成功上市及品牌延伸成功的可能性就比較大。

第三節　品牌保護與品牌管理

一、商標與品牌的區別

很多人認為商標就是品牌，或品牌就是商標，甚至很多的企業經營者也是這樣認

為的，這種錯誤的認識說明兩點：一是說明對品牌概念不理解，品牌意識淡薄；二是說明企業在經營的過程中只重視商標，而忽視品牌的建設和管理。其實品牌與商標有著本質的區別，主要表現在以下幾個方面：

(一) 品牌與商標二者概念不同

品牌是一個市場概念，而商標是一個法律概念。中國商標法對商標的定義是：「商標是指商品生產者或經營者為自己的商品在市場上同其他商品生產者或經營者的商品相區別，而使用於商品或其包裝上的，由文字、圖案或者文字和圖案的組合所構成的一種標記。」從定義上看，它與品牌似乎沒有什麼區別，其實不然，商標最大的特點是具有獨占性，這種獨占性是通過法律來保證的。而品牌定義：它是一種名稱、術語、標記、符號或圖案，或是它們的相互組合，用來識別和區分其他組織及其產品或服務，並通過其產品或服務所提供的一切利益關係、情感關係和社會關係的綜合體驗的總和。品牌最大的特點是它的差異化的個性，這種個性是通過市場來驗證的。

(二) 品牌與商標的構件不同

一般而言，品牌構件比商標構件更豐富，商標的構件僅僅是靜態東西如圖案和文字或者二者組合體。而品牌的構件則是由靜態和動態兩大部分組成，靜態部分包括名稱、圖案、色彩、文字、個性、文化及象徵物等；動態部分包括如品牌的傳播、促銷、維護、管理、銷售、公關活動等。品牌是一個複合概念，所以它的構件要比商標豐富。

(三) 品牌與商標使用區域範圍不同

商標有國界，品牌無國界。世界每個國家都有自己的商標法律，在一國註冊的商標僅在該國範圍內使用受法律的保護，超過國界就失去了該國保護的權利，也是說該商標不再具有排他性。而品牌則與商標不同，如「虎」及其圖案是品牌，在其他國家也是品牌，你可以使用，他也可以使用，只不過是所有者不同而已。

(四) 品牌和商標使用的時效不同

品牌時效取決於市場，而商標的時效則取決於法律。世界各國對商標的使用都有一定的年限，如一些國家規定商標的使用年限為 20 年。中國規定為 10 年，如果到期限還可以續註，事實上商標具有永久性權利。而品牌則不同，即使法律允許你，但市場不一定接受你，品牌的生命力的長短取決市場和經營者的能力。

(五) 商標要註冊審批，品牌只需使用者自己決定

這裡的商標是註冊商標，必須經過法定程序才能取得，在註冊成功之前稱之為商標，宣稱有獨占性權利是不當的。一個標示、一個名稱或兩者組合能否成為商標不取決於企業，而是取決於法律所屬於的權力機構──商標局評審機構。而品牌則不同，公司隨便取一個名稱，請人畫個圖案就可以使用品牌，而且用不用、怎麼用都不需要誰來批准。當然一旦選定一個品牌，還是盡量去註冊，這樣等到品牌做大之後可以防止別人搶註成商標，因為不是商標是不受法律保護的。

二、商標的法律屬性

(一) 商標權

商標權是商標專用權的簡稱，是指商標主管機關依法授予商標所有人對其註冊商標受國家法律保護的專有權。商標註冊人擁有依法支配其註冊商標並禁止他人侵害的權利，包括商標註冊人對其註冊商標的排他使用權、收益權、處分權、續展權和禁止他人侵害的權利。商標是用以區別商品和服務不同來源的商業性標誌，由文字、圖形、字母、數字、三維標誌、顏色組合、聲音或者上述要素的組合構成。

中國商標權的獲得必須履行商標註冊程序，而且實行申請在先原則。商標是產業活動中的一種識別標誌，所以商標權的作用主要在於維護產業活動中的秩序，與專利權的作用主要在於促進產業的發展不同。

根據《中華人民共和國商標法》的規定，商標權有效期10年，自核准註冊之日起計算，期滿前6個月內申請續展，在此期間內未能申請的，可再給予6個月的寬展期。續展可無限重複進行，每次續展註冊的有效期為10年。自該商標上一屆有效期滿次日起計算。期滿未辦理續展手續的，註銷其註冊商標。

(二) 商標侵權

商標侵權是指：行為人未經商標權人許可，在相同或類似商品上使用與其註冊商標相同或近似的商標，或者其他干涉、妨礙商標權人使用其註冊商標，損害商標權人合法權益的其他行為。行為人銷售明知或應知是假冒註冊商標的商品，商標專用權被侵權的自然人或者法人在民事上有權要求侵權人停止侵害、消除影響、賠償損失。

❖ 行銷案例

美國高通被訴商標侵權

2014年4月，上海高通半導體有限公司（以下稱上海高通）以商標侵權為由向上海市高級人民法院對美國 Qualcomm Incorporated（以下稱美國高通）提起訴訟，索賠1億元人民幣。

上海高通成立於1992年，原名為上海高通電腦有限責任公司，2010年更名為上海高通半導體有限公司。自1992年起，上海高通先後註冊了一系列高通商標，註冊號分別為第662482（第9類）、776695（第38類）、4305049（第38類）和4305050（第42類）號等。

上海高通對美國高通的控告集中於兩點：一是商標侵權，二是不正當競爭。上海高通認為，美國高通在其中文官網、新浪博客、新浪微博以及其他商業廣告宣傳中，存在大量將高通用作其產品或服務商標的情形，多次出現「高通驍龍處理器」「高通芯片」等字樣，美國高通還將高通作為其企業名稱中的字號突出使用，這些行為構成商標侵權。

此外，上海高通使用高通作為商標和企業字號早於被告，美國高通在中國使用的

企業名稱原本為卡爾康公司，其應當也有能力在使用高通字號前進行檢索，避讓原告在先的商標權和字號權。由於與上海高通經營範圍存在重合或近似，經營的產品和服務類似，美國高通使用包含高通字樣的中文企業名稱，會使相關大眾產生混淆誤認，因而其行為構成不正當競爭。

2014年5月，上海市高級人民法院受理此案並立案。但是，由於跨國訴訟程序複雜，截至目前，該案尚未開庭。

三、商標註冊

商標註冊是商標使用人取得商標專用權的前提和條件，只有經核准註冊的商標，才受法律保護。商標註冊原則是確定商標專用權的基本準則，不同的註冊原則的選擇，是各國立法者在這一個問題中對法律的確定性和法律的公正性二者關係進行權衡的結果。

（一）使用在先

使用在先是指最早用以確定商標權利歸屬的原則。根據這一原則，沒有對商標的使用即不擁有任何權利，如果雙方對商標都進行過使用，商標權利屬於首先使用之人。

適用使用在先原則的國家不僅認為這樣確定的權利歸屬對於雙方才算公平，而且認為唯有在商業中已經使用的商標才有保護的必要。

目前，美國、加拿大、英國、和澳大利亞等國採用這種歸屬原則進行商標認定。

（二）註冊在先

商標的專用權歸屬於依法首先申請註冊並獲準的企業。其原則告訴我們，某一品牌不管誰先使用，法律只保護依法首先申請註冊該品牌和商標專用權的企業。

與使用在先原則不同，註冊在先原則不僅不要求先使用才能取得權利，而且單純使用不產生任何權利，決定權利取得的唯一標準是註冊與否，具體到申請，則依申請的先後順序確定權利歸屬。

註冊在先原則的確立一方面提高了效率，結束了商標權利歸屬難以考查的歷史，另一方面也在一定程度上犧牲了公平，因為該原則使已經使用的商標在被他人首先註冊的情況下可能付出高昂的代價，造成不公平的結果。

目前，國際上採用此原則的國家主要有：中國、日本、法國、德國等。《中華人民共和國商標法》明確規定：「兩個或兩個以上的商標註冊申請人，在同一種商品或者類似商品上，以相同或者近似的商標申請註冊的，初步審定並公告申請在先的商標；同一天申請的，初步審定並公告使用在先的商標，駁回其他人的申請。」

❖ 行銷案例

嘀嘀打車更名滴滴打車

2014年5月19日，杭州妙影微電子有限公司（以下稱杭州妙影）召開嘀嘀商標權情況媒體通報會，宣稱北京小桔科技有限公司（以下稱小桔科技）使用「嘀嘀」二字

作為打車產品名稱，侵犯其註冊商標專用權，已聯合浙江省寧波市科技園妙影電子有限公司（以下稱寧波妙影）向杭州市中級人民法院提起訴訟，要求小桔科技停止侵權行為，並賠償人民幣8,000萬元。而在此前的5月13日，杭州市中院已經對此立案。5月20日，小桔科技召開發布會，宣布旗下產品「嘀嘀打車」正更名為「滴滴打車」。

2011年3月22日，寧波妙影向國家工商總局商標局申請註冊「嘀嘀」和「Didi」兩件商標，2012年5月21日核准註冊，註冊號分別為第9243846號、第9243913號，核定用商品包括第9類「計算機程序（可下載軟件）」項目。2013年7月13日，寧波妙將嘀嘀和Didi商標轉讓給杭州妙影。之後，杭州妙影將上述兩件註冊商標排他可給寧波妙影使用。

小桔科技成立於2012年7月，並於當年9月對外推出嘀嘀打車系列手機軟件，包括Ios和Android系統的乘客版與司機版，用戶可以通過應用商店等途徑下載使用。2012年11月28日，小桔科技向商標局申請註冊圖形、文字組合商標嘀嘀打車，2014年1月13日被商標局駁回。1月27日，小桔科技向商標評審委員會申請復審。

原告寧波妙影和杭州妙影認為，小桔科技在各種廣告宣傳和商業活動中均使用了「嘀嘀」二字，根據《商標法》相關規定，其行為涉嫌侵權。小桔科技回應，嘀嘀打車軟件是將「嘀嘀」「打車」4個字與圖形組合使用的，並不對嘀嘀商標構成侵權，沒有給對方造成損失，自己也沒有非法獲利。另外，自己申請註冊的嘀嘀打車商標仍在復審程序中，能否註冊尚無定論。

直至2014年5月20日，嘀嘀打車公司在官方微博宣布「全國打車軟件領導品牌『嘀嘀打車』今日正式更名為『滴滴打車』」。並且聲稱「滴滴」二字寓意著滴水成河，公司希望匯聚每一位員工的力量，為了今後的發展共同努力。

而據「嘀嘀打車」官方提供的數據顯示：從2014年1月10日至3月底，「嘀嘀打車」用戶已從原來的2,200萬增加至1億，日均訂單量也從35萬增長至521.83萬，嘀嘀打車累計投入現金補貼高達14億元。面對這一突如其來的侵權事件，基於原告方確實先於自己申請此商標的事實，滴滴打車公司也只能悶頭接受即將到來的現金處罰，甚至隨之而來的更名。

長久以來，侵權案件無論是有意還是無意，每天都會以上百件甚至於上千件的速度發生著，對於小公司通過惡意模仿來實現不正當競爭事件，我們或許早已習慣，但對於像滴滴打車這樣的大型公司因為註冊商標的不及時性而導致公司嚴重損失的案例卻是比較少的。

❖ **行銷視野**

2014年商標十大典型案例

❖ **本章小結**

（1）品牌是用以識別銷售者的產品或服務，並使之與競爭對手的產品或服務區別開來的商業名稱及其標誌。通常由文字、標記、符號、圖案和顏色等要素或這些要素的組合構成。

（2）品牌對於消費者、生產者以及國家都有著一定的作用。從消費者的角度來看，品牌化是為產品或服務增加價值的一個重要方式，因為它往往有助於呈現出某些魅力品質或性質；從生產者的角度看，持有品牌的公司所對應的價值可能是有利可圖的消費者、有價值的客戶關係、資源合理有效利用以及為未來生存發展而獲利的能力；從國家的角度看，推行國家品牌的建立不僅具有重大的商業利益，還有深淵的政治意義。

（3）品牌資產由品牌的知名度、品牌形象、品牌聯想度、品牌忠誠度以及品牌的其他資產構成。品牌的基本要素包括：好記易讀、個性鮮明、聯想美好、國際接軌、聯繫企業等。

（4）品牌命名的方法包括：信息啓迪法、廣義靈感發、頭腦風暴法。標誌設計的特性主要有：獨特性、注目性、通用性、信息性、藝術性、時代性。

（5）品牌的統分策略有：個別品牌策略、多品牌策略、統一品牌策略以及分類品牌策略。

（6）品牌擴展是指企業利用其成功品牌名稱的聲譽來推出改良產品或新產品，包括推出新的包裝規格、香味和式樣等，以憑藉現有名牌產品形成系列名牌產品的一種名牌創立策略。

（7）商標權是商標專用權的簡稱，是指商標主管機關依法授予商標所有人對其註冊商標受國家法律保護的專有權。

（8）商標權的使用在先指最早用以確定商標權利歸屬的原則，根據這一原則，沒有對商標的使用即不擁有任何權利，如果雙方對商標都進行過使用，商標權利屬於首先使用之人。商標權的註冊在先是指某一品牌不管誰先使用，法律只保護依法首先申請註冊該品牌和商標專用權的企業。

❖ 趣味閱讀

加多寶的「對不起」體

加多寶花費 10 多年時間將租借來的「王老吉」商標打造成國內馳名的涼茶品牌。由於商標使用權到期，所以要將其交還廣州藥業集團。將商標交還廣藥之後，為了延續此前在消費者心中的形象，加多寶通過文案技巧向消費者暗示，現今的加多寶涼茶就是從前的王老吉涼茶，但是這種打「擦邊球」的模糊說辭遭到廣藥的起訴。2013 年 1 月，法院判決加多寶停止使用「王老吉改名為加多寶」「全國銷量領先的紅罐涼茶改名為加多寶」等宣傳用語。

眼見大勢已去，加多寶的行銷團隊該怎麼做呢？

傳統做法不外乎是：從輿論上痛斥廣藥不正當競爭，玩文字遊戲改廣告詞繼續宣傳，從法律上反訴廣藥壟斷霸權，聲明要上訴等。但是，老百姓無所謂誰是誰非，也不關心市場競爭——這些事情太無聊了！

2013 年 2 月 4 日 14 時，加多寶官方微博開始「淚流滿面」，連發 4 條哭訴微博，以「對不起」體表明自己的立場。每張「對不起」圖片上都有一句話，每幅圖片中都有一個哭泣的小寶寶。

「對不起！是我們太笨，用了 17 年的時間才把中國的涼茶做成唯一可以比肩可口可樂的品牌。」

「對不起！是我們無能，賣涼茶可以，打官司不行。」

「對不起！是我們出身草根，徹徹底底是民企的基因。」

「對不起！是我們太自私，連續 6 年全國銷量領先，沒有幫助競爭隊友修建工廠、完善渠道、快速成長……」

加多寶的這 4 幅「對不起」圖片，調侃對手，正話反說，表面上是道歉、自嘲，實際上是喊冤、抗議，這種向公眾示弱、向對手示強，笑著自揭傷疤示人的風度，立刻博得了大眾的同情。不到 2 小時，「對不起」迅速成為「刷屏王」，被轉發 4 萬多次，獲得評論 1 萬多條。

加多寶這次「喊冤」微博的配圖堪稱經典，含淚哭泣的小寶寶們充滿了委屈，讓人瞬間產生憐憫之心，不少網友喊出了「寶寶，加油！」的口號。

加多寶推出「對不起」體後，廣藥推出了「沒關係篇」，可口可樂推出了「都怪我篇」，百事可樂推出了「別鬧了篇」，網友推出了「無所謂篇」等，熱鬧非凡，均取得了良好的效果。

❖ 課後練習

一、單選題

1. 以下不屬於網路品牌的構成要素的是（　　）。
   A. 品牌名稱　　　　　　　　　　B. 品牌圖案

C. 品牌附屬內容　　　　　　　　D. 品牌內涵
2. 以下不屬於品牌功能的一項是（　　）。
　　　A. 信息效率　　　　　　　　　　B. 降低風險
　　　C. 帶來收益　　　　　　　　　　D. 創造形象利益
3. 在企業形象傳遞的過程中，應用最廣泛、出現頻率最高的品牌元素是（　　）。
　　　A. 品牌標示　　　　　　　　　　B. 品牌名稱
　　　C. 品牌符號　　　　　　　　　　D. 品牌廣告語
4. 制定區域市場發展規劃的步驟是（　　）。
　　　A. 需求分析——品類規劃——品牌規劃
　　　B. 品類規劃——需求分析——品牌規劃
　　　C. 品類規劃——品牌規劃——需求分析
　　　D. 品牌規劃——品類規劃——需求分析
5. 品牌延伸是（　　）使用。
　　　A. 對已經存在的品牌標示的
　　　B. 對已經存在的品牌名稱的
　　　C. 對已經存在的品牌口號的
　　　D. 對整個品牌資產的策略性的

二、多選題

1. 企業採用同一品牌策略，（　　）。
　　　A. 能夠降低新產品的宣傳作用
　　　B. 有助於塑造企業形象
　　　C. 易於區分產品質量檔次
　　　D. 促銷費用較低
　　　E. 適合於企業所有產品質量水平大體相當的情況
2. 海爾先有產品及新上市的產品均使用「海爾」商標，屬於（　　）。
　　　A. 製造者商標策略　　　　　　　B. 經銷商商標策略
　　　C. 統一商標策略　　　　　　　　D. 商標拓展策略
　　　E. 中間商商標策略
3. 品牌的含義可以分為幾個層次，包括（　　）。
　　　A. 屬性　　　　　　　　　　　　B. 利益
　　　C. 價值　　　　　　　　　　　　D. 文化
　　　E. 環境
4. 在品牌戰略決策方面有以下幾種選擇？（　　）
　　　A. 建立新品牌　　　　　　　　　B. 延伸原有品牌
　　　C. 品牌重新定位　　　　　　　　D. 改變原有品牌
　　　E. 借用成熟品牌
5. 國際上對商標權的認定，有（　　）並行的原則。

A. 註冊在先 　　　　　　　　B. 象徵性使用在先
C. 使用優先輔以註冊有限　　D. 註冊優先輔以使用優先

三、簡答題

1. 為什麼說高度的品牌資產能為公司帶來競爭優勢？
2. 品牌擴展有什麼好處和風險？
3. 企業實行多品牌戰略的好處有哪些？

四、案例分析題

大眾汽車：轉變認知和定位——拓展品牌

大眾汽車是一個國際知名品牌，歷年來與大眾市場相聯繫，其最著名的車型是甲殼蟲（Beetle）。事實上，大眾汽車公司目前正在利用懷舊之情推出新的復古甲殼蟲車型。可是，不滿足於堅持做曾獲得成功的單一類別，大眾汽車公司也嘗試進入目前由奔馳和寶馬主導的高檔豪華轎車細分市場。

大眾汽車公司首先冒險進入該細分市場的是一款新的帕薩特V6汽車，其價格超出了典型的大眾汽車購買者的消費能力範圍。顯然，它還計劃將其他車型引入高層次和高價位的細分市場。儘管大眾汽車公司已擁有了奧迪、賓利（Bentley）和蘭博基尼（Lamborghini）等品牌，但當消費者認知仍然將以大眾為品牌的汽車與小車型和中低檔汽車相聯繫時，許多人還是對大眾汽車公司對其品牌進行向上延伸抱有疑慮。

大眾的徽章價值（品牌聯想）不會吸引寶馬、奔馳或奧迪的顧客。其他品牌（如沃爾沃和豐田的雷克薩斯）也正將它們的定位專項高端的目標市場，這些人需要性能、奢侈以及符號。大眾也這麼做的話，會有一些問題接踵而來。大眾承認這個問題，但聲稱將給消費者帶來更多產品。可是，高檔車擁有者購買的是產品嗎？根據研究，更有可能是地位、聲譽和自我表達決定了消費者的購買決策。要想讓任何以大眾類品牌的車型走進高端市場，大眾汽車公司都需要做大量的消費者認知管理和經銷商教育工作。

問題：

1. 什麼是奢侈品的品牌化？
2. 如果步入高檔豪華汽車市場，那大眾的定位戰略或重定位戰略需要怎樣處理？

❖ 行銷技能實訓

實訓項目：品牌設計與傳播

【實訓目標】培養學生的品牌設計能力與品牌行銷能力

【實訓內容與要求】

請你為未來公司的某產品設計一個品牌，並對其進行廣告宣傳（產品可以自己選擇）。

1. 品牌的創作：要求設計品牌名稱和品牌標誌（用PPT的形式進行展示）。
2. 為你的品牌進行相關的廣告宣傳。
(1) 寫一份廣告文案（用PPT的形式進行展示）。
(2) 拍一段廣告宣傳視頻。

第十章　定價策略

沒有任何一個地方比錯誤定價更讓你白白送錢給別人。

——西蒙

沒有降價兩分錢抵消不了的品牌忠誠。

——菲利普·科特勒

❖ **教學目標**

知識目標
（1）掌握定價的主要因素。
（2）掌握定價的幾種方法。
（3）掌握行銷定價的基本策略。
（4）瞭解價格調整與企業對策。
技能目標
（1）具備在分析影響定價因素的基礎上進行定價的能力。
（2）具備靈活運用各種定價方法、定價策略的能力。

❖ **走進行銷**

定價策略玩的就是另類

團購的興起實際上是一種定價策略的勝利，只通過價格就能玩出一種新的商業模式，而且火遍全球。下面要講的案例打破了常規的定價方法，顯得比較另類，卻可能成為下一個熱點。

還記得那個宣稱「下雪就免費」的小珠寶店老闆嗎？他對美國北卡州 Asheville 市的市民們說：「各位！只要 Asheville 市在聖誕節那天積了 3 寸厚的雪，你買的珠寶就免費！」消費者只要在 2010 年 11 月 26 日至 12 月 11 日期間，買下任何一種珠寶，就可以玩這個遊戲。如果當天真的積了 3 寸厚的雪，老闆就會退錢給你。

消費者一聽到這樣的消息，就覺得有趣，至少先在 Asheville 市傳開了。有些人本來就想買珠寶，兩家一比較，肯定直接選這家。

珠寶店的老闆給我們上了一課——玩行銷，不如玩價格！好的定價創意，往往可以事半功倍！

想一想：
1. 價格是個神奇的工具，珠寶店老闆為何如此大膽？

235

2. 這種策略的定制考慮了哪些因素？

價格是行銷組合中唯一與收益相關的因素，其他因素都是與成本相關。價格也是行銷組合中最敏感和最難控制的因素，它直接關係著市場對產品的接受程度，影響著市場需求和企業利潤的多少，涉及生產者、經營者、消費者等各方面的利益。因此，定價策略是企業市場行銷組合策略中一個極其重要的組成部分。

第一節　影響定價的主要因素

一、定價目標

所謂定價目標（Pricing Objectives）是企業在對其生產或經營的產品制定價格時，有意識的要求達到的目的和標準。它是指導企業進行價格決策的主要因素。企業制定行銷價格的目標主要有兩個：獲取利潤目標和佔有市場目標。

（一）獲取利潤目標

從狹義的收入、費用來講，利潤包括收入和費用的差額，以及企業日常活動中發生的直接計入損益的利得、損失，是考核和分析企業行銷工作好壞的一項綜合性指標，是企業最主要的資金來源。

（二）占領市場目標

市場佔有率能準確反應企業在同行業的地位和競爭實力，因此，許多企業以市場佔有率作為自己的價格目標。

❖ 行銷視野

表 10-1　　　　　　　　八家大公司的定價目標

公司名稱	定價主要目標	定價相關目標
阿爾卡公司	投資報酬率（稅前）為 20%；新產品稍高（稅後投資率為 10%）	對新產品另行制定促銷策略；求價格穩定
兩洋公司	增加市場佔有率	全面促銷（低利潤率政策）
杜邦公司	目標投資報酬率	保證長期的交易；根據產品壽命週期對新產品定價
埃克森公司	合理投資報酬率目標	保持市場佔有率；求價格穩定

表10-1(續)

公司名稱	定價主要目標	定價相關目標
通用電氣公司	投資報酬率（稅後）為20%；銷售利潤率（稅後）為7%	新產品促銷策略；保持全國廣告宣傳產品的價格穩定
通用汽車公司	投資報酬率（稅後）為20%	保持市場佔有率
海灣公司	根據各地最主要的同業市場價格	保持市場佔有率；求價格穩定
堪尼克特公司	穩定價格	增加市場佔有率

二、產品成本

產品成本是企業為了生產產品而發生的各種耗費，可以指一定時期為生產一定數量產品而發生的成本總額，也可以指一定時期生產產品單位成本。

一個企業的成本有兩種形式：固定成本和變動成本。固定成本（Fixed Cost）又稱固定費用，是指成本總額在一定時期和一定業務量範圍內，不受業務量增減變動影響而能保持不變的成本，如企業內所需的機器設備、廠房的折舊、管理人員的薪水等支出，是與企業的產量無關的費用。變動成本是指那些成本的總發生額在相關範圍內隨著業務量的變動而呈線性變動的成本。總成本是一定水平的生產所得的固定成本和變動成本的總和。

企業定價必須首先使總成本費用得到補償，要求價格不能低於總成本費用，企業的銷售收入正好補償固定成本和變動成本的這一點，被稱為盈虧平衡點。圖10-1為盈虧平衡分析圖。

圖 10-1　盈虧平衡分析圖

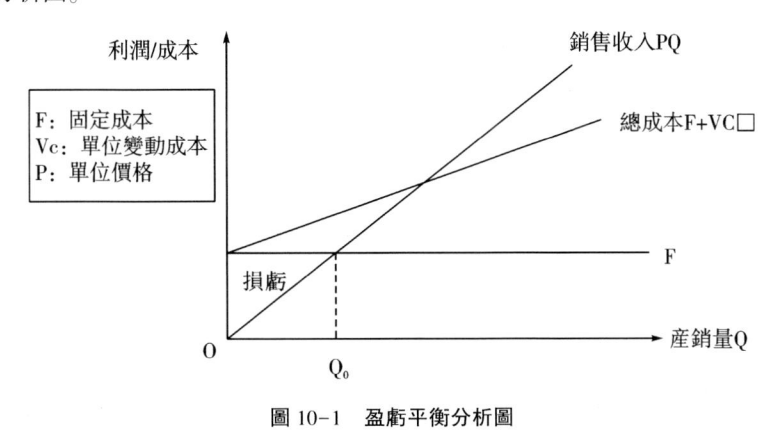

圖10-1表明，隨著銷售量的增長，必定存在著盈虧平衡點，可以進一步發揮企業的生產能力，降低產品的成本。

三、市場需求

市場需求是影響企業定價的最重要的外部因素，產品價格不能高到無人購買，也

不應低到供不應求。市場需求是指一定的顧客在一定的地區、一定的時間、一定的市場行銷環境和一定的市場行銷計劃下對某種商品或服務願意而且能夠購買的數量。

(一) 需求與供給的關係

一般情況下，商品供過於求時價格下降，供不應求時價格上漲。在完全競爭的市場條件下，價格完全在供求規律的自發調節下形成，企業只能隨行就市定價，無所謂定價策略。在不完全競爭的市場條件下，企業才有選擇定價方法和策略的必要和可能。

(二) 消費者對產品價格與價值的感受

最終評定價格是否合理的是消費者，因此企業在定價時必須考慮消費者對產品價格和價值的感受及其對購買決策的影響決策，也必須如其他行銷組合決策一樣，以消費者為中心。

(三) 需求的價格彈性

價格彈性即產品價格變動對市場需求量的影響。不同產品的市場需求量對價格變動的反應程度不同，也就是彈性大小不同。

四、競爭者的產品與價格

如果企業向市場所提供的產品與競爭者的產品相比是屬於無差異的產品，那麼競爭者的價格對企業定價必然產生約束；只有低於或等於競爭者產品的價格，企業才會具有價格競爭力。究竟是採用低於還是等於競爭者產品的價格，則要視市場的供求狀況而定。如果企業所提供的產品屬於差異性產品，產品本身所表現出來的優點非常明顯，那麼就可以制定比競爭者更高的價格。但價格制定與調整是一個連續的過程，競爭者可能也必然對企業所制定出來的價格做出反應。因此，制定價格還必須考慮到一個價格出抬後，競爭者可能做出的反應，並把這種反應作為定價時的一個因素來看待。

例如，佳能需要針對競爭對手的成本設定自己的成本基準點，以便瞭解它的經營成本處於優勢還是處於劣勢。一旦佳能掌握了競爭對手的價格和市場供應，便可以利用它們作為自己定價的起點。如果佳能的照相機類似於尼康照相機，那麼佳能將不得不把價格定得接近於尼康，否則就會銷售不出去；如果佳能相機不如尼康的好，公司就不能把價格定得一樣高；如果佳能的產品比尼康的要好，它就可以定得高些。一般來講，佳能會參照競爭對手對其產品進行價格定位。

五、政府的政策法規

價格是國家調控經濟的一個重要參數，國家通過稅收、金融、海關等手段間接地控製價格，同時對壟斷價格進行限制，因此企業定價的自由度要受政策因素影響。例如，美國某些州政府通過租金控製法將房租控製在較低的水平上，將牛奶價格控製在較高的水平上；法國政府將寶石的價格控製在低水平，將麵包價格控製在高水平；中國某些地方為反暴利，對商業毛利率進行了限制等。

世界各國對市場物價都有相應的規定，有監督性的，有保護性的，也有限制性的。

《中華人民共和國價格法》《關於商品和服務實行明碼標價的規定》《價格違法行為行政處罰規定》等對價格的制定有明確的規定。在通貨膨脹情況下，政府甚至會對商品的價格進行全面凍結，以減緩通貨膨脹。

❖ **行銷案例**

澳門特區政府收緊樓市按揭政策

新華社澳門5月4日電（記者劉暢），澳門特區政府發言人辦公室在2017年5月4日宣布，自5日起實施新的購房按揭措施，以遏制近期上漲過快的房價。其中，澳門居民非首次置業在原按揭成數的基礎上收緊10%至20%。首次置業的澳門居民不受影響。

特區政府金管局銀行監察處副總監劉杏娟表示，此次調整住宅及樓花按揭比例，基於四點背景：一是澳門住宅市場炙熱，樓價回升及成交量明顯增加，今年一季度整體住宅價格與去年同期相比上升了20%，與去年第四季度相比上升4.7%；二是儘管買家基本為澳門居民，但買家在購買單位時已擁有一個或以上住宅單位的交易占了總交易的50.7%；三是加息預期仍然高企；四是近日內地多個城市以及香港紛紛推出了房價調控措施。

根據新的按揭措施，非首次置業的澳門居民所購物業價值在330萬（澳門元，下同）或以下的，按揭成數上限由原來的90%收緊至70%；物業價值在330萬至600萬元的，按揭成數上限由原來的70%收緊至60%；物業價值在600萬至800萬元的，按揭成數上限由原來的60%收緊至50%；物業價值在800萬元以上，按揭成數上限由原來的50%收緊至40%。非澳門居民現樓按揭成數上限則按樓價有所上調。

住宅樓按揭成數與現樓按揭相同，但不設定少於330萬元的按揭成數。非澳門居民購買樓花按揭成數上限按樓價也有所上調。

六、產品所處生命週期的不同階段

每一產品在某一市場上通常會經歷引入期、成長期、成熟期和衰退期四個階段。在產品引入階段可採用兩種策略：一是撇脂定價法，就是在產品剛進入市場時，採用高價位策略，以便在短期內盡快收回投資；二是滲透定價法，既是將新產品初期價格定於較低水平，以求迅速開拓市場，抑制競爭者的滲入。在成長階段，產品的銷售量開始迅速上升，促銷的平均費用已比引入階段低，此時的銷售策略應以市場滲透為主。在產品成熟階段的價格策略，因市場競爭激烈，首要工作是降低價格。由於價格不斷降低，企業盈利不斷下降，大量小型企業價格在競爭中被淘汰，從而形成以大型企業為主的壟斷局面。針對產品衰退期的價格策略，企業應在對企業規模、產品性質、消費者心理等進行分析的基礎上選擇方案，包括：保持原有價格不變，以靜制動；降價；追隨其他廠商價格；預測競爭者的行動後採取對策；在同一品牌下，以成本較低的同質產品來維持產品價格。

總而言之，企業價格的決定是考慮許多內部和外部因素而做出的，見圖10-2。

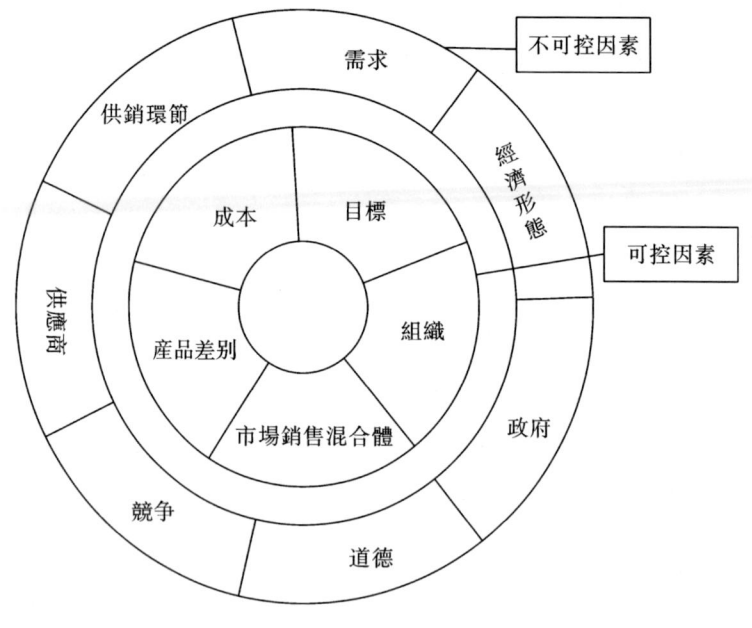

圖 10-2　影響定價的因素

❖ **行銷案例**

數字音樂將破冰試收費

幾周前，華納、索尼、環球三大唱片公司與音樂網站口頭約定，從 6 月 5 日起，包括蝦米音樂網、百度音樂、QQ 音樂、酷狗音樂等在內的知名音樂網站，將試行全面收費。

一、數字音樂的免費大餐或將很快終結

昨天，蝦米網 CEO 王皓向《第一財經日報》記者確認，幾周前，眾多知名音樂網站，將試行全面收費。

「你能想到的音樂網站都要收費。」王皓對記者說。但他同時強調，這並不是說，從 6 月 5 日開始所有的在線音樂都要收費，一些低品質音樂仍將繼續免費，但音樂網站不得繼續只提供純免費服務或變相免費的服務，否則三大唱片公司將不再和它們合作續約。「這意味著一家正版的音樂網站很可能馬上變為盜版網站。」

不過，記者採訪了上述多家音樂網站負責人後發現，每個人的說法並不一致。多米音樂 CEO 石建平對記者表示，音樂收費能否改變用戶習慣，仍需經歷相當緩慢的過程，「激進的話則兩年，慢則五年、十年都有可能」。

二、從免費到收費，多重搏擊

「這幾年，唱片公司眼看著互聯網用戶的音樂需求在增長，但版權收入卻沒有實質性的改變。此外，目前音樂網站支付給唱片公司的版權費用就像是一筆『糊塗帳』，沒

有一家音樂網站能夠精確到每一首歌、每一個下載都支付對應的版權費用，支付給唱片公司的版權費用變成了『保護費』性質。」王皓說，正是這些原因，促使唱片公司希望對已有的數字音樂商業模式做出改變。

不過對於這一消息，各家音樂網站反應不一。

騰訊方面人士對記者表示，關於音樂網站收費計劃，騰訊尚未接收到任何政府相關部門的正式通知。「QQ音樂目前依然提供免費在線試聽和綠鑽的商業模式。」

百度音樂、酷我音樂等負責人對此不予置評。

在王皓看來，多家音樂網站保守的回應態度，其實是「擔心網站一旦大聲宣揚收費，用戶就會被嚇跑」。

他告訴記者，去年年底時，三大唱片公司就已與多家音樂網站合議向用戶收費一事，但由於各家的合同還在期內，再加上幾家較大的音樂網站並沒有收費，最終不了了之；但今年6月份，剛好到了大多數音樂網站與三大唱片公司續簽合同的時間點，因此付費被再一次提起。

「對於收費，大家都做得有點『偷偷摸摸』，但如果今天不做，三年之後整個音樂市場格局變得非常糟糕，那時人們或許只能聽多年前的老歌了。」王皓說。

三、部分網站已試行付費

事實上，當業界仍在爭論數字音樂是否應該付費的同時，多家音樂網站已經低調在正版化和收費服務上進行嘗試。

王皓也向記者表示，在6月5日過後，蝦米網將採取低品質音樂試聽免費，同時將提供10~15元VIP包月無限量下載和高品質音樂試聽的收藏模式。他稱，從蝦米網的用戶觀察看來，目前用戶年均增長5倍，但個人付費收入年均增長10倍，這意味著那些對音樂有比較高要求的用戶已經願意為此買單。

但提到未來收費合作對蝦米網的改變，他仍然持謹慎態度。「對於6月5日之後的改變，我們沒有想過太高的評估。目前，收費只是戰略上的一步，賺錢還不是首要目的，如何讓版權方和服務提供方、服務方和用戶保持不對立的狀態，持續推動數字音慢慢轉好，這還需要時間。」

中國音像協會常務副會長王矩也對記者表示，所有的唱片公司和音樂網站的理想做法都是一致的，用戶為單曲付費或以包月、會員制方式付費，但是距離數字音樂付費模式的成熟，仍需要長時間的調整。

「一是需要對觀眾灌輸版權的意識，二是鼓勵唱片公司出好的音樂。收藏後可能會存在一個問題如果是包月付費，唱片公司或音樂人也許會出現疲軟的創作狀態，因為已經付費了，隨便作出一首曲子交差也是有可能的。」王矩對記者說。

想一想：

1. 影響數字音樂價格的因素有哪些？
2. 數字音樂應如何定價？
3. 請設計有效的價格策略以推廣一種音樂產品。

第二節　定價方法

定價方法是指企業為實現其定價目標所採用的具體手段。儘管影響產品價格高低的因素很多，但現實生活中企業在為其產品定價時往往側重於其中的某一個因素。基於此，根據企業定價時側重點的不同，可以將企業基本定價方法分為成本導向定價法、需求導向定價法和競爭導向定價法三種。

一、成本導向定價法

成本導向定價法是以企業生產商品的全部成本為基礎，加上企業預期利潤的定價方法。中間商的成本加成，則以進貨成本為基礎，加上一定比例的商業利潤來確定轉售商品的價格。成本導向定價法是企業定價中採用最為廣泛的一種方法。

(一) 成本加成定價法

按照單位成本加上一定百分比的加成制定銷售價格。加成的含義就是一定比率的利潤。

這種方法定價公式是：

$$P = C(1 + R)$$

其中，P 是價格，C 是成本，R 是加成率。

採取這種方法定價的關鍵是加成率的確定。如考慮不周，產品定價過高或過低都可能給企業造成不應有的損失。一般來說，高檔消費品和生產批量較小的產品，加成比例應適當高一些，而生活必需品和生產批量較大的產品，其加成比例應適當低一些。

此種方法的優點在於簡單易行，不足之處包括：它以賣方的利益為出發點，不利於企業降低成本；沒有考慮市場需求及競爭因素；加成率是個估計值，缺乏科學性。

(二) 收支均衡定價

收支平衡定價法又叫盈虧平衡定價法、損益平衡定價法、臨界點定價法等，是指以產品銷售收入和產品總成本保持平衡為原則的定價法。

在已知產品銷售量的情況下，收支平衡點的銷售量計算公式為：

單位產品價格 =（固定成本÷收支平衡點銷售量）+單位變動成本

在已知產品售價的情況下，收支平衡點的銷售量計算公式為：

收支平衡點銷售量 = 固定成本÷（單位產品價格－單位變動成本）

❖ **行銷情境**

假定某產品固定成本為 15 萬元，單位變動成本為 2 元，預計銷售量為 5 萬件，請計算收支平衡點的單位產品售價。

這種定價方法比較簡單，單位產品的平均成本就是其價格。在市場不景氣的情況採用這種方法比較適用，因為保本經營要比停業的損失要小，而且企業有較靈活的回旋餘地。

二、需求導向定價法

需求導向定價法就是以需求為中心的定價方法，即企業在產品定價時首先考慮顧客需求的強弱和對價格的接受能力，然後才考慮能否彌補成本，在現代社會備受推崇，尤其是以實現當期最高利潤、維護企業形象、履行社會責任、保持價格穩定等作為定價目標的企業所經常採用的一種定價方法。其具體定價方法有以下幾種：

(一) 感受價值定價法

它是指根據消費者理解的產品價格，消費者的價值觀念來制定價格的方法。價格對於不同消費者的意義是不一樣的，消費者對價格的敏感程度也不一樣。因此，企業必須先通過市場調查等方式瞭解消費者的期望價格；其次瞭解經銷該產品的中間商的成本構成及其他費用情況，推算產品出廠價；最後在成本分析基礎上，綜合考慮非價格因素如消費者心理、需求彈性等的影響，研究其預先擬訂的價格能否被消費者接受，制定出該產品的最終價格。

(二) 需求差別定價法

這種定價法以銷售對象、銷售地點、銷售時間、產品式樣等條件變化而產生的需求差異作為定價依據，針對每種差異決定在基礎價格上加價。採用這種定價方法，首先要具備一定的前提條件，其中主要的是準確進行市場細分，各個細分市場的需求差別應比較明顯；其次要避免和防止轉手倒賣；最後要防止引起顧客的不滿。

(三) 逆向定價法

逆向定價法是依據消費者能夠接受的最終銷售價格，逆向推算出中間商的批發價和生產企業的出廠價格。這樣使制定的價格能反應市場需求情況，有利於加強與中間商的良好關係，保證中間商的正常利潤，使產品迅速向市場滲透，並可根據市場供求情況及時調整，定價比較靈活。分銷渠道中的批發商和零售商多採取這種定價方法。

❖ **行銷視野**

北京世界公園五個價

北京世界公園於 1993 年 11 月 1 日正式對遊客開放，其門票價格分為五種：
(1) 平日門票價格為 40 元。

(2) 周六、周日門票價為 48 元。
(3) 團體門票價優惠 20%。
(4) 離退休幹部、大中小學生門票價為 30 元。
(5) 75 歲以上老人和殘疾人、1.1 米以下兒童免費。

三、競爭導向定價法

競爭導向定價法是指企業通過研究競爭對手的生產條件、服務狀況、價格水平等因素，依據自身的競爭實力、參考成本和供求狀況來確定價格的方法。其顯著特點是：企業不是根據自己的成本或需求，而是根據競爭對手的價格來制定自己產品的價格。

（一）隨行就市定價法

隨行就市定價法採取按主要的或最大的競爭對手的定價來確定企業產品的價格，而很少注意企業自己的成本或市場需求。該定價法的思路是：既然最大的競爭對手（往往是市場領先者）的定價能被市場所接受，那麼，本企業按此確定價格，應該是可以被接受的。因此，「跟隨領先者」成為許多中小企業的定價選擇。定價時，如果企業自己的產品質量或行銷優勢高於競爭對手的話，可以制定比競爭對手高的價格；反之，就制定較低的價格。

此定價法的優點是：

（1）定價簡單，無須對成本和需求做詳細瞭解，對測算成本及市場調查困難的企業非常適用。

（2）較能適應競爭的需要，防止同行之間發生價格戰。

其缺點是：

（1）適應性有限，主要是不適用於大型企業或是市場領先者。

（2）在一個行業中，如果企業普遍採用這種方法，很容易被視為壟斷行為，即可能與反壟斷立法相衝突。

（3）當市場領先者率先發動價格變動或降價時，就很難應對。

（二）投標定價法

投標定價法是買方引導賣方通過競爭成交的一種定價方法。一般有買方發出招標公告，賣方競爭投標，密封遞價，招標人從中擇優選定。企業參加投標的目的就是為了中標，所以自己的報價應該低於競爭對手的報價。一般而言，報價高，則利潤大，但中標機會小，若因價高不能中標，則喪失機會；若報價低，則利潤低，中標機會大，但價格過低，其機會成本可能要大於其投資成本。因此，報價時不僅要考慮實現企業目標利潤，還應結合競爭狀況考慮中標概率。

（三）高於或低於競爭者商品價格的定價方法。

高於競爭者商品價格的定價方法，是指生產特種商品和高質量商品的企業，依靠其商品本身性質的優點和聲譽，以及自己所能為消費者提供的特有服務，制定高於競爭者商品價格的定價方法。採用這一定價方法的企業一般都實力雄厚，擁有高質量的

服務設施，能夠提供特殊的服務，或者享有專利的保護權，經營某種特殊商品的企業。低於競爭者商品價格定價的方法，是指那些生產成本低於社會平均成本的生產企業和經營很有成效的流通企業，為了經商競爭能力和擴大商品的銷售而採用的定價方法。企業若不具備一定的優勢，則不宜採用低於競爭者商品價格定價的方法。

第三節　定價策略的制定

定價策略是企業為了實現預期的經營目標，根據企業的內部條件和外部環境，對某種商品或勞務，選擇遠優於定價目標所採取的應變謀略和措施。定價策略的抉擇是較高層次的決策。由於企業所處的市場環境不同、定價對象不同以及實施方法上的差異，企業定價策略也多種多樣，主要有以下幾種策略。

一、新產品定價策略

在激烈的市場競爭中，企業開發的新產品能否及時打開銷路、占領市場和獲得滿意的利潤，這不僅取決於適宜的產品策略，而且取決於其他市場行銷手段和策略的協調配合。其中新產品定價策略就是一種必不可少的行銷策略。新產品定價策略有以下三種可供選擇：

（一）撇脂定價策略

在新產品上市之初就制定高價，以便在產品壽命週期的開始階段盡快收回投資和獲取最大利潤，等競爭者進入市場或市場容量萎縮時，再逐漸降低價格的策略。這種策略利用了消費者求新、求奇的心理，以新奇來弱化消費者對價格的敏感，強化心理滿足。寶利來公司在首次推出立即成像照相機時，根據其新產品獨一無二的優勢，定下了最高價格。

❖ **行銷情境**

圓珠筆在 1945 年被發明時，其生產成本僅為 0.5 美元一支，發明者卻利用廣告宣傳和求新求異心理，利用高價格銷售，仍然旺銷。

問題：你猜猜寶利來公司的一支圓珠筆當時賣多少美元？

採用撇脂策略的優點是達到短期最大利潤目標，有利於企業樹立高檔產品形象，確立企業的競爭地位，有利於企業調整行銷價格，有利於限制新產品市場的快速擴展。但撇脂定價也有一定風險，若價格偏離價值過遠，容易招致公眾的反對，得不到渠道

成員的支持和消費者認可,一旦銷售不出去,產品就有夭折的危險;同時,高價厚利會吸引眾多的生產者和經營者轉向此產品的生產和經營,加速市場競爭的白熱化,不利於企業長期經營。

因此,實行這種策略必須具有以下條件:第一,新產品比市場上現有產品有明顯的技術經濟優勢,產品質量與高價格相符合;第二,在產品初上市階段,商品的需求價格彈性較小或者早期購買者對價格反應不敏感;第三,短時期內競爭者不容易進入該產品市場,或者有專利保護,競爭者短期內無法與之抗衡。

(二) 滲透定價策略

這種策略表現為企業將它的新產品的價格定得相對較低,以吸引大量購買者,提高市場佔有率;或者將新產品價格定得低於競爭者的價格,積極競銷,以促進銷售,控製市場。

如果企業具備下述市場條件之一,就可以採用此種策略:

(1) 市場需求顯得對價格極為敏感,即降低價格市場需求會增加,低價會刺激市場的需求迅速增加。

(2) 企業的生產和分配單位成本會隨生產經驗的增加而下降。

(3) 低價不會引起實際的競爭或潛在的競爭。

採用滲透定價策略,企業無疑只能賺取微薄利潤,而且還有可能會給消費者造成新產品檔次較低的印象,這是滲透定價的弱點。但是,由於價格低廉,新產品卻能迅速為市場所接受;銷路擴大、產量增加,企業的生產成本會逐漸下降,而且微利也阻止了競爭者的進入,可以增強企業的市場競爭力。

以上兩種定價策略各有利弊,採用哪一種策略更為合適,應根據市場需求、競爭情況、市場潛力、生產能力和成本等因素綜合考慮。各因素的特徵及影響作用如表10-2所示:

表 10-2　　　　　　　　　　　兩種策略的比較

因素＼策略	撇脂定價策略	滲透定價策略
市場需求水平	高	低
與競爭產品的差異性	較大	不大
價格需求彈性	小	大
生產能力擴大的可能性	小	大
消費者購買水平	高	低
市場潛力	不大	大
仿製的難易程度	難	易
投資回收期長短	較短	較長

(三) 滿意定價策略

滿意定價策略是一種介於撇脂定價和滲透定價之間的折中定價策略，其新產品的價格水平適中，同時兼顧生產企業、購買者和中間商的利益，能較好地得到各方面的接受。

與撇脂定價或滲透定價相比，雖然這種策略缺乏一定的進攻性，但並不是說它沒有市場競爭力。滿意定價沒有必要將價格制定的與競爭者的產品價格一樣或接近市場上產品的平均價格水平，原則上講，它還可以是市場上最高或最低的價格。東芝筆記本電腦具有高清晰度的顯示器和可靠的性能，認知價值很高，所以儘管產品比同類產品昂貴，市場佔有率仍然很高。與撇脂定價和滲透定價相類似，滿意定價也是需要參照產品的經濟價值而做出價格決策。因此，當大多數潛在購買者認為產品的價格與價值相當時，即便價格很高也屬於滿意價格。

二、心理定價策略

這一策略是指利用消費者在購買決策時的一些心理特點，通過制定迎合消費者心理需求的價格來促成消費者的購買行為。心理定價策略有以下五種。

(一) 聲望定價策略

這是適應消費者「一分錢一分貨」的心理制定產品價格的技巧。企業可對知名度高的優質、名牌、有特色的產品，制定較高的價格。價格檔次時常被當作商品質量最直觀的反應，特別是質量不易鑑別的商品，顧客往往通過價格來判斷質量。高價與名牌產品比較協調，高價可增強消費者對名牌產品的吸引力，所以一些名牌產品，儘管價格很高，但仍比低價的貨品暢銷。當然，高價也必須在消費者可以接受的範圍內。

(二) 整數定價策略

整數定價與尾數定價正好相反。企業有意將產品價格定為整數，以顯示產品具有一定質量。整數定價多用於價格較貴的耐用品或禮品，以及消費者不太瞭解的產品。對於價格較貴的高檔產品，顧客對質量較為重視，往往把價格高低作為衡量產品質量的標準之一，容易產生「一分價錢一分貨」的感覺，從而有利於銷售。

❖ 行銷情境

一條金項鏈價值 1,490 元，你會定價為多少呢？

(三) 尾數定價策略

尾數定價是指企業有意將商品制定一個與整數有一定差額的價格，使顧客產生心理錯覺從而促進購買的一種價格策略，由於商品價格的尾數一般用奇數，並且特別習慣用「9」，故又稱奇數定價法。

❖ 行銷情境

一家餐廳將它的漢堡類食品統一標價為 9.8 元，比標價 10 元要受歡迎。為什麼？

你可否猜測一下消費者的心理呢？

(四) 招徠定價策略

招徠定價是指企業利用消費者的求廉心理，在制定產品價格時，有意按接近成本甚至低於成本的價格進行定價的策略。通過降低少數商品價格吸引顧客登門購買，以達到推銷其他正常價格商品的目的。如酒家飯店推出的每日一個「特價菜」都是招徠定價的做法。

採用招徠定價策略要注意以下問題：

（1）特價品應是消費者經常使用的產品，為消費者所熟悉，其「特價」對消費者應有相當的吸引力。

（2）特價品是真正削價，以取信於消費者。

（3）企業所經營的商品應是品種繁多，以利於顧客在購買特價品時選購其他產品。

（4）特價產品的品種和數量要適當，因為數量太少會使大多數顧客失望，而數量太多又會使損失過大。

❖ 行銷案例

北京地鐵有家每日商場，每逢節假日都要舉辦一元拍賣活動，所有拍賣商品均以1元起價，報價每次增加5元，直至最後定奪。但這種由每日商場舉辦的拍賣活動由於基價定得過低，最後的成交價就比市場價低得多，因此會給人們產生一種賣得越多，賠得越多的感覺。豈不知，該商場用的是招徠定價術，它以低廉的拍賣品活躍商場氣氛，增大客流量，帶動了整個商場的銷售額上升。這裡需要說明的是，應用此術所選的降價商品，必須是顧客都需要，而且市場價為人們所熟知的才行。

日本創意藥房在將一瓶200元的補藥以80元超低價出售時，每天都有大批人潮湧進店中搶購補藥。按說如此下去肯定賠本，但財務帳目顯示出盈餘逐月驟增，其原因就在於沒有人來店裡只買一種藥。人們看到補藥便宜，就會聯想到其他藥也一定便宜，促成了盲目的購買行動。

(五) 習慣定價策略

它指根據消費者的願望、購買習慣和接受水平制定價格。日用消費品的價格通常容易在消費者心目中形成一定的習慣性標準。如用作饋贈的禮品，消費者一般要求要體面一些，同時價格與自己習慣預算一致。對於有些商品，消費者長期習慣於某種價格，一般應考慮這種習慣，不宜輕易變動，以免造成全面漲價的恐懼心理。

三、折扣定價策略

這種策略是指企業為鼓勵客戶及早付清貨款、大量購買、淡季購買或獎勵渠道成

員積極推銷本企業的產品，而在基本價格的基礎上按一定的折扣率給予優惠。折扣讓價的形式多種多樣，常見的有以下幾種：

(一) 現金折扣策略

現金折扣是對及時付清帳款的購買者的一種價格折扣。許多行業習慣採用此法以加速資金週轉，減少收帳費用和壞帳。現金折扣在給企業帶來好處的同時，也會增加企業的成本，即價格折扣損失。所以，當企業給予顧客某種現金折扣時，應當考慮折扣所能帶來的收益與增加的成本孰高孰低，權衡利弊後再做出選擇。

(二) 數量折扣策略

數量折扣是根據購買者購買數量的大小給予不同的價格減讓，以鼓勵顧客購買更多的貨物。顧客購買數量越多，折扣越大。例如，買方購買各種商品 100 件以下時為每件 45 元，購買 100 件以上時為每件 40 元。

數量折扣可分為累計數量折扣和非累積數量折扣。前者按規定時間內顧客購買該商品的累計數量，給予一定折扣，目的在於保持客戶，維持企業的市場佔有率。後者只是按每次購買的商品數量給以折扣，目的在於刺激購買者一次大量購買，減少企業的庫存和資金占壓。

(三) 交易折扣策略

交易折扣是指根據各中間商在市場行銷中的作用和功能差異，分別給予不同的折扣，促使其願意執行某種市場行銷功能（如推銷、儲存、服務），故又稱功能折扣。一般來說，給予批發商的折扣較多，零售商的折扣較少，中間環節越多，折扣率也就越大。通常的做法是，先定好零售價格，然後按不同的差價率順序倒扣，依次制定各種批發價和零售價；也可先定出商品的出廠價，然後按不同的差價相加，依次制定各種批發價和零售價。

(四) 季節折扣策略

季節折扣是指企業對生產經營的季節性產品，為鼓勵買主提早採購，或在淡季採購而給予的一種價格折讓。在季節性商品銷售淡季，資金占用時間長，這時如果能擴大產品銷售量，便可加快資金週轉，節約流通費用。零售企業在銷售活動中實行季節折扣，能促進消費者在淡季提前購買商品，減少過季商品庫存，加速資金週轉。如冬天買空調、夏天買羽絨服等。商品銷售的季節性折扣率，應高於銀行存款利率。

(五) 推廣折扣策略

推廣折扣是指生產企業為報答中間商在廣告宣傳、展銷等推廣方面所做的努力，在價格方面給予一定比例的優惠。例如一個零售商，在電視上做服裝廣告，因而擴大了某服裝廠的銷售，服裝廠為了鼓勵和報答零售商的努力而給零售商一定比例的折扣或折讓，以彌補零售商支付的廣告費。

(六) 運費折讓策略

運費折讓即供應商對距離較遠的購買者減價，補償部分或全部運輸費用。其實質

是由買方和賣方共同承擔運輸費用，以鼓勵外地顧客進貨，拓展企業的市場範圍。

(七) 跌價保證策略

跌價保證即生產企業向中間商保證，當生產企業下調商品價格時，對於買主的原有存貨，依其數量退回或補貼其因跌價造成的損失，這種方法對於中間商和用戶是一種有效的保證措施，使它們安心進貨而不用顧慮進貨損失，在競爭激烈或開拓市場時，有利於調動中間商的積極性。

❖ 行銷視野

四季水果打折促銷　時令水果大量上市——金昌市水果市場掃描

春末夏初時節，正是水果大量上市時節，我市的水果市場怎麼樣？供應是否充足？價格是否平穩？記者就此走訪了我市各大超市和部分水果店，瞭解與百姓生活密切相關的熱點問題。

四季水果打折促銷

2017年4月30日，記者走訪了位於天津路和泰安路交界處的金佰盛購物中心，剛到一樓就聽到超市廣播：夜市水果區打折促銷熱賣。

在水果打折區，四季供應的富士蘋果、黃冠梨、香蕉……大大的調價牌醒目地立在上面。記者看到好多水果形象不佳，表皮或多或少都有一些皺皺巴巴、斑斑點點，隨意地一堆一堆倒在一起，任由顧客翻來翻去地挑選。

記者在市區農貿街市場、金三角市場等處看到，許多拖拉機上拆了包裝的紅蘋果、黃冠梨等整車碼放，吆喝著10元3斤、10元4斤……旁邊圍滿了顧客。攤主告訴記者，夏季到了，庫存水果沒賣完，西瓜、油桃等新鮮水果大量上市後，庫存水果就沒市場了，經銷商只能打折盡快銷售。他每天批發一車，銷量還不錯。

在農貿街市場門口，消費者王大爺一邊挑著蘋果一邊對記者說：「剛上市時這種蘋果每斤5.5元左右，現在降了2元，比超市便宜多了。你看，我一袋蘋果加上一袋梨，才花20元。」

時令水果紛紛上市

在金佰盛購物中心水果區，記者看到黃燦燦的芒果、綠油油的西瓜、鮮紅的櫻桃及草莓……各種時令水果紛紛登場。

這些新上市的水果都擺在顯眼位置，差不多有20多個品種，大多來自南方。油桃、鮮桃、菠蘿、蘋果、青提葡萄、火龍果、龍眼等時令水果琳瑯滿目，讓人垂涎欲滴。新疆西瓜每千克7元，人參果每千克16元，櫻桃每千克120元，無籽新疆葡萄每千克50元，紅提葡萄每千克40元，油桃每千克24元，枇杷每千克30元，價格均高於往年同期。

運輸成本推高水果價

一位在農貿街開水果店的攤主告訴記者，現在市場上基本是南方水果，本地水果5月才陸續上市。影響水果價格的一個重要因素是運輸成本。另一方面許多時令水果經

過了南方冬季的寒潮，高品質水果產量減少，上市的都是經過精心挑選的，價格自然會高一些。「桑葚等水果是空運過來的，保鮮期只有 2 至 3 天，運輸成本高，所以價格也高。」

隨著夏季的到來，草莓、柑橘等水果銷售進入尾聲，水果市場將迎來換季期。本地的西瓜、甜瓜、油桃等時令水果大批上市搶占市場後，將助推水果價格的整體下跌。

四、地區定價策略

由於商品產地與銷地之間的地理差距，在經營中就要花費運輸、搬運、裝卸、倉儲、保險等多種費用。為了補償這些費用，就要在價格上有所反應，並有不同的定價策略。

(一) 產地交貨定價策略

產地交貨價格是指賣方按照出廠價交貨或按產地某種運輸工具交貨的價格。交貨後，從產地到目的地的一切風險和費用都由買方承擔。這一定價方法具有通用性，在國際貿易中通常稱為「離岸價格」或「船上交貨價格」（英文縮寫 FOB）。採用這種價格，對賣方來說比較簡單。對購買者來說，既要承擔運輸費用和一定的風險，又要辦理貨物托運等雜務，會影響其購買的積極性，特別是對於遠途顧客，這一問題更為突出。

(二) 統一交貨定價策略

統一交貨定價又稱統一運貨價或基點定價，即賣方不分買方路途的遠近，一律實行統一定價，統一送貨，一切運輸、保險等費用都由賣方負擔，類似於國際貿易中的到岸價格。這種策略如同郵政部門的郵票價格，平信無論寄到全國何處（除本市外），均付同等郵資。

這種定價策略適用於商品價值高而運費占成本比重小的商品，使買主能比較準確地估計所有支付的款項，感到方便；並且會形成一種心理錯覺，似乎賣方是把運送作為一種免費的附加服務，這就有利於賣方拓展市場和鞏固客戶。

(三) 分區定價策略

這種形式介於前兩者之間。所謂分區定價，就是企業把全國（或某些地區）分為若干價格區，對於賣給不同價格區顧客的某種產品，分別制定不同的地區價格。距離企業遠的價格區，價格定得較高；距離企業近的價格區，價格定得較低。在各個價格區範圍實行一個價。

(四) 運費津貼定價策略

運費津貼定價是指賣方按出廠價格統一出售商品。但對於路途遙遠的買主，因其

負擔運費很高，從而增加購買成本，故由賣方適當對買方給予一定的價格補貼，或承擔其部分甚至全部運費，以此吸引更多的遠地購買者，擴大市場、擴大銷售。

五、差別定價策略

差別定價是指根據銷售的對象、時間、地點的不同而產生的需求差異，對相同的產品採用不同價格的定價方法。

(一) 顧客差別定價

它是指根據不同消費者消費性質、消費水平和消費習慣等差異，制定不同的價格。如會員制下的會員與非會員的價格差別；學生、教師、軍人與其他顧客的價格差別；新老顧客的價格差別；國外消費者與國內消費者的價格差別等。可以根據不同的消費者群的購買能力、購買目的、購買用途的不同，制定不同的價格。

(二) 產品形式差別定價

它是指對花色品種、式樣不同的產品分別制定不同的價格，但這種價格之間的差異與成本費用之間的差異不成比例。

(三) 產品地點差別定價

由於地區間的差異，同一產品在不同地區銷售時，可以制定不同的價格。例如班機與輪船上由於艙位對消費者的效用不同而價格不一樣；電影院、戲劇院或賽場由於觀看的效果不同而價格不一樣。

(四) 銷售時間差別定價

在實踐中我們往往可以看到，同一產品在不同時間段裡的效用是完全不同的，顧客的需求強度也是不同的。在需求旺季時，商品需求價格彈性化，可以提高價格；在需求淡季時，價格需求彈性較高，可以採取降低價格的方法吸引更多顧客。

❖ **行銷案例**

亞馬遜公司的差別定價實驗

因為網上銷售並不能增加市場對產品的總的需求量，為提高在主營產品上的贏利，亞馬遜在 2008 年 9 月中旬開始了著名的差別定價實驗。亞馬遜選擇了 68 種 DVD 碟片進行動態定價試驗。試驗當中，亞馬遜根據潛在客戶的人口統計資料、在亞馬遜的購物歷史、上網行為以及上網使用的軟件系統確定對這 68 種碟片的報價水平。例如，名為《泰特斯》(Titus) 的碟片對新顧客的報價為 22.74 美元，而對那些對該碟片表現出興趣的老顧客的報價則為 26.24 美元。

通過這一定價策略，部分顧客付出了比其他顧客更高的價格，亞馬遜因此提高了銷售的毛利率，但是好景不長。這一差別定價策略實施不到一個月，就有細心的消費者發現了這一秘密，通過在名為 DVDTalk (www.dvdtalk.com) 的音樂愛好者社區的交流，成百上千的 DVD 消費者知道了此事，那些付出高價的顧客當然怨聲載道，紛紛在

網上以激烈的言辭對亞馬遜的做法進行口誅筆伐，有人甚至公開表示以後絕不會在亞馬遜購買任何東西。

更不巧的是，由於亞馬遜前不久才公布了它對消費者在網站上的購物習慣和行為進行了跟蹤和記錄。因此，這次事件曝光後，消費者和媒體開始懷疑亞馬遜是否利用其收集的消費者資料作為其價格調整的依據，這樣的猜測讓亞馬遜的價格事件與敏感的網路隱私問題聯繫在了一起。

為挽回日益凸顯的不利影響，亞馬遜的首席執行官貝佐斯只好親自出馬做危機公關，他指出亞馬遜的價格調整是隨機進行的，與消費者是誰沒有關係，價格試驗的目的僅僅是為測試消費者對不同折扣的反應，亞馬遜「無論是過去、現在或未來，都不會利用消費者的人口資料進行動態定價」。貝佐斯為這次的事件給消費者造成的困擾向消費者公開表示了道歉。不僅如此，亞馬遜還試圖用實際行動挽回人心，亞馬遜答應給所有在價格測試期間購買這 68 部 DVD 的消費者以最大的折扣。據不完全統計，至少有 6,896 名沒有以最低折扣價購得 DVD 的顧客，已經獲得了亞馬遜退還的差價。

至此，亞馬遜價格試驗以完全失敗而告終，亞馬遜不僅在經濟上蒙受了損失，而且它的聲譽也受到了嚴重的損害。

六、產品組合定價策略

產品組合是指企業所生產和經營的全部產品線和產品項目的總和。當產品屬於產品組合中的一部分時，定價策略就應進行調整，並以整個產品組合的利潤最大化為目標。

(一) 產品線定價

當企業生產的系列產品存在成本與需求的內在關聯性時，為充分發揮這種內在關聯性的積極效應，企業往往採用產品線定價策略，即在企業產品中，有某種產品的價格是最低價格。它在產品線中充當領袖價格，還有某種產品的品牌質量是最優的，以其最高價格來標明這種性質，這樣其他產品就依據各自在產品線中的不同位置來確定不同的價格。

(二) 分級定價策略

分級定價策略是企業將系統產品按等級分為幾組，形成相對應的幾個檔次的價格的策略。其目的是便於顧客按質選擇、比較，滿足不同類型消費者的需求，從而促進銷售。如鞋店可將女鞋（不論顏色、大小、款式）分為 1000 元、500 元和 200 元，消費者即會瞭解三種不同檔次的鞋。消費者會根據自己的需求預期有目的地選購。這種分級定價策略可以滿足不同層次消費者的需求。

❖ **行銷情境**

某大型服裝商場一女裝部共有 3 層，根據日常生活中所見所聞，您如何為此大型服裝商場女裝部分級定價？

(三) 相關品定價策略

相關品即相互補充品，它必須與主體產品相搭配才能使主體產品的功能得以發揮，例如剃鬚刀片和膠卷。一般來說，製造商通常為主體產品（剃鬚刀和照相機）制定較低的價格，而為附屬產品制定較高的價格以彌補低價出售主體產品所減少的收益。如目前愛普生產了幾款低價位的打印機，吸引大量消費者購買，但墨盒的價格卻一直處於比較穩定的狀態，成為利潤的主要來源。另外，還有一種策略是把主體產品價格定得較高，而相關品價格定得偏低，這主要是為了滿足售後服務和安裝維修質量的需求，一方面可以抵制各種假冒零件和服務，另一方面也可消除顧客購買主體產品的後顧之憂。

(四) 分部定價策略

企業經常將原本可以以整體形式銷售的產品分拆開來出售，並對不同的產品組件單獨定價，這些分拆開來的產品組件在功能上往往具有一定的互補性。例如，吉列公司在銷售剃鬚刀時將刀架和刀片分開定價，寶麗來公司在銷售 SK-70 相機時，對相機和相機的專用膠卷單獨定價。服務行業的企業通常將服務費分為固定費用和可變的使用費，稱為兩部分定價。如電話公司，固定電話每月的基本使用費可能很低，目的是吸引很多人來使用其服務，然後從可變使用費用中獲得利潤。服務類企業需要解決的問題是合理確定基本服務費金額及可變的使用費率。

(五) 附屬品定價策略

附屬品是指附著主要產品銷售的產品，如汽車企業向用戶提供除霧器、減光器等配件。附屬產品如何定價呢？

❖ 行銷情境

通用汽車的廣告是每輛 9,000 美元而不附加任何設備的基本車型，您被吸引到店選購，但發現大部分是配件齊全的豪華車型，每輛定價 11,000 美元或 12,000 美元，您會如何選擇？為什麼？

(六) 副產品定價策略

在生產加工肉類、石油產品及其他化學產品時，常常有副產品。如果副產品沒有價值而且事實上在處理它們時花費也很大，這將會影響主要產品的定價。製造廠商將為這些副產品尋找市場，並接受比儲存和利用這些副產品的費用更多些的價格。這樣，企業就可以降低主要產品價格，提高其競爭能力。

(七) 產品組合定價策略

企業經常會為其出售的一組產品定價，如化妝品套裝、旅遊公司旅行套餐等。一組產品的價格通常低於單獨購買其中每一產品的費用總和，有助於吸引本來不打算購買產品組合中所有產品的消費者，同時能增加每次交易的成交量，減少交易時間。採用這種定價策略要注意產品組合的貨真價實，組合產品的銷售一定要有單件產品的銷

售相配合，讓消費者有直觀的比較。

❖ 行銷情境

1 個杯子，8 種不同的行銷方案，價格翻了 700 倍！

　　一家紅酒公司為了達到更高的銷售額，請了產品策劃公司來進行包裝策劃。在制定價策略策劃時，該公司與策劃者發生了激烈爭論，原因是定價太高了，每款產品都比原來高了將近一倍，該公司感覺高得離譜，肯定沒法賣了。

　　這時，策劃者對該公司負責人說：「如果你只想賣原來的價格，那就用不著請我們來策劃。策劃最大的本事就是將好產品賣出好價錢。」策劃者向公司負責人講了「一個杯子到底能賣多少錢」的例子，不僅說服了負責人，更充分證明了策劃對產品價值創新的意義。

　　思考：想想看，你會怎麼賣？才能讓價格翻了 700 倍？

七、網路行銷定價策略

　　在網路行銷中，市場還處於起步階段的開發期和發展時期，企業進入網路行銷市場的主要目標是占領市場求得生存發展機會，然後才是追求企業的利潤。網路行銷產品的定價一般都是低價甚至是免費，以求在迅猛發展的網路虛擬市場中尋求立足機會。

（一）低價定價策略

　　借助互聯網進行銷售，比傳統銷售渠道的費用低廉，因此網上銷售價格一般來說比流行的市場價格要低。根據研究，消費者選擇網上購物，一方面是因為網上購物比較方便，另一方面是因為從網上可以獲取更多的產品信息，從而以最優惠的價格購買商品。

（二）拍賣競價策略

　　網上拍賣是目前發展比較快的領域，經濟學認為市場要想形成最合理價格，拍賣競價是最合理的方式。網上拍賣由消費者通過互聯網輪流公開競價，在規定時間內價高者贏得。根據供需關係，網上拍賣競價方式有下面幾種：

　　（1）競價拍賣。最大量的是 ctoc 的交易，包括二手貨、收藏品，也可以是普通商品以拍賣方式進行出售。

　　（2）競價拍買。它是競價拍賣的反向過程，消費者提出一個價格範圍，求購某一商品，由商家出價，出價可以是公開的或隱蔽的，消費者將與出價最低或最接近的商家成交。

　　（3）集體議價。集合競價模式是一種由消費者集體議價的交易方式。這在目前的國內網路競價市場中，還是一種全新的交易方式，提出這一模式的是美國著名的 Priceline 公司。

（三）使用定價策略

　　所謂使用定價，就是顧客通過互聯網註冊後可以直接使用某公司的產品，顧客只

需要根據使用次數進行付費，而不需要將產品完全購買。這一方面減少了企業為完全出售產品而進行的不必要的大量的生產和包裝浪費，同時還可以吸引過去那些有顧慮的顧客使用產品，擴大市場份額。如微軟公司計劃在 2000 年將其產品 Office2000 放置到網站，用戶通過互聯網註冊使用，按使用次數付錢。

（四）定制生產定價策略

定制定價策略是在企業能實行定制生產的基礎上，利用網路技術和輔助設計軟件，幫助消費者選擇配置或者自行設計能滿足自己需求的個性化產品，同時承擔自己願意付出的價格成本。Dell 公司的用戶可以通過其網頁瞭解本型號產品的基本配置和基本功能，根據實際需要和在能承擔的價格內，配置出自己最滿意的產品，使消費者能夠一次性買到自己中意的產品。目前這種允許消費者定制定價訂貨的嘗試還只是初步階段，消費者只能在有限的範圍內進行挑選，還不能完全要求企業滿足自己所有的個性化需求。

❖ 行銷視野

臨儲拍賣定價施壓 東北玉米面臨下跌風險！

據國家糧油信息中心監測，2017 年 3 月 20 日至 3 月 26 日，東北地區玉米收購價格繼續小幅上漲，其中內蒙古玉米價格為每 500 克 0.67～0.86 元，遼寧玉米價格為每 500 克 0.72～0.76 元，吉林玉米價格為每 500 克 0.66～0.72 元，黑龍江玉米價格為每 500 克 0.62～0.69 元。

收購方面，截至 3 月 25 日，東北三省一區累計收購玉米 9,261 萬噸，收購量有所下滑，布瑞克分析認為東北三省一區玉米產量在 1.2 億～1.3 億噸左右，考慮到市場消費和農戶留存，目前市場餘糧有限。

東北三省一區的玉米深加工補貼、飼料加工補貼的時間截止均為 6 月，此番市場玉米價格上漲主要為飼料企業、深加工企業建庫積極性提高所帶動，也側面反應出市場對未來臨儲玉米拍賣價格和質量不確定性的考慮。

日前國家發改委提出繼續穩步有序消化玉米庫存，在 2017 年 5 月至東北地區新產玉米上市前安排庫存玉米銷售，按照不打壓市場原則確定銷售價格，並合理把握銷售時機與節奏，促進市場平穩運行。

飼料及深加工企業近期紛紛提價收購動力主要是基於政策補貼預期下原料成本具有優勢的階段性行為，但市場餘糧限制也使得實際收購量有限，目前的玉米價格並未反應出實際的供需情況，即使臨儲定價低於目前水平也對市場打壓影響有限。

綜合考慮到臨儲玉米的質量和定價策略，布瑞克分析認為東北地區 2013 年玉米（三等）拍賣價格大概率在 1,300～1,350 元/噸，這個價格區間既能使得用糧企業樂於接受，也對市場影響較小，儘管國家將承受虧損，但可以使得整個玉米行業收益最大化，擋住大麥等玉米替代物進口的同時，也使得國內需求增加，深加工產品將更具競爭力。

2月份的海關進口數據顯示，玉米及其替代物進口大增，也反應出市場對未來臨儲玉米價格和質量的擔憂。

近期黑龍江地區市場消息反饋，黑龍江地方直屬庫準備全面下調玉米收購價格，各等級的收購價格直線下調100元/噸，一方面反應出玉米市場有價無市，托市收購任務基本完成，另一方面也可以理解為給市場釋放出價格下調的信號。綜上所述，我們認為臨儲玉米拍賣定價可能給市場帶來壓力，東北地區玉米價格面臨下跌風險，但下跌空間受限。

第四節　價格調整與企業對策

產品價格的穩定是相對的，其變動是絕對的。產品價格確定後並不是固定不變動，隨著銷售時間、銷售地點、目標市場、市場供求、定價目標等諸多因素的變化，企業的產品價格也需要做相應的調整（如圖10-3所示）。

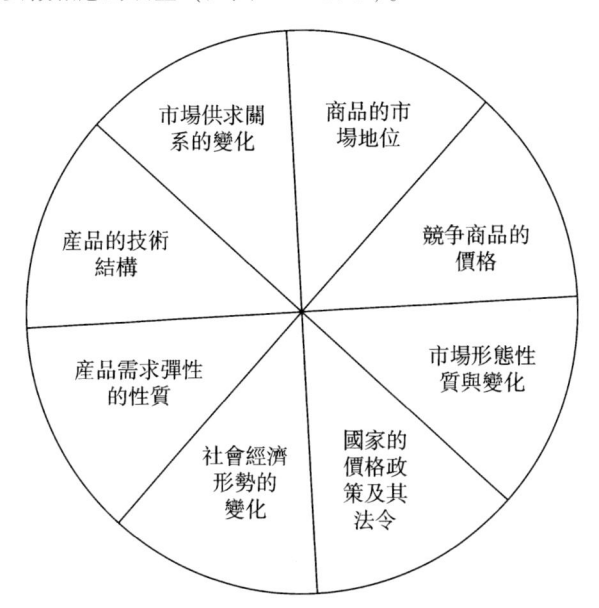

圖 10-3　價格策略調整的決定性因素

一、價格調整的兩種情況

（一）降價

當企業遇到下列情況時，一般需要主動調低價格：

（1）生產能力過剩，市場上商品供過於求。如企業增加了新的生產線，生產能力大大提高，但市場卻是有限的，為擠占競爭對手的市場份額，必然降價。近年中國家電業中一些大企業挑起價格戰的原因即在於此。

（2）企業產品市場佔有率下降。這通常發生在競爭對手採取了更具進攻性的行銷策略，以擠占市場，企業為防止市場份額繼續喪失，不得不採取削價競爭。但此種策略可能風險很大，導致惡性循環，對中小企業來說難以持久。

（3）經濟形勢惡化，顧客收入和需求減少。經濟不景氣，消費者實際收入和預期收入均下降，消費者購買意願下降，這在一些選擇性商品上更為突出。對一些可買可不買的商品會推遲購買，或選擇價格較低的商品購買，這就迫使企業不得不降價。

（4）企業生產成本降低。企業的成本費用比競爭者低，試圖通過降價來掌握市場或提高市場佔有率，從而擴大生產和銷售量，降低成本費用。在這種情況下，企業也往往發動降價攻勢。

當然，企業也可以採取不直接降價而是通過進一步提高產品質量、增加產品技術含量和附加價值、提供更多服務、開展促銷活動等方法間接降價，讓顧客得到更大的價值和滿足。

為使產品降價取得理想的效果，企業必須努力做到：

（1）降價的幅度要適宜。
（2）降價的時機要恰當。
（3）降價的次數應有所控製。
（4）降價的標籤應顯示出來。

（二）提價

成功提價給企業帶來的直接好處是利潤的增加，因此許多企業對提價十分關心。企業提價的一個主要原因是由於通貨膨脹，成本提高，迫使企業不得不提價。引起提價的另一個原因是產品供不應求。企業提價應講究技巧，一般說來，企業提高產品的價格有兩種基本模式，即明調與暗調。明調就是把產品的價格直截了當地提高；暗調則是產品的標價不變，但在產品上做了調整，以降低成本，實際上是提高了價格。

企業只有在發生下列情況之一時，才能對產品提價：

（1）在產品供不應求，又一時難以擴大生產規模時，可考慮在不影響消費者需求的前提下，適當提高價格。

（2）對需求彈性較小的產品，企業為促進單位產品利潤的提高和總利潤的擴大，在不影響銷售量的前提下，可適當提高價格，如食鹽等。

（3）產品的主要原材料價格提高，影響企業的經濟效益，在大多數同類企業都有提高價格意向的前提下，提價可適當提高效益。

（4）產品的技術性能有所改進，或功能有所提高，或服務項目有所增加，可在加強銷售宣傳的前提下適當提高價格。

（5）與競爭對手相比，企業確信自己的產品在品種、款式等方面更受用戶歡迎，在市場上建立良好的信譽，而原定價格水平偏低，可適當提價。

（6）產品的生命週期即將結束，經營同類產品的企業大多轉產，行銷人員在出售產品時，面對一些具有懷舊心理的消費者，可以使自己的產品「奇貨可居」，提高價格出售。

（7）在國家統一調價時，企業可在國家規定的幅度內提高價格。

無論是國家規定提價，還是企業生產費用增加而提價，或是行銷人員根據市場情況提價，都有一定的風險。因此，企業在提價時，必須遵循以下要求：

（1）提價的幅度要適宜。
（2）提價的形式要靈活。
（3）提價的手法要巧妙。
（4）選擇好提價的時機。
（5）控制提價的次數。
（6）提價後要進行情況跟蹤。
（7）提價的回落要慎重。

❖ **行銷案例**

漲價的妙用

世界上常有出人意料的成功，如果留心的話，會在很多偶然的成功裡面發現某些必然的真理。

美國亞利桑那州曾發生過這樣一件有趣的事情，一家珠寶店採購到一批漂亮的綠寶石，由於數量較多，店主擔心短時間銷不出去，會影響資金週轉，便決定只求微利，以低價銷售。本以為會一搶而光，結果卻事與願違，幾天過去，僅銷出很少一部分。後來，店老板急著要去外地談生意，便在臨走前匆匆留下一紙手令：「我走後若仍銷售不暢，可按 1/2 的價格賣掉。」幾天後老板返回，見綠寶石已銷售一空，一問售價，卻喜出望外。原來店員們把老板的指令誤看成「按 1~2 倍的價格賣」，他們開始還猶豫不決，只把價格提高了 1 倍，後來看到提價後購買者反而越來越多，就又提價 1 倍，這才使綠寶石售完。

這個故事說明，薄利多銷未必一貫正確。有時，高價政策反倒能促進銷售，這是因為在購買活動中，消費者會不由自主地把價格與產品質量聯繫起來，特別是高檔、奢侈品。另外，價格也還有其更複雜的一面，這就是對某些消費者而言，購買產品的同時，還希望通過價格滿足自己顯示社會地位的心理需要。所以，他們常常忽略了價格對商品價值的反應程度。

但是，漲價要漲得妙，也不是一件易事。價格的提高是有技巧的，這種技巧如果運用恰當，可使企業不受或少受因漲價而帶來的產品滯銷的影響。如果根本不講究技巧，或者技巧拙劣，企業銷售所受的影響就要大很多。

二、價格調整策略

（一）一次性調整策略

一次性調整策略包括一次性提高價格和一次性降低價格兩種形式。其目的都是調整原來的高價策略和低價策略，使之更符合經營的實際。這一策略調整的特點是：

（1）事先絕對保密，以使競爭對手和消費者措手不及，待他們反應過來時，時機已經過去。

（2）為了在短期內收到調整的效果一般提價和降價的幅度都較大，否則，將難以充分強化市場吸引力。

當然，調整幅度的大小也不是任意的，而必須以調整價格能給企業帶來的總體利益為轉移。並且，對於那些需求彈性較小，甚至需求彈性完全不足的商品，無論採用何種調整價格的策略也無濟於事。

(二) 漸進性調整策略

這是企業根據一定時期的定價目標，把現行價格分階段調整，使原有價格策略失去效應。採用這種調整策略；或者是因為一些產品成本和質量較低，隨著工藝技術的完備，產品質量不斷提高，而產品成本相應提高了，為了使產品價格和價值基本相適應，必須調整原有的低價策略，或者是因為批量生產，產品成本下降，為了擴大市場銷量，必須調整原有的高價策略；或者是競爭者和消費者的原因龍使企業改變原有的價格策略。但是，不論調整的原因如何，採用這一調整策略的特點是漸進性的，即調整的幅度不宜過大。

(三) 特殊性調整策略

這是企業採用特殊方式改變原有價格。例如，企業根據市場需求情況，對原有產品的式樣，在顏色與包裝裝潢等方面進行改革，使之具有新的特色。即使在這樣的情況下，企業也不馬上改變自己原有的價格策略，而是採用變相調整的做法，無形中使低價的策略喪失其功能，按照調整後的新的價格策略定價。

三、企業對競爭者調價的反應

在市場競爭條件下，企業必須具備對競爭對手的價格調整做出及時正確反應的能力。競爭對手在實施價格調整策略之前，一般都要仔細權衡利弊，並大多採取保密措施，以保證發動價格競爭的突然性。在這種情況下，企業貿然跟進或無動於衷都是不對的，正確的做法是盡快地對以下問題進行調查研究。

（1）競爭者調價的目的。

（2）競爭者詢價是長期的還是短期的。

（3）競爭者調價格對本企業的市場佔有率、銷售量、利潤、聲譽等方面的影響。

（4）同行業的其他企業對競爭者調價行動的反應。

（5）企業的反應方案。

（6）競爭者對企業每一個可能的反應的反應。

一般而言，在同質產品市場上，如果競爭者降價，企業必須隨之削價，否則顧客將轉向價格較低的競爭者；如果競爭者提價，本企業既可以跟進，也可以暫且觀望，因為提價不是行業的集體行為，多數會失敗。在異質產品市場上，由於每個企業的產品在質量、品牌、包裝等方面有著明顯的不同，所以面對競爭者的調價策略，企業有較大的選擇餘地。它包括如下幾種情況：第一，價格不變，任其自然。以不變應萬變，

尋找機會謀求更大的突破。一般實力較強的企業為鞏固和穩定本企業產品高質、優價的地位都會使用這一策略。另外，對需求價格彈性小的產品，企業也可維持價格不變。第二，價格不變，運用非價格競爭手段。比如加強廣告攻勢，強化售後服務，提高產品質量，或者對產品進行改進。第三，部分或完全跟隨競爭者的價格變動，維持原來的市場格局，鞏固已有的市場地位。第四，以優於競爭者的價格跟進，即以比競爭者更大的幅度削價或以更小的幅度提價，並強化非價格競爭，形成產品差異，利用較強的經濟實力或優越的市場地位，給競爭者以致命打擊。

❖ 本章小結

價格策略是企業運用價格手段進行市場競爭的一種十分重要的策略和手段。採用靈活多變的價格策略，對於企業促進和擴大銷售，提高企業整體效益具有十分重要的意義。

（1）影響企業定價的因素是多方面的，本章講述五大主要因素：定價目標、產品成本、市場需求、競爭者的產品和價格以及政府的政策法規。

（2）定價方法是指企業為實現其定價目標所採用的具體手段，主要有成本導向定價法、需求導向定價法和競爭導向定價法。

（3）價格的制定是否具有策略性，直接關係到企業戰略目標的實現。可供企業選擇的定價策略，主要有以下幾種：新產品定價策略、心理定價策略、折扣定價策略、地區定價策略、差別定價策略、產品組合定價策略、網路行銷定價策略。

❖ 趣味閱讀

為什麼連鎖餐飲如肯德基、麥當勞都有同城差價的價格策略，而星巴克則是同城同價？

小 A：因為這兩個企業的競爭戰略是完全不一樣的。套用波特的術語，肯德基是低成本的競爭策略，而星巴克是差異化的競爭策略。為什麼呢？因為兩家企業的壟斷勢力是不一樣的。這裡壟斷勢力你可以理解為定價能力，也可以理解為客戶的產品忠誠度（用戶的需求彈性）。這個跟低檔次安卓手機和 iphone 手機的定價是類似的。低檔次的安卓手機是低成本策略，所以其價格跟成本還是有關係的。但是 iphone 手機的定價跟成本有關係嗎？

肯德基的問題是，你在不同的地方，價格稍微高一點，客戶就轉頭去蘭州拉面、沙縣小吃了。其盈利能力很大程度上取決於其對成本的控制能力。

而星巴克培養了大量「逼格」高的客戶。你價格高十塊客戶也不會少很多。

這就是所謂的壟斷勢力。

同城同價也是一種競爭的策略，即向客戶發送一個信號：本店逼格高，服務高端人群。這樣客戶更容易為他們的產品買單。

你想像一下，如果肯德基和星巴克同時推出價格 200 元的「進入中國十周年」紀念衫，有多少人會為肯德基買單，有多少人會為星巴克買單？壟斷勢力不言而喻。

其實連鎖餐飲企業一開始是差異化的競爭策略，很多最後難免變成「低成本」的競爭策略。

肯德基麥當勞進入中國的時候多麼高端，現在也就比蘭州拉麵的競爭地位高一點。類似的還有必勝客，以前覺著好高端，現在實在提不起興趣去吃。

這也是從「藍海」變成「紅海」的典型例子吧。

關於一些思維邏輯的問題

L網友的邏輯是毛利率不同→定價行為不同，你現實中看到的決策過程可能是這樣子，但是現實中看到的過程跟因果關係的方向可能是不一樣的。直接的問題是，毛利率為什麼不同？其實是價格高導致了毛利率高，而不是相反。邏輯應該是這樣子：消費者喜歡星巴克→壟斷勢力高→可以定高價→毛利率高。

舉個例子：有人早上出門帶了傘，中午下雨了。並不是因為他帶傘所以下雨，而是因為他預期到要下雨，所以才帶了傘。因果關係的方向跟事件發生的先後可能是反的。

如果大家感興趣可以看一下我們討論區裡面關於肯德基的爭論，希望可以幫助大家理清邏輯順序。

小B：如樓上所說的，這是兩種不同的競爭策略。肯德基採用的是成本優勢的策略，通過成本控制，以低於平均水平的成本來競爭，這就意味著它對成本的增長非常敏感。當一個位置的租金高的時候，他必須提價才能保持盈利的狀態。另外，成本競爭一般都是在競爭非常激烈的行業裡，這就意味著它的競爭對手非常的多，客戶的忠誠度也非常的低。

星巴克用的是差異化的策略。差異化的優勢來源於為客戶提供獨特的，對買方來說其價值不僅僅是低廉的東西。如此，企業在定價時，在保持成本合理的情況下，能夠以高出行業較多的價格出售其產品，從而獲得高溢價。

星巴克出售的不僅僅是咖啡，更是一種文化，它讓每個來店裡消費的人覺得自己的格調跟一般人是不一樣的，它的顧客都是經濟基礎較好的人，這種人對價格的敏感性不高。他們需要的是一個身分，一個標籤，而他們願意為這個標籤付出高於其成本很多的價格。所以，文化就是星巴克獨特的地方，這也是別人很難複製的地方。所以能與星巴克競爭的很少。

但星巴克也不是說哪裡的價格都一樣，機場的星巴克就絕對比寫字樓的星巴克貴，原因在於機場的租金太高，使星巴克的成本超出合理的範圍，所以必須得提價。且在機場範圍內的競爭對手很少，大可以把價格提高點。

總而言之，兩種競爭策略的不同，導致了定價策略的不同。

❖ **課後練習**

一、單選題

1. 為鼓勵顧客購買更多物品，企業給那些大量購買產品的顧客的一種減價稱為（　　）。
   A. 功能折扣　　　　　　　　B. 數量折扣
   C. 季節折扣　　　　　　　　D. 現金折扣

2. 在經濟比較發達，國民教育程度比較高，社會風氣比較好的地區成功推行（　　）策略的可能性較高。
   A. 撇脂定價　　　　　　　　B. 顧客自行定價
   C. 瘋狂減價　　　　　　　　D. 逆向提價

3. 基點定價又稱為（　　）。
   A. 分區定價　　　　　　　　B. 運費免收定價
   C. 統一交貨定價　　　　　　D. 郵資定價

4. 企業在競爭對手價格沒有變得情況下率先降價的策略稱為（　　）策略。
   A. 被動降價　　　　　　　　B. 主動降價
   C. 滲透定價　　　　　　　　D. 撇脂定價

5. 在商業企業，很多商品的定價都不進位成整數，而保留零頭，這種心理定價策略稱為（　　）策略。
   A. 尾數定價　　　　　　　　B. 招徠定價
   C. 聲望定價　　　　　　　　D. 習慣定價

二、多選題

1. 影響定價的主要因素有（　　）。
   A. 定價目標　　　　　　　　B. 產品成本
   C. 市場需求　　　　　　　　D. 競爭者的產品和價格
   E. 政府政策

2. 需求導向定價法包括（　　）。
   A. 邊際貢獻定價法　　　　　B. 感受價值定價法
   C. 逆向定價法　　　　　　　D. 盈虧臨界點定價法
   E. 需求差別定價法

3. （　　）屬於心理定價策略。
   A. 尾數定價策略　　　　　　B. 聲望定價策略
   C. 招徠定價策略　　　　　　D. 習慣定價策略
   E. 整數定價法

4. 引起企業調高價格的主要原因有（　　）。
   A. 通貨膨脹，物價上漲　　　B. 企業市場佔有率下降

C. 產品供不應求 　　　　　　D. 企業成本費用比競爭者低
E. 產品供大於求

5. 價格折扣主要有（　　）等類型。
　　A. 現金折扣　　　　　　　B. 推廣折扣
　　C. 數量折扣　　　　　　　D. 季節折扣
　　E. 交易折扣

三、問答題

1. 影響定價的因素有哪些？
2. 試比較成本導向定價法、需求導向定價法和競爭定價法的差異。
3. 企業在什麼樣的條件下採用降價策略？在什麼樣的條件下採用提價策略？
4. 新產品推出可採用哪些策略？
5. 企業應如何應對競爭者主動挑起的「價格戰」？

四、案例分析

提價促銷

　　重慶食品公司是一家生產「中國炒面」的美國公司，其目標顧客是中等收入的美國人。該公司以「給美國人換換口味」為經營口號，通過具有東方神秘色彩的廣告宣傳，在激烈競爭的美國食品市場上佔有一席之地。但隨著市場競爭的日益加劇，許多美國公司開始採用薄利、降價、為市場份額而戰的競爭策略，以提高自己產品的市場競爭能力。重慶公司的市場份額開始出現萎縮，企業面臨著是否加入價格競爭的抉擇……

　　該公司經理鮑格奇深知，重慶公司在資金實力上屬於行業中的中等企業，加入降價的行列，只會使公司變得更為被動。為了保持公司的市場份額，施洛奇仔細分析「中國炒面」的目標顧客後發現，這些人的收入並不豐厚，但虛榮心卻很強，喜歡在親友面前保持自己富裕的形象。在對目標顧客的消費者行為進行分析之後，鮑洛奇另闢蹊徑，制定出與其競爭者截然相反的行銷策略——提價促銷，將重慶公司的「中國炒面」定為同類產品中最高價位產品。具體行銷步驟如下：

　　首先，公司在各類媒體上做了大量的廣告宣傳，營造出吃「中國炒面」是某種象徵，是三餐之外最佳營養食品的社會文化氛圍。

　　接下來，公司更換產品的包裝，通過全新的包裝和標示、優良的產品品質，進一步確立了重慶公司的「中國炒面」在市場上的高質形象。

　　4個月後，公司傳出提價的消息，但公司並沒有通過正式的傳播渠道予以確認和否定。市場上的消費者、商業企業出現了投機心理，發生儲存式購買，「中國炒面」開始脫銷。

　　又過了30多天，公司提高了新包裝的「中國炒面」的價格，成為美國面食食品中的最高價格產品。提價以後，消費者不僅不認為「中國炒面」價格高而且認為其「貨

真價實」,「中國炒面」的市場份額反而比提價以前提高了。鮑洛奇的提價促銷策略取得了巨大成功,公司的經營業績也因此穩步上升。

問題:
1. 分析重慶食品公司提價促銷成功的原因。
2. 總結出企業運用提價促銷的條件。

❖ 行銷技能實訓

實訓項目:感知價格競爭,理解並運用價格策略

【實訓目標】培養學生分析企業定價存在問題並運用所學相關定價策略解決問題的能力

【實訓內容與要求】
1. 教師向學生給出市場上某行業某類產品的價格競爭現狀的基本資料。
2. 學生以小組為單位,以實際市場情報為依據,為其中的一項產品提出變價的依據,並擬出相應的變價策劃方案。
3. 在市場上收集該類產品中相近產品的不同企業的定價情報,並瞭解定價中存在的問題。

第十一章 分銷策略

一致是強有力的,而紛爭易於被徵服。

——伊索

上下同欲者勝。

——孫武

❖ 教學目標

知識目標
(1) 瞭解分銷渠道的概念及類型。
(2) 掌握分銷渠道的長度和寬度及其適用的商品。
(3) 理解分銷渠道系統的各種模式、優缺點及其應用。
(4) 掌握分銷渠道的職能和工作流程。
(5) 瞭解零售商與批發的概念、特點及類型。

技能目標
(1) 掌握設計不同類型的分銷渠道的能力。
(2) 具備分析不同類型分銷渠道適用於分銷哪些類型的產品的能力。
(3) 具備應對處理分銷渠道中存在的各種衝突的能力。

❖ 走進行銷

把手機賣到美國有多難?

以渠道為例,線上、公開市場以及營運商是國內手機市場的三個主要渠道,隨著營運商補貼的驟減,這部分市場手機的出貨量已經開始減少,公開市場成為所有手機廠商爭奪高地,最主要的表現就是增加線下實體店,入駐到國美、蘇寧等賣場中。

美國的不同之處在於它仍然是以營運商渠道為主,截止到今天,超過95%的手機是通過營運商渠道銷售。雖然這幾年美國公開市場的出貨量在增加,但是這種變化非常緩慢,在未來兩到三年內,這個比例也不會超過10%。

瞄準這個市場的國內手機廠商主要是華為和中興,以出貨量來算,前者是去年國產手機廠商的第一名,全球範圍內大約出售1.09億部手機,其中國內出貨量為6,300萬,剩下的則是海外市場。目前華為尚未打開美國市場,它的海外市場主要是在歐洲國家,因此美國成為其今年國際市場的重點。外界不會質疑華為的「狼性」和魄力,它看上的市場,很少有失手的時候。

另外一家手機廠商中興正好相反，海外市場要比國內市場的成績單好看不少。2015年中興全球智能手機出貨量為5,600萬部，國內市場占到1,500萬部，美國市場也是這一數字，中興智能手機在美國的市場份額為8.1%。

不同於華為，中興從去年開始逐漸摸清了手機的玩法，就去年中興手機出貨量而言，仍然有4,400萬部是功能手機，占到將近一半的出貨量份額。如何迅速降低低端功能機，打造品牌定位是中興去年摸索的主要任務。

中興在美國市場以中高端市場為主，價位多是在兩百多到四百美元之間，AXON天機在北美地區的裸機售價為499.98美金，這也是目前國內手機廠商在美國售價最高的產品。目前中興在美國主要銷售兩個系列手機：主打商務的AXON天機系列和主打時尚的Blade系列，後者在價位上相當於國內千元機。

思考：手機廠商將手機銷往國外主要是通過哪些分銷渠道來進行的？對於海外市場的爭奪，在分銷渠道的選擇上要注意哪些方面？

產品創意萌生或者成品做出來以後，企業都會面臨銷售渠道的問題，產品怎麼賣？往哪兒賣？對企業來說，尋找到合適的渠道是件非常重要的事情，無論是自主發起還是尋求第三方合作，都是為了讓更多用戶接觸並使用產品。所以結合自己資源條件快速達成結果才是最重要的事情。那麼在渠道方面，如何建設呢？

第一節　分銷渠道的概念和類型

從系統工程的角度看，分銷是一個人造系統的整體功能。這個人造系統在市場行銷中被稱為分銷渠道。分銷管理的重點是分銷渠道管理。

一、分銷渠道的概念

所謂分銷渠道是指某種商品和服務從生產者向消費者轉移過程中，取得這種商品所有權或幫助所有權轉移的所有企業和個人。

❖ 行銷案例

家用空調的分銷渠道

廣州市某電器企業生產的一批空調產品，用火車運到長沙市，銷售給當地的專營批發商。批發商把這一批空調轉賣給益陽市一家大型百貨商場。批發商負責把空調商品從火車站貨場用汽車運送到益陽市那家大型百貨商場。那家百貨商場最後把這批空調產品銷售給益陽市的普通家庭消費者和機關團體（最終用戶）。

在這批空調產品的分銷過程中，廣州市某電器企業、鐵路運輸公司、長沙某專營批發商、長沙某倉儲公司、汽車運輸公司、益陽市某大型百貨商場、廣州和長沙兩地的商業銀行和最後的購買者都是參與者。但是，構成該商品分銷渠道的只有廣州市某電器企業、長沙某專營批發商、益陽市那家大型百貨商場和最後的購買者。這種觀點

的理由在於：只有這些渠道成員就商品所有權發生過交易關係。如圖 11-1 所示。

```
產品實體運動                                    產品所有權運動
              ┌─────────────────┐
              │  電器企業（廣州） │
              └─────────────────┘
              ┌─────────────────┐
              │    鐵路公司      │
              └─────────────────┘
              ┌─────────────────┐
              │ 專營批發商（長沙）│
              └─────────────────┘
              ┌─────────────────┐
              │   汽車運輸公司   │
              └─────────────────┘
              ┌─────────────────┐
              │  百貨商場（益陽）│
              └─────────────────┘
物流過程                                         分銷過程
              ┌─────────────────┐
              │家庭消費者和機關團體│
              └─────────────────┘
```

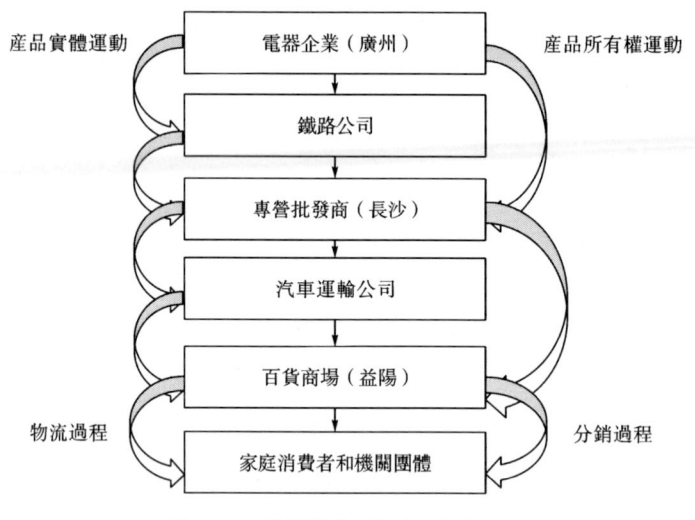

圖 11-1　分銷渠道與物流過程的區別

❖ 行銷案例

天海郵輪 CEO：共贏的分銷渠道有助於提升郵輪品質

2016 年，中國郵輪遊客超過 200 萬人次，同比增長 82%，已躋身全球第四大郵輪客源地市場。高速增長的背後，由銷售模式引發的行業低價競爭，卻在一定程度上影響著遊客的旅行體驗。

2017 年 3 月 21 日，中國本土首家豪華郵輪公司天海郵輪 CEO 莫付生（Ken Muskat），在第三屆中國郵輪峰會上發表主題演講指出，以中國為代表的亞洲市場有望在十年內超越北美，躍居全球第一大郵輪客源地市場。當前，中國郵輪市場亟須構建共贏的分銷渠道，全力提升產品質量，推動行業實現可持續健康發展。

目前，世界知名郵輪公司大多已進駐中國市場，每個品牌、每艘郵輪都各具特色。實際上，近年來各家進駐中國市場的郵輪公司，都在竭力打造品牌特色，提升產品質量。以天海郵輪為例，2017 年以「郵輪+音樂」「郵輪+文化」為特色，推出了兩款貫穿全年的主題活動——「天海好聲音挑戰賽」與「天海夜譚」，全年主題郵輪航次占比超過 70%，預計將吸引超過十萬人次遊客參與。此外，天海郵輪還將傾心打造中國第一部郵輪主題電視劇《面朝大海，春暖花開》，並計劃在首航兩周年之際，對船上 WIFI、美食餐飲等進行優化升級，力爭為遊客提供更好的郵輪旅行體驗。

思考：企業在選擇分銷渠道的過程中，關鍵要注意的是什麼？

二、分銷渠道的類型

(一) 分銷渠道的級數

根據商品在流通過程中使用中間商的多少，又可分為長分銷渠道和短分銷渠道。不同國家、不同地區、不同行業的分銷渠道的長短，均有很大差異。但是，可歸納為以下四種有代表性的分銷渠道類型（見圖11-2）：

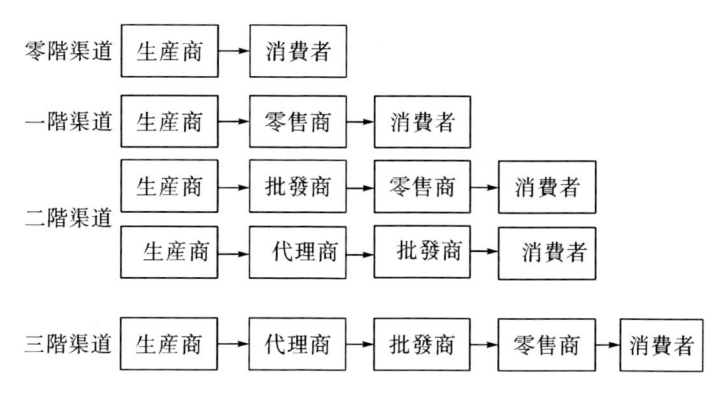

```
零階渠道   生產商 → 消費者
一階渠道   生產商 → 零售商 → 消費者
二階渠道   生產商 → 批發商 → 零售商 → 消費者
           生產商 → 代理商 → 批發商 → 消費者
三階渠道   生產商 → 代理商 → 批發商 → 零售商 → 消費者
```

圖11-2　四種有代表性的渠道類型

1. 零階渠道

零階渠道通常叫作直接分銷渠道，指生產商直接把產品交給消費者或用戶，不經過任何中間商轉手的分銷渠道。這種流通形式也叫直銷型。它在生產資料商品分銷中應用比較廣泛。

2. 一階渠道

一階渠道含有一個分銷仲介機構，是指生產商把商品出售給一個中間商，再由該中間商把商品轉售給消費者或用戶的流通形式。它在生產資料商品流通中，一般是指生產商把商品出售給一個批發商或委託給一個代理商，再由該批發商或代理商轉售給用戶的流通形式。

3. 二階渠道

二階渠道含有兩個分銷仲介機構，是指在商品流通過程中有兩個或兩種分銷仲介機構的渠道結構形式。在消費者市場，分銷仲介機構通常是指批發商和零售商；在生產者市場，則通常是指代理商和批發商。

4. 三階渠道

三階渠道含有三個分銷仲介機構，是指在商品流通過程中有三個或三種分銷仲介機構的渠道類型。肉類食品及包裝類產品的生產商通常採用這種分銷渠道形式。這種渠道的特點是，在生產商與批發商之間又增加了代理商這一中間機構。

❖ **行銷情境**

農民說：「我們全家一年到頭辛辛苦苦生產出上好的玉米，但是賣不出好價錢。可

是，當我看見在超級市場內人們購買的玉米和所有玉米產品要支付這樣高的價格時，我簡直不敢相信消費者要支付這樣高的價格，而我卻只能賣到非常低的價格，所以有人在其中賺了大筆的錢。」

問題：我們能拋棄中間商嗎？

(二) 分銷渠道的寬度

分銷渠道的寬度指渠道的每個層次中使用同種類型中間商數目的多少。寬的分銷渠道，就是生產商通過許多批發商和零售商將其產品在廣泛的市場上銷售；窄的分銷渠道，即生產商只利用較少的批發商或零售商，使其商品在有限的市場上銷售。

在分銷渠道寬窄的選擇上，一般有以下三種形式，即密集性分銷、選擇性分銷和獨家分銷。

1. 密集性分銷

密集性分銷即生產企業盡可能通過許多批發商、零售商推銷其產品。這種策略的出發點是擴大市場覆蓋面或快速進入一個新的市場。

2. 選擇性分銷

選擇性分銷即生產企業在某一地區僅通過幾個精心挑選的、最合適的中間商推銷其產品。這種策略的出發點是著眼於維護本企業產品在該地區的良好信譽，鞏固企業的市場地位。

3. 獨家分銷

獨家分銷，即生產企業在某一地區僅通過一家中間商推銷其產品。雙方協商簽訂的獨家分銷合同規定：生產商在某個特定市場內，就不能再請其他中間商同時經銷其產品；而這家中間商也不能再經銷其他競爭者的同類產品。

❖ 行銷案例

沃爾瑪的跨國分銷

在中國香港地區，沃爾瑪 Value 俱樂部的購物者常常通過減少在該商店購物的開支和光顧該商店的次數，來促使商店選擇更好的地理位置，並把產品的尺寸改造得更小。導致這種情況的原因之一是中國香港的消費者似乎很看重便利性、服務質量和商店的價值觀。Value 俱樂部遠離公共交通的主幹道，因而要求購買者在出租車和公共汽車上花費額外的時間，商店低廉的價格會被交通費用抵消。

墨西哥分散的批發體系意味著較高的交易成本和低效率。隨著北美自由貿易區 (NAFTA) 的出現，墨西哥看上去似乎是零售商的天堂。直至 1994 年 12 月，比索的貶值為這些計劃注射了一針大劑量的清醒劑，許多零售商恢復到原有規模或暫停計劃直至墨西哥的經濟形勢明朗起來。

沃爾瑪試圖大規模地進入墨西哥市場，卻發現在美國行之有效的方法，在墨西哥卻沒有效果。墨西哥人傾向於以家庭為單位購物，並將之看作是周末娛樂的一部分，這就要求商店的通道要寬一些。由於墨西哥人的汽車擁有率並不像美國人那樣高，零

售商必須使他們的商店靠近居民區。在雜貨店的食品區，墨西哥人希望商品和肉類能像他們的當地市場那樣擺放，墨西哥消費者認為事先包裝好的商品是不新鮮的。沃爾瑪的目標是服務於墨西哥8,200萬人口中800萬中產階級以上的人群。

絕大多數墨西哥人在不同的商店購買雞蛋、商品和帶包裝食品。他們每天要去3家或更多的商店或每天去某個商店兩次。他們絕大多數人常常去自助商店或超市購買包裝精良和處理好的商品。對於要求新鮮的商品，購買者趨向於頻繁地去小商店和露天市場。墨西哥的家庭婦女偏愛去一種傳統的蔬菜市場購物，她們可以去找她們認識且中意的商人（而不是去非個人化的超市），即使這個商人也許並沒有最好的產品，但她或他是她們的朋友就夠了。

思考：
1. 沃爾瑪在幾個發展中國家和地區的失敗說明了什麼？
2. 如果你是沃爾瑪國際業務部的負責人，如何調整你的國際分銷政策？

第二節　分銷渠道的設計與管理

一、分銷渠道的設計

分銷渠道設計大體分為四大步驟：一是分析消費者的服務需求；二是分析各種影響因素並確立分銷渠道目標；三是找出可選擇的渠道方案；四是對方案進行評估與選擇。

（一）分析消費者的服務需求

企業在進行分銷渠道設計時必須要以確立的分銷目標為基礎，而這個目標的確定必須以消費者的服務需求為基礎。研究服務需求的具體內容及其走勢就有著非常重要的意義。服務需求的主要內容有五項——購買批量、等候時間、出行距離、選擇範圍和售後服務。因此，分銷渠道的目標就是提高這五個方面的服務產出水平。

1. 購買批量

購買批量是指顧客每次購買商品的數量。拿汽車舉例，出租汽車公司喜歡到大批量出售汽車的商場去購車。對於日常生活用品也是如此，小工商戶喜歡到倉儲商店批量式購物，而普通百姓偏愛到大型超級市場買東西。

2. 等候時間

等候時間是指顧客在訂貨或現場決定購買後，一直到拿到貨物的平均等待時間。在現代社會，人們的生活節奏加快，更喜歡那些快速交貨的分銷渠道。

3. 出行距離

出行距離是指顧客從家裡或辦公地點到商品售賣地的距離。一般地說，顧客更願意在附近完成購買行為。雖然顧客購物出行距離長短與渠道網點的密度相關。但是，對於不同的商品，人們所能承受的出行距離是不同的。

4. 選擇範圍

選擇範圍是指分銷渠道提供給顧客的商品花色品種數量。一般來說，顧客喜歡較多的品種花色供選擇，因為這樣更容易買到稱心如意的產品。

5. 售後服務

售後服務是指分銷渠道為顧客提供的各種附加服務，包括信貸、送貨、安裝、維修等內容。消費者對不同的商品有不同的售後服務要求，分銷渠道的不同也會提供不同的售後服務水平。

（二）分析影響因素並確定渠道目標

企業首先在多大程度上滿足消費者的服務需求，要受多種因素的影響。只有對這些因素進行具體分析之後，才能確定具體分銷渠道目標。

1. 影響分銷渠道目標的因素

（1）產品因素。

產品不同，顧客的服務需求不同。如前所述，顧客購買時的服務需求表現為購買批量的多少、等候時間的長短、出行距離的遠近、選擇範圍的寬窄和售後服務好壞。產品不同，適應的渠道特徵不同。

（2）企業因素。

企業行銷目標不同，要求不同的分銷渠道與之配合。從長期來說，企業行銷目標是滿足消費需求；從短期來說，則是銷售額增加多少，利潤率提高多少，市場佔有率達到什麼比例。有時短期目標與長期目標會有差異，對分銷渠道的設計要求會有所不同。

（3）中間商因素。

中間商是生產者和消費者之間的媒介。中間商能力狀況決定選擇對象。一般來說，每個中間商在促銷、顧客接觸、配送商品、金融信用等方面的能力是不同的，企業願意選擇能力更強的中間商。有的企業就是因為找不到合適的代理商，而省去了代理商這一環節，直接把產品輸送給零售商或顧客。

（4）競爭者因素。

分銷渠道的設計必須考慮競爭者。這個競爭者不是渠道競爭者，而是產品或服務的競爭者。企業在滿足消費者服務需求方面必須比他的競爭對手做得更好，這是涉及分銷渠道的重要基礎。

（5）環境因素。

行銷環境的變化會使分銷渠道的策略發生改變。行銷環境是指企業面臨的宏觀環境，如人口環境、經濟環境、自然環境、技術環境、政治環境和文化環境等。

❖ 行銷案例

婭麗達移動電商的蛻變秘訣

婭麗達是一個成立了 20 年的金牌女褲品牌，在全國各地有專賣店和商場專櫃近

2,000個，這在過去一直是我們引以為傲的優勢和資本，但在移動電商來臨的時候，卻成為我們轉型中最大的痛點。

為什麼？互聯網時代，時機很重要，一旦錯過風口，再跟上腳步就會很難，而統一內部思想會花費很多時間。且原有的傳統電商想實現新增長很難，天貓的流量都是用大筆的廣告推出來的，營運成本實在過高。在現在整體消費力度下降的大環境下，真的不必要在傳統電商上投入過多了，所以我們決定進軍移動電商領域。

試水移動電商的迷茫

2013年農曆八月十五日，婭麗達開始做微博和微信公眾號，用的有讚系統，有讚系統的行銷玩法挨個玩了一遍，而且是高管層帶頭和團隊全員一起參與到遊戲中。同時也做了很多親近粉絲的活動，然而並沒有什麼作用。當時作為一個傳統企業裡的新部門，在企業內部以各種眼光看結果的時候，可以想像當時電商部在中間所處的尷尬位置。2014年，一年的時間，我們都在做電商業務的基礎工作，做微信公眾號、做商城，但是帶來的轉化卻很少。當時很多粉絲微信還沒有綁定銀行卡，我們從教他們綁銀行卡開始，中間還會遇到很多不願意綁卡的情況，前期打基礎的時候真的很不容易，從內到外都很有壓力。沒有一個特別亮眼的玩法的時候，團隊的不停嘗試階段是很迷茫、很痛苦的。

混沌中迎來曙光

起初的一年內沒有什麼起色，慶幸的是婭麗達的最高層一直認定移動社交電商是趨勢，不斷地給予人員物質和精神等多方面的支持。說到轉折呢，是在2015年「3·15」微商假貨，「三無」產品的大量曝光。這對於微商來說可謂是滅頂的災難，而對婭麗達這種有一定品牌影響力的企業反而成了優勢，市場開始重新洗牌。借助婭麗達20多年的品牌背書，我們開始做全員分銷，在線上開始招募代理，當月業績超過2014年一年的線上業績，出現了大爆發的喜人勢頭，一下子在互聯網同行圈裡傳開，先是河南區有幾十家代理一起培訓複製模式，隨後開始在西安等地進行複製。婭麗達在移動電商方面迎來了黑暗盡頭的耀眼曙光。

移動社交電商的三招必殺

第一，借勢大風口建立分銷帝國。在全民創業的時代，我們的模式不同壓貨、投錢的微商模式。玩起了全員開店，首先從員工內部開始，只需要下載有讚微小店即可一鍵分銷商品。把廣告推廣的費用用於分銷商們的分銷利潤，大家雙贏誰會拒絕呢？現在我們已經有29萬分銷商。

第二，成立婭麗達商學院。移動社交電商時代，每天都在變化，婭麗達女褲全員分銷模式成功了，但這一切只是剛剛開始，除了給參與者直接的利益價值，還要為參與者輸出更多的價值，那就是學習，只有學習才會更好地持續發展。於是，婭麗達商學院成立了，並通過內部員工培養、分銷商全方位培養以及分享模式共同發展的三個模塊為所有的參與者輸出價值，讓大家與婭麗達一起成長。

第三，粉絲員工化的深入參與。小米的參與感一度激發了很多企業的複製，婭麗達也是一樣，最初是策劃了一場關於時尚建議的互動玩法，結果很不理想。不痛不癢的建議無法使用戶真正感受到自己對產品帶來的影響，參與度很低，導致無分享欲望，

發現了這個不足後立即改變策略：讓用戶參與深入產品的源頭來——女褲版型的設計。

第四，貨樣不再是高高的在設計室內，而是由設計室到粉絲再回到設計室完善，然後再投入大批量生產。對分銷代理來說，因為參與到了婭麗達的營運中，銷售的熱情一下子爆發出來，線上的業績也帶動起來了。

2. 設定分銷渠道目標

企業在確定分銷渠道目標時會有多種選擇，專家們的看法也不盡一致，但至少有四個方面是必須要考慮的。

（1）購買便利性。分銷的目的就是使顧客能順利而又方便地買到所需的產品。渠道目標應該盡可能使顧客的購買實現最大的便利。如使顧客走多遠距離、等待多長時間能買到商品，從而決定整個市場的鋪貨率。

（2）較大利潤性。企業行為動機是獲取利潤，分銷目標也必須有相應的銷售額及利潤指標。當然利潤指標不單是靠銷售額提高來實現，還要考慮分銷渠道成本的降低。

（3）成員支持度。前兩個目標的實現，必須以各成員的支持為基礎，使中間商全力配合企業的各項行銷策略，推廣產品，包括促銷活動、公關活動等方面的支持等。

（4）售後服務度。企業必須確定一個基本的售後服務水平。達到它，可以使銷售活動正常展開；達不到它，可能影響產品的形象及銷路。這是設計分銷渠道的重要基礎。

(三) 找出可選擇的渠道方案

確定分銷渠道目標之後，就要考慮有哪些渠道有可能實現這一目標，盡可能把所想到的方案全部列出。無論何種方案，至少應該有四大基本內容：長度、寬度、廣度和系統。每項內容中可以有多種選擇。

(四) 評估選擇渠道方案

列出備選的渠道方案並不難，困難的是最終選擇一條或幾條適宜的分銷渠道。一般認為，每項渠道方案的評估都必須依據三項標準：經濟性標準、控製性標準和適應性標準。

❖ 行銷視野

別總怨渠道商唯利是圖

在分銷渠道中存在著一個非常令人困惑的現象：分銷渠道成員的非分需求不斷增多。分銷渠道好像永遠和「得寸進尺」連在一起。在製造商的眼裡，分銷渠道是永遠吃不飽的孩子。原因何在呢？拋開終端競爭的激烈、區域市場業態的變化這個原因，造成這種現象的根本原因是：渠道設計中過於注重利益分享。

渠道成員「利」字當頭，唯利是圖，不注重長期經營，只強調短期效應，什麼賺錢賣什麼，他們才不管什麼合作夥伴、戰略性夥伴的建立。

具體來說，分銷渠道成員的問題主要在於：

（1）分銷渠道成員缺乏忠誠度。很多製造商發展到一定階段，都會遇到分銷渠道

的流失、叛變問題，於是製造商就責怪渠道成員沒有忠誠度。分銷渠道成員又不是製造商的員工，不拿年薪，製造商是沒有理由要求分銷渠道成員忠誠的。

（2）信用度低。誠信是一個很大的概念——大到國策，小到製造商的經營理念和對待市場、消費者的態度。誠信需要法律、道德和社會環境、經濟發達程度以及自律的制約。

在中國市場上，信用度惡化是目前渠道網路較突出的問題。不少分銷渠道成員不遵守協約，經常性地拖欠貨款，占用、挪用貨款，有的甚至卷款而逃，給誠信蒙上了陰影。渠道設計應以價值分享為核心展開，如何做到這樣的設計呢？關鍵是解決兩個戰略層面的問題。

一、價值鏈總動員：渠道成員的生存共識

在中國市場發展中，製造商的諸多創新以及產品行銷改善，推進著價值的持續增長。而經營活動中的下游環節，比如產品銷售，則一直被視為是需要但次要的活動。人們普遍認為，在價值鏈中，只有生產製造才是創造價值的中心環節。

二、共創價值鏈優勢：渠道成員的生存之道

行銷渠道是促使產品或服務順利地被使用和消費的一整套相互依存的組織。由此可以看出行銷渠道的建立是為了在社會中形成一系列重要的經濟職能，如產品的分銷、服務的傳遞、信息的溝通、資金的流動等，從而彌合了介於生產者和消費者之間的時間與空間上的距離。

同時，行銷渠道是不同機構之間組織的集合體，它們同時扮演著追求自身利益和集體利益的角色。為了利益，它們之間既相互依賴，又相互排斥，從而產生了一種複雜的渠道關係，既競爭又合作的關係。

二、分銷渠道的管理

一些企業所建立的銷售子公司、銷售業務部、銷售代表處等銷售機構，以及貨運車隊、成品倉庫、中轉倉庫等物流機構，都屬於分銷渠道範疇。從分銷渠道的構成方面來看，除了生產商自己的銷售機構和物流機構之外，還有分銷渠道所包括的批發商、零售商、分銷商、物流公司、運輸公司、倉儲公司以及其他有關機構，也都屬於分銷機構的範疇。

❖ 行銷案例

一汽豐田重組國內行銷網路

2003年10月28日，中國一汽集團與日本豐田汽車公司雙方正式宣布合資成立「一汽豐田汽車銷售有限公司」，從當年11月1日起正式營業。這意味著，一汽和豐田將重組國產豐田汽車的行銷網路，也標誌著一汽集團與日本豐田的合作再次邁出堅實的一步。

業內人士認為，行銷網路將是今後國內汽車市場的爭奪重點。一汽與豐田合作成立銷售公司，意味著兩個大公司不僅要在生產方面建立合作，還要在銷售服務方面形

成集團優勢。

對分銷機構所進行的管理就是分銷渠道管理。其任務是要正確地設立和選擇利用必要的分銷機構，在各種機構之間進行合理分工和協調，推動它們有效地運轉。具體職責包括分銷機構的設立或選擇決策、分銷政策的制定、組織分工與活動計劃、績效考評等管理工作。

(一) 分銷渠道成員管理

1. 選擇分銷渠道成員

選擇中間商的原則包括：

(1) 目標性原則。

指供應商為了達到某個特定市場目標而選擇分銷商的原則。從企業的角度來說，不同的產品、不同的時期，有著不同的市場目標。有的時候是為了快速占領某個細分市場、區域市場，企業會把其他原則暫時擱置，目的就是為了實現對這個市場的占領。

(2) 可控性原則。

可控性原則是指供應商在選擇分銷商時，充分考慮日後廠商合作中分銷商管理、分銷協作的原則。這就要求在選擇分銷商的時候，對該分銷商的合作目標和意願、與其他供應商的合作歷史有一定程度的瞭解和把握。

(3) 效率與效益原則。

效率與效益原則指企業選擇的分銷商要能有效、快速地實現企業的市場目標。效益原則是指企業選擇分銷商後，在一個合適的考核期，要有較好的投入-產出的原則。這往往與雙方在合同中確定的銷售量、銷售額以及按照一定的標準和比例提供的費用、返利等指標相結合。

(4) 互利雙贏原則。

互利雙贏原則是指分銷商選擇過程中應堅持的兼顧雙方利益，而且獲利程度能夠促使雙方長期合作的原則。商業領域中，任何兩個不同的利益主體之間關係的發生，都是源於對利益的追求，應該是一種合作關係。

❖ **行銷視野**

嘉豪公司從「勁霸」牌青介辣在調味品市場的「單項冠軍」，到「勁霸」牌超濃縮系列複合調味品成功占據餐飲行業市場，並成為舉足輕重的一員，除了產品卻有「賣點」之外，公司倡導「弘揚中華飲食文化，真情創造健康生活」的飲食文化理念，促進客戶端逆向拉動的分銷商選擇策略的有效執行；而面向家庭消費者的「詹王」牌系列調味品的成功上市，則得益於對沿海發達地區市場的分銷商和大型連鎖賣場這一終端分銷商的重點突破策略。

2. 激勵分銷渠道成員

激勵分銷渠道成員的方式主要有兩種：

(1) 直接激勵。直接激勵是指通過給予物質或金錢獎勵來肯定經銷商在銷售量和市場規範操作方面的成績。

（2）間接激勵。間接激勵是指通過渠道成員進行銷售管理，以提高銷售的效率和效果來激發渠道成員的積極性和銷售熱情的一種激勵手段。

此外還有，夥伴關係建立和信息共享。有關研究認為，製造商可以通過建立經銷商之間的信任關係，通過告知其計劃、詳細目標等方式來確立雙方共同願景，建立長期穩定的合作關係。

3. 評估分銷渠道成員

度量渠道成員的績效有許多可用的標準。表 11-1 列出了較為詳盡的定性指標和定量指標。

表 11-1　　　　　　　　　渠道成員績效評估指標

定量指標		定性指標	
銷售總額	新品市場銷售額在總銷售額中的份額	分銷渠道成員間調整的進度	實現分銷渠道內部協調的程度
利潤總額	折扣價商品的比例	廣告關係	POP 陳列關係
利潤率	新成員占總成員的比例	分校渠道內部衝突的程度	分銷渠道成員分工認識的建立
每件商品平均總流通費用	停業成員占總成員的比例	與消費者團體的接觸情況	最佳庫存標準的使用情況
每件商品平均運輸費用	破損商品發生率	全體成員對最終目標的承認	分銷渠道領導者的能力的發展
每件商品平均保管費	商品虧損率	在機能方面發生重複的情況	市場狀態
定量指標		定性指標	
每件商品平均生產成本	新產品上市成功率	分銷渠道成員承擔義務的程度	與新技術的融匯及發展情況
防止商品脫銷的費用	非經濟訂貨發生率	分銷渠道凝聚力的發展	贊助情況
商品脫銷發生率	顧客抱怨發生率	各成員應該擔負任務的長期化	同一商標內（商品）的競爭程度
陳舊商品的庫存率	顧客投訴單	分銷渠道的彈性情況	流通上的技術個性
不良債權發生率		營業推廣情況	宣傳與公共關係情況
銷售預測的正確性		公司內部組織變動	利用情報、信息的可能性
訂貨處理錯誤發生率		提供服務	推銷員及推銷情況
進入新市場的費用		商品的價格體系	商品庫存情況
訂貨的數量		促銷情況	商品的特性

在對渠道成員進行績效評估時，大多數製造商會採用重點指標進行測評，這些指標包括：渠道成員的銷售業績、庫存維持狀況、渠道成員的銷售能力、渠道成員的態

度、競爭狀況和渠道成員的發展前景。

此外，還可以從財務狀況、品質聲譽、服務質量方面對渠道成員進行評價，全面地瞭解渠道成員的績效。

(二) 分銷渠道衝突的處理

渠道衝突是促成行銷渠道的各組織間的一種敵對或者不和諧的狀態。但是，存在衝突是渠道的一種正常狀態。本部分主要對沖突如何產生，衝突對渠道運行、渠道協作、渠道最終績效及未來有什麼影響，怎樣解決衝突等方面進行分析。

1. 分銷渠道衝突的含義

衝突就像碰撞，具有負面的引申含義，如分歧、摩擦、敵意、對抗、爭論、爭奪、鬥爭等。對於個人來說，衝突一般視為應當避免的東西和麻煩的象徵。但對於分銷渠道間的衝突來說，應該用中立的眼光看待它，因為在分銷渠道中衝突本質上不是消極的，某些衝突實際上還加強和改善了渠道。

❖ 行銷情境

TCL 的「幸福樹」計劃

TCL 幸福樹電器連鎖曾是廣受業界關注的渠道創新模式，其興也勃勃，敗也嫣然。從 2005 年的高調登場到 2007 被 TCL 多媒體收購，僅僅存在了兩年多的時間，卻被業界當作標誌性事件反覆提起。

一、「幸福樹」前傳

實際上在 2000 年，TCL 彩電的千店工程（自營專賣店）在全國風風火火開展時，TCL 就萌發了自建零售渠道的想法。當時 TCL 推出家電產品的一個戰略意義，就是要豐富自營專賣店的產品線。但是在 2002 年，TCL 手機一飛衝天，令集團把發展重點放在了手機上。而同期 TCL 遍布全國的自營零售專賣店，由於缺乏產品整合，銷售品項單一，彩電零售利潤下降，均陷入虧損，最終全部關閉。

二、卷土重來

2005 年，TCL 形勢一片大好，整體上市後集團現金充足，急於尋找新的增長點。在這種背景下，「幸福樹」連鎖項目經一年的籌備，於 2006 年公開亮相。但這個連鎖是加盟連鎖而非早年提出的直營連鎖，核心業務是為加盟客戶提供專業賣場諮詢管理服務，同時通過全國性的談判優勢，獲取上游廠商更大的價格支持。TCL 對幸福樹項目的戰略源於以下兩點：

（1）在歐洲市場，通過類似「幸福樹」這樣的家電採購同盟走的貨，占據了近 40% 的市場份額，說明這一模式的可操作性。

（2）近年來國美、蘇寧挾渠道以令廠商屢屢得逞，說明了在中國市場上，掌控了足夠多的零售終端，就能對供應商施加壓力，迫使其降價，進而實現自身贏利。

對於 TCL 的「幸福樹」計劃，業內出現了多種不同的聲音。

有的從專業分工的角度立場認為，產銷分離是行業發展的必然趨勢，TCL 這種逆

潮流而上，不專注於自身生產製造的主業，而涉足物流配送都成問題的三、四級市場渠道必然會力不從心，付出慘重代價。

有的從TCL的製造企業背景角度出發認為，它不大可能吸引其他一線品牌加入「幸福樹」，並且隨著傳統家電連鎖向中小城市轉移，「幸福樹」肯定會遭遇競爭對手的衝擊和擠壓。

當然，也有從渠道競爭的角度認為，TCL試圖與連鎖巨頭分庭抗禮，抓住三、四級市場發展契機與連鎖巨頭分食蛋糕值得鼓勵。

各種聲音不一而足，TCL的「幸福樹」要得到真正的「幸福」也許還有一段路要走。

2. 分銷渠道衝突的利與弊

（1）分銷渠道衝突的益處。

在某種程度上看，適度的渠道衝突也有很多好處。原因在於：

其一，如果渠道衝突的最終結果是新的渠道運作模式取代舊有的模式，這種創新對消費者是有利的，例如直銷與傳統代理制的衝突。

其二，完全沒有渠道衝突和客戶碰撞的廠家，其渠道的覆蓋與市場開拓肯定有瑕疵。渠道衝突的激烈程度還可以成為判斷衝突雙方實力及商品熱銷與否的「檢測表」。

其三，衝突的後果可能會在讓渠道成員更經常、更有效的交流。

（2）分銷渠道衝突的弊端。

危險的分銷衝突常常發生在製造商採取新的分銷渠道對現有的分銷商造成威脅時。這種情況會導致分銷渠道的惡行發生，如美國希爾斯寵物食品公司。

由於在連鎖超市試驗其店中寵物商店新概念，而失去了專業寵物商店和動物食品商店對它的有力支持，連鎖超市這個分銷渠道對後者構成了相當大的競爭威脅。

❖ 行銷案例

七匹狼渠道衝突及管理案例分析

大多數傳統品牌在涉足電子商務的過程中總會遇到內外兩大矛盾：外部的電子商務渠道和經銷商渠道的衝突，內部的電子商務部門與其他部門的衝突。這是因為電子商務作為新業務，並沒有理清與傳統渠道和業務部門的利益關係。據瞭解，去年七匹狼在淘寶系平臺上的銷售額突飛猛進，這樣的成績正源於七匹狼電商有效的策略：先放水養魚，再對大經銷商進行招安扶持。

從2008年開始，七匹狼的產品已經開始在淘寶上銷售了。那時候，大多數傳統品牌商還沒有對電商渠道引起重視。當時，網路上的銷售主要是庫存貨或者竄貨來的商品。

與此同時，七匹狼電商也在淘寶平臺上開設了自己的旗艦店。目的是瞭解這個市場的規則，只有在市場中營運，才能知道誰做得最好。

經過渠道亂戰，淘寶系平臺上2010年就發展起來5個大的經銷商，其平均一年的回款量在3,000萬元，營業額差不多在5,000多萬元，七匹狼將其稱為「五虎上將」。

在 2010 年後，七匹狼電商開始以網路渠道經銷授權的方式，對渠道進行梳理規範，同時對「五虎上將」進行「招安」。

七匹狼還有類似於線下加盟店的「大店扶持計劃」，即單獨返點。據鐘濤介紹，在線下，某些大區的經銷商會在當地做一些品牌推廣活動，這樣的營運費用總部會承擔30%。線上的「五虎上將」也被視為大店，七匹狼會對他們的優勢進行挖掘後，有針對性地進行扶持，這樣他們就願意一致對外了。

七匹狼的線下線上衝突不明顯，這與七匹狼的線下模式有關。據瞭解，七匹狼依託加盟店擴張，按照其政策，加盟店如果 3 年不賺錢，總部就要收歸直營，第二年不賺錢就要被監管。因此，七匹狼的線下店全國只有 1,000 多家。在這種情況下，線下經銷商往往不願意囤貨，如果只能賣掉 150 件，往往只進 100 件，這樣會避免因庫存壓力帶來損失。而線下庫存壓力小，對於線上折扣銷售就沒有那麼敏感。

3. 竄貨

（1）竄貨的含義。

竄貨，又稱「倒貨」或「衝貨」，也就是產品越區銷售，它是渠道衝突的一種典型的表現形式。一般而言，竄貨可分為以下幾類：

其一，自然性竄貨。自然性竄貨是指經銷商在獲取正常利潤的同時，無意中向自己轄區以外的市場傾銷產品的行為。這種竄貨在市場上是不可避免的，只要有市場的分割就會有此類竄貨。

其二，良性竄貨。良性竄貨是指企業在市場開發初期，有意或無意地選中了流通性較強的經銷商，使其產品流向非重要經營區或空白市場的現象。在市場的開發初期，良性竄貨對企業是有好處的。

其三，惡性竄貨。惡性竄貨是指為獲取非正常利潤，經銷商蓄意向自己轄區以外的市場傾銷產品的行為。經銷商向轄區以外傾銷產品最常用的方法是降價銷售，主要是以低於廠家規定的價格向非轄區銷售。

（2）竄貨的原因。

形成竄貨的具體原因有很多，既有廠家的各種原因，也有經銷商的各種原因。

其一，價差誘惑。目前，許多企業在產品定價上仍然沿用老一套的「三級批發制」，即總經銷價（出廠價）、一批、二批、三批價，最後加個建議零售價。這種價格體系中的每一個階梯都有一定的折扣。如果總經銷商直接做終端，其中兩個階梯的價格折扣便成為相當豐厚的利潤。

其二，銷售結算便利。使用銀行承兌匯票或其他結算形式（如易貸貿易）時，經銷商已提前實現利潤或成本壓力較小，出於加速資金週轉或侵占市場份額的考慮，就會以利潤補貼價格，向周邊市場低價衝貨。

其三，銷售目標過高。當企業盲目向經銷商增加銷售指標時，也很容易誘導或逼迫經銷商走上竄貨的道路。

其四，經銷商激勵不當。通常，廠家與經銷商在簽訂年度目標時，往往以完成多少銷量，獎勵多少百分比來激勵經銷商，超額越多，年終獎勵的折扣就越高。於是只賺取年終獎勵就夠的經銷商為了獲得這個百分比的級數差額，開始不擇手段地向外

「放水」。

其五，推廣費運用不當。一些廠家因為缺乏相關的企劃人才，又不願同經銷商爭論，往往會同意經銷商的要求，按一定銷量的比例作為推廣費撥給經銷商使用。因此，推廣費由經銷商自己掌握後就變相為低價位，造成新的價格空間，從而造成竄貨。

（3）竄貨管理策略。

為了維護市場秩序，企業應該從增強自身的渠道管理能力入手，採取相應的策略，以便有效地遏制惡性竄貨的發生或將其降低到最低的限度。

其一，完善價格體系。企業在制定價格時，可將分銷渠道內的經銷商分為總經銷商、二級批發商、三級零售商，分別制定總經銷出廠價、批發價、團體批發價和零售價等。在確保分銷渠道中各個層次各個環節的中間商都能獲得相應利潤的前提下，根據經銷商的出貨對象，規定嚴格的價格，控製好每一層級的利潤空間，以防止經銷商跨越其中的某些環節，進行竄貨行為。

其二，堅持以現款或短期承兌結算。對竄貨風險的預防，還可以從結算手段上做起，其基本思路是採取一定的措施來控製商家因利潤提前實現或短期內缺少必要的成本壓力而構成的竄貨風險。

其三，採取有效的激勵措施。在確定銷售獎勵額時，不應僅對銷售量進行考評，而應對價格控製、銷量增長率、銷售盈利率等多項指標進行綜合考評，而且還可以把是否竄貨也作為獎勵的一個考核指標，從根本上來消除竄貨現象。

其四，制定合理的銷售目標。製造商要結合經銷商的實際情況，制定合理的年終銷售目標，這樣才能避免因目標制定過高而導致經銷商的越區銷售。

其五，加強分銷渠道的管理，規範經銷商的行為。通常分銷渠道管理者與各地經銷商之間是平等的經濟關係，因此，分銷網路管理制度的實施不能依靠上級對下級的管理實現，但是可以用雙方所簽訂的合同來體現。

其六，強化市場監督。企業強化市場監督可以通過設立市場總監，建立市場巡視員工作制度來實現，從而把制止越區銷售行為作為日常工作長期堅持。對發生越區銷售行為的經銷商視其竄貨行為的嚴重程度分別予以警告與處罰。

其七，市場總監的職責就是帶領或派遣市場巡視員到各地市場進行視察，及時發現並解決各地市場中出現的問題與矛盾。一旦發現低價越區銷售行為，他們有權對其加以制止並給予處罰。很多企業對銷往不同地區的產品外包裝實行差異化，或印一些僅供內部人員識別的代碼，這樣便於市場總監對竄貨現象的監督與查處。

❖ 行銷案例

海天公司分銷渠道管理中的衝突處理

海天公司是一家擁有100多年歷史、以生產調味品（如醬油、味精、醋、調味醬等）為核心業務的大中型企業。目前擁有固定資產上億元，年銷售額超過6億元，企業設備先進，技術領先，管理良好，職工凝聚力強。然而在調味品市場，一方面，由於境外品牌的入侵、各地區的地方保護主義和人們長期形成的消費本地產品的習慣，

使得調味品的市場競爭十分激烈。另一方面，分銷商多為個體經營者，各分銷商尚處於春秋戰國的混戰之中，公司的資金回收速度較慢，銷售利潤也十分薄。

為了改變這種狀況，公司決定加大對分銷商（批發商）的開發，完善對分銷商的管理和指導，採用了較寬的選擇式分銷策略，利用眾多分銷商的資源來加大市場開發力度。

第一，公司行銷部門人力資源供給和市場需求的衝突。市場的擴大和較寬的選擇是分銷策略的實施，需要公司提供一大批素質較高、經驗較豐富的分銷管理的行銷人員。目前公司銷售人員雖具有豐富的推銷經驗，但在分銷管理上尚缺乏系統的知識和經驗。

第二，公司銷售部門與分銷商的衝突主要體現在兩個方面：一是利益衝突。分銷商開發市場希望海天能在當地多做些廣告宣傳，而同時又不希望將分銷商的利潤減少。

第三，分銷商之間的衝突。這方面的衝突也主要體現在兩個方面：一是不遵守遊戲規則，分銷商之間相互滲透，進行跨區銷售；二是不按公司規定的指導批發價，為搶占市場壓價銷售，形成一定程度的惡性競爭。

第四，分銷商（批發商）與零售商之間的衝突，主要也體現在利益分配、結算方式等方面。除此之外，大型超市還有所謂進場費的要求，也引起了衝突，而分銷商往往會把這種衝突向後轉移至公司，要求公司解決（如要求公司出進場費）。

討論：針對這些衝突，應該如何處理，請給出處理方法或方案。

第三節　中間商

中間商是指在製造商與消費者之間「專門媒介商品交換」經濟組織或個人。合格的中間商具有以市場為主導的經營理念，具有維持合理的市場競爭秩序內在動力機制，具有長遠的經營戰略。

一、批發商

批發和零售一樣，是商品流通領域的一項重要的職能。批發屬於大宗商品的買進和賣出，主要為產業用戶（如生產商、零售商、批發商、政府機關以及非盈利性的大型社會組織）採購和供給商品。

（一）批發商的特徵

（1）處於企業之間。批發商聯結的是生產商和零售商（也是企業）或其他生產者，也是各個商業企業之間的商品流通的橋樑，為產業用戶服務。

（2）大宗交易。由於是在企業之間進行商品買賣，通常要向零售商或者生產商供應數量較大的產品，以便滿足購買者的轉賣或生產的需要。其顧客大量購買的特點導致他們必須進行大量採購。

（3）其交易完成後產品一般不進入消費領域。批發商的主要銷售對象是零售商，

產品到了零售商手中後，仍要進一步流通才能最終到達消費者手中。

(二) 批發商存在的必要性

不可能所有廠商都是自己把產品賣給零售商，也不可能是所有零售商都直接向廠商採購商品。無論是廠商，還是零售商都需要有為其服務的仲介。

1. 小型廠商需要利用批發商

小型廠商規模和財力都十分有限，很難採取直接銷售的方法，否則很有可能陷入雞飛蛋打的窘境。

2. 大型廠商需要利用批發商

大型廠商雖然規模較大，財力也相對雄厚，但是從資金利用效率來說，專業化比多元化更具普遍意義。大多數廠商希望投資於擴大再生產，而非投資於批發業。

3. 社會經濟需要利用批發商

社會經濟的發展，依賴於各個部門分別地、專門地從事某項活動。從一般意義上講，越是專業化，效率越高。因此，批發商專門從事批發業務，有利於凝結和發展專有技術，自然會比廠商從事批發業務更有效率。

4. 零售商需要利用批發商

大多數零售商，經營商品品種成千上萬，它們難以一個一個地、分散地向廠商直接採購，需要一個或是多個批發商進行組織和搭配。

❖ **行銷視野**

(1) 中國惠農網——買賣農產品，就上中國惠農網。

(2) 浙江義烏中國小商品城——中國最大的小商品批發基地。

(3) 北京日上綜合商品批發市場——經營各種農副產品、服裝百貨、五金電器、農資農具等，是延慶地區規模最大的大型商品集散地。

(三) 批發商的類型

1. 商人批發商

商人批發商也稱為獨立批發商，是指的是自己進貨，取得商品所有權後再批發出售的商業企業。商人批發商是批發商的最主要的類型。

商人批發商按職能和提供的服務是否完全來分類，可分為兩種類型：

(1) 完全服務批發商。

這類批發商執行批發商業的全部職能，他們提供的服務，主要有保持存貨，雇傭固定的銷售人員，提供信貸，送貨和協助管理等。他們分為批發商人和工業分銷商兩種。批發商人主要是向零售商銷售，並提供廣泛的服務；工業分銷商向製造商而不是向零售商銷售產品。

(2) 有限服務批發商。

有限服務批發商為了減少成本費用，降低批發價格，因而只執行批發商的部分職能。有限服務批發商主要有以下6種類型：

其一，現購自運批發商。現購自運批發商不賒銷不送貨，客戶要自備貨車去批發商的倉庫選購貨物並即時付清貨款，自己把貨物運回來。現購自運批發商主要經營食品雜貨，客戶主要是小食品雜貨商、飯館等。

其二，承銷批發商。承銷批發商拿到客戶（包括其他批發商、零售商、用戶等）的訂貨單後，就向製造商、廠商等生產者求購，並通知生產者將貨物直接運送給客戶。承銷批發商不需要有倉庫和商品庫存，只需要一間辦公室或營業所辦公，因而也被稱為「寫字臺批發商」。

其三，卡車批發商。卡車批發商從生產者處把貨物裝車後立即運送給各零售商店、飯館、旅館等客戶。由於卡車批發商經營的商品多是易腐或半易腐商品，所以一接到客戶的要貨通知就立即送貨上門。實際上卡車批發商主要執行推銷員和送貨員的職能。

其四，托售批發商。托售批發商在超級市場和其他食品雜貨店設置貨架，展銷其經營的商品，商品賣出後零售商才付給其貨款。這種批發商的經營費用較高，主要經營家用器皿、化妝品、玩具等商品。

其五，郵購批發商。郵購批發商指那些全部批發業務均採取郵購方式的批發商，主要經營食品雜貨、小五金等商品，其客戶主要是邊遠地區的小零售商等。

其六，農場主合作社。它是指為農場主共同所有，負責將農產品組織到當地市場上銷售的批發商。合作社的利潤在年終時分配給各農場主。

2. 經紀人和代理商

經紀人是買賣雙方介紹交易以獲取佣金的中間商人。

代理商又稱商務代理，是在其行業慣例範圍內接受他人委託，為他人促成或締結交易的一般代理人。可分為：

(1) 製造商代理商。

(2) 銷售代理商。

(3) 採購代理商。

（4）佣金商。
3. 製造商及零售商的分店和銷售辦事處

生產製造商及銷售機構和辦事處是生產製造商所擁有的批發渠道，由生產製造商開辦和經營。

❖ **行銷情境**

批發商的明天

莊老板是國美某著名家居照明企業在南方某中心城市的經銷商，他與廠家發生了激烈衝突。進入該城市不久的國際連鎖超賣巨頭——百安居使他收到了前所未有的衝擊：首先，他原有下游的零售客戶生意萎縮，傳統終端的走貨越來越少；其次，零售價格下降，他的利潤空間被壓縮；最後，廠家應百安居要求開始直供，這樣部分銷量不能計入他的返利銷售中。鬱悶的他把怨氣都發洩到廠家身上，要求廠家停止直供，並管控價格，增加返利幅度。但廠家的回答是：傳統的專業燈具市場萎縮，百安居銷量越來越大，而且還要再開四家分店，廠家也是迫不得已，必須要與他合作，不然競爭對手搶先進入，可能整個市場丟了，而且共給經銷商的價格已經比直供百安居的價格低了許多，不能再降價了。

問題：
1. 討論批發商面臨有哪些挑戰。
2. 批發商應如何應對挑戰，獲得生存與發展？

二、零售商

(一) 零售的概念及職能

所謂零售是將產品和服務出售給消費者，滿足其個人和家庭需要，增加產品和服務價值的一種商業活動。它是消費者市場分銷渠道的最後一個環節，產品和服務通過該環節之後，退出分銷渠道，進入到消費領域。

具體來說，零售有四大職能：
1. 提供便利和服務

零售企業通過科學的選址、合理的配套服務、合適的營業時間等，為消費者提供購買和使用商品的便利條件。
2. 提供所需的商品

零售企業的最終目的就是提供滿足消費者需要的商品和服務，從而完成一個完整的商品流通和消費過程。一般倉儲式食品百貨超市所提供的商品數量在 8 萬~10 萬件之間；倉儲式建材超市的商品在 5 萬~7 萬件之間。
3. 引導生產

廠家根據零售商掌握的終端市場信息來規劃生產或改進商品的功能，使生產廠家的生產安排與市場消費需求相吻合；零售商的連鎖規模化，進一步提高了信息收集的

全面性，而零售商規模化發展也同時提高了生產廠家的銷售量，使生產廠家更自覺地為零售商提供服務。

4. 服務社會

零售業對社會經濟的貢獻是巨大的。從世界來看，目前 500 強企業之首是零售行業，也就是說，零售業是為社會創造利潤最大的行業之一。其次，零售行業又是一個勞動密集型產業，需要很多的員工來進行經營，所以為社會提供了大量的就業機會，為政府分擔了就業壓力。最後，零售行業為人們提供了休閒娛樂的場所，豐富了人們的業餘生活，對社會的穩定起到一定的積極作用。

(二) 中國的零售業態

在中國改革開放以後，零售領域已經出現多種經營方式或新的業態。

1. 店鋪零售商

店鋪零售商是指有長期固定的店鋪或賣場的零售商。它有以下幾種類型：

(1) 雜貨商店。雜貨店在中國的零售業中佔有非常重要的地位，特別是在廣大農村，見到最多的零售商就是雜貨店。它是出售家庭日常用品、炊事用品和衛生用品等雜物的商店，其主要特點是商品來源多、價值小、品種雜。

(2) 專業商店。它專門經銷某類商品或某類商品中的一部分，一般以經銷商品的類別或商品名稱作為店名，如食品商店、家電商店、婦幼用品商店、鞋帽商店等。其主要特點是商品牌中較為單一、服務專業化。

(3) 專賣店。專賣店是指經營較少產品線或單一品牌產品的零售商，突出品牌形象在零售業中的作用。這種零售業態在中國各類城市中都能見到，擁有較為固定的消費群，其商品定價一般較高。專賣店又可分為兩類：一類是經營專門產品，如家具店、服裝店、文具店、化妝品專賣店、體育用品專賣店等；另一類是經營專門品牌的產品，如比利牛仔專賣店、海爾電器專賣店、TCL 專賣店等。

(4) 百貨商店。百貨商店是指經營許多產品線產品的零售商。作為中國較為傳統的一種店鋪零售商，在中國很普遍。「上海一百」曾經是中國多年最大的零售企業，另外還有王府井百貨公司、廣州百貨大樓、友誼商場、新大新商場等也有一定的名氣。20 世紀一度出現過快速發展的局面，但很快就被超級市場、平價商店、大型商業城 (Mall) 所代替。

(5) 超級市場。超級市場是指規模大、自我服務型的零售商。超級市場從 20 世紀 30 年代出現以後，在發達國家一直發展很快。中國在 1981 年引進這種零售方式，但由於經營規模等方面達不到相應要求，所以發展緩慢。近年來，由於人們消費習慣的改變，超級市場呈現蓬勃發展的良好勢頭。

(6) 折扣店。折扣店是以低價銷售為特徵的一種零售商店。折扣店的低成本一般是通過減少服務、選擇租金較低的銷售地點、節省裝潢開支等途徑來實現的。在經濟不景氣時期，它受到普通消費者的青睞。

(7) 方便店。方便店是指設在居民區附近的、經營規模小、營業時間長的一種零售商。其主要特點是商品品種繁多、價格適中，顧客多為附近居民。

（8）倉庫商店。倉庫商店是指以倉庫陳列和相應的管理來低價銷售產品的零售商。1993 年，中國第一家倉庫商店開始在廣州出現，近年來在北京、上海、成都、鄭州、汕頭、深圳等地都相繼出現了這種商店。

2. 無店鋪零售商

（1）上門推銷。企業銷售人員直接上門，挨門挨戶逐個推銷。著名的雅芳公司就是這種銷售方式的典範。

（2）電話電視銷售。這是一種比較新穎的無店鋪零售形式。其特點是利用電話、電視作為溝通工具，向顧客傳遞商品信息，顧客通過電話直接訂貨，賣方送貨上門，整個交易過程簡單、迅速、方便。

（3）自動售貨。利用自動售貨機銷售商品。第二次世界大戰以來，自動售貨已被大量運用在多種商品上。如香菸、糖果、報紙、飲料、化妝品等。

（4）購貨服務。主要服務於學校、醫院、政府機構等大單位特定用戶。零售商憑購物證給該組織成員一定的價格折扣。

❖ 行銷案例

7-Eleven 對新零售還有哪些借鑑意義

在零售業有一種說法：「世上只有兩家便利店，7-Eleven 便利店和其他便利店。」不過，很多人一直以為「7-Eleven」是一家日本公司，實際上，它是一個地道的美國品牌。

從 1927 年在美國德克薩斯州創立到現在，7-Eleven 經歷了 90 年世界經濟多個高峰低谷週期，也經歷了在美國市場的衰落和重生，而 7-Eleven 基本沒有自己的直營商店，也沒有一個工廠是自己的，更沒有一個配送中心是自己的，但它卻創造了近百億人民幣利潤的零售企業帝國。那麼，它是如何「玩轉」零售業的？

密集型選址開店的優勢

其一，在一定區域內，提高「7-Eleven」的品牌效應，加深消費者對其的認知度。而認知度又與消費者的信任度掛勾，能促進消費者的消費意願。

其二，當店鋪集中在一定範圍時，店與店之間的較短距離能提升物流和配送的效率。

其三，廣告和促銷宣傳更見成效。店鋪如果集中在同一區域，不僅能有效節約物流、人工成本，投放一次促銷活動的影響力和覆蓋率也變得事半功倍。

物流體制改革：推動商品共同配送

7-Eleven 在創業之初由於生產廠商和一系列的批發商各自為營，每天來 1 號店送貨的貨車高達 70 輛。但 7-Eleven 發現這種配送方式非常沒有效率，因此鈴木敏文建議同一地區同類廠家的產品混裝在一起實行共同配送。最終，在 1980 年，日本流通史上首次實現了牛奶的共同配送。

此後，7-Eleven 的共同配送體系又對產品進行了細分。7-Eleven 在各個區域設立了共同配送中心，根據產品的不同特性，分成冷凍型（零下 20 攝氏度），如冰淇淋；

微冷型（5攝氏度），如牛奶、生菜等；恒溫型，如罐頭、飲料等；暖溫型（20攝氏度），如麵包、飯食等四個溫度段進行集約化管理。而這一方式也沿用至今。

以團隊形式研發產品

在食品研發項目，7-Eleven對口味的要求近乎苛刻，有絕不妥協的評判基準。一款新產品問世，不僅需要得到產品研發負責人的同意，還必須通過所有高層試吃，只有所有人都對味道感到滿意，才能正式允許對外發售。

產品研發成員以7-Eleven產品總部的產品研發負責人為核心，加入了各個原料、器材、製造廠商或供應商的負責人，整個團隊需要把控從制定產品企劃方案到方案具體化的所有環節。

一切從打破常識開始

鈴木敏文曾公開坦言：「其實我並不具備任何銷售或採購的相關經驗。也許正因如此，我才不會被流通行業的常識和商業習慣所禁錮，才能建立日本第一家真正意義的便利店——7-Eleven。」

7-Eleven之所以經常被同行稱為業界的先驅者，我們總結其核心因素也不外於它從不放過任何細微的變化並能夠予以恰當的應對，無論企業組織或是職員自身都能靈活地隨變化而做出變化。

它的崛起過程或許有一部分已不適合當下的市場，或者新零售又迎來了新的創業機會，但不可否認的是，7-Eleven對創新，或說對「顛覆」的把握在如今卻仍有借鑑意義。

❖ 本章小結

（1）分銷渠道是指某種商品和服務從生產者向消費者轉移過程中，取得這種商品所有權或幫助所有權轉移的所有企業和個人。

（2）零階渠道通常叫作直接分銷渠道，指生產商直接把產品交給消費者或用戶，不經過任何中間商轉手的分銷渠道。

（3）分銷渠道設計及選擇，是兩個不盡相同的概念。前者強調的是「以我為主」進行渠道再造，顯示出積極主動性；後者強調的是「以人為主」進行渠道評選，顯示出消極被動性。

（4）分銷渠道設計大體分為四大步驟：一是分析消費者的服務需求；二是分析各種影響因素並確立分銷渠道目標；三是找出可選擇的渠道方案；四是對方案進行評估與選擇。

（5）影響分銷渠道目標設定的最重要的影響因素有五種：產品因素、企業因素、中間商因素、競爭者因素和環境因素。

（6）企業在確定分銷渠道目標時會有多種選擇，專家們的看法也不盡一致，但至少四個方面是必須要考慮的：購買便利性；較大利潤性；成員支持度；售後服務度。對於分銷渠道的管理主要包括兩個方面：分銷渠道成員管理與分銷渠道衝突的處理。

（7）竄貨，又稱「倒貨」或「衝貨」，也就是產品越區銷售，它是渠道衝突的一種典型的表現形式。

（8）中間商是指在製造商與消費者之間「專門媒介商品交換」經濟組織或個人。合格的中間商具有以市場為主導的經營理念，具有維持合理的市場競爭秩序內在動力機制，具有長遠的經營戰略。中間商主要包括兩大類：批發商和零售商。

❖ **趣味閱讀**

全渠道行銷佈局迫在眉睫，新零售下品牌商的轉型之痛

從 2015 年開始，中國線下 55% 的商場渠道開始逐年負增長，其中 38% 的商場下滑超過 10%。娃哈哈業績從 720 億到 494 億，營業收入下降了足足 226 億，而 494 億也是多年以來的營業收入新低。

錢越來越不好賺了。用戶消費習慣從線下即逛即買變成了商場逛、網上買之後，導致絕大多數品牌線上線下的銷售比例發生顛覆性倒置。隨著「值得買」「小紅書」「菠蘿蜜」等一批跨境海淘、視頻直播、垂直購物類 APP 及社交電商的湧現，品牌商面對的用戶市場越來越碎片化，對渠道的管控複雜度不斷增加，對營運要求也越來越精細化、精準化。企業創新不足，渠道壁壘已經失去，消費在升級。而同業競爭帶來的行業性產能過剩、產品同質化、渠道衝突、殺價、竄貨嚴重等諸多問題，導致品牌商在新一輪市場廝殺中多面夾擊，備受煎熬。

危機面前，企業如何自救？匆匆備戰線上線下兩套不同營運體系的背後是由售賣商品和服務體驗的割裂所引發的線上銷量雖然增加，卻無法降低成本，無法產生規模效應。

轉型革新，企業從何下手？是另起爐竈建立團隊，從零摸索線上對打方式，還是用互聯網 B2B 平臺，使信息更加透明、行銷方式更加精準、渠道建設成本降低？

馬雲對新零售的詮釋是未來，線下與線上零售將深度結合，再加現代物流，服務商利用大數據、雲計算等創新技術，構成未來新零售的概念。

電商巨頭搶灘搭建新零售時代的「水電煤」設施，京東新通路、阿里零售通蜂擁而至。而筆者瞭解，ABB、3M、迪士尼一批全球品牌巨頭，除下沉單點渠道之外，還加入了阿里 1688 品牌站，加速 2B 平臺的全渠道行銷佈局。應對渠道碎片化現狀，品牌巨頭們看中的正是 1688 品牌站全渠道整合所帶來的生意契機，因為在 1688 的平臺上有通往各種分銷渠道的場景。

❖ **課後練習**

一、單選題

1. 消費者中的內用消費品、高檔消費品等一般選擇的分銷策略是（　　）。
   A. 選擇性分銷　　　　　　　　B. 獨家分銷
   C. 大量分銷品　　　　　　　　D. 密集性分銷
2. 向最終消費者直接銷售產品和服務，產品用於個人及非商業性用途的活動屬於（　　）。

A. 零售　　　　　　　　　　B. 批發

C. 代理　　　　　　　　　　D. 直銷

3. 轉慢點的精髓在於反應了渠道的（　　）趨勢。

A. 集成化　　　　　　　　　B. 扁平化

C. 品牌化　　　　　　　　　D. 夥伴化

4. 分銷渠道的每個層次使用同種類型中間商數目的多少，被稱為分銷渠道的（　　）。

A. 寬度　　　　　　　　　　B. 長度

C. 深度　　　　　　　　　　D. 關聯度

5. 製造商盡可能地通過負責的、恰當的批發、零售商推銷期產品，這種市場策略是（　　）。

A. 選擇分銷　　　　　　　　B. 獨家分銷

C. 大量分銷　　　　　　　　D. 密集分銷

二、多選題

1. 渠道成員包括（　　）。

A. 生產企業　　　　　　　　B. 用戶

C. 物流公司　　　　　　　　D. 代理商

2. 對渠道方案進行評估時，常用的評估標準有（　　）。

A. 渠道通常標準　　　　　　B. 經濟性標準

C. 可控性標準　　　　　　　D. 適應性標準

3. 直接激勵渠道成員的方式有（　　）。

A. 返利政策　　　　　　　　B. 價格折扣

C. 促銷活動　　　　　　　　D. 實施夥伴關係

4. 廠商激勵代理商的手段較多，一般有（　　）。

A. 物質激勵　　　　　　　　B. 多元化激勵

C. 代理權激勵　　　　　　　D. 一體化激勵

5. 影響倉庫位置選擇的主要因素有（　　）。

A. 運輸量　　　　　　　　　B. 運輸距離

C. 規模決策　　　　　　　　D. 運輸時間

E. 運輸方向

三、簡答題

1. 為什麼說行銷渠道能夠增強企業競爭優勢？
2. 行銷渠道設計策劃應考慮哪些因素？
3. 簡述現代的行銷渠道網路具有哪些功能？

四、案例分析

家電製造企業的行銷渠道管理

美的集團董事局主席何享健認為「以事業部為經營主體開展行銷工作」已不適應目前市場，目前美的集團行銷資源浪費嚴重，所以，美的集團眾高層探索新行銷模式，媒體渠道行銷案例對美的集團旗下多個事業部的行銷資源進行了大整合。

翻開家電製造商自建渠道歷史，美的自建行銷渠道的行動始於 2005 年年底。當時，包括美的、創維、海爾、格蘭仕在內的眾多家電廠商紛紛上馬建設自己的銷售渠道。其中美的、創維等致力於在全國一、二線城市布置自己的自營店。經歷近幾年的磨煉，最終的結果卻並不是很樂觀。雖然美的空調近年來一直保持國內銷售排名的前兩位，但其地位正受到越來越多的威脅。這種威脅不僅來自於集團內部自建渠道所帶來資源整合方面的困境，還來自於外部，不僅包括同類家電企業的產品和銷售競爭，還包括家電連鎖等下游企業激烈的渠道競爭。

因此，美的此舉，自然而然引發了大量關於企業自建渠道究竟能不能繼續走下去的討論。

自建渠道＝衝動？

家電製造商們紛紛自建行銷渠道，是當時特殊的背景催生出來的新生品，是企業站在戰略高度實現未來良好穩定發展的戰略選擇。退一步而言，即使說家電製造商們的自建渠道是一種商業衝動，那也是具有中國特色的商業化衝動。

專賣店優勢對比

製造商們所倡導的專賣店形式的銷售模式，與大賣場相比，具有獨特的優勢，

這也成為其能繼續生存發展的資源優勢：網路覆蓋廣、門店投入不大、門檻相對較低、導購環境更優越、導購人員更專業、售後安裝維修服務更及時等。家電經銷商在開業前都必須接受專門的專業知識培訓、技術指導培訓等，家電產品技術的更新也會更快的傳遞給這些經銷商們。因此，在專業性上，企業自身專賣店具有無可比擬的優勢。雖然比不上大賣場的一站式服務和貨比三家服務，專賣店卻憑藉獨有優勢在家電市場上擁有一席之地。

美的此番叫停 12 家事業部，大刀闊斧的自建專賣店之路中此「退」之舉，不是停止其商業化衝動，是美的企業集團首席執行官何享健花了十天左右時間走訪了國內六省市的重點市場，接觸了當地的主流渠道商，考察了美的專賣店的運作情況之後，對於美的集團現有的行銷模式中存在問題果斷做出的決策，是以退為進、以更加積極的態度正視自身渠道資源存在的問題。有則改之，無則加勉。美的叫停 12 大事業部之後，格蘭仕在某研討會上被問及格蘭仕是否會加速建自有門店的事宜時，格蘭仕國內銷售總經理韓偉低調地講，「根據發展要求，會再開店。」

究竟自建渠道能否帶來更高利潤，怎麼樣的模式才是適合企業發展的渠道模式？

適合的才是最好的

當初格力與國美決裂之後毅然決然走向自建渠道之路，在很多業界人士對其前景

頗為擔憂的時候，格力不僅銷售額沒有下降，還保持了30%的年增長率。2006年，格力堅定地加速了擴張步伐，在全國廣建專賣店，這種自建渠道的銷售模式一度備受爭議。但一年多後的今天，格力用銷售業績「說話」，回擊了業界對「自建渠道」的悲觀主義論調。

從本質上講，行銷模式不過是企業整體行銷戰略的一個組成部分。在發展戰略上，除了格力一貫塑造的專業形象外，格力最突出的一點莫過於對品牌建設的持之以恒，不像有些品牌的那樣急功近利。

家電製造企業自建渠道行銷並不是一蹴而就，也不會因為某一處的泥潭而擱淺，中國特殊的家電市場環境決定了企業自建渠道的存在性以及特殊性。整裝待發，更加謹慎的審視和選擇適合自己的發展模式，對企業、對消費者、對家電市場發展都是必須，而對家電企業自建渠道的未來走向，這實際上也是一種「中國式連鎖」。

問題：
結合以上案例的學習，分析企業在選擇行銷渠道時，應考慮哪些方面的問題？

❖ 行銷技能實訓

實訓項目：模擬商店

【實訓目標】
培養學生渠道設計能力以及渠道衝突的處理能力。

【實訓內容與要求】
某商學院院長經過慎重考慮，並獲得學校主管領導的批准，決定在學員宿舍區建立一個學生商店，由研修市場行銷專業的同學自己經營。為避免造成損失，必須從各班同學中選擇一位善於經營的同學擔任學生商店的行銷經理，負責該學生商店的商品與服務供給、定價以及促銷的計劃和實施活動。商學院院長打算採用讓學員競選的方式來選拔這位行銷經理。假如你就是該學院市場行銷專業的學生，你對擔任學生商店行銷經理一職很有興趣，有意參加競選，爭取以一份優秀的產品與服務供給方案來贏得行銷經理這一職位。那麼，你認為什麼樣的產品與服務供給方案是最優秀的？主要包括哪些產品和服務？

第十二章　促銷策略

我們的目的是銷售，否則便不是做廣告。

——羅斯・樂夫

微笑是最好的促銷品。

——松下幸之助

❖ **教學目標**

知識目標
（1）掌握促銷的基本含義。
（2）理解人員推銷的概念，掌握人員推銷的形式和策略。
（3）理解廣告策略的概念及特點，掌握廣告的設計原則及效果評估。
（4）理解公共關係的概念，掌握公共關係的工作程序以及危機公關。
（5）理解營業推廣的概念，掌握營業推廣的方式。

技能目標
（1）具備為產品設計恰當的促銷組合策略、撰寫促銷方案的能力。
（2）具備使用各種促銷工具開展促銷活動的能力。

❖ **走進行銷**

紅包滿天飛，摩拜單車開啓促銷新模式！

2017年以來，在共享經濟領域，我們說得最多、用得最多的莫過於共享單車。但是隨著市場的擴大，用戶的選擇也不再只局限於那些紅色的摩拜和黃色小單車，橘色、藍色款也紛紛加入爭搶這塊共享經濟的蛋糕。「一元起」「0.5元騎車半小時」「0.1元起」「免押金」等促銷手段，正是說明了競爭加劇之下，各家都在拉攏用戶上下功夫。

日前，摩拜單車又發「大招」！和以往的商家搞活動只發放優惠券不同，摩拜單車用戶只要騎行摩拜紅包車，就有機會獲得最高100元的現金獎勵，獎勵可累計、提現，並且保證1到5個工作日到帳。更有趣的是，紅包金額隨機，讓共享單車有了玩網遊、賺金幣的爽快感，可以說，此次摩拜單車的紅包行銷模式，開創了共享單車行業的先河。

此前，摩拜單車就先是聯合招商銀行、華住集團等一眾頂級品牌推出「超級品牌日」免費騎行活動，引發無數關注。如今，免費不過癮，摩拜單車又推出了全新的紅包模式。

摩拜單車此次推出的「紅包車」，是行銷理論中「遊戲化」思維的完美體現：用戶按照規則，通過一定的努力，獲得數額不定的正面激勵。這種玩法不僅讓用戶獲得了成就

感和滿足感,更通過獎勵大小的不確定性增添了趣味,從而徹底引爆了用戶的參與熱情。

摩拜單車此次拋出「現金核彈」,不僅讓全體用戶為之瘋狂,也讓整個行業為之震撼。在此之前,從未有任何一家共享單車企業有如此大的行銷手筆,也從沒有任何一家公司的行銷舉措受到如此高的關注。現金紅包將使摩拜單車的用戶規模和日均訂單量邁上新臺階,領先其餘競爭對手一個數量級。此前有分析報告指出,摩拜單車在市場份額、用戶量、訂單增速、用戶黏性、付費次數等核心指標上全方位領先,是市場的絕對領導者,而「現金核彈」的拋出,將使摩拜單車的行業龍頭地位進一步穩固。

思考:
1. 開展摩拜紅包車這樣的促銷活動,能起到什麼作用?
2. 你還能想到哪些其他的促銷方式?

現代市場行銷活動往往是在廣泛的地域範圍和複雜的人際關係背景下進行的,企業不僅要開發適銷對路的產品、制定合理的價格和適當的銷售渠道,而且還必須與顧客進行有效的溝通,將產品的信息傳遞給潛在的消費者,進而引起消費者的注意並激起他們的購買欲望,因此,產品的促銷活動就成為企業行銷活動的重要內容之一。為了實現行銷目標,企業應策劃並有效運用促銷策略與技巧。

第一節　促銷與促銷組合

一、促銷的含義與作用

(一) 促銷的含義

促銷(Promotion),也稱促進銷售,是指企業通過人員或非人員的方式向消費者傳遞有關其產品、服務的信息,使顧客對企業的產品、服務產生興趣、好感和信任,進而激起顧客的購買欲望並影響顧客的購買行為。

「酒香不怕巷子深」「皇帝女兒不愁嫁」的時代早已結束,在市場經濟中,社會化的商品生產和商品流通決定了生產者、經營者與消費者之間存在著信息上的分離,消費者往往不能充分瞭解和熟悉企業提供的商品、服務的信息,或者儘管消費者瞭解有關信息,但缺少購買的激情和興趣。這就需要企業通過對商品信息的專門設計,再通過一定的媒體形式傳遞給顧客,以增進顧客對商品的注意和瞭解,並激發起購買欲望,為顧客最終購買提供決策依據。因此,從本質上講促銷是賣方和買方之間進行行銷信息溝通的過程。

(二) 促銷的作用

1. 傳播信息

一種商品進入市場以後,或者在尚未進入市場的時候,為了使更多的消費者知道這種商品,就需要生產者及時提供商品信息,向消費者介紹產品,引起他們的注意。另外,對中間商來說,也需要及時幫助他們把握市場動態、採購適合銷售的產品,調

動他們經營的積極性。

２．刺激需求

有效的促銷活動可以使市場需求朝著有利於企業產品銷售的方向發展。當某一種產品的銷量明顯下降時，通過適當的促銷活動，可以適當地恢復需求，進而促進商品的銷售。

３．突出特點，樹立形象

企業可以採取促銷活動，宣傳自己產品區別於競爭產品的特點，使消費者認識到該產品給他們帶來的利益。此外，通過恰當的促銷活動，還可以加深消費者對企業產品的印象和瞭解，為企業樹立良好的形象。

４．鞏固並擴大市場

在激烈的市場競爭下，企業的某種產品的銷售量可能會出現較大波動，這很不利於穩定企業的市場地位和形象。通過促銷活動，讓消費者對本企業產品產生偏愛，有利於鞏固並擴大已有的市場。

二、促銷組合

促銷組合（Promotion Mix），是指對各種促銷方式進行有計劃、有目的地綜合運用，使各種促銷方式能夠取長補短、相輔相成，以實現整體促銷效果最佳。

企業促銷的方式多種多樣，主要可以分為以人員活動為主的促銷活動和非人員活動為主的促銷活動，非人員活動為主的促銷活動又可以細分為廣告促銷、公共關係和營業推廣（如圖12-1所示）。

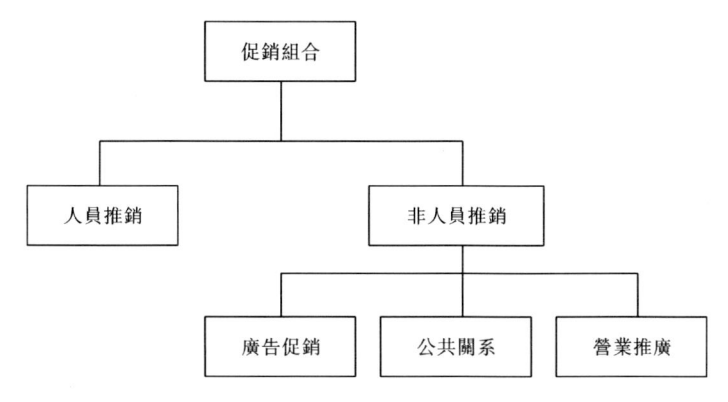

圖12-1　促銷組合分類

各種促銷工具的優缺點如表12-1所示：

表12-1　　　　　　　　　　促銷工具比較

促銷工具	優點	缺點
人員推銷	直接溝通信息，及時得到反饋，可以當面促成交易	占用較多人員，成本較高，接觸面有限
廣告	傳播面廣，形象生動，節省人力	費用高，只能針對一般消費者，難以立即促成交易

表12-1(續)

促銷工具	優點	缺點
公共關係	成本低，可信度高，可以提高企業的知名度和聲譽	範圍小、影響小，效果不好控製
營業推廣	有吸引力，可以激發顧客購買欲望	投入大，接觸面有限

企業在確定促銷組合時，需要充分考慮以下幾點影響促銷組合的因素：

(一) 產品類型

不同類型的產品的消費者在信息需求、購買方式等方面是不相同的，所選擇的促銷手段也應有所不同。工業品購買者希望在掌握大量信息的基礎上進行選擇，因此應該以人員推銷為主，隨之是廣告、營業推廣和公共關係；消費品主要供個人和家庭生活之用，技術結構簡單，市場範圍廣泛，廣告的促銷效果就會比較明顯，隨之是人員推銷、營業推廣和公共關係。

(二) 促銷目標

促銷目標是企業從事促銷活動所要達到的目的。企業在促銷的時候包含著許多具體目標，例如使顧客瞭解本企業的產品並產生購買興趣；提高企業的知名度，塑造良好的形象；擴大產品的銷量和提高市場佔有率等。以銷售商品為主要目標時，公共關係是基礎，廣告是重點，人員促銷是前提，營業推廣則是關鍵，以提高知名度和塑造良好形象為主要目標時，促銷方式應以廣告和公共關係為主。

(三) 市場狀況

企業目標市場的不同狀況也影響著促銷方式的效果。從市場地理範圍大小看，若促銷對象是小規模的本地市場，應以人員推銷為主，對廣泛的全國甚至世界市場進行促銷，則多採用廣告形式。從市場類型看，消費者市場因消費者多而分散，多數靠廣告等非人員推銷形式，而對用戶較少、批量購買和成交額較大的生產者市場，則主要採用人員推銷形式。

(四) 產品所處的生命週期階段

在產品的導入期，擴大產品的知名度是企業的主要任務，在各種促銷手段中，應以廣告宣傳為主；在成長期，口頭傳播越來越重要，社交渠道溝通方式效果明顯，如果企業想取得更多利潤，則應該用人員推銷來取代廣告和營業推廣的主導地位，以降低成本費用；在成熟期，競爭對手日益增多，為了與競爭對手相抗衡，保持住已有的市場佔有率，企業必須增加促銷費用；在衰退階段，為保證利潤，只需用少量廣告活動來保持顧客的記憶，同時公共關係活動可以全面停止，而銷售人員只需對產品給予最低限度的關注即可。

(五) 促銷費用

企業開展促銷活動，必然要支付一定的費用，費用是企業經營十分關心的問題，

企業能夠用於促銷活動的費用總是有限的，並且不同促銷方式的費用也不盡相同，因此企業在制定促銷組合時，還必須要考慮促銷費用。

基本的促銷方式有人員推銷、廣告、公共關係和營業推廣四種。由於不同促銷方式特點不同且各有優缺點，因此企業在選擇促銷組合的時候需要綜合考慮，充分發揮各種方式的長處和優勢，以便實現更好的整體促銷效果。

第二節　促銷組合四大策略

一、人員推銷策略

(一) 人員推銷的概念及特點

1. 人員推銷的概念

人員推銷是企業的銷售人員通過面對面的溝通方式向潛在的顧客做口頭宣傳，促使顧客瞭解、偏愛併購買本企業的產品與服務，實現企業行銷目的的一種直接銷售方法。人員推銷意味著推銷人員必須滿足顧客的要求，並幫助他們發現問題，解決問題，提供顧客需要的產品及各種服務。這樣，才能達到銷售的目的。一般來講，人員推銷的任務主要有以下幾項：

（1）銷售。掌握銷售的技巧，努力尋找顧客，開發市場，促進產品的銷售。

（2）宣傳。熟練地將企業的有關產品信息傳遞給潛在顧客，對企業產品進行積極的宣傳，擴大企業及其產品的社會影響。

（3）服務。向顧客提供諮詢、建議，幫助顧客解決購買過程中遇到的問題，努力協調並解決企業與顧客之間的摩擦。

（4）收集信息。進行一定的市場調研並收集情報，將顧客的訪問情況形成報告。

（5）反饋。將顧客的意見以及市場的變化等狀況反饋給企業，以便企業有針對性地做出應對。

2. 人員推銷的特點

與其他促銷方式相比，人員推銷有著以下四個顯著特點：

（1）推銷更有針對性。人員推銷是企業在特定的市場環境中為特定的產品尋找買主、通過商務談判力求成交的活動過程。首先必須明確誰是需要這類產品的潛在顧客，然後再有針對性地向推銷對象傳遞信息並進行說服。因此，這種「一對一」的促銷方式，使得推銷人員可以根據顧客的具體情況，有針對性地擬定推銷方案，產生更好的促銷效果。

（2）買賣雙方能夠更直接地進行交流。人員推銷一般是兩個或兩個以上的人面對面交談，在融洽活躍的交談中，推銷人員可以很清楚、直接地觀察到對方的態度，掌握對方的心理變化，進而根據顧客的反應，有針對性地調整自己的工作方法和促銷重點。

（3）有助於買賣雙方建立良好的長期合作關係。人員推銷通過面對面的人際交往，有助於推銷人員與顧客聯絡感情，建立友誼，並且有利於買賣雙方的信任和理解，促

使單純的買賣關係發展成為友好合作的關係，為長期交易打下堅實基礎。

（4）有助於及時得到買主的信息反饋。在面對面的交談中，能夠很直觀地瞭解到顧客群對本企業產品的態度、意見與要求，這樣有助於銷售人員及時地將這些信息反饋回去，為企業制定合理的行銷策略提供依據。

當然，人員推銷的方式也有一定的局限性。首先，人員推銷的成本較高。在推銷的過程中會產生差旅費、培訓費以及各種補貼等，並且推銷人員直接接觸的顧客有限，銷售面窄，特別是在市場範圍較大的情況下，這樣一來就產生了更高的銷售成本，一定程度上減弱了產品的競爭力。其次，在推銷人員的選擇上也有著更高的要求，推銷人員素質的高低直接決定推銷的效果，企業要想培養出合格的推銷人員難度較大。

❖ **行銷案例**

企業贏在「促銷員」

在電影《天下無賊》裡，黎叔說：「21世紀最貴的就是人才。」

無論是大賣場、超市還是百貨專賣店，無論是開架銷售還是專櫃銷售，在渠道為王的零售終端，戰鬥在市場一線的促銷員（或稱之為導購員、直銷員、宣傳員）顯然是企業不可或缺的人才資源。促銷員處在產品流通的最後環節，作為促成銷售的最後一個關口，能影響購物者的購買決策，是實現產品價值「驚險一跳」的關鍵。

康佳集團股份有限公司廣州分公司總經理李濤表示，促銷員是最可愛也是最辛苦的行銷人員，他們在實際工作中將行銷學問體會得最深、最透澈。雖然他們可能講不出什麼行銷理論，但卻實打實地在進行著行銷實踐。

廣東天地食品有限公司總經理黎小兵曾經在大學畢業後從辦公室文員做起，她說：「公司的所有部門我沒有沒干過的，就像萬金油。最初，星期一到星期五我是文員，周末我就是促銷員。」15年過去了，她已經從羞澀的「小兵」成長為獨當一面的「大將」，也為促銷員的職業進化提供了一個現實的榜樣。她說：「促銷員有點像辦公室文員，都是吃青春飯的，要趁著年輕從各個方面提高自己，對自己有一個清晰的定位，從基層向中高層發展。」

為了加強終端進攻的威力，所有廠家和商家都在投入大量的資源，不斷重視和加強對促銷員的培養和管理工作，比如把促銷員納入管理體系，給予正式員工的身分，提供專業的培訓，完善各種激勵機制，讓他們通過努力到達職業生涯中的「光輝未來」。

（二）推銷人員的素質

在推銷的過程中，推銷人員不僅是企業的代表，更是消費者的顧問和參謀。推銷人員的素質直接關係到企業促銷工作的成效、企業的形象以及消費者需求的滿足。因此，建立一支高素質的推銷隊伍是企業促銷工作的基礎。

1. 推銷人員的素質

合格的推銷人員應具備以下素質：

（1）熱愛工作，態度積極，有進取心。

推銷是一項很辛苦的工作，有許多困難和挫折需要克服。推銷人員首先必須熱愛銷售工作，具有高度的責任心和使命感，同時要時刻保持穩定樂觀的情緒、積極進取的精神、堅韌不拔的意志，不辭辛苦，任勞任怨，敢於探索。

（2）服務態度良好。

推銷員在推銷商品時最大的痛苦是遭到顧客拒絕，賣不出去商品。吃顧客的「閉門羹」是推銷員的家常便飯，有時對方洗耳恭聽後禮貌地拒絕，有時冷嘲熱諷，態度粗暴，令人難以接受。但是，推銷人員不僅是企業的代表，也應是消費者的顧問，推銷人員必須時時刻刻樹立「顧客就是上帝」「消費者第一」的思想。在推銷的過程中要真誠對待顧客，努力消除顧客的偏見，做到真心實意地幫助顧客、為顧客著想。由於推銷員的一言一行都代表著企業形象。因此，良好的服務態度也有助於企業樹立良好的形象，累積更多的回頭客。

（3）業務能力出色。

業務能力是推銷人員業務素質的體現。推銷員必須具備一定的觀察能力、思維能力、應變能力、判斷能力以及良好的語言能力，同時還要掌握一定的推銷技巧，才能在激烈的市場競爭中取得良好的市場效應，為企業創造利潤。

（4）有較強的交流、溝通能力。

良好的人際關係在業務往來中起著重要作用。推銷活動要經常與各種各樣的顧客打交道，推銷人員應善於運用多種方式與他人進行溝通、協調和聯繫，善於取得信任與諒解，注意維持和發展與顧客之間長期穩定的關係，在各種交際場合周到隨和、熱情誠懇、應付自如。這就要求推銷人員除具備所必須掌握的專業知識外，還應有廣泛的興趣愛好，寬闊的視野和知識面，以便和不同性格、愛好、年齡、職業等特徵的顧客有共同語言，縮短人際交往的距離，取得相互理解。

❖ 行銷情境

小王是一個能較好地運用交談藝術的推銷員，進行話題廣泛的交談，是他推銷成功的強有力武器。一天，小王對經理說：「經理，馬上就要簽訂合同了，我想請您去作決定。」經理想領教一下他的本領，欣然應允，一同來到顧客張先生家中。

在顧客家中，使經理驚訝的是小王與主人以飛碟射擊為話題，熱火朝天地侃起來，談話結束了，合同也簽字了。作為經理部下兩年多的小王從未談論過飛碟，經理不解地問：「我怎麼不知道你對飛碟如此感興趣呢？」「這可不是開玩笑，上次到他家，看到槍架上掛著的槍和刻有原木國際射擊場名字的紀念杯，我回來馬上準備的呀。」小王經過一夜準備的這番話題的確起到作用，儘管那些推銷成績不良的同事們背後講小王的壞話：「他是耳朵上的學問，現學現賣，都是雜誌上的膚淺知識……」但小王總把他的同事們甩得遠遠的，繼續取得超群的銷售業績。

（5）知識面廣。

要想成為一名合格的推銷人員，既要熟悉有關的方針政策，同時要有豐富的知識面，善於學習並掌握多方面的知識，這樣運用起來才會遊刃有餘。首先，一名優秀的

推銷人員必須具備充分的產品知識，必須全面瞭解所推銷商品的規格型號、技術性能、用途、維修與保養、產品的發展趨勢、同行業中競爭產品的相關信息，同時還需要掌握產品在使用過程中應注意或避免的問題；其次，推銷人員必須掌握企業知識和市場知識，要充分瞭解本企業的生產能力、設備狀況、技術水平、企業發展戰略以及銷售政策、付款條件、服務項目等；最後，推銷人員還應掌握一定的社會知識，要瞭解目標市場所在地的經濟地理知識和社會風土人情，瞭解與推銷活動有關的民族、宗教等知識，這樣才能更有利於推銷。

❖ **行銷情境**

哪種效果好？

推銷員甲：「使用這種機器，可以大大地提高生產效率、減輕勞動強度。它受到用戶們的好評，訂貨量與日俱增。」

推銷員乙：「××鋼鐵廠使用了這種機器，生產效率比過去提高了40％，工人們反應操作方便、效率高，非常受歡迎。現在，該廠又追加訂貨10臺。」

試比較分析以上兩種說法，哪種效果好？為什麼？

(三) 人員推銷的基本形式和策略

1. 人員推銷的基本形式

(1) 上門推銷。

上門推銷是指推銷員走出去，帶上產品的樣品、說明書和訂單等，到顧客單位、家庭進行推銷。這種推銷方式有助於推銷員與顧客建立良好的友誼。購買行為的產生，主要取決於商品本身的特質，但除此之外良好的人際關係也是十分重要的。稱職的推銷員除了要有推銷的知識外，還要有高超的交流技巧，要給顧客以良好的印象，使雙方形成一種長期的、固定的產銷關係。一些有經驗的推銷員每逢過節或出外旅行時常給客戶寄上賀年卡、節日卡等，從而聯絡感情，增進友誼。

❖ **行銷情境**

一位推銷員上門推銷，與女主人話不投機。

女主人：「我們家現在不需要。」

推銷員：「為什麼不需要呢？」

女主人：「讓我說原因可有點困難。總之我丈夫不在家，這事決定不了。」

推銷員：「這麼說你丈夫在的時候就可以決定了？」

女主人被惹火了：「和你這種人說話，無論多麼簡單的事，也變得複雜起來。請你立即給我出去！」

一次上門推銷以雙方的不愉快結束。

想一想：推銷員犯了什麼錯誤？

（2）電話推銷。

電話推銷是指推銷人員通過電話向潛在客戶展示產品或服務，以達到獲取訂單、成功銷售的目的。這種方法在用以聯繫距離較遠的顧客，或為現有顧客服務方面有一定的優勢，因為推銷人員可以坐在辦公室裡開展業務，能夠擴大銷售，減少出差和旅行方面的費用。電話推銷的工作流程如圖 12-2 所示：

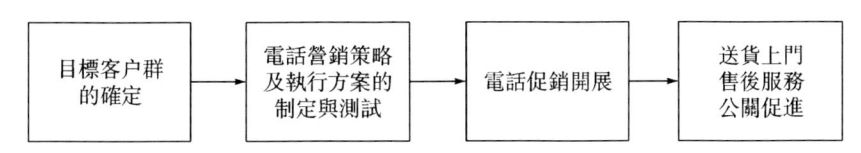

```
┌─────────┐    ┌─────────┐    ┌─────────┐    ┌─────────┐
│ 目標客戶群│ →  │電話營銷策略│ →  │         │ →  │ 送貨上門 │
│ 的確定   │    │及執行方案的│    │電話促銷開展│    │ 售後服務 │
│         │    │制定與測試 │    │         │    │ 公關促進 │
└─────────┘    └─────────┘    └─────────┘    └─────────┘
```

圖 12-2　電話推銷工作流程

（3）櫃臺推銷。

櫃臺推銷又叫門市推銷，指企業在適當的地點設置固定的門市，或派出銷售人員進駐經銷商的網點，接待進入銷售現場的顧客，介紹和推銷產品。櫃臺推銷與上門推銷正好相反，它是等客上門的方式。由於門市裡的產品種類齊全，能滿足顧客多方面的購買要求，為顧客提供更多的購買方便，並且能夠保證所銷售商品的質量，因此，大多數顧客都比較樂於接受這種方式。

（4）會議推銷。

會議推銷是指利用各種會議向與會人員宣傳和介紹產品，開展推銷活動。這種推銷形式接觸面廣、推銷集中，可以同時向多個推銷對象推銷產品，並且成交額較大，推銷效果較好。例如，在訂貨會、交易會、展覽會等會議上推銷產品。另外，推銷會議的參加者，一般都是目的明確、有備而來，即參加會議的雙方都是為了達成交易而來，因此只要雙方有意願，交易就容易達成。

2. 人員推銷的策略

（1）一般性策略。

顧客在購買產品前往往會產生這樣的疑問：購買、使用此產品有什麼好處？如何證明這個產品在質量、性能上的優勢？對於此類問題推銷人員必須做出令消費者滿意的回答，吸引顧客的注意力，這就是一般性的人員推銷策略。

（2）試探性策略。

它是指推銷員在不瞭解顧客情況時，同顧客進行試探性接觸，觀察顧客的反應，有針對性地根據顧客的反應採取一定的方法激發顧客的購買欲望，促使顧客購買產品。推銷人員在尚未瞭解到顧客需求的情況下，事先設計好能引起顧客興趣、刺激顧客購買欲望的推銷語言，投石問路，對顧客進行試探，觀察顧客的反應，然後根據顧客的反應進行說服、宣傳。

（3）針對性策略。

它是指推銷人員在基本瞭解顧客某些情況的前提下，有針對性地對顧客進行宣傳、介紹，以引起顧客的興趣和好感，從而達到成交的目的。這種策略主要用於推銷人員已基本瞭解顧客需求的情況下，針對顧客的需求進行有目的的宣傳介紹，投其所好，

有的放矢。運用這種策略，要注意說服力，讓顧客感到推銷員是真心為自己服務，確實是自己的好參謀，從而產生強烈的信任感，促成其購買。

（4）誘導性策略。

它是在顧客尚未意識到自己有某些方面的需求時，推銷人員適時指出顧客客觀存在這種需求，誘發顧客產生購買動機。與此同時，及時介紹推銷的商品能滿足這種需求，從而有效地引起顧客的購買興趣，產生購買行為。因此，這也是一種「創造性的推銷」。

二、廣告策略

（一）廣告的概念

廣告的概念有狹義和廣義之分。廣義的廣告是指通過各種形式公開向公眾傳播廣告投放者的預期目標信息的一種宣傳手段，通常包括商業廣告、新書介紹、社會宣傳等。狹義的廣告專指商業廣告，是指廣告主以促進銷售為目的，付出一定的費用，通過特定的媒體傳播商品或勞務等有關經濟信息的大眾傳播活動。

事實上，廣告早已深入到了我們的日常生活中，任何一個組織都可以運用廣告來溝通與公眾之間的聯繫，其範圍可以從很小的群體到數量極大的公眾。有的廣告給我們提供信息、忠告和娛樂，有時廣告讓我們厭煩，損害甚至欺騙我們。對一個企業來說，廣告要能夠有效地發揮作用，必須具備一定的條件，廣告一旦發揮了積極作用，對企業的銷售將會起到很大的促進效果。

1. 廣告的作用

廣告通過信息傳播，對溝通生產者與消費者之間的聯繫有著重要作用。具體來說，有以下幾個方面：

（1）傳播信息。廣告運用一定的媒體傳遞信息，它超越時間、空間的限制，利用報紙、雜誌、電視、廣播等大眾傳播媒體以及通信衛星、光纖、網路媒體等，更加及時有效地將信息傳達給消費者。

（2）刺激需求。通過廣告，可以迅速吸引顧客，刺激顧客產生購買欲望，進而促進顧客購買。例如，七喜汽水面世之初，面對百事可樂和可口可樂兩個強大的競爭對手，它為自己的汽水精心設計了簡短的廣告詞：「七喜——非可樂」，一下子把由百事可樂、可口可樂稱霸的可樂型飲料市場和自己創造的非可樂飲料市場區分開來，廣告宣傳使七喜汽水的銷售獲得強勁增長。

（3）指導消費。通過廣告，介紹產品知識、使用和維修方法，以指導消費。

（4）加速商品流通，促進社會再生產。通過廣告，促進產品銷售，可以快速實現商品的價值，促進再生產順利進行。

（5）鼓勵競爭，促使企業不斷地提高產品質量。通過廣告，可以使企業間加強競爭或合作，不斷地提高產品的質量。

（6）提高企業的知名度。通過廣告，可以宣傳企業，樹立企業形象，擴大企業的社會影響。

❖ 行銷案例

可以吃的芬達雜誌廣告

有沒有想過紙吃起來是什麼味道？現在，有一本雜誌裡的一頁紙可以讓你吃，而這正是芬達為新口味汽水所做的互動廣告，你會不會選擇嘗嘗這個有味道的紙呢？

為了推廣新配方汽水，奧美互動為芬達運作了一個大膽而新鮮的宣傳方式，把雜誌的一頁用糯米粉等可食用材質做成，使讀者在看廣告的同時感受到汽水的新口味，讓人印象深刻。整個廣告頁面呈現的是芬達的代表色橘色，並在頁面醒目位置用英文寫著「撕一塊放到嘴裡嚼嚼」，還有各式各樣誘惑你嘗試的英文句子，比如「嘗起來就像陽光的味道」等。

新媒體的快速發展，讓很多人開始輕視傳統媒體，甚至認為互動是新媒體的專利。這一次芬達匠心獨運的策略，使傳統媒體展現出令人著迷的新魅力。這是一次大膽的選擇和嘗試，雖然不是每個人都有勇氣張開嘴巴去吃「紙」，但這種互動體驗的廣告方式仍值得學習和借鑑。

(資料來源：王巧珍. 可以吃的芬達雜誌廣告 [J]. 銷售與市場，2013 (4).)

想一想：你還見到過哪些令你印象深刻的廣告？這些廣告對你的消費產生了一定影響嗎？

2. 廣告的分類

（1）按內容分類。

按廣告內容的不同，可分為產品廣告、服務廣告和公共關係廣告。

產品廣告是指以介紹產品本身為內容的廣告。如產品名稱、品種規格、性能特點、應用範圍、使用方法、商標標示、銷售價格等。

服務廣告是指以介紹各種服務為內容的廣告。如產品維修、人員培訓及其他各種服務活動等。

公共關係廣告是指為增加企業知名度和名譽，以宣傳企業整體形象為主要內容的廣告。

（2）按目的分類。

按廣告目的的不同，可分類為商品廣告和企業廣告兩種。

商品廣告是指以宣傳商品為中心，激發消費需求，直接實現擴大產品銷售量為目的的廣告。

企業廣告是指以樹立良好的企業形象為中心，提高企業在社會大眾心目中的地位為目的的廣告。

（3）按覆蓋的範圍分類。

按覆蓋範圍的不同，可分類為地區性廣告、全國性廣告和國際性廣告。

地區性廣告是指由於商品或服務只適用於某一個地區而只在某個地區進行宣傳的廣告，如滑雪板廣告只適用於高寒積雪地區。

全國性廣告是指廣告的內容適合全國各地，在中央一級廣告媒體上所做的廣告。

國際性廣告是指廣告產品是面向國外出口，通過各國的廣告媒體向國外所做的廣告。

❖ 行銷視野

植入式廣告

植入式廣告（Product Placement）又稱植入式行銷，是指把產品及其服務具有代表性的視聽品牌符號融入影視或舞臺作品中的一種廣告方式，給觀眾留下相當的印象，以達到行銷目的。「植入式廣告」不僅運用於電影、電視中，而且被「植入」各種媒介、報紙、雜誌、網路遊戲、手機短信甚至是小說中。由於受眾對廣告有天生的抵觸心理，把商品融入這些娛樂方式的做法往往能起到意想不到的效果。

（二）廣告媒體的選擇

1. 廣告媒體的種類

廣告媒體（Advertising Media）的種類很多，主要包括報紙、電視、廣播、雜誌、網路廣告、戶外廣告、郵寄廣告等（如圖12-3所示）。各種媒體接觸的聽（觀）眾不同，影響力不同，廣告效果也不同，為了實現廣告的接觸度、頻率和效果等目標，應瞭解各類媒體的主要優缺點，以選擇適當的廣告媒體。

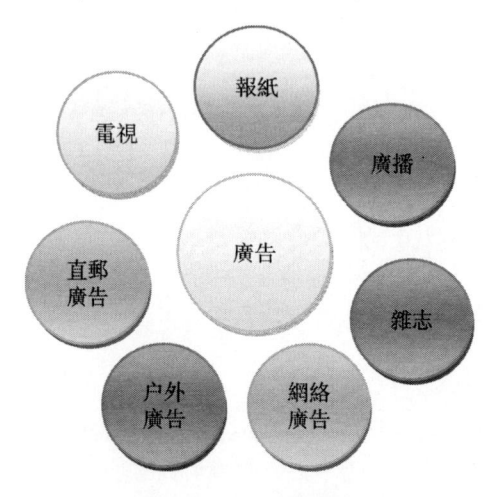

圖12-3　廣告媒體類型

各類廣告媒體的優缺點如表12-2所示：

表 12-2　　　　　　　　　　　各廣告媒體優缺點

廣告媒體	優點	缺點
電視	覆蓋率較大，在視覺和聽覺上吸引人，富有感染力，並且涉及面廣	針對性較差，成本費用高，播放時間短暫
報紙	覆蓋範圍大，可信度高，信息靈活、及時，成本低	不易於保存，容易被忽視且傳閱性差
廣播	覆蓋範圍大，信息傳播迅速、及時，成本低	只能傳播聲音，且轉瞬即逝，與電視廣告相比缺乏感染力
雜誌	能長期保存，反覆被閱讀，有針對性，可信度高	購買前置時間長，易產生無效廣告，且成本較高
網路廣告	信息容量大，傳播迅速，技術先進，方式多種多樣，成本低廉，便於獲取	覆蓋率偏低，效果評估困難
戶外廣告	靈活，對地區和消費者選擇性強，費用較低	傳播區域受限，創造力受影響
郵寄廣告	靈活、有針對性，反覆閱讀率高	不夠生動、形象，涉及範圍有限

2. 選擇時應考慮的因素

在選擇廣告媒體的時候不能只考慮各種媒體的優缺點，還應當從產品、市場等幾個方面去進行綜合考慮。

（1）產品的特性。

商品的用途、性能、價值以及使用者不同時，應分別選用不同的媒體。一般而言，生產資料技術性強、結構用途複雜，所以適合用文字圖形印刷廣告；日用消費品最好用形、聲、色兼備的電視媒體，或廣播媒體，因為這種媒體具有形象感，能誘發消費者的購買欲望。如在電視裡做服裝、鞋帽廣告，感興趣的人就會多，廣告效果就比較好。

（2）產品生命週期。

一般說來，當產品處於導入階段時，提高品牌的認知度是非常重要的，這個階段可能會更加強調到達率；在產品處於成長階段時，則要界定目標受眾，可以盡量增加廣告的頻次；在產品處於成熟階段時，媒介目標可能把重點放在提高接觸頻次上，保證廣告信息能夠最大限度地被理解和傳遞；在產品處於衰退階段時，廣告媒體最好是分配在銷售好的地區，主要針對品牌忠誠者。

（3）目標市場的特徵。

從目標市場的地域上來說，媒體有全國性媒體和地區性媒體之分，由於廣告的最終目的是為了銷售，所以廣告的傳播範圍應該與商品的銷售範圍基本一致。另外從目標市場的媒體習慣來看，每種媒體都有自己獨特的定位，每類消費者也都有自己的媒體習慣，所以，在選擇媒體時要有針對性。以新疆為例，由於它與內地有兩個小時的時差，21：00～23：30才是收看電視的黃金時間，11：00～14：00、16：30～19：00以及24：00後則是收聽廣播的黃金時間。

(4) 競爭對手的廣告使用情況。

市場上往往會有很多競爭者，競爭對手的廣告策略也會影響到媒介目標的設定。對於在市場上處於跟隨地位的品牌來講，當市場領導者的廣告攻勢比較強烈的時候，可能要選擇避其鋒芒的媒介策略，選擇在與之不同的時段發布廣告，並通過一定的廣告暴露頻次來獲得競爭優勢。當被迫與競爭對手品牌同時發布廣告時，也要爭取在暴露頻次上不要落後於對手，保持與自己的市場份額相對應的暴露頻次。

(5) 廣告的相對費用。

對於企業來說，廣告費用的制約主要體現在兩個方面，一方面是經濟承受能力，另一方面是廣告的經濟效果，即廣告費用的投入產出比。如果利用某種媒體的一次性廣告費用較高，但其能覆蓋的人群非常廣泛，所引發的經濟效益遠遠超出廣告費用的投入，企業也願意利用這樣的廣告媒體；反之，若帶來的效益低於廣告費用的支出，那麼即使該媒體的廣告費用很低，企業也不會願意對其進行投入。因此，不能僅僅只考慮廣告絕對費用數字的差異，重點要關注目標溝通對象的人數與費用之間的相對關係。廣告的相對費用計算公式為：

廣告相對費用＝廣告單位時間（面積）價格／預計媒體觸及的人數

總之，要根據廣告目標的要求，結合各種廣告媒體的優缺點，綜合考慮上述各影響因素，盡可能選擇使用效果最好、費用相對更低的廣告媒體。

(三) 廣告設計原則

1. 原創性

新穎的、富有原創性的構思是廣告吸引受眾注意力、引發受眾興趣、實現廣告目標的基礎。創新來自於對生活的敏銳觀察，來自於對廣告主題的準確定位以及對消費者的理解。只有體現個性特徵的表現形式才具有獨創性、原創性和生命力。

2. 真實性

真實性是廣告的生命和本質，是廣告的靈魂，作為一種有責任的信息傳遞媒介，真實性原則始終是廣告設計的基本原則。廣告的真實性，首先是廣告宣傳的內容要真實，應該與推銷的產品或提供的服務相一致，必須以客觀事實為依據，包括：廣告的語言文字要真實，不宜使用含糊、模稜兩可的言辭；畫面也要真實，並且兩者要與文字統一起來；藝術手法修飾要得當，以免使廣告內容與實際情況不相符。其次，廣告的感性形象必須是真實的，無論在廣告中如何藝術處理，廣告所宣傳的產品或服務形象應該是真實的，與商品的自身特性相一致。企業必須依據真實性原則設計廣告，這也是一種商業道德和社會責任。

3. 針對性

廣告的內容和形式要富有針對性，即對不同的商品、不同的目標市場要有不同的內容，採取不同的表現手法。因為廣告的主要目的是刺激銷售，因此必須針對顧客心理特徵、消費偏好等選擇設計方案，突出廣告主題。由於各個消費群體都有自己特有的人生觀、價值觀與生活習慣，廣告以及廣告中宣傳的產品、企業和觀念要想被特定的目標群體接受和認可，廣告的形式和內容就必須與該群體的特點和要求相吻合。

❖ 行銷案例

麥當勞的廣告設計

在廣告宣傳中，麥當勞一直注意兩大要素，一是根據每個地方的風俗特點設計相應的廣告。在美國，它的口號是「無人能及的麥當勞」。在香港，麥當勞有一首繞口令叫「雙層牛肉巨無霸，醬汁牛肉加青瓜，芝士生菜加芝麻，人人食過笑哈哈」，雖說沒什麼文采，但用廣東話講起來順口易記。二是選擇最惹人喜愛和最引人注目的標示，在每家麥當勞分店，都可以看見醒目的金色拱形標誌和一個逗孩子們歡笑的「麥當勞叔叔」，這些標示都已成為麥當勞的象徵。

4. 藝術性

廣告是一門科學，也是一門藝術。現代廣告設計要求創造出鮮活的審美形象，提高設計的藝術性，這樣不僅能突出廣告訴求主題的藝術品位，也能給受眾以美感享受。如果只是考慮到簡單的介紹產品，忽視了藝術性，沒有任何內涵，雖然看起來簡單易懂，但是缺乏足夠的感染力。因此，在進行廣告設計的時候，廣告創作者要充分吸收文學、喜劇、音樂、美術等各學科的藝術特點，要把真實的、有針對性的廣告內容通過藝術形式表現出來，用藝術的氣息去感染顧客，給顧客以深刻的印象。

5. 效益性

效益性也是廣告設計中的一個很重要的原則，企業的一切經濟活動都應以效益為重。這就要求廣告設計經濟實用，訴求效果好，具有較高的性價比。廣告設計本身的營運也必須遵守經濟的運行法則，強調價值規律的作用，為廣告業主謀求最大程度的目標實現。

(四) 廣告效果的評估

廣告效果是指廣告信息通過廣告媒體傳播之後所產生的影響，或者說媒體受眾對廣告信息的結果性反應。廣告的效果主要體現在3個方面，即廣告的傳播效果、廣告的銷售效果以及廣告的社會效果。其中，廣告的傳播效果是前提和基礎，廣告的銷售效果是廣告效果的核心，廣告的社會效果則影響著整個社會的風氣和價值觀念。

1. 傳播效果評估

廣告的傳播效果是指廣告接受者對廣告本身的記憶、回憶、理解、認識的情況。測定傳播效果的指標主要以下幾個：

(1) 覆蓋率，指接收廣告信息的人數占目標市場總人數的比率。該指標是對廣告受眾接收廣告的情況所進行的定量測試，以此來評價廣告的覆蓋範圍。

(2) 注意率，指注意到此廣告的人數占接觸該媒體的總人數的比率。這裡所謂「注意到」廣告的人包括只對廣告有點印象的人和所有粗略或詳細閱讀過廣告的人。該指標說明了廣告覆蓋的範圍，也反應了廣告的接收廣度。

(3) 閱讀率，指閱讀過此廣告的人數占接觸該媒體的總人數的比率。這裡「閱讀過」廣告的人包括只粗略閱讀過廣告的人和詳細閱讀過廣告的人，閱讀率在一定程度

上說明了廣告被接收的深度。

（4）理解率，指理解廣告內容的人數占接收到廣告信息的人數的比率，這個指標能夠真正地反應出廣告被接受的深度。

（5）記憶率，指在一定的時間後記得此廣告內容的人數占接收到廣告信息的人數的比率。這裡的「一定時間」可以是一個月、三個月甚至半年，該指標能夠衡量廣告的感染力，以及廣告是否能在被接收者的心目中留下深刻印象。

2. 銷售效果評估

廣告的銷售效果是指由於廣告活動而引發的產品銷售以及利潤的變化，以及由此引發的同類產品的銷售、競爭情況的變化、相關市場中經濟活動的變化。廣告主所期望廣告活動達到的銷售目標無外乎提高產品的銷售量和市場佔有率，以及確定廣告活動對銷售量的增長和市場佔有率提高所做的貢獻。銷售效果評估的關鍵是選擇可測度的評估指標。廣告的銷售效果一般要在廣告活動結束之後才進行評估（如表 12-3 所示）。

表 12-3　　　　　　　　　　廣告銷售效果評估表

是否購買		廣告認知		合計人數
		有	無	
	是	A 人	B 人	A+B 人
	否	C 人	D 人	C+D 人
合計人數		A+C 人	B+D 人	A+B+C+D 人

測定廣告的銷售效果，一般可以採用比較的方法，例如在其他影響銷售的因素一定的情況下，比較廣告後和廣告前銷售額的變化。另外還可以通過分析廣告費用的比率來測定。

3. 社會效果評估

廣告社會效果是指廣告在社會道德、文化教育等方面的影響和作用。廣告的社會效果主要表現在兩方面：一是廣告對消費者消費的指導作用，一些新產品往往可以通過廣告使人們改變舊的生活習慣，引導新的消費潮流；二是廣告的思想性、藝術性對社會精神文明建設具有推動作用。一般可以通過專家意見法和消費者評判法進行廣告的社會效果評估。

❖ 行銷視野

經典廣告語

1. 無線你的無限——英特爾
2. 世界因不同——MOTO
3. 多一些潤滑，少一些摩擦——統一潤滑油
4. 人頭馬一開，好事自然來——香港人頭馬
5. 李寧：把精彩留給自己——李寧
6. 沒有陌生人的世界——佐丹奴
7. 小身材，大味道——Kisses 巧克力
8. 煮酒論英雄，才子贏天下——才子男裝
9. 世界因你而廣闊——中國網通
10. 享受黑夜中偷拍的快感——Siemens S57

三、公共關係策略

（一）公共關係的概念

1. 公共關係的含義

公共關係（public relations），是20世紀70年代以來逐漸發展起來的一種重要促銷手段，又稱「公眾關係」，簡稱「公關」。由於公共關係主體的範圍不同，其含義也有廣義、狹義之分。廣義的公關是指政府、企業或社會團體，為取得社會公眾的信任、理解與合作而採取的政策、服務和活動。狹義的公關作為企業的一種促銷方式，是指企業在行銷活動中，通過一定的方法和手段，正確處理與社會公眾的關係，經常與社會公眾保持信息聯繫，注意公眾的態度，並採取一系列措施去爭取公眾的理解和輿論的支持，以獲取公眾的信任和支持，樹立企業良好的形象，從而促進產品銷售的一種傳播活動。

由此可見，公共關係包括三個基本要素：公關主體——社會組織，例如企業；公關客體——公眾，例如顧客、中間商、職工、新聞界等；公關手段——傳播與溝通。

公共關係具有以下幾項基本特徵：

第一，公共關係不僅僅是為了推銷企業的產品，而主要是為了樹立企業的整體形象，通過企業良好形象的樹立來改善企業的經營環境。

第二，公共關係的傳播手段比較多，可以利用各種傳播媒體，也可以進行各種形式的直接傳播。公共關係對傳播媒體的利用，通常是以新聞報導的形式，而不像廣告那樣需要支付費用。

第三，公共關係的作用範圍比較廣泛，其作用於企業內外的各個方面，而不像廣告那樣只是針對企業產品的目標市場。

2. 公共關係的職能

（1）信息收集。

企業要想有效地開展公共關係活動，首先必須進行市場調研，瞭解和把握企業開展公關活動所處的環境特徵，收集相關的信息。開展公共關係活動需要收集的信息主要包括：一是產品形象信息，包括對產品質量、性能、用途、價格、包裝、售後服務等各個方面的綜合評價和整體反應；二是企業形象信息，包括公眾對本企業組織的評價，例如機構是否健全、設置是否合理、人員是否精簡、運轉是否靈活、辦事效率如何等；三是企業內部公眾的信息，包括職工的期望評價以及企業外部環境，如政治、經濟文化、科技等各方面的信息。

（2）諮詢建議。

諮詢建議是指利用所收集的各種信息，進行綜合分析，考察企業的決策和行為在公眾中產生的效應及影響程度，及時、準確地向企業的決策者進行諮詢，提出合理而可行的建議。公共關係的內容涉及企業知名度、可信度的評估與諮詢，公眾的心理分析諮詢，企業方針政策、計劃的評估，並對正在實施的方案進行監測追蹤等。通過對這些有關企業決策方面的評估與諮詢，能夠有利於企業決策目標的確立以及獲取準確及時的信息，同時反饋方案實施效果的信息。

（3）協調關係。

企業在市場行銷活動中，由於各方面的利益差別，充滿了各種矛盾，如果處理不當，會產生各種糾紛，因此企業需要運用各種協調、溝通的手段，為企業疏通渠道、發展關係、廣交朋友、減少摩擦、調節衝突，為企業的生存與發展創造「人和」的環境。首先，要重視內部關係，做好內部管理信息交流和情感交流，做到政通人和，上下一致；其次，對外要協調好相關公眾關係，包括消費者、政府、社區等相關利益團體，通過公關等一系列活動，能運用利益、形象、信息、特色等吸引廣大公眾，促使他們理解、信任、偏愛企業，使企業得到和諧發展的外部環境。

（4）樹立形象。

企業要想在市場行銷的過程中為自己創造良好的外部環境，就必須注意樹立良好的企業形象。良好的企業形象既可以提高新產品的市場認知度，又可以使企業贏得更多的公眾理解和信任，擴大市場影響力。因此，公共關係是樹立企業良好形象的重要手段，它不僅能向公眾介紹自己的產品、服務、方針、政策和行為，還能通過傳播、溝通等手段影響公眾，增加公眾對企業的好感，促進和諧的關係。

❖ 行銷案例

從廣告戰到公關戰，華為是如何「截胡」三星的？

我們先來聽段免費相聲：

三星：What's next?

華為：Next is here.

三星：Next is now.

華為：Now is P8.

一捧一逗，有點意思。

這個「段子」是華為和三星2015年的最新廣告語。2015年3月1日，三星在世界移動通信大會的邀請函上採用「What's next?」的宣傳語，為新手機S6預熱，與此同時，華為發布「Next is here.」的海報，與三星相映成趣。4月，三星為S6打出「Next is now.」的廣告語，華為緊隨其後上線「Now is P8.」為P8造勢。

很顯然，三星和華為在廣告上打起了口水仗，三星本來胸有成竹，不料遭到華為的步步緊逼，最後心塞收局。而且，很多消費者及業內人士都為華為的機智點讚，讓這場兩大智能手機巨頭之間的廣告戰，演變為一場激烈的品牌公關戰。在沒有硝煙的戰役背後，華為迅雷不及掩耳之勢的響應速度和旁攻側擊的行銷活動輔助，或許是其此次行銷借勢成功的關鍵。

第一回合：華為神回覆，三星被「截胡」

如果說2015年世界移動通信大會上，出現在三星的邀請函和華為的海報上的廣告語只是隔空喊話，「真槍實彈」的對峙則在蘇丹上演。4月初，三星在蘇丹喀土穆機場路附近打出「What's next?」的廣告牌，為S6和S6 Edge在蘇丹的發布預熱。相應地，華為立即在旁邊立起「Next is here.」的戶外廣告，向蘇丹市場傳遞「Next is here, Next is Huawei.」的信息。

據瞭解，這張三星和華為同框的圖片在Whatsapp、Facebook等社交媒體被瘋狂轉發，輿論一邊倒地偏向華為，大多數消費者為華為機智的品牌行銷點讚。埃及某媒體甚至直接發文指出，華為P8毀了三星S6的慶典。而在國內今日頭條平臺上，相關文章閱讀量超過45萬，網友大呼中華有為。

第二回合：華為乘勝追擊，三星欲哭無淚

三星自然不會任憑華為進攻而不為所動。在華為的「Next is here.」廣告牌掛出後約10天，三星更換了廣告牌內容，亮出「Next is now.」的廣告語，並在S6新品體驗區將宣傳海報上的「S6 Preview Now.」更換為「S6 Next is Now.」。三星埃及也為了同仇敵愾應對華為，故意選擇和華為P8全球發布會同一天時間在埃及發布S6。精彩的是，4月15日，華為在P8全球發布後立即將廣告牌更新為「Now is P8.」。S6被P8「截胡」，三星欲哭無淚。

這張S6與P8的同框照片再次被「好事」的網友掛在Facebook等社交媒體，引發熱議，並在今日頭條上有超過32萬的點擊量。此外，著名市場雜誌Think Marketing Magazine更是毫不含蓄地點評道：「三星蘇丹並不打算就這麼算了，英勇地反擊回去，但卻被華為打得更狠了。」營運商MTN認為，華為在品牌行銷上打了漂亮的一仗，並主動要求和華為合作銷售100K智能手機。

第二回合：華為再勝。

第三回合：華為旁攻側擊，三星腹背受敵。

戰場上，赤膊上陣，直接攻擊對手的打法很關鍵，旁攻側擊的「遊擊戰術」則可以讓勝利來得更徹底一些。在華為與三星在蘇丹正面對峙的兩個回合中，華為配合了事件行銷，與廣告之戰相得益彰。

首先，華為Mate7的廣告牌豎立在三星在蘇丹的總部辦公室門口，華為品牌店分別開在三星辦公室的左右兩邊，對三星總部形成了一個半圓形的包圍圈。當地人開玩笑說，華為做廣告做到三星家門口了。

與此同時，華為還在兩個月內為蘇丹222家零售店安裝了華為門頭，使華為Logo在蘇丹市場得到更多露出，華為紅幾乎覆蓋了整個蘇丹。更有意思的是，原本屬於三星的Alsalam building也被華為全盤拿下，正式包裝為華為品牌手機市場。

至此，華為完勝。

(二) 公共關係的工作程序

一個相對完整且富有成效的公共關係工作程序，通常包括前後相繼的四個基本程序，即公共關係調查、公共關係計劃、公共關係方案的實施、公共關係效果的評估，亦稱「公共關係四步工作法」，它們構成公共關係工作的基本運行模式（如圖12-4所示）。公關人員必須全面認識和把握公共關係程序的四個步驟，科學地、藝術地處理公共關係活動中的各種問題。

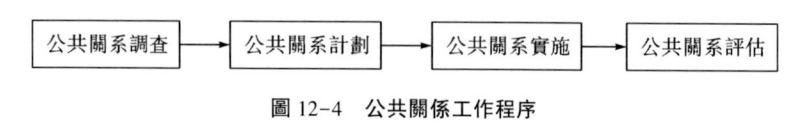

公共關係調查 → 公共關係計劃 → 公共關係實施 → 公共關係評估

圖12-4　公共關係工作程序

1. 公共關係調查

在公共關係活動中，調查是瞭解情況、制定計劃、實施計劃及評估效果的基礎。要樹立和維護組織的良好形象，就要首先瞭解組織的實際形象和自我期望形象的有關信息；要想贏得內外公眾的支持和合作，就要搜集內外公眾不同的需求信息；要檢測環境、預測環境、利用環境，就要綜合分析組織所處的自然環境和社會環境的有關信息；要想瞭解公共關係活動的實施效果，就要瞭解公眾對活動的接納程度以及活動的影響範圍。只有充分及時地掌握準確的信息，從中找出問題和差距以及導致問題的種種原因和相關因素，才可能制定出切實的公共關係活動方案，才可能對公共關係活動的效果進行客觀而科學的評估。在公共關係活動中，調查既是必不可少的一個環節，也是貫穿於整個公共關係活動中的一種手段。

公共關係調查的內容主要包括：

（1）組織形象調查。組織形象又包括組織的自我期望形象和組織的實際形象：組織的自我期望形象是指一個組織對自身社會形象的自我認識、自我追求及自我評價；組織的實際形象指的是社會公眾對組織及其產品的認識和評價。

（2）組織環境調查。公關本身是一項社會性很強的工作，它依賴於良好環境的強有力的支持，而成功的公關工作在適應環境的同時又必然承擔著改造環境的任務。在這裡，組織環境的調查既包括組織的外部環境，即自然環境、人文環境和社會環境等的調查，又包括組織內部環境，即組織現狀及基本條件的調查。

（3）公關效果調查。整個公關活動完成之後，必須進行調查評估，以總結經驗教訓。公關效果的調查需要瞭解公眾對本次公關活動的評價、公關效果等信息。比如通過召開座談會、問卷調查、摘抄公眾來信、接待來訪等，分析公眾對公共關係活動評

價的好壞。

2. 公共關係計劃

任何成功的公關活動都離不開高水平的計劃。公關計劃是以公關人員為主體進行的一種艱苦細緻、複雜有趣的創造性活動。它以客觀的公眾分析為前提，以最好的活動效果為目標，是公共關係工作程序的靈魂和核心。

公共關係計劃的擬定，又可以分為以下幾個技術環節：

（1）分析公眾。分析公眾，就是要明確企業的公共關係目標是針對哪些公眾的。只有弄清楚哪些公眾與企業有最直接的利害關係、哪些公眾與企業發生間接的聯繫、哪些公眾具有潛在的影響、哪些暫時與企業毫無聯繫等，才可能明確企業公共關係目標所涉及的範圍和應採取的對策，進而選擇應該運用的媒介及技術。

（2）選擇傳播媒介。傳播媒介的選擇要根據公共關係的目標和對公眾的分析來決定。由於各種傳播媒介性質、效率的差別，都擁有各自相對穩定的公眾對象，企業在選擇傳播媒介時應當考慮以下幾個因素：媒介是否與公眾範圍相符，即傳播媒介所擁有的那一類公眾與企業公共關係目標直接關聯的公眾類型應盡可能相符合或相接近；運用媒介的時間是否適當，選擇傳播媒介時要注意根據不同類型的公眾的作息時間來安排具體傳播時間；考慮媒介本身的影響力和效率，通常電視、廣播、報紙等傳播媒介影響廣泛，效率也較高。

（3）編制預算。企業的公共關係計劃必須把將進行的公共關係工作的費用進行大概的預算，從而確定實現公共關係的目標是否值得。編制預算時需要考慮的內容主要包括人力方面、時間方面以及經濟方面的各項支出費用。

（4）制定實施步驟。這個環節是要對整個公共關係活動過程進行分解和細化，首先要明確公共關係工作的先後順序，對於每一階段的工作的重點、人員安排等做出具體的安排，以保證順利達到既定的公共關係目標。

3. 公共關係實施

如何開展各項具體的公共關係工作，是非常複雜、變化最多的一個環節，同時也是整個公共關係工作程序中最為關鍵的環節。公共關係工作的實施，需要關注以下幾個要點：首先，要統籌全局。為此在公共關係展開過程中，必須防止出現只看局部忽略整體的傾向，出現之後及時予以協調和糾正，以確保整體目標的順利實現；其次，要及時掌握工作進度，要及時發現超前或之後的情況，注意在人力、物力、財力方面予以協調和調整，以求在總目標的引導下，使各方面工作達到同步和平衡發展；最後，在實施的過程中要視情況對公共關係計劃進行修訂。不管公共關係計劃制訂得多麼縝密，但總免不了與實際的公共關係實施過程存在著一定差異，再加上客觀環境是不斷發展和變化的，因此，必須隨時根據實際情況，修訂公共關係計劃，調整工作進度和人員力量。

4. 公共關係評估

公共關係行動的最後一個階段就是評估階段。公共關係工作有其特殊性，它面向社會和人打交道，其工作性質屬於彈性工作，平時不能完全以指標來衡量其結果，甚至被人誤解為不起作用和無所事事。因此在最後階段對公共關係計劃的執行情況進行

一定的衡量評估就顯得非常重要了。

❖ **行銷案例**

健力寶的公共關係策劃

　　當年美國民主黨候選人克林頓在參加總統競選期間，在紐約灣的一艘遊艇上舉行了一場助選大會。健力寶的公共關係人員經過縝密的策劃安排，利用克林頓夫人與預先等候在遊艇上的健力寶美國公司的負責人握手之機，由健力寶小姐用銀盤托上精心擺放的從任何角度都可以清晰地看到「健力寶」字樣的四罐健力寶飲料。當紐約市政府的美國朋友向克林頓夫人敬上一杯飲料時，克林頓夫人笑盈盈地舉杯暢飲健力寶飲料的情景，立即被高明的公共關係人員攝入鏡頭。那一年12月20日，新當選總統的第一夫人暢飲健力寶的彩色照片被刊登在美國著名《紐約時報》上，同時刊發了介紹健力寶飲料的文章，一時間，健力寶飲料成了美國上下的熱門話題。再後來，第一批50萬箱健力寶飲料運抵美國，敲開了美國飲料王國的大門。

（三）企業危機公關

1. 企業危機公關的含義

　　企業危機公關是指企業為避免或者減輕危機所帶來的嚴重損害和威脅，從而有組織、有計劃地學習、制定和實施一系列管理措施和應對策略，包括危機的規避、控製、解決以及危機解決後的復興等不斷學習和適應的動態過程。

　　危機往往具有意外性、聚焦性、破壞性和緊迫性，嚴重危害到企業的正常運轉，並對企業的公眾形象造成重大損害。面對危機，企業的經營者不僅要有競爭觀念，還要有危機觀念，不僅要有危機管理意識，更要掌握處理危機情況的經驗和方法。

2. 企業危機公關處理原則

　　一旦發生危機事件，絕不能等閒視之。公共關係部門必須全力以赴，按照下列原則，加以處理，以贏得公眾的諒解和信任，盡快恢復企業信譽，重塑企業美好形象。

（1）及時性原則。

　　危機公關處理的關鍵就在於速度，要盡最大可能控製事態的惡化和蔓延，在最短的時間內重塑或挽回企業的良好形象和信譽。因此，危機事件一旦發生，公共關係人員都應立即投入緊張的處理工作，迅速作出反應，及時進行處理。

（2）冷靜性原則。

　　危機發生後，處理人員應冷靜、沉穩、應付自如，不可被頭緒繁多、關係複雜的事件影響，使自己變得急躁、煩悶而出言不慎。具有穩定而積極的心態，才能在處理

事件中左右得道。

（3）靈活性原則。

危機事件會隨著情況的發展而不斷變化，預定的搶救方案不可能完全適用實際發生的危機事件。因此，危機公共關係人員必須根據具體情況，對預防性措施或搶救方案進行修正或補充，增強其針對性和適應性。

（4）真實性原則。

危機事件發生後，由於種種原因造成傳播中消息失真，使公眾發生猜疑、誤解、輕信謠言。為了防止謠言傳播、消息混亂，得到公眾的諒解、支持，公共關係人員應及時公布事實真相，不能隱瞞、歪曲和省略某些關鍵細節，更不能嫁禍於人，推諉責任。

（5）控製性原則。

「控製」包含兩層意思：一是指對危機事件本身的控制。事件發生後，迅速弄清原因，採取有效措施，盡力控制事態的發展。二是指對危機事件產生的嚴重社會影響和對企業的嚴重損害的控制。必須迅速利用傳播媒介等有效手段，及時公布企業所採取的處理事故的一切措施，以防止影響的擴大，把損害程度控製在最低限度。

（6）補償性原則。

企業應該把公眾利益看得高於一切，對危機事件造成的後果應負責到底，不僅要敢於承擔道義上的責任，而且要對財產損失給予合理賠償，不能推卸責任，也不能抱有投機取巧、僥幸過關的心理。

3. 危機公關的處理對策

（1）對內部公眾。首先，應把事故情況及組織對策告訴全體員工，使員工同心協力共渡難關。其次，若有人員傷亡，應立即組織周到的醫療和撫恤工作，由專人負責；如果是設備損失，應及時清理。

（2）對事故受害者。首先，對受害者應明確表示歉意，慎重地同他們接觸，冷靜地傾聽受害者的意見和他們提出的賠償要求。然後，應該同他們坦誠、冷靜地交換意見，同時談話中應避免給他人造成推卸責任、為本組織辯護的印象。

（3）對新聞傳播媒介。應及時向新聞界通報事故的真相，在說明事故時應簡明扼要、通俗易懂。應該明確，一旦事件作為新聞報導出去，就將留在公眾的記憶中，因此，一定要謹慎行事、實事求是，既不掩蓋事實真相，也不隨意猜測、添枝加葉、誇大事故。同時要及時組織召開新聞發布會，有時還需要連續發布。

（4）對上級領導部門。危機發生後，應及時向組織的直屬上級領導匯報情況，不文過飾非，不歪曲真相、混淆視聽。

（5）對企業所在社區。組織公關部門應根據事故的性質道歉，直至給予經濟賠償。

❖ 行銷案例

從特斯拉起火事件中學習危機公關

當危機發生後，如何轉危為機？特斯拉最近給我們上了一堂生動的危機公關示

範課。

2013年10月1日，一輛Tesla Model S型豪華轎車在美國西雅圖南部的公路上發生車禍起火，事故現場的圖片迅速傳遍網路，引發一片質疑。

面對突如其來的危機，特斯拉第一時間由其全球公關總監Elizabeth Jarvis-Shean在汽車起火發生當天的股市收盤之前發表了緊急聲明，聲明首先承認起火的是一輛特斯拉Model S，同時解釋，這輛車是在發生重大撞擊之後才起火的，並不是自燃。

在聲明中這位公關總監強調指出，由於特斯拉的安全設計，大火僅僅局限在車頭的部位，所有跡象都顯示火焰沒有進入內部駕駛艙。同時特斯拉的警報系統顯示車輛故障，很智能地「指引」駕駛員靠邊停車並安全撤離，避免了人員傷亡。

Elizabeth Jarvis-Shean的聲明沒能阻止股份的下跌，Tesla股票在接下來的兩天裡累計下跌達10%，公司市值被削掉23億美元，並且引發了媒體大量「特斯拉起火」的負面報導。

在這種情況下，原本不打算就此事發表意見和評論的特斯拉CEO馬斯克在事件發生後的第三天公開發表了博文，向公眾解釋特斯拉汽車起火的前因後果。馬斯克首先說明，事故的發生是因為汽車在高速行駛中撞到路中央一個從半掛車輛上脫落的彎曲金屬物體，物體對汽車底部1/4英吋厚的電池保護裝甲施加了高達25噸的巨大衝擊力，造成了直徑3英吋的一個穿孔。

接著又詳細解釋了Model S底部16個由防火牆隔離的電池倉結構，火勢會只向下方而不是向上方或者駕駛艙蔓延。而如果是傳統的燃油車，大火早就把整車燒成灰了。

馬斯克還引用數據再給公眾吃下了一顆定心丸：在美國，平均每2,000萬行駛里程生一起汽車火災，而特斯拉則是每1億行駛里程才發生一起火災。駕駛傳統汽油車遭遇火災的可能性，是駕駛特斯拉的5倍。

在文章的結尾，馬斯克還附上了事故車駕駛員與特斯拉一位副總裁間的電子郵件記錄，駕駛員提出：「汽車電池經歷了一次『可控燃燒』，但是互聯網上的圖片顯然誇張了。」

有事故前因後果的詳細說明，還有數據對比，以及事件親歷者的「證詞」，馬斯克的聲明馬上就有了回響，投資者的信心又被找了回來，當天，特斯拉股價強勁反彈4.43%，收於180.98美元。

問題：
1. 特斯拉在事件發生的一開始犯了什麼錯誤？
2. 特斯拉之所以能轉危為機，重新取得大家的信任，關鍵因素是什麼？

四、營業推廣策略

(一) 營業推廣的概念

1. 營業推廣的含義

營業推廣（Sales Promotion）又稱銷售促進，它是指企業運用各種短期誘因鼓勵消費者和中間商購買、經銷或代理企業產品或服務的促銷活動。由於市場競爭的激烈程

度加劇、消費者對交易中的實惠的日益重視、廣告媒體費用上升、企業經常面臨短期銷售壓力等原因，營業推廣受到越來越多的企業青睞。

營業推廣比較適合於對消費者和中間商開展促銷工作，一般不太適用於產業用戶。對於個人消費者，營業推廣主要吸引以下3類人群：已經使用本企業產品的消費者，促使其消費更多；已使用其他品牌產品的消費者，吸引其轉向本企業的產品；未使用過該產品的消費者，爭取其試用本企業的產品。對於中間商，營業推廣主要是吸引中間商更多地進貨和積極經銷本企業的產品，增強中間商的品牌忠誠度，爭取新的中間商。

2. 營業推廣的作用

隨著市場競爭的日益激烈，營業推廣的使用越來越受到企業的重視。在美國，營業推廣的支出費用的增長率已超過了廣告，營業推廣費用年平均增長率達到12%，而廣告為7.6%。營業推廣能夠起到使消費者將興趣轉化為行動的作用，進而帶動新產品的銷售或擴大老產品的市場。具體地說，它在以下幾個方面具有顯著的作用：

（1）吸引顧客。特別是在推出新產品或吸引顧客方面，由於營業推廣的刺激性比較強，較易吸引顧客的注意力，使顧客在瞭解產品的基礎上採取購買行動，也可能使顧客追求某些方面的優惠而使用產品。

（2）提高銷售業績。毫無疑問，促銷是一種競爭，它可以改變一些消費者的使用習慣及對品牌的忠誠度。因受利益驅動，經銷商和消費者都可能大量進貨與購買。因此，在促銷階段，常常會增加消費，提高銷售量。

（3）縮短產品入市的進程。使用營業推廣促銷手段，旨在對消費者或經銷商提供短程激勵。在一段時間內調動人們的購買熱情，培養顧客的興趣和使用愛好，使顧客盡快地瞭解產品。

（4）帶動相關產品市場。營業推廣的第一目標是完成促銷產品的銷售，但是，在甲產品的促銷過程中，卻可以帶動相關的乙產品的銷售。比如，茶葉的促銷，可以推動茶具的銷售。當賣出更多的咖啡壺的時候，咖啡的銷售量就會增加。在20世紀30年代的上海，美國石油公司向消費者免費贈送煤油燈，結果其煤油的銷量大增。

（5）節慶酬謝。營業推廣可以使產品在節慶期間或企業喜慶日期間錦上添花。每當例行節日到來的時候，或是企業有重大喜慶的時候（例如開業上市的時候），開展促銷可以表達市場主體對廣大消費者的一種酬謝。

需要注意的是，營業推廣有時也會產生負面作用，即破壞企業的形象。由於營業推廣對顧客的強烈刺激，所以往往能立刻促進顧客的購買。同時，也正因為是強烈的刺激，容易給人一種急切推銷產品的感覺，引起購買者對該產品的懷疑和反感，甚至會破壞企業形象和信譽。因此，營業推廣不能像廣告或推銷那樣持久，在市場行銷活動中是一種短期性的促銷手段，企業不應長時間頻繁地使用。

（二）營業推廣的方式

企業產品的銷售對象有兩類，一是消費者，二是中間商。因此就決定了企業的營業推廣的目標群體也主要有兩類：一是對消費者進行推廣，二是對中間商進行推廣

（如圖 12-5 所示）。針對不同的目標，企業可以採取的營業推廣方式也不盡相同。

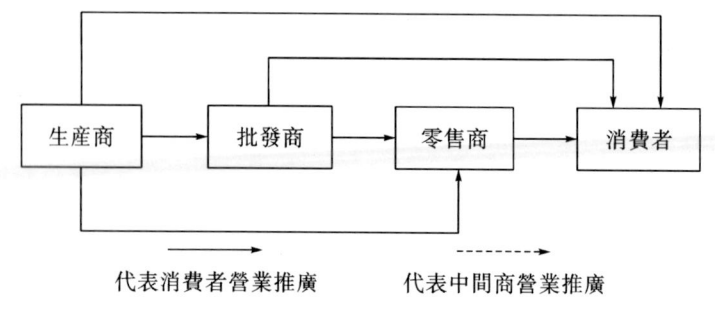

```
生產商 → 批發商 → 零售商 → 消費者
```

　　代表消費者營業推廣　　　代表中間商營業推廣

圖 12-5　營業推廣的類型

1. 對消費者的營業推廣

（1）贈送樣品。贈送樣品是將產品免費贈送給消費者，供其試用的一種促銷方法。行銷人員採用免費樣品基於以下幾個方面原因：激勵產品試用；在產品生命週期的早期擴大銷量；獲得期望中的分銷。試用是費用最大的銷售方式，由於這種方法無需消費者付出任何代價，因此是誘導消費者嘗試的有效途徑。通過試用使消費者對該產品產生直接的感性認識，並對產品或公司產生好感和信任，使其轉化為該產品的潛在客戶，它能提高新產品的入市速度。

❖ 行銷案例

產品免費送

　　一個中醫世家有一藥方能治脫髮，但是有效率只有30%。他們採取的措施是在網上推廣「免費送藥」，收郵遞費29元，贈送一盒藥給顧客試用。

　　可是29元的收入如何養活老中醫？

　　首先藥方的成本並不高，29元賣出是略虧的，但是激發了大量訂單。敢做大量訂單的底氣來自這個品類的特殊性——治脫髮是剛需，使用者長出幾根頭髮之後，肯定要復購。於是告知整個療程需要399元，通過後續復購來賺錢。

　　這個方法不但刺激了銷量，而且極大減少了投訴。你想想，這個老中醫如果按常規套路出牌，開個門診坐地賣399元一套產品，不但買的顧客人數有限，那70%抹了藥沒見效的顧客，還要上門來和你吵架呢。

　　同樣的思路還有免費贈送淨水器。我見過有淨水器商家到處找學校、企業、機關單位的人事部，以「潔淨飲水，關愛健康」為主題，搞上門免費安裝淨水器的。

　　淨水器不要錢，上門安裝費收100元，算起來是略虧的，但是名正言順，獲得了一個非常重要的銷售資格——走進顧客的家。進門後掏出一系列裝備，給顧客做個全方位水質檢查，免費！顧客自然不會拒絕，之後水質結果出來自然不理想，於是推銷400元一套的升級版。反覆演練推銷流程中溝通技巧，只要升級率高於20%，一樣能賺到錢。再想想此時有不少同行，砸了錢在百度競價、報紙、電臺打廣告，能走進

幾個顧客的家門心裡都沒底呢。

免費行銷的本質在於如何免費並同時贏利，只有當免費的過程本身能夠創造新價值，同時免費過程中的所有參與者都能部分的分享到這份新創造的價值時，真正的免費才可行。通過資源整合創造新價值，免費部分通過新價值來彌補，只要新價值足夠大，全部免費也能贏利。

想一想：你還遇到過哪些類似的推廣方式？這些推廣方是否促使你購買了商品？

（2）發放優惠券。優惠券是一種非貨幣的證明，憑優惠券購買商品可以享受某種優惠。企業可以對合作者、老顧客、對企業做過貢獻的顧客發送優惠券，以此來聯絡感情，也可以把優惠券附在商品或廣告中，隨著商品、報紙、雜誌等送到購買者手中，開拓潛在市場。

（3）開展獎售。企業對購買某些商品的消費者設立特殊的獎勵。如憑該商品中的某種標誌可免費或以很低的價格獲取此類商品或得到其他好處，也可按購買商品的一定數量，贈送一件消費者所需要的禮品。獎勵的對象可以是全部購買者，也可用抽籤或搖獎的方式獎勵一部分購買者。這種方式的刺激性很強，常用來推銷一些品牌成熟的日用消費品。

（4）價格折扣。即對那些大宗購買的客戶給予一定比例的價格折扣。這是對生產資料的購買者採用的推廣方式。折扣比例有的按購買數量，有的按貨款收回時間。按貨款收回時間決定折扣比例，有利於促使購買者盡快結算貨款，從而加速企業的資金週轉和擴大銷售。

（5）組織展銷。企業將一些能顯示企業優勢和特徵的產品集中陳列，邊展邊銷，由於展銷可使消費者在同時同地看到大量的優質商品，有充分挑選的餘地，所以對消費者吸引力很強。展銷可以以一個企業為單位舉行，也可由眾多生產同類產品的企業聯合舉行。若能對某些展銷活動賦予一定的主題，並同廣告宣傳活動配合起來，則促銷效果會更佳。

（6）現場示範。企業派人將自己的產品在銷售現場進行使用示範演示。現場示範一方面可以把一些技術性較強的產品的使用方法介紹給消費者，另一方面也可使消費者直觀地看到產品的使用效果，從而能有效地消除顧客的某些疑慮，使他們接受企業的產品。因此，現場示範對於使用技術比較複雜或是效果直觀性比較強的產品最為適用，特別適合推廣一些新產品。

（7）免費服務和諮詢。包括進行免費安裝、調試、運送、使用指導或回答潛在顧客的詢問等。對於一些技術性強、操作複雜的商品，可以起到顯著的促銷作用。

❖ **行銷案例**

里力的口香糖

口香糖是美國人里力的杰作，它剛出現時運氣並不佳，買的人寥寥無幾，里力為了推銷口香糖，利用了各種宣傳手段，可是收效不大。後來，里力在試銷中發現，為數不多的顧客大都是兒童。里力從兒童身上看到了希望，於是他決定以兒童作為推銷

口香糖的突破口。里力按照電話簿上刊載的地址,給每戶家庭免費送上 4 塊口香糖。他一口氣送了 150 萬戶,共 600 萬塊口香糖。這一舉動讓同行們大惑不解:為什麼要做這樣的虧本買賣?誰知道幾天之後,孩子們吃完里力免費贈送的口香糖,都吵吵著還想吃,家長們當然只得再買。口香糖的銷路由此才打開了。不久,聰明的里力又想出了一個新點子:回收口香糖紙。顧客送回一定數量的糖紙,就可得到一份口香糖。孩子們為了多得糖紙,就動員大人們也嚼口香糖,就這樣,大人小孩一起嚼,沒過多久,口香糖就被嚼成了暢銷世界的熱門貨。

(資料來源:一品故事網。)

2. 對中間商的營業推廣

(1)批發回扣。企業為爭取批發商或零售商多購進自己的產品,在某一時期內可按批發商購買企業產品的數量給予一定的回扣。回扣的形式可以是折價,也可以是贈送商品。批發回扣可吸引中間商增加對本企業產品的進貨量,促使他們購進原先不願經營的新產品。

(2)推廣津貼。企業為促使中間商購進本企業產品,並幫助企業推銷產品,還可支付給中間商一定的推廣津貼,以鼓勵和酬謝中間商在推銷本企業產品方面所做的努力。推廣津貼對於激勵中間商的推銷熱情是很有效的。

(3)培訓人員。即為銷售本產品的中間商培訓銷售、維修人員,使他們瞭解商品的使用方法和維修方法,以便於擴大銷售。這是對那些技術性較強的產品採用的推廣方式。

(4)銷售競賽。企業如果在同一個市場上通過多家中間商來銷售本企業的產品,就可以發起由這些中間商所參加的銷售競賽活動。根據各個中間商銷售本企業產品的成績,分別給優勝者以不同的獎勵,如現金獎、實物獎,或是給以較大的批發回扣。這種競賽活動可鼓勵中間商超額完成其推銷任務,從而使企業產品的銷量大增。

(5)廣告贊助。企業可以對中間商實行廣告折扣,由中間商代為做廣告,或實行廣告津貼的辦法,贊助中間商做廣告等。

除以上對消費者進行推廣和對中間商進行推廣等方式外,企業還可以適當地對銷售人員進行營業推廣。對推銷人員營業推廣的主要目的是調動推銷人員的積極性,鼓勵他們推銷產品,尤其是推銷新產品,發掘潛在顧客,開拓新的市場。例如,開展推銷競賽、有獎銷售、銷售提成以及免費提供人員培訓、技術指導。

(三)營業推廣的注意事項

(1)選擇的方式要適當。營業推廣的方式很多,且各種方式都有其各自的適應性,選擇好營業推廣方式是促銷獲得成功的關鍵。一般說來,應結合產品的性質、不同方式的特點以及消費者的接受習慣等因素選擇合適的營業推廣方式。

(2)確定的期限要合理。控製好營業推廣的時間長短也是取得預期促銷效果的重要一環。推廣的期限,既不能過長,也不宜過短。這是因為,時間過長會使消費者感到習以為常,失去刺激需求的作用,甚至會產生疑問或不信任感;時間過短會使部分顧客來不及接受營業推廣的好處,收不到最佳的促銷效果。一般應以消費者的平均購

買週期或淡旺季間隔為依據來確定合理的推廣方式

（3）禁忌弄虛作假。營業推廣的主要對象是企業的潛在顧客，因此，企業在營業推廣全過程中，一定要杜絕徇私舞弊的行為發生。在市場競爭日益激烈的條件下，企業的商業信譽是十分重要的競爭優勢，企業沒有理由自毀商譽。本來營業推廣這種促銷方式就有貶低商品之意，如果再不嚴格約束企業行為，那將會產生失去企業長期利益的巨大風險。因此，弄虛作假是營業推廣中的最大禁忌。

（4）注重中後期宣傳。開展營業推廣活動的企業比較注重推廣前期的宣傳，這非常必要。在此還需提及的是不應忽視中後期宣傳。在營業推廣活動的中後期，面臨的十分重要的宣傳內容是營業推廣中的企業兌現行為，這是消費者驗證企業推廣行為是否具有可信性的重要信息源。所以，令消費者感到可信的企業兌現行為，一方面有利於喚起消費者的購買欲望，另一個更重要的方面是可以換來社會公眾對企業良好的口碑，增強企業良好形象。

（5）合理做好預算。這要考慮各種推廣工具的使用範圍、額度、各種產品所處的生命週期的不同階段等多種因素來加以平衡和確定。

❖ **本章小結**

（1）企業促銷的方式包括人員推銷、廣告促銷、公共關係和營業推廣。在確定促銷組合時，要充分考慮產品類型、促銷目標、市場狀況、產品生命週期階段以及促銷費用幾個方面的因素。

（2）人員推銷是指企業的銷售人員通過面對面的溝通方式向潛在的顧客做口頭宣傳，促使顧客瞭解、偏愛併購買本企業的產品與服務，實現企業行銷目的的一種直接銷售方法。

（3）廣告的基本功能是傳遞信息，它既可用來樹立企業和產品形象，又可用來刺激銷售，是一種被廣泛運用的促銷方式，企業應根據其特點，揚長避短，靈活運用。

（4）公共關係是促銷組合中的一個重要組成部分，企業公共關係的好壞直接影響著企業在公眾心目中的形象，影響著企業行銷目標的實現，如何利用公共關係促進產品的銷售，是現代企業必須重視的問題。

（5）營業推廣是指企業運用各種短期誘因鼓勵消費者和中間商購買、經銷或代理企業產品或服務的促銷活動，營業推廣不能作為一種經常的促銷手段來加以使用，但在某個特定時期內，對促進銷售的迅速增長是十分有效的。

❖ **趣味閱讀**

有趣的詩詞廣告

詩詞是人們表達思想與感情的語言形式，對提高廣告的美學觀念和發揮促銷功能都有較大的價值。許多詩人都曾潑墨揮毫寫下一首首絕妙的廣告詩詞。

唐朝著名詩人李白曾為酒即興作詩：

蘭陵美酒鬱金香，玉碗盛來琥珀光。

但使主人能醉客，不知何處是他鄉。

這佳詞絕句在讚揚蘭陵美酒的同時，將其產地、香味、色澤和作用交代得一清二楚，產生了飲其酒一醉方休的欲望。至今在長江兩岸仍有不少酒店、飯店以「蘭陵酒家」為名招徠顧客。

相傳，蘇東坡晚年被貶海南島，一日出來散步，看見一老婦以賣油餅為生。因位置偏僻，顧客不多，生意蕭條。當他看到老婦製作油餅的高超技藝，敬佩和同情之心促使他即興作詩一首：

纖手搓來玉色勻，碧油煎出嫩黃深。

夜來春睡知輕重，壓偏佳人纏臂金。

這首詩將餅的製作工藝和色香質脆勻畫得惟妙惟肖，看了確實誘人食欲。老婦人將這首詩掛在店中，招來滿門賓客，生意逐漸興隆起來。

❖ 課後練習

一、單選題

1. 促銷的目的是引發刺激消費者產生（　　）。
   A. 購買行為　　　　　　　　B. 購買興趣
   C. 購買決定　　　　　　　　D. 購買傾向

2. 對於價格較低、技術不複雜且買主多而分散的消費品市場，通常採用（　　）的促銷方法。
   A. 人員推銷　　　　　　　　B. 廣告
   C. 公共關係　　　　　　　　D. 營業推廣

3. 公共關係是一項（　　）的促銷方式。
   A. 一次性　　　　　　　　　B. 偶然
   C. 短期　　　　　　　　　　D. 長期

4. 當處在產品生命週期的成長期時，企業應當採取（　　）的促銷策略。
   A. 人員推銷　　　　　　　　B. 廣告
   C. 公共關係　　　　　　　　D. 營業推廣

5. 在配置推銷人員時，可以採取的方式不包括（　　）。
   A. 按地區配置　　　　　　　B. 按產品配置
   C. 按銷量配置　　　　　　　D. 按顧客配置

6. 以下不屬於企業危機公關處理原則的是（　　）。
   A. 針對性原則　　　　　　　B. 及時性原則
   C. 真實性原則　　　　　　　D. 控製性原則

二、多選題

1. 以下屬於促銷的具體方式的有（　　）。
   A. 人員推銷　　　　　　　　B. 市場細分

C. 廣告 D. 公共關係
E. 營業推廣
2. 人員推銷的基本形式包括（　　　）。
A. 上門推銷 B. 櫃臺推銷
C. 會議推銷 D. 洽談推銷
E. 電話推銷
3. 根據廣告內容的不同，可以分類為（　　　）。
A. 產品廣告 B. 服務廣告
C. 公共關係廣告 D. 企業廣告
E. 商品廣告
4. 以下屬於對中間商的營業推廣的有（　　　）。
A. 發放優惠券 B. 批發回扣
C. 推廣津貼 D. 組織展銷
E. 培訓人員

三、簡答題

1. 確定促銷組合應考慮哪些因素？
2. 人員推銷有哪些優勢？對推銷人員的素質要求有哪些？
3. 主要的廣告媒體有哪些？如何選擇廣告媒體？
4. 什麼是公共關係？公共關係的工作程序是怎樣的？
5. 營業推廣有哪些主要作用？對消費者和對中間商的營業推廣各有哪些主要手段？

四、案例分析

凱旋先驅公司的公關活動

凱旋先驅公關公司受美國向日葵協會的委託，為教育臺灣公眾，提高他們對美國葵花油有益健康的認識，增加產品的試用消費量，策劃和實施了一項基於該協會對臺灣市場的調查的推廣美國葵花油的整合傳播活動。

臺灣人喜歡在家做飯，又極其關注健康。蔬菜油在烹調過程中就成為一種不可或缺的原料，而在選擇食用油時，人們最重要的標準是：有益健康；油菸少；價格便宜。在活動開展之前，葵花油在臺灣市場的知名度一般，使用率僅為30%。臺灣公眾認為葵花油是一種較少或無油菸、較少或不含膽固醇的健康蔬菜油。但在試用度方面，葵花油仍次於豆油，雖然豆油被認為是一種品質較低的油品，但它更經濟實惠，市場佔有率較高。

凱旋先驅公關公司根據有關的市場信息和臺灣的市場行情，進行一系列的項目調查和策劃，確定了公關目標是增強美國葵花油的形象，即人們的首選食用油且價格合理。其他需要傳遞的重要信息還有：葵花油油菸少或無油菸，可以保持廚房的清潔，它是臺灣消費者的最健康的選擇。另外還要強調的是，使用葵花油來燒菜是一種快樂

的體驗。本項目旨在臺灣全島範圍內的以下受眾中提高葵花油有益健康的知名度。目標公眾包括30~49歲關注健康的消費者；關注健康的家庭主婦；消費品、健康、食品類專業媒體和綜合類大眾媒體；食用油方面的專業人士和營養學方面的意見專家。基於臺灣消費者購物謹慎這一事實，充分利用對美國葵花油優點的科學研究發現，並結合市場調查所揭示的公眾對葵花油的認識，以引起媒體的興趣，這是教育臺灣公眾的最有效的途徑之一。

接下來凱旋先驅公關公司展開了一系列公關活動，首先和臺北醫科大學營養學系教授合作為美國向日葵協會編纂了一篇科學評論文章。並通過電視烹調節目主持人和食品評論家這樣的專業人士宣傳產品，其做法是在臺灣三大城市臺北、臺中、高雄三個商店舉辦「美國葵花油周」，在每個城市，由一位名廚師用葵花油烹飪特別的菜肴，旁邊有一位主持人做現場講解。現場總共發放了1,500份美國向日葵協會的宣傳小冊子和700本食譜。

為了進一步擴大臺灣公眾對產品品牌的認知度，凱旋先驅公司組織了一個媒體午餐會，以將美國向日葵協會正式介紹給臺灣媒體和一般大眾。為進一步建立與媒體的良好關係，午餐會上我們向媒體發放了特別設計的葵花油禮品包，其中包括新聞稿、一本由《美食天下》雜誌設計的有創意的葵花油食譜和一瓶試用油。10,000本食譜隨同《美食天下》月刊發放給訂戶，另外3,000本在其他公關活動的現場發放。產品試用的機會使得臺灣的消費者可以直接領略美國葵花油的超級品質及其特有的性能，如顯著減少油菸。在增進與臺灣各地食用油進口商的關係和收集當地市場信息的努力方面，凱旋先驅公司陪同美國向日葵協會的官員拜訪了全島的食用油供應商和進口商。其他一些樹立品牌形象的行為包括：贊助電視烹飪節目，在主要的消費品報紙和烹飪雜誌上安排中文廣告，他們還在《Yummy》雜誌上以插頁廣告的形式刊登了用葵花油特別設計的四種食譜，一些主要報刊上還刊發了專門的評論文章。

凱旋先驅公司還與發行量達110萬份的《中國時報》合作，舉辦了一個用葵花油做食用油的食譜創作大賽。比賽規則、截止日期、換領美國葵花油食譜的印花由凱旋先驅公司和贊助商統一企業、標準食品企業共同制定，並開通了一條免費熱線。裁判為兩位名廚和一位營養學家，20位獲獎者的名單公布在一個半頁報紙的彩色廣告中並被逐個通知領獎。

（資料來源：郭惠民. 中國優秀公關案例選評［M］. 上海：復旦大學出版社，2001.）

討論：

1. 凱旋先驅公關公司確定的公關目標是什麼？為實現公關目標採取了哪些公關活動？
2. 案例中的目標公眾有哪些？
3. 案例中選擇了哪些傳播媒介？

❖行銷技能實訓

實訓項目：進行一次促銷活動策劃

【實訓目標】

培養學生策劃並實施促銷活動的能力。

【實訓內容與要求】

1. 在老師的指導下，由學生自由組合成 4~6 人為一組的產品推廣小組，並確定負責人。

2. 根據所學的促銷組合知識及四種主要的促銷組合策略，結合當地市場實際情況，為某一產品的市場導入設計促銷組合方案，並組織實施。具體要求有以下幾項：

（1）進行市場狀況調查，完成市場分析報告。
（2）明確促銷目標。
（3）進行促銷組合的設計。
（4）設計行動方案或具體活動安排。
（5）做出促銷活動預算。

3. 各小組在 1 個月內完成促銷策劃書。由教師考核策劃書，從策劃書的格式、方案創意、可行性、完整性等方面進行考核（60%），同時考核個人在實訓過程中的表現（40%）。

第五模塊
行銷領域的創新

第十三章　市場行銷新發展

不創新，就死亡。

——艾克卡

小智者搶占市場，中智者發現市場，大智者創造市場。

——高德康

❖ 教學目標

知識目標
（1）瞭解綠色行銷的概念掌握綠色行銷策略。
（2）瞭解整合行銷的概念、特點和優點，掌握整合行銷的對策。
（3）瞭解關係行銷的概念等，掌握中國關係行銷的實施途徑。
（4）瞭解體驗行銷的概念等，掌握體驗行銷的實施。
（5）瞭解新媒體行銷的概念等，理解企業開展新媒體行銷的必要性。
技能目標
（1）具備識別和理解五種行銷的能力。
（2）具備通過行銷案例和行銷情境分析市場行銷新發展的能力。

第一節　綠色行銷

❖ 走進行銷

華北制藥集團公司實施清潔生產和綠色行銷的嘗試

　　華北制藥集團公司的前身華北制藥廠是中國「一五」計劃期間的重點建設項目，由蘇聯接建156項重點工程中的抗生素廠、澱粉廠和向民主德國引進的藥用玻璃廠組成，1953年6月全部投產。華北制藥廠的建成，開創了中國大規模生產抗生素的歷史，結束了中國青黴素、鏈霉素依賴進口的歷史，缺醫少藥的局面得到顯著改善。

　　華北制藥集團公司作為中國醫藥行業的特大企業不僅在深化企業改革，建立現代企業制度，擴大企業規模，調整、優化組織結構與產品結構等方面取得了顯著成效，而且比較重視經濟效益與生態效益的協調發展，並加大環境保護、清潔生產和綠色行銷等方面的工作力度。具體地說，主要包括以下幾個方面：

（1）確立環保理念，健全環保政策與規章。華藥圍繞可持續發展，確立了「一切為了人類健康」的企業理念。

（2）建立健全環保管理機構。華藥集團公司沒有環保管理委員會，公司總經理擔任主任委員，該委員會具有決策公司重大環保事項和發展規劃，制定環保規章制度職責。

（3）加大了環保投入與環境污染治理力度。

（4）對新上項目實行環保「三同時」。自1990年以來，華藥集團公司先後建設了十幾家企業，集團公司環保管理部非常重視新建項目的環保監督管理，並按環保「三同時」要求，控制新污染源的產生。

（5）積極推進ISO14000環境管理體系工作。確立了強化環保意識，將「三廢」轉為資源的目標，僅每年的「三廢」轉為資源所獲效益就在100萬元以上。

想一想：華北制藥集團公司為什麼要要推行清潔生產和綠色行銷？其採取的措施對其他企業有何啟發？

一、綠色行銷的概念

綠色行銷是企業以滿足顧客需求、社會利益和自然可持續的行銷活動，也就是同時滿足直接顧客需求、間接顧客需求和未來顧客需求的行銷活動。真正意義上的綠色行銷是指企業在行銷中要注重地球生態環境的保護，促進經濟與生態的協調發展，為實現企業自身利益、消費者和社會利益以及生態環境利益的統一而對其產品、定價、分銷和促銷的策劃與實施過程。綠色行銷的宗旨是節約材料耗費，保護地球的資源，防止生態污染與惡化；確保人們使用產品的安全、衛生、方便，以提高人們的生活質量和潔淨人們的身心，提高人們的健康水平；引導人們進行綠色消費，培養環境保護意識，優化生存空間。

二、綠色行銷與傳統行銷的比較

（一）行銷觀念的昇華

與傳統的行銷觀念相比，綠色行銷觀念是繼20世紀50年代由產品導向轉向顧客導向，具有根本性變革的又一次昇華。綠色行銷觀念與傳統行銷觀念的主要差別表現在：綠色行銷觀念是以人類社會的可持續發展為導向的行銷觀念，綠色行銷觀念更注重社會效益、注重企業的社會責任和社會道德。

（二）經營目標不同

傳統行銷，無論是以產品為導向還是以顧客為導向，企業經營都是以取得利潤作為最終目標。傳統行銷主要考慮的是企業利潤，往往忽視了全社會的整體利益和長遠利益。其研究的焦點是企業、顧客與競爭者構成的「魔術三角」，通過協調三者間的關係來獲取利潤。而綠色行銷的目標是使企業發展目標和社會發展目標相協調，促進總體可持續發展目標的實現。綠色行銷不僅考慮企業自身利益，還考慮全社會的利益。

(三) 經營手段不同

傳統行銷通過產品、價格、渠道、促銷的有機組合來實現自己的行銷目標，綠色行銷強調行銷組合中的「綠色」因素，注重綠色消費要求的調查，注重在生產、消費及廢棄物回收過程中降低公害，進行符合綠色標誌的綠色產品的開發與經營等（如表13-1 所示）。

表 13-1　　　　　　　　　綠色行銷與傳統行銷的區別

不同之處	傳統行銷	綠色行銷
研究焦點	通過協調企業、顧客與競爭者來獲得企業效益	通過協調企業、顧客與競爭者和環境來達到企業效益與社會效益共同發展
產品特點	符合消費者需求，符合技術及質量標準，有競爭力	符合消費者需求，符合技術及質量標準，有競爭力，還要求在設計、生產和服務上注重環保
分銷渠道	商人中間商、代理中間商	使用通道，簡化分銷環節
促銷方法	人員推銷、廣告促銷、產品宣傳	綠色廣告、綠色公關、綠色人員促銷
價格特點	生產、銷售成本+企業利潤	生產、銷售成本較企業利潤+環境成本

❖ 行銷案例

綠色行銷的鼻祖 C&D 公司

Church&Dwight（簡稱 C&D）公司在其 150 年的歷史中一直保持著環境意識，可謂綠色行銷的鼻祖。公司的 Arm&Hammer 蘇打是招牌產品，是在超市中可發現的最「綠」的產品。

C&D 公司是環保運動的先鋒。早在 1888 年，該公司就開始在其產品包裝上描繪即將滅絕的各種鳥類，呼籲世人保護自然。早在《寂靜的春天》一書出版之前，C&D 已經使用回收再利用的紙板來做產品包裝盒。

C&D 的「現代環保實驗」從 1970 年贊助第一個地球日開始，同時，公司還推出 A&H 清潔劑，這種清潔劑完全沒有普通清潔劑的種種壞處。

意識到應維持自己一貫的環保形象，C&D 最近推出一個內部「綠化」項目——EIP（Environmental Improvement Pooofs）。該項目由兩部分構成——公司內部，以遵守和防止為主；公司外部，以教育和品牌支持為重點。這個項目，加上 C&D 原有的悠久的環保主義者聲譽，使公司得到了成本節約、環境壓力減少、銷量大增等回報。

C&D 公司的綠色行銷的體會為：第一，最高層的承諾。在 C&D，對環保事項及有關項目總是從「頭頭」開始，公司制定相應的政策確保項目執行，還努力把這些項目與企業文化的建設相結合。第二，客觀是成功的關鍵。C&D 除了執行年度「環保審

計」以及嚴格遵守各種管制條例外，還邀請第三方對自己作客觀審查和評價。這種客觀的信息不僅幫助 C&D 發現自己未能發覺的仍需改進的地方，而且也幫助公司找到了許多節約成本的方法。第三，利益相關者的聯盟對於公司外部努力的成功是關鍵。C&D 的外部努力迎合了大範圍的相關群體的需求，包括立法者、環保主義者、教育界、工業協會、零售商以及媒介等。

三、綠色行銷的實施

（一）政府方面

（1）政府要樹立可持續發展戰略觀念。政府應確定環保是基本國策的戰略思想，確立經濟與生態協調發展的戰略思想。

（2）政府要根據國情，參照國際慣例，不斷完善綠色法規。同時，更要對現行的環保法進行修改，制定保護自然環境的法律法規。

（3）政府要制定綠色政策體系，諸如環境保護政策、綠色市場培育政策及稅收支持政策、土地使用政策等。

（二）企業方面

（1）企業要樹立綠色行銷觀念。企業在行銷活動中以全社會的長遠利益為重心，將「以消費者為中心」變為「以社會效益為中心」。

（2）制定綠色行銷戰略。企業要從全球綠色行銷觀念出發，協調環境、社會、企業三方面的利益，制定出綠色行銷戰略。

（3）進行綠色行銷策略整合。企業需要考慮消費者的綠色需求與支付能力，從整體上設計與開發綠色產品，並實施綠色產品定價、綠色產品廣告宣傳及綠色產品的分銷。

（三）消費者方面

消費者給自覺樹立環境觀念及綠色消費觀念，推動企業綠色行銷的實施以及促進政府綠色法規的制定、完善與執行。

（四）實行廣泛的國際合作

由於自然環境的惡化是全球性的，如全球增溫、臭氧層受破壞、生物種類的滅絕及水源和空氣污染等，因此需要各國政府進行廣泛合作，從全球及宏觀方面保證企業綠色行銷的開展。

❖ 行銷視野

中國首座綠色住宅小區

中國首座綠色住宅小區——北路春綠色生態小區位於北京市房山區。該小區在規劃設計、開發和建設過程中，引進了高新環保技術、著力創造無垃圾、無污水、無噪聲和無有害氣體排放，人與自然協調和可持續發展的綠色生態環境。它與其他住宅小

區不同：一是不燒煤，使用天然氣；二是建架空平臺，實現了人車分流；三是在水處理、垃圾處理、供熱等方面均採用了成熟技術，使垃圾不出區便可消納，廢水可變成冷水，用於綠地灌溉、洗車、洗路等；四是採取分戶燃氣採暖系統和複合式牆體相結合的綜合節能措施。

四、綠色行銷策略

企業應從「4P」的角度出發，即從產品策略、價格策略、行銷渠道和促銷策略的角度來實施綠色行銷策略。

(一) 綠色產品策略

綠色產品市場行銷的目的就是綠色產品能真正滿足綠色消費者的需求和期望，所以我們從綠色產品的三個基本層次（即核心層次，形成層次和延伸層次）上採取相應的策略，滿足消費者需求。

(1) 揭示核心層次，突出綠色優點。消費者購買某種產品，絕不是僅僅為了獲得構成某種產品的各種構成材料，而是為了滿足某種特定的需求。在這一層次上，綠色產品在傳統產品的基礎上，更加符合保護人類生態環境和社會環境的要求，更增加了滿足綠色消費者健康、安全、環保等需求的一部分。

(2) 依託形式層次，保證綠色品質。這一層次反應的內涵並不僅僅是產品的一種形式和實質，它包含了產品質量、特點、款式、結構、顏色、品牌和包裝等，它滿足核心層次的外在特徵。

(3) 強化延伸層次，提供綠色服務。產品延伸層次及產品向消費者提供的附加服務，企業需要給予說明，同時綠色產品價格較高，提供優質的服務有助於提高消費者「溢價」的接受程度，獲得心理上的滿足，因此附加服務對綠色產品顯得尤為重要。

(二) 綠色價格策略

價格作為行銷組合 4P 中最敏感、最重要的因素，關係到企業在綠色市場上的份額和盈利率。企業必須針對各類綠色產品的特點和各消費者的特點採取恰當的定價策略。

(1) 新產品定價策略。通常綠色產品分為兩大類：健康綠色產品和環保綠色產品。企業在制定和實施綠色價格策略時，必須區別對待這兩類綠色產品。對於前者，企業可以把它們作為高檔產品和奢侈品來定價，實行高價的策略，從而顯示出本產品與其他產品的不同，突出本產品的綠色特點。對於後者，由於該種產品的綠化作用不能馬上被消費者感知，企業應該採用介於高價和低價之間的滿意定價策略或滲透定價策略。

(2) 認知價值定價策略。認知定價策略就是把價格變量與其他行銷組合變量協調起來，從而增加銷售的目的。企業可以通過綠色產品的定位、綠色產品的質量尤其是綠色產品的綠色特性、綠色產品的促銷以及企業綠色形象的塑造等各種方式喚起消費者對優美環境和大自然的向往以及企業自身健康安全而提到生活質量的意願，使消費者對綠色產品的性能、用途、質量、外觀等形成認知價值。

(3) 需求差別定價。這是定價策略中根據銷售對象、銷售地點、銷售時間等條件的不同產生的需求差異不同而實施的定價策略。因此，企業應針對不同消費者的需求

彈性對顧客實行價格差別，拋棄那種按成本價來定價的價格制定方法，根據產品變動成本來分組制定價格。

（三）綠色促銷策略

其核心就是通過充分的信息傳遞，樹立企業及其產品的綠色形象，使消費者認同，鞏固其在市場上的地位。培養行銷人員的綠色意識，支持社會公益活動，參加環保宣傳，提高促銷手段、方法、過程及促銷用品的「綠度」等，都是綠色促銷中可用的策略。

（四）綠色渠道策略

綠色行銷要求企業提高其渠道體系的綠色程度，包括：

（1）減少運輸過程中的包裝物的使用，更換運輸過程易對環境造成污染的包裝物；優化渠道結構，降低渠道中運輸、存儲的能源消耗；減少運輸過程中的運輸工具大氣排放物的污染。

（2）重組渠道體系，排除「髒」渠道成員，加強渠道成員綠色觀念教育，清潔渠道體系。為適應綠色行銷的回收、循環使用、翻新等需要，在渠道體系中建立相應通道，增設相應功能。

（3）設立綠色專櫃或綠色商品銷售公司，逐步建立綠色產品流通網路，同時注意這些網路與網點的綠色包裝。

（4）盡可能地縮短渠道，避免長渠道帶來污染。事實上，短渠道也有利於包裝物的回收和重複利用。

（5）為渠道成員做好廢舊原部件和包裝物的回收、循環制定激勵政策，提供必要的設施與裝備。

第二節　整合行銷

❖ 走進行銷

德芙整合行銷傳播戰略

1986年，瑪氏食品（M&M/Mars）將德芙擁入懷中，並將因愛而生的德芙品牌視為掌上明珠。德芙品牌在市場上具有較好的品牌知名度；同時，德芙巧克力的消費者具有較高的品牌忠誠度，並且在不斷地通過口碑傳播，影響著其他消費者。德芙的整合行銷策略有：

第一，產品策略。

（1）產品。八款經典口味，賦予獨特外表和浪漫內涵。德芙通過不斷推出新口味的巧克力來吸引消費者，滿足消費者對各種口味的需求。

（2）包裝。德芙巧克力在中國市場優於國產品牌的包裝，在視覺上，讓顧客感到品質更好，格調更高。

第二，廣告宣傳策略「Raspberry&Dark Chocolate Swirl Silky smooth PROMISES」之所以稱得上經典，是因為把巧克力細膩、滑潤的感覺用絲綢來形容，意境夠高遠，想像夠豐富。這充分利用了視覺感受，把語言的力量發揮到了極致。

第三，價格策略。「瑪氏」的德芙在英國採取統一定價。「瑪氏」認為在英國市場保持統一價格，有利於公司和產品在市場上保持一致形象，且有利於企業制定統一的市場策略，便於公司總部對整個行銷活動的控制。

第四，渠道策略。德芙經過和超市的談判，利用正常陳列的費用將巧克力陳列在銷售保鮮牛奶、保鮮肉製品的冷風櫃內，從而解決巧克力在夏季的保存問題。並且，通過和可口可樂這一夏季旺銷產品進行捆綁銷售，實現了淡季銷量的大幅提升。同時，德芙還直接在一線城市設立專賣店。

第五，促銷策略。在宣傳方面，瑪氏利用了海報、掛旗、粘貼、塑料架頭牌、貨架頭牌、飄吊物、陳列紙櫃、德芙專用陳列架、收款臺貨架、熱點貨架、散裝貨架等。瑪氏還採用宣傳品加陳列方式，因為它比單獨陳列的效果強得多。最後就是爭取收款臺陳列，收款臺是最後的銷售機會。

第六，創新——情感策略。「你不能拒絕巧克力，就像，你不能拒絕愛情。」這句動人的臺詞來自一部中國的話劇《一顆巧克力的心聲》。這部將巧克力與愛情巧妙融合的話劇，正是巧克力品牌德芙出品的藝術與商業跨界之作。在產品中加入感情元素，讓消費者有更多的興趣去瞭解這個產品，從而擁有這個產品。

德芙主要通過產品策略、價格策略、廣告宣傳策略、促銷策略等方式進行整合行銷傳播、效果預測。

(1) 德芙新上市產品加入更多口味，這將會吸引大量的消費者嘗試新產品。
(2) 廣告宣傳策略讓更多消費者熟知德芙產品。
(3) 促銷策略和價格策略能為德芙品牌提高了5%的銷售額。
(4) 情感元素的加入使德芙更有意義，這將會提高消費者層次，吸引更多不同層次的消費者，從而獲得更廣泛的英國市場。

想一想：德芙如何進行整合行銷？

一、整合行銷的概念

行銷組合強調將市場行銷中各種要素組合起來的重要性，強調各種要素之間的關聯性，要求它們成為統一的有機體。在此基礎上，整合行銷更要求各種行銷要素的作用力統一方向，形成合力，共同為企業的行銷目標服務（如圖13-1所示）。

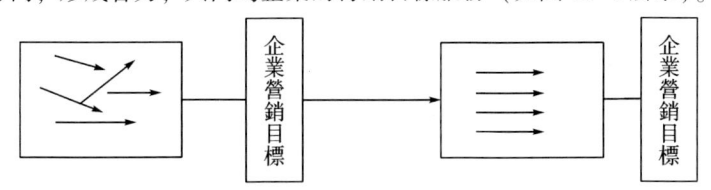

圖13-1　整合行銷過程

整合行銷傳播的中心思想是，通過企業與消費者的溝通滿足消費者需要，確定企業統一的促銷策略，協調使用各種不同的傳播手段，發揮不同傳播工具的優勢，從而使企業的促銷宣傳實現低成本策略化，與高強衝擊力的要求，形成促銷高潮。

二、整合行銷的特點

（1）在整合行銷傳播中，消費者處於核心地位。

（2）對消費者深刻全面地進行瞭解，並以建立資料庫為基礎。

（3）整合行銷傳播的核心工作是培養真正的消費者價值觀，與那些最有價值的消費者保持長期的緊密聯繫。

（4）以本質上一致的信息為支撐點進行傳播。企業不管利用什麼媒體，其產品或服務的信息一定得清楚一致。

（5）以各種傳播媒介的整合運用作手段進行傳播。凡是能夠將品牌、產品類別和任何與市場相關的信息傳遞給消費者或潛在消費者的過程與經驗，均被視為可以利用的傳播媒介。

三、整合行銷傳播

向內、外部開展的所有形態的傳播的整體化——整合行銷傳播，越來越多地得到當今企業的青睞。

（一）什麼是整合行銷傳播

所謂整合行銷傳播（IMC），是指企業在經營活動過程中，以由外而內的戰略觀點為基礎，為了與利害關係者進行有效的溝通，以行銷傳播管理者為主體來展開的傳播戰略。

IMC 的中心思想是，在實現與利害關係者（消費者）的溝通中，以統一的傳播目標來運用和協調各種不同的傳播手段，使不同的傳播手段在每一階段發揮出最佳的、統一的、集中的作用。IMC 追求的是與消費者建立起長期的、雙向的、維繫不散的關係。

（二）何時宜用整合行銷傳播

適宜採用 IMC 策略的時機大致有以下幾種情況：

（1）企業採用 IMC 策略，可以使消費者獲取同一企業以不同方式傳遞的信息，增強對產品或服務的記憶的一致性和完整性，而且不易產生概念上的混淆。

（2）為了節約開支，企業可以採用 IMC 策略，這樣做可以使各部門的行銷資源實行統一配置，統一使用，提高資源的利用率。

（3）當為企業行銷服務的不同專業公司或代理商之間相互協調較差時，運用整合行銷的方法，可以增進代理商之間的溝通和瞭解，努力求得關係和諧，以達到行銷活動設計和執行的一致性。

（4）如果企業的眾多銷售渠道效果差異很大，採用 IMC 策略，可以實現銷售渠道的最優組合，使之發揮更大的作用。

（5）如果企業為組織行銷人員的工作需要花費大量的經費和時間，採用 IMC 策略，則可以大大縮減該項工作的行政費用。當然，也存在著一些不適宜採用 IMC 的情況。例如在沒有利潤中心的組織結構中，特別是某些專售消費品的企業（如 P&G 公司），IMC 顯然較難執行．主要問題在於利潤中心之間彼此不易協調。如某些公司設立品牌經理，這些經理只會關心自己的品牌，而不會去在意別的品牌的有關情況。這樣的話，整個公司執行 IMC 必然存在許多困難和障礙。

❖ 行銷視野

4C 和 5R 的理論、6C 理論、6P 理論

❖ 行銷視野

「共情洞察+整合行銷傳播」，正中優創（GZGC）助力品牌破局

GZGC（正中優創）品牌管理機構，下有品牌管理事業部、數字與互動行銷事正中優創已經迅速成長為一家極具綜合實力和發展潛力互聯網整合行銷傳播公司。

GZGC 以打造「互聯網時代品牌整行銷傳播引領者」為公司的核心使命和服務宗旨。通過借鑑與學習國際傳播業界的先進經驗，公司創始人張正中結合應用心理學和消費心理學理論體系，運用心理學共情原理，經過多年優化迭代，提出了「共情洞察」的消費者洞察體系，再深度結合中國本土傳播特徵和獨特需求，GZGC 形成了自己的獨特傳播「共情洞察+內容生產+渠道分發」系統整合行銷傳播模型。通過整合和佈局互聯網時代的行銷資源，GZGC 已實現了傳播資源國際化、服務品質專業化，技術專業化的整合行銷公司，成為互聯網時代品牌整合行銷傳播引領者。

GZGC 致力於全網融合傳播，積極發揮全網優勢資源和力量，為在華跨國公司和優秀的中國企業量身定做最適合中國市場的各類整合行銷傳播解決方案。GZGC 團隊憑藉自身實力成功在多個行銷領域打開新局面，從創意創想、方案制定、項目服務到客戶維繫等多個方面，贏得了國內外客戶的一致好評。服務客戶覆蓋汽車、家電、互聯網、醫療、母嬰、生活家居、輪胎、休閒旅遊、餐飲酒店、快消等多個領域，眾多世界及中國 500 強企業客戶都包含其中。G2GC 為福田汽車、海爾集團、雙星集團、中國一汽、頤杰鴻泰、科發源等國內領先的著名企業提供過包括廣告、公關、市場活動、互動行銷等全方位的整合傳播服務，均獲得了客戶的一致好評。

第三節　關係行銷

❖ 走進行銷

安利公司的關係行銷

　　安利公司是一家直銷形式的日用品公司，是美國及全球最早開展直銷的標誌企業，而且發展迅猛，經濟力量雄厚，靠關係行銷，成功地在全球進行擴張，特別是在中國市場，上演了一出關係行銷的經典案例。

　　1998年4月18日，國務院頒布了《關於禁止傳銷經營活動的通知》，對傳銷活動全面禁止，這對安利公司可謂是致命打擊，可是安利公司通過關係行銷，很快得到中央政府及對外貿易部和國家工商管局的支持。同年，安利宣布企業轉型成功，由傳銷轉變為直銷，成了「轉制」成功的代表，繼續在中國拓展業務。為了能在中國擴大業務，安利公司一方面靠政治手段和經濟手段，對中央政府及主管部門進行公關，安利公司總裁溫安洛以美國商會主席的身分訪華，使安利公司與中國政府的關係，上升到中美關係的高度。正是安利公司的公關工作，才有了中國政府答應三年內為直銷立法的承諾。另一方面加大了在中國的公益事業和廣告的投入，不斷改善行銷環境，改變公司的形象，使安利公司在非常困難的環境下，仍然能夠生存和發展。

　　想一想：查閱相關資料，談一談你對安利關係行銷的認識。

一、關係行銷的概念

　　市場行銷權威菲利普‧科特勒則認為：「關係行銷是買賣雙方之間創造更親密的工作關係與相互依賴關係的藝術，是對一般的廣告、促銷和公關以及直復行銷的組合，並創造更有效更經濟的方法來掌握消費者。」關係行銷的目的是要建立一種兼顧雙方利益、穩定的長期合作關係，通過顧客服務、顧客參與和顧客組織化等透明度較高的手段進行營活動，以減少交易成本，實行資源的優化配置，有利於社會的整體利益。

　　關係行銷的本質特徵可以概括為以下幾個方面：雙向溝通、合作、雙贏、親密和控製。

二、關係行銷的產生背景

（一）市場行銷觀念的轉變

　　企業行銷觀念的轉變經歷了生產觀念、產品觀念、推銷觀念、市場觀念、社會市場觀念這5個發展階段，並最終產生了大市場行銷觀念。

　　生產觀念、產品觀念和推銷觀念的共同特點是：企業與消費者之間處於一種強制關係之中，消費者被迫按企業提供的產品來消費。在市場觀念與社會市場觀念階段，

企業要主動地調整自己的行為，按顧客的要求提供所需的產品和服務，企業與消費者之間是一種依順關係。大市場行銷觀念的提出，使如何處理企業與關係各方的關係變得更為迫切。這種觀念要求企業與消費者雙方應為共同的利益和共同的目標而相互適應、相互順從、互助互利、和諧一致地採取行動。

(二) 市場競爭的新特點

傳統意義上的市場競爭，是企業之間為了爭奪資源、原材料、市場等而進行的你死我活的殘酷競爭，這種競爭策略也是傳統市場行銷的主題。但是隨著社會經濟的發展，這種競爭觀念發生了變化，認為企業間實行合作同樣可以實現資源的有效配置，也不會阻礙規模經濟的形成。

關係行銷的核心是建立與發展同相關個人和組織的關係，這正是順應了現代市場競爭的特點。這些提供相同或相似產品的競爭者之間有3種合作方式：聯合協議、合作競爭、戰略聯盟。

(1) 聯合協議。例如，法國湯普森公司與日本JVC公司聯合生產、銷售錄像機，雙方達成協議：湯普森為JVC提供在歐洲市場上成功的行銷經驗，而JVC為湯普森提供產品技術和製造工藝。

(2) 合作競爭。這種競爭不以消滅、擊敗對手為目的，而是通過競爭促進合作，通過合作來促進競爭，堅持雙贏策略，實現雙方優勢互補，增強競爭雙方的實力。

(3) 戰略聯盟。例如，菲利普公司與鬆下公司結盟共同製造和銷售菲利普數字式高密磁盤，從而一舉擊敗索尼公司開發的高密磁盤技術，最終使菲利普的高密磁盤技術成為行業技術標準。

(三) 信息技術的發展

信息技術的迅速發展也為關係行銷的順利進行提供了技術基礎，其對關係行銷的作用可從以下兩點說明：

(1) 便於建立顧客忠誠。電腦技術的廣泛應用，使得企業對顧客的需求能迅速做出反應，並按顧客的要求提供產品和服務。例如顧客在買車時以自己決定所喜好的車型、顏色、裝飾、功率等，將這些信息輸入計算機，計算機便會選擇恰當的製造工序，組裝出「顧客自己的車」，從而最大限度地滿足消費者需求。這種技術可以使企業清楚地瞭解消費者不斷變化的購買和消費偏好，從而有針對性地提供產品和服務，使企業與消費者保持經常的溝通和緊密聯繫。

(2) 網路加強了關係各方的聯繫。通過網路，可將供應廠商、生產商、銷售商和客戶聯繫起來，信息在各個網路節點間流動，供應商、生產商、銷售商和客戶任何一方的要求都可迅速傳遞出去，使其他各方採取相應措施來滿足要求。

三、關係行銷與傳統交易行銷的比較

(一) 行銷重心的轉移

在傳統的市場行銷活動中，企業看重的是實現每一次交易的利潤最大化，把生產

觀念看作是行銷的基礎，而沒有把與顧客建立和保持廣泛密切的關係擺在首位。而在關係行銷中，它把行銷視為企業建立市場關係的活動，認為企業與顧客、供應商、分銷商等建立起牢固的互相依賴的關係是行銷的重點，並通過關係的建立形成一個行銷網路。行銷重心的轉移也是關係行銷和傳統行銷觀念最本質的區別。

(二) 市場範圍的擴大

傳統交易行銷把其視野局限在目標市場上，是通過市場細分而確定的顧客群。而關係行銷的市場範圍則大得多，它不僅包括顧客市場，還包括供應商市場、中間商市場、勞動力市場、影響外部市場和內部市場。

(三) 服務觀念的強化

在傳統的市場行銷中，產品和服務是截然公開的，企業僅僅滿足於如何把產品賣出去，占領更多的市場份額，獲取更大的商業利潤，服務是可有可無的事。而在關係行銷理論下，產品服務化和服務產品都已成為明顯趨勢。服務觀念的強化是關係行銷的內在要求。

(四) 對行銷組合的修正和發展

傳統交易行銷理論認為，企業行銷實質上是利用內部因素即市場行銷因素組合(產品、價格、渠道、促銷，簡稱4P)，對外部可控因素，做出積極的動態反應，實現銷售目標的過程。關係行銷指出了4P的局限性並給予了補充和發展，關係行銷認為要提高行銷組合的應用價值和效率必須增加另外三個要素：顧客服務、人員、管理進程。

(五) 動態定位的行銷觀念

動態定位是關係行銷對傳統定位理論的一個新發展。動態定位只是改變產品的形象，並不對產品本身改變多少。動態定位的另一個特徵就是強調定位的多維性和整體性。它認為要取得定位戰略的成功必須處理好三個相互連接的階段，即產品定位、市場定位和整體定位。

為了幫助讀者進一步瞭解交易行銷與關係行銷的區別，這裡我們借鑑行銷學者林有成先生的區別對照表（如表13-2所示）。

表 13-2　　　　　　　　　關係行銷與傳統交易行銷的區別

項目	傳統交易行銷	關係行銷
適合的顧客	適合於眼光短淺和低轉換成本的顧客	適合於具有長遠眼光和高轉換成本的顧客
核心概念	交換	建立與顧客之間的長久關係
企業的著眼點	近期利益	長遠利益
企業與顧客的關係	不牢靠	比較牢靠
對價格的看法	主要競爭手段	不是主要的競爭手段
企業強調	市場佔有率，不一定顧客滿意	回頭客比率、顧客忠誠度、建立長久關係，使顧客滿意

表13-2(續)

項目	傳統交易行銷	關係行銷
行銷管理的追求	單項交易和利潤最大化	追求與對方互利關係的最佳化
市場風險	大	小
瞭解對方的文化背景	沒有必要	非常必要
最終結果	未超出「行銷渠道」概念範疇	超出「行銷渠道」概念範疇，可能成為戰略夥伴，發展成為行銷網路

四、關係行銷的實施途徑

(一) 企業在向社會提供產量的基礎上提供附加的經濟利益

企業向經常使用和購買本企業產品和服務的用戶或顧客提供額外的利益，如航空公司向經常乘坐本公司班機的旅客提供免費里程，從而使企業和顧客之間建立起某種聯繫。但是，這種方法通常容易被競爭者模仿、難以形成永久競爭優勢。

(二) 企業在提供附加經濟利益的基礎上向顧客提供附加的社會利益

企業的行銷人員在工作中要不斷加強對消費者所承擔的社會責任，通過更好地瞭解消費者個人的需求和欲望，使企業提供的服務或產品更為個性化和人格化，更好地滿足消費者個人的需要，使消費者成為企業忠實的顧客。

(三) 企業在提供附加經濟利益和社會利益的同時，建立企業與顧客或客戶之間的結構性紐帶

企業通過向顧客或客戶提供更多的服務來建立結構性的關係，如幫助網路中的成員特別是一些實力薄弱的成員提高管理水平、向網路中的成員提供有關市場的研究報告、幫助培訓銷售人員、建立用戶檔案、及時向用戶提供產品的各種信息等。

❖ 行銷視野

亞細亞的關係行銷

對於同行，通常的看法是與自己爭奪市場和盈利的競爭對手，因此企業經常抱有「不是你死就是我活」的觀點。實際上，視競爭對手為敵絕非上策。

想當初中原商戰之時，「亞細亞」為了和五大商場爭奪顧客，不斷加大行銷成本，不惜重金。當時亞細亞廣告鋪天蓋地，並製造了「星期天到哪裡去——亞細亞」這樣誇大自身宣傳的歇後語，而使得其他商場在感情上難以接受。於是五大商場成立聯誼會，達成不和亞細亞合作的協議，如：不和亞細亞一起做廣告，與五商場有生意來往的廠家若在亞細亞也有櫃臺，則必須撤貨，不然五商場將聯合抵制這些廠家等。這對亞細亞來說是致命的殺招，但並未使亞細亞引以為戒。後來，其連鎖店廣州仟村百貨

開業之初,其調子仍定得很高,展現出很強的進攻性。如對外宣稱「一年不虧,兩手盈利,三年稱雄廣州」。廣合宣傳仍鋪天蓋地,並像在鄭州時一樣大張旗鼓地派汽車在廣州四周招攬顧客等。但這種咄咄逼人的氣勢不可避免地與廣州商界一貫崇尚的鋒芒內斂、和氣生財的理念發生衝突,以致四面樹敵。供應商迫於其他商場的壓力不願與其合作,仟村百貨陷入孤立無援的境地,再加上其他原因,只好關門大吉。

第四節　體驗行銷

❖ 走進行銷

那些小而美的體驗式行銷

一、Beautiful Gir——不會理髮的理髮師建立起的美國高端美發連鎖機構

Beautiful Gir 是美國一家高端的美發連鎖機構,其創始人 Becky 並不是時尚界的美發師,Beautiful Gir 第一家店位於紐約,Becky 沒有錢去雇傭優秀的發型師但又想吸引更多女孩來店裡做美發,於是 Becky 想出了一個行銷創意:邀請在商場逛的漂亮女孩子免費來做頭髮,雖然成功率不是很高,但最終還是迎來了第一批體驗用戶。對於漂亮的女孩子,頭髮無論如何收拾都是好看的,當美女身邊的朋友們看到她們髮型變化之後首先會驚訝地說:「哇,你的頭髮真漂亮!」然後就會問:「頭髮是在哪裡做的?」於是 Beautiful Gir 的名字迅速在女孩的聚會中傳播。不到半年,Becky 憑藉著這一招體驗式行銷快速的建立起了三家分店,如今 Beautiful Gir 已經擁有足夠的實力來聘請優秀的發型師,同時也發展成為美國一家高端的美發連鎖機構。

二、Dopure——試穿穿出來的口碑行銷

Dopure(中文名:蒂哲)是源自瑞典的牛仔品牌,《中國經營報》曾用專欄報導過 H&M、Dopure 等瑞典快時尚品牌搶灘中國服裝市場的報導。Dopure 首先在天貓開了一家旗艦店,由於產品價位較高所以在初期並沒有多少顧客。Dopure 利用體驗式行銷在全國開展了試穿活動,淘寶達人、微博達人、北京 798 裡面的歌手、校園裡追逐夢想的學生等都成為 Dopure 免費贈送牛仔褲的對象。通過贈送,第一批用戶很深刻的體會到了 Dopure 的品質,於是在網路上形成了非常好的口碑,Dopure 也成為為數不多的在天貓快速成長的牛仔品牌之一。Dopure 在體驗式行銷上注重了一點:去影響那些本身具有影響力的人,通過體驗行銷產生口碑傳播!

三、Sweet &D-mousse——美國鄉村派甜點的崛起

Sweet &D-mousse 是美國一家主打鄉村派甜點的糕點店,由於選址遠離市區,S&D 在開店之初便採用了電子商務模式,用戶不僅可以在 S&D 官網購買糕點,同時也可以通過 S&D 在 Facebook 上的主頁購買。S&D 成立之初為了提高影響力,特意尋找了一批互聯網上活躍的美食客,然後給這些達人們郵寄 S&D 的甜點,並且會寫一封真摯的邀請信:「你好,這些是我們手工烘焙的甜點,希望你能喜歡,我們也非常願意得到你專

業的點評，幫助我們更好地提高產品口味。」這些美食達人本身就是熱於分享的社交狂人，於是收到甜點的美食客們紛紛在社交網站上傳播 S&D 的產品使用體驗，S&D 也在一夜之間通過互聯網被更多的人所熟知。

想一想：通過上述三個案例，你能總結出體驗行銷的內涵嗎？

一、體驗行銷的概念及特徵

(一) 體驗行銷的概念

體驗行銷是以創造、引導並滿足消費者的體驗需求為目標，以服務產品為舞臺，以有形產品為主體，通過整合各種行銷方式，營造顧客忠誠的一個動態過程。體驗行銷的核心理念是：不僅為顧客提供滿意的產品和服務，還要為他們創造有價值的體驗。它通過實施「全面客戶體驗」，即以體驗為橋樑真正實現所有顧客的理想和價值的過程，其實質就是要幫助所有顧客真正地達到自我實現這樣的崇高境界。

(二) 體驗行銷的特徵

1. 以顧客為中心，注重滿足顧客體驗需求

一方面，體驗行銷以顧客的體驗需求為中心來指導企業的行銷活動；另一方面，體驗行銷以顧客為中心開展企業與顧客之間的溝通交流。當顧客十分口渴的時候，過去的廠商可能就是給顧客一杯水，而不管顧客是想喝白開水還是礦泉水。顧客體驗就是不僅滿足顧客喝水的需要，還要滿足顧客對水的喜好和偏愛，也就是讓顧客在接受商品時，能體驗到企業理解他、尊重他和體貼他。

2. 以體驗為導向設計、製作和銷售企業的產品和服務

體驗行銷需要創造顧客體驗，為顧客留下值得回憶的事件。因此，在企業設計、製作和銷售產品或服務時，必須堅持以顧客體驗為導向，做到任何一項產品的生產過程或售前、售中和售後的各項活動都給顧客留下一種難忘的印象。

3. 體驗行銷活動要有一個體驗主題

體驗行銷就是從一個體驗主題出發，然後利用若干「主題道具」開展的系列活動的過程。在確定體驗主題之後，行銷人員在實施時要設計一個特定的情景，在情景下創造一種協同效應將顧客的感覺、情感、行為等因素融合在一起，使顧客享受更多的樂趣。這些體驗和主題並非是隨意的，而是體驗行銷人員精心設計出來的，即體驗行銷的行為是圍繞著體驗主題進行的計劃、實施和控制等一系列管理過程，而非僅是形式上的符合。

4. 體驗行銷要使體驗消費做到「觸景生情」

一般來說，顧客在消費時經常會進行理性的選擇，但也會有對狂想、感情、歡樂的追求。因此，企業的行銷不能再孤立地去思考一個產品（如質量、包裝、功能等），而是要通過各種手段和途徑來創造一種綜合效應。不僅如此，還應跟隨社會文化消費向量，表達消費的內在的價值觀念、消費文化和生活的意義，設計必要的消費情境，通過綜合因素來擴展其外延，並在較廣泛的社會文化背景中提升其內涵。

5. 體驗行銷是一個連續的過程

消費者有時對體驗的各種回憶，甚至會在事後對這種體驗重新評價，產生新的感受等。因此，企業在實施體驗行銷的過程中，從體驗的設計到體驗實現甚至是體驗結束之後，都必須加強對體驗的控製與管理，以提高顧客的滿意度與忠誠度。

二、體驗行銷的構成要素

體驗行銷主要發生在消費終端，體驗過程是消費者借助外在的東西實施的，那麼仔細考慮體驗行銷的構成因素是必要的。

(一) 設施環境

設施環境可以稱作「體驗景觀」，它是體驗發生中的物理環境的各個方面，包括設施背景、設施風格、設施配置以及設施所渲染的情調。其實生活中的例子很多：大賣場飄出的麵包香味；銀行在顧客等候期間提供飲料；大型購物商場設置兒童遊戲場所。

(二) 產品實體

最為成功的企業所提供的產品不僅讓顧客滿意，而且令顧客愉悅，一些產品充分利用了它們的功能，給人愉快的感覺，像玩具、棉花糖、錄像帶、CD 唱片、雪茄、酒類等。企業可以突出產品中的任何一種感官特徵，創造出一種感官體驗。

(三) 服務質量

一般來說，服務體驗表現由許多細節融合而成，體驗表現的許多要素發生於後臺而不為顧客所知，或被前臺演出所掩蓋。這就需要在向任何顧客提供服務的過程中，經常讓顧客驚喜或愉悅。服務提供商在這方面更有優勢，因為他們不專注於有形的商品，他們能夠致力於改善顧客在購物或接受服務時所處的環境，或者是顧客迷戀於企業精心營造的溫馨氛圍，或者引導顧客參與其中，以便將服務轉化為難忘的體驗。

(四) 互動體驗過程

體驗行銷的關鍵在於參與，互動過程就意味著顧客充分利用設施、產品、服務與企業進行溝通。體驗過程是顧客與企業相互作用的過程，在這個過程中，企業與顧客的溝通越暢通，越淋漓盡致，體驗就越深刻。儘管教育是一件很嚴肅的事，但並不意味著教育的體驗不能成為一件快樂的事。

❖ 行銷視野

在加利福尼亞州的一個占地 28,000 平方米的樂園裡，人們為 10 歲及其以下的小孩提供了一種教育體驗，即通過購買門票請他們參加有助於智力開發的自發性的遊戲。孩子們在叢林花園和沙地裡挖掘，以尋找化石、人類遺跡。他們穿著老式的衣服，自己在交互式的廚房裡準備食物，還能爬岩石和樓梯，玩各種各樣的需要技巧的遊戲，每個遊戲場所都能提供多種學習體驗。

三、體驗行銷與傳統行銷的區別

(一) 前提假設不同

　　傳統行銷認為消費者是出於某種目的而購買商家的產品和服務，消費中是完全理性的，他們的行為是出於自身的某種動機，而商家的任務就是把握住這種動機，提供適宜的產品與服務以滿足消費者的需求。在這一過程中，商家在這一過程中占據著主導地位。

　　與之相對，體驗行銷認為消費者的購買行為並不是完全出於目的性，也有非目的性的。這實際上就是認為消費者既是理性的，又是感性的，是理性與感性的結合體。它對商家的一個重要啟示就是：商家不僅可以滿足消費者的需求，而且可以通過「體驗」來創造需求。

(二) 傳播過程不同

　　從傳播過程來看，傳統行銷中的信息是從傳播者流向受傳者，受傳者對信息做出簡單的反應，並反饋給傳播者。

　　從體驗行銷的傳播過程來看，雖然傳播者與受傳者之間的信息傳播依然不對稱，但是受眾能夠在這一過程中作為積極的參與者被看待。受傳者主動接收傳播者傳遞的信息，同時又樂於把自己接收到的信息與他人進行共享。受傳者在傳播過程中充當了「意見領袖」。他們不僅接收信息，而且對信息進行評價，發表自己的意見，從而成為下一級傳播過程的發起者，與傳統行銷相比，二者的交互性大大增強了。

(三) 側重點不同

　　傳統行銷往往側重於產品和服務，認為在激烈的競爭中能夠提供區別於其他競爭對手的產品和服務是行銷成敗的關鍵。

　　體驗行銷通過提供豐富的體驗來讓顧客參與行銷活動，把顧客放到了行銷的核心位置，是真正的以顧客為導向。顧客不僅參加行銷活動，而且在行銷活動中處於主導地位。

(四) 體驗行銷是廣告與行銷的混合體

　　關於廣告的定義有廣義和狹義之分。陳培愛認為：「狹義的廣告僅指市場學體系中的經濟，商業廣告。」[1] 廣義廣告不僅包括經濟廣告，還包括文化廣告、社會廣告、政治廣告。這一定義主要是從廣告行業的角度出發進行分析。廣告這一形式不僅僅限於廣告業，它是社會傳播的一種方式，目的是為了取得傳播效果，是一種主動性的傳播。體驗行銷主要通過體驗主題和體驗事件來呈現。從事件來看，體驗是一個持續的過程。企業也有意把體驗營造成一個事件以取得良好的傳播效果。在廣告策劃中，同樣強調事件性，廣告從業人員也希望把廣告本身營造成一個事件，以擴大影響。體驗行銷與廣告之間沒有明確的界限，體驗行銷是行銷與廣告的混合體。

---

[1] 陳培愛. 廣告原理與方法 [M]. 廈門：廈門大學出版社，2007.

總而言之，體驗行銷與傳統行銷的區別見表 13-3。

表 13-3　　　　　　　　　體驗行銷與傳統行銷的區別

傳統行銷	體驗行銷
注重產品的特色和消費者權益	關注顧客體驗
把顧客當成理智的購買決策者，把顧客的決策看作一個解決問題的過程，通過理性的分析、評價再做購買決策	認為顧客是理性的也是感性的，顧客因理智與因追求樂趣、刺激等一時衝動而購買的概率是相同的
關注產品的分類，確定產品的功能和特色以及企業在競爭中的行銷定位，在某種程度上是以自我為中心的行銷	側重於為顧客確定體驗的主題，按照顧客體驗的產生過程進行行銷，是真正以顧客為中心的行銷

❖ 行銷案例

東風雪鐵龍的「客戶體驗年」

　　車市增速放緩，消費市場也已經由賣方向買方轉移。為搶占市場份額，同時讓廣大消費者在節後也能享受到幅度較大的購車優惠，自 2016 年 2 月 14 日到 2 月 29 日，東風雪鐵龍全面開展了「贏利是，享利事」新春體驗行銷活動。開工利是在收穫口碑的同時，也讓東風雪鐵龍在「客戶體驗年」剛一開年就斬獲了「三利是」。

　　1. 品牌利是「年輕活力」的品牌形象卓然而立

　　隨著消費族群年輕化趨勢的到來，為全面提升品牌形象打贏未來，東風雪鐵龍同母品牌雪鐵龍及時進行了全球品牌刷新，構築起全新的視覺形象系統。以上海車展為起點，憑藉全球統一的視覺元素，不但使其成為史上最具識別度的車展之一，更具深遠意義的是在業界「搖身一變」出更年輕、更時尚、更具活力的全新品牌形象。

　　2. 產品利是「動力科技典範」的銘牌熠熠生輝

　　在動力為王的時代，消費者潛意識中始終篤信動力性是衡量一輛車好與壞最直接、最關鍵的指標。雪鐵龍品牌創始人安德烈·雪鐵龍先生作為法國賽車文化的締造者，始終致力推動賽車文化的普及和推廣。為此，他不斷在產品技術方面進行創新。隨著小排量、低排放、輕量化時代的到來，為迎合這種變化並在未來競爭中占據有利地位，底蘊深厚的東風雪鐵龍借勢再度踏上動力總成升級的徵程。歷時三年艱辛努力，東風雪鐵龍動力總成全部升級完成，「T+STT」核芯動力（1.2THP、1.6THP、1.8THP+STT 智能啟停系統）已經全部搭載於旗下各款主力車型，為廣大消費者帶來了前所未有的更高效、更經濟、更環保的動力體驗。

　　3. 服務利是「家一樣的關懷」服務理念倍受認同

　　在新春期間購車的客戶普遍都有這樣的認同：在任何一家 4S 店，都能感受到來自法國雪鐵龍世界一流品質的售後服務，感受到非常接地氣的全程誠摯、及時、全面而溫馨的關懷。作為全國第一家成立 4S 店的汽車廠商，東風雪鐵龍不斷深化和提升「家一樣的關懷」服務理念，嚴格按照全球同步的服務流程和服務標準開展「一對一」尊

享服務工程。此外，東風雪鐵龍還建立了專業培訓中心等服務人員技術培訓體系，從而打造出了一個優秀的、高素質的、專業的服務團隊。目前，東風雪鐵龍「一對一」尊享服務工程已經得到全國超過 260 萬用戶的高度認可。在 2015 年 J. D. Power 售後服務滿意度（CSI）、售時滿意度（SSI）評選中，東風雪鐵龍分別獲得了主流汽車品牌第一、第二的優異成績，成為唯一一個連續三年售時售後兩項滿意度排名均進入前三甲的主流汽車品牌。

2016 年是東風雪鐵龍既定的「客戶體驗年」，東風雪鐵龍將特別注重強化新品牌形象、新產品、新技術的體驗並從產品體驗、傳播體驗、活動體驗、終端體驗，全維度展開。對東風雪鐵龍而言，只有通過不同形式、不同模塊的體驗，才能讓廣大消費者真正對「舒適、時尚、科技」品牌優勢產生認知。

四、體驗行銷的宗旨——創造顧客價值

體驗行銷的宗旨，是通過提高顧客價值來達到顧客滿意和顧客忠誠。首先，體驗一方面可以滿足顧客的情感需求，另一方面通過顧客的參與，使公司的產品和行銷活動更能滿足顧客的個性化需求。其次，體驗可以增進顧客對企業所提供的產品和服務的瞭解提高顧客對企業所讓渡價值的認可程度，從而在一定程度上可以提高顧客的「感知價值」。此外體驗可以通過行銷者與顧客之間的溝通和互動，使企業增加對顧客「期望價值」的瞭解，從而採取相應措施縮小顧客「感知價值」與「期望價值」的差距，從這個意義上講，體驗行銷也可提高顧客價值。

五、體驗行銷的實施

（一）接觸點保持一致性和簡潔性

作為傳播和推廣的先導，體驗行銷要重視所有信息和承諾，要避免製造分散或無關的品牌信息，因為品牌的定位與品牌信息愈整合，公司形象與聲譽就愈一致；表現愈突出，傳播愈簡潔，影響力也愈大。

（二）體驗行銷需要內外並重

在開展體驗行銷的工作中，往往比較注重外部公眾，通過一系列整合信息的傳遞或互動，以達到與目標公眾建立一定關係的目的。但是一家公司若想與顧客和其他關係利益人建立起良好的關係，首先必須建立起良好的內部關係。體驗行銷需要由內而外做起。

（三）體驗的雙向性

首先，要讓受眾「體驗」你的產品和品牌，通過企業或品牌的行動和表現來體會和感受；其次，也要注意「體驗」消費者，瞭解消費者，洞察消費者，收集與分析體驗行銷參與者的信息，將「潛在的」群體轉化為「現實的」群體，將「現實的」群體轉變為「忠誠的」群體。

❖ 行銷案例

試用行銷新領域，新時代！免費試用重拳出擊

2013年淘寶電商正式上路，其實早在2008年，淘寶上的海量產品以及參差不齊的商品質量使得購買效率變得低下，再加上十分激烈的競爭環境和成本的逐步升高，圍繞淘寶應運而生的第三方導購平臺如雨後春筍般接連冒出。

多數企業因為沒有豐富的資源，而且也沒有足夠的財力、物力去進行大規模的宣傳。雖然互聯網可以給企業帶來海量用戶，但是基本屬於大海撈針，沒有實現真正的精準行銷。所以商家需要通過專業的試用行銷推廣平臺——「試客部落」來實現。

平臺上因為很多用戶基本上是以試用為導向而參加的試用活動，所以他們在申請獲取和郵寄商品的試用過程中，所提供的用戶信息全部真實，從而有效地精準獲取用戶數據庫資源。在試用者對試用產品的試用交流中，時刻瞭解用戶需求，商家通過改良產品設計進一步實現口碑行銷、精準行銷的良好效果。

國家統計局公布的一項數據表明，儘管物價「漲」聲一片，市民的生活成本也在隨之增加，工資的上漲速度還不如物價飛漲的速度。正是在這種大環境下，衍生出了一群這樣的人，通過產品的免費試用，大大節省生活成本，而且生活質量還會很高，他們就是互聯網上的新興力量「試客」。試客們通常由白領女性、時尚一族及學生，甚至包含能夠上網的社區退休老人組成。目前，試用行銷已逐漸成為很多新品牌進入市場時的首選推廣方式。

其優勢是：

(1) 質量超高的試客群體。

(2) 真實的購物過程。

(3) 全部專業好評。

(4) 優質試用報告。

試用行銷模式現在雖然猶如霧霾中的一道曙光，但是相信在不久的將來將會實現一個質的突破，在為廣大試客提供大量免費體驗的同時，也會給許多中小型商家帶來一個全新的試用行銷和精準行銷模式。

第五節　新媒體行銷

❖ 走進行銷

支付寶發「敬業福」

欲切入社交領域

影響力：★★★☆

時間：2016 年 2 月

今年年初，支付寶「集齊五福，平分 2 億現金」的紅包活動搶了個大風頭。一時間，幾乎身邊所有的人都在求最稀缺的那張「敬業福」。但實際上，支付寶似乎把全國人民都玩兒了，集齊五福的人不過才領到 272 元，而支付寶獲得的傳播量和品牌影響力卻不可估量。

支付寶當然不止是想搶風頭那麼簡單，眾所皆知，切入社交領域才是其最終目的。通過引導用戶加支付寶好友，互送福卡，打通用戶之間在支付寶內的社交關係。雖然大家加支付寶好友求「福」，表面看上去社交氛圍一片祥和，但現在看來，大家似乎也僅僅是求「福」而已。

想一想：支付寶的這種行銷方式屬於新媒體行銷嗎？其優點是什麼？

一、新媒體行銷的概念與特點

(一) 新媒體行銷的概念

新媒體行銷是基於新媒體發展的基礎上，通過新媒體渠道開展的行銷活動[①]。新媒體行銷顛覆了傳統行銷的特點，不僅僅能夠精確知道訪問量，並且能知道用戶的訪問時間、訪問的地址、用戶習慣等，這與傳統行銷相比，更快地提高了傳播速度，並且降低了運行成本。並且事實證明，企業通過新媒體行銷可以給企業帶來更多的選擇機會；企業可以有針對性地對於自己的需求客戶提供一系列行銷方案，大大節約了企業的行銷成本和提高了企業的效益。

(二) 新媒體行銷的特點

1. 每個人都可以進行大眾傳播，企業的行銷成本大大降低

過去的企業根本就沒有行銷概念，當電視、廣告、雜誌、媒體等大眾媒體出現後，人們可以通過這些大眾媒介發出自己的聲音。但傳統媒體的數量畢竟有限，這就意味著並不是每個人都可以做到把自己的聲音傳播出去。而新媒體的出現讓每個人都可以對外界隨心所欲的發出自己的聲音，每個企業也可以更簡單地把自己的產品告訴這個世界上更多的人。

2. 個性化行銷

在傳統媒體的時代，公眾對大眾媒體有著不可抗拒的力量。人們接受信息的渠道比較固定，更沒有平臺可以發出自己的聲音。但在新媒體時代，隨著信息技術的不斷發展，消費者可以任意選擇自己需要接受的信息，並且可以隨時傳遞自己想要表達的意願。所以說新媒體行銷還是一種個性化行銷，比如美國最為出名的電子商務網站——亞馬遜網路在線書店，針對用戶的偏好不同，向每個用戶推薦不同的商品，並且根據用戶的特點做到個性化的服務。同時在生產消費相結合的新媒體時代背景下，企業做到滿足客戶個性化需求的成本也在不斷下降。

除此之外，新媒體行銷的特點還可以歸納總結為以下幾點：

---

① 文豔霞. 企業視角下行銷專業學生新媒體行銷能力構成研究 [J]. 企業家天地旬刊, 2013 (9).

（1）隱蔽性。新媒體的很多形式就存在與我們生活空間的周圍，受眾與媒介接觸的抵觸性大大降低，廣告也與娛樂緊緊地結合在一起。

（2）分眾性。可以更有效地針對產品的客戶群體，信息傳播率高，並且更快捷地找到每個人單獨的時間，通過利用這些零碎的時間，取得傳統廣告難以達到的好效果①。

（3）高科性。新媒體的應用具有鮮明的時代特徵，可以廣泛適用於不同的地方，可以產生更生動逼真的視覺效果，更完美地表達各種商品的特性，不僅降低了企業的廣告成本，並且大大提高了廣告的覆蓋率。

二、新媒體行銷的種類

（一）微信行銷

2014年中國智能手機用戶達到4億，據《紐約時報》分析，未來4年內中國的智能手機用戶預計達到10億。微信作為目前手機APP中第一大應用，憑藉其完美的用戶體驗和產品功能已經成為很多移動端用戶的必備應用。微信目前有移動互聯網史上最龐大的用戶數量，並且即時通訊和獲取信息的方便性讓人們越來越把更多的精力關注於此，這也使人們對傳統媒體的關注越來越少。企業公眾帳號作為微信重要的創新性產品舉措，為企業與其目標客戶群體進行互動行銷提供了非常巧妙的切入點。

（二）微博行銷

據相關部門統計中國的微博用戶註冊數已經達到6億，每日的登錄數在4,000萬左右。尤其是新浪微博。微博行銷就是指利用微博平臺為商家，個人等創造價值的一種行銷方式，也是商家或個人通過微博平臺發現並滿足消費者的各類需求的商業行為方式②。

（三）博客行銷

博客行銷通俗地說就是企業通過博客進行行銷活動。人們可以把博客理解為個人的一個網站，我們可以在這個平臺上發布文字、圖片等，可以進行各種信息之間的交流，從而來吸引更多的受眾群體。所以企業可以通過開通自己的博客，或者在其他做得成功的博客上發布自己的產品信息，從而達到向潛在用戶傳遞信息的目的。

（四）微電影行銷

微電影是指在新媒體平臺上播放的一種時間相對較短的影視作品。作品本身不但是一部電影，也是一部加長版的廣告片，就是說把廣告和電影融為了一體。在這個社會節奏飛快的時代下，人們可能很難抽出時間去看一部傳統電影，這時微電影就像快餐一樣可以滿足受眾的精神需求。

---

① 王奕懿. 淺談新媒體的發展及其影響［J］. 時代報告月刊，2011（8）：170-170.
② 百度百科. 微博行銷［EB/OL］. baike. baidu. comlviewl2939221. htm？fr=aladdin.

（五）網站行銷

網站行銷通也可以通俗地稱為網路行銷，是指企業以互聯網技術為基礎，借助網路媒介進行的行銷活動。企業可以基於自身建立的網站吸引受眾群體從而達到產品推廣行銷的目的，也可以利用類似於淘寶、京東等電子商務平臺進行行銷。

❖ 行銷視野

小米的策略

小米公司誕生於 2010 年 4 月，是一家以智能化產品研究和開發為關注重點的移動互聯網公司，小米的核心產品就是小米手機。「為發燒而生」是小米的產品理念。小米公司率先開創了手機行業內通過使用互聯網模式對手機操作系統進行開發、並讓發燒友參與到手機的開發改進的營運模式。雷軍作為一個互聯網手機的「大佬」，堅信 21 世紀的手機不會再僅僅是單純的硬件或者軟件的比拼，只有做到軟硬件的完美結合才能讓用戶達到理想的用戶體驗，而雷軍則在這點做到了「極致」。小米手機的操作系統 MIUI 是其深度定制的 Android 手機操作系統，也是小米手機自身的手機操作系統，較原生的 Android 系統做出了 100 多項改進，目前已經有 23 個國家的用戶可以使用，並且周周更新和改進，受到手機發燒友的極度吹捧。如圖 13-2 所示。

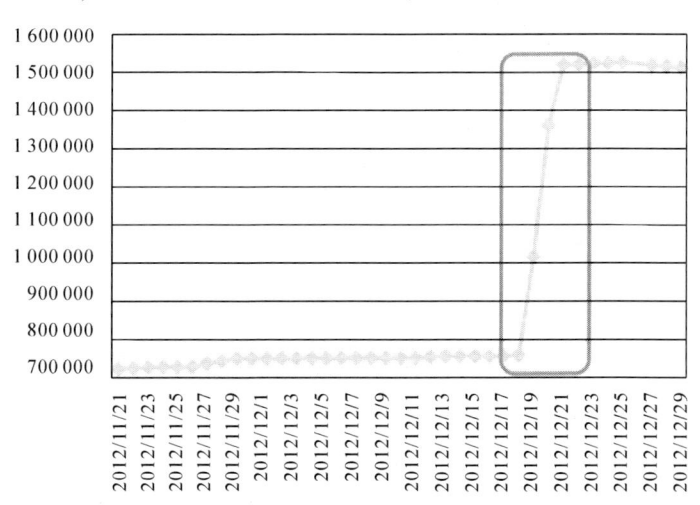

圖 13-2　小米手機新浪微博粉絲增長曲線（2012/11/21-2012/12/29）

小米手機「4P」策略分析

1. 產品策略

概念行銷即將那些準備傳達給消費者的品牌文化，通過概念轉換、概念傳播，達到能使消費者認知併購買的目的。

（1）定位於發燒友的手機，核心賣點是高配和軟硬一體。

（2）小米手機的研發不僅有自己公司工程師的參與，更重要的是它讓發燒友參與進來，讓更多的人參與到手機的設計當中。

（3）小米手機的核心優勢就是它的硬件配置，最領先的配置和MIUI系統使小米手機在智能手機領域中一直處於速度最快的地位。

2. 定價策略

雷軍會在發布會上先介紹手機的性能和配置。最後談到價格時往往會給消費者一個驚喜。除紅米外，小米手機每款手機的定價都在1,999元，將如此高配置的手機定在一個比同配置手機低近一倍的價位上，就具有了很強的市場競爭力。而且在這個價位上，很少有消費者會想到降價還價。

3. 渠道策略

小米手機因為是線上銷售，所以省去了線下銷售的一系列渠道的選擇。因此也節省了一大筆成本。

4. 促銷推廣策略

（1）高調的發布會。小米公司每推出一款產品，都會舉行一場發布會。發布會在北京召開，這種酷似於蘋果的手機發布會，小米手機是業內第一家。

（2）率先發布工程機。在小米手機準備發布之前，小米公司會提前推出工程機，並通過秒殺的形式進行銷售。工程機的價格要比標準版優惠300元。銷售工程機在國內尚屬首例。

（3）新媒體行銷。小米手機通過與微博、QQ空間、微信等國內大的社交媒體合作，迅速地提高了小米手機的知名度。

三、新媒體行銷的內容

新媒體給行銷帶來深刻的變革，新媒體行銷內容大致包括：網路市場調研、消費者行為分析、企業網站推廣、網上信息發布、顧客服務、網上促銷、建立網路品牌等。

（一）網路市場調研

網上市場調研的優勢非常明顯：在時空和地域上都不受限制；調研範圍廣，調研時間短；調研成本低，可以花費較少的人力和物力；信息可以用多媒體形式表現出來，也可以利用搜索引擎、網站檢索、發送郵件的方式，瞭解網路消費者的構成、偏好，甚至是網路競爭對手的競爭策略方面的信息。

（二）消費者行為分析

新媒體行銷的主體是大量的網路使用者，網路市場是一個龐大的市場，但是網路市場的消費者行為特徵和行為模式與傳統市場有顯著的不同。因此要開展有效的網路

行銷活動首先要深入瞭解這個群體的需求特徵、購買動機和購買行為的模式。互聯網作為大量信息交流、溝通的平臺，已經成為越來越多有著共同愛好的群體聚集和交流的地方，並且形成一些特徵鮮明的網上社區論壇，瞭解這些網路社區的群體特徵和偏好是對網上消費者行為分析的關鍵。

(三) 企業網站推廣

目前，越來越多的企業建立了企業網站，這種虛擬的網路銷售平臺給一些企業帶來銷量的增加，如果這個網站的知名度不高，縱使企業的產品再好，行銷策略再合理、科學，網路的銷量也不會有很大的突破。企業進行網路行銷的開始階段，主要工作就是加大網站的推廣力度。一般企業的做法是通過在百度、Google 等搜索引擎上打廣告，讓顧客很容易檢索到企業的網站信息或者在相關商業網站上添加友情鏈接，或是選擇在一些人氣較旺的網路社區論壇上發布廣告，發送郵件給用戶也是不錯的方法。

(四) 網路信息發布

新媒體背景下，通過網路銷售產品，首先需要在互聯網上發布產品信息。網路信息的發布不僅是樹立網路品牌、推廣企業網站的方法，也是實施網路行銷策略、擴大銷售量的手段。信息發布者可以同時向多種受眾發布信息，如目標顧客、潛在顧客、公共媒體、合作夥伴等。現在很多新媒體也提供了一個多樣的信息載體，表現出極佳的優越性。

(五) 顧客服務

傳統模式的行銷在顧客服務方面通常存在滯後性，新媒體行銷往往能夠提供更加便利的在線服務，使消費者在購買產品前、購買過程中、售後都能享受到及時、優質的服務。顧客的服務項目從常見問題的解答到產品社區論壇的交流，對提升消費者的滿意度具有重要意義。例如淘寶網、京東商城、蘇寧易購等國內主流電商企業都提供全天的客服在線，解答客戶的問題，確保產品交易順利完成。

(六) 網路促銷

互聯網的多樣性為新媒體行銷提供了豐富的促銷手段，行銷的最基本要求就是提高產品的銷售數量。利用網路進行促銷具有很大優越性，消費者可以直觀地看到產品的介紹、說明、圖片，甚至在促銷過程中還可以加入視頻、聲音、動畫等信息，進行圖文並茂的介紹。消費者如果看中了某個產品也可以直接在網上下訂單，進行網上購買，從而達到網路促銷的目的。

(七) 建立網路品牌

新媒體行銷的一個重要特點是在網上建立和推廣自己的品牌。以網路為基礎的新經濟的本質就是注意力經濟，擁有注意力的企業將擁有一切，網路品牌的價值越來越體現出它的重要性。

四、企業開展新媒體行銷的必要性

新媒體行銷作為互聯網時代人們關注的焦點，其產生的影響不容小覷。企業開展

新媒體行銷成為時代發展的必然，其必要性在於：

（1）行銷過程不再受時間因素的影響，行銷也從傳統的單向傳播變為雙向交流，使傳播存在了交互性，每一個受眾都將從原來的信息接收者變為信息製造者，信息傳播效率大大提高，行銷內容非常廣泛。

（2）讓傳播過程不再受空間局限，移動設備與移動網路的普及，使得信息傳播的地點更加靈活，即時發布親臨的信息變為現實。

❖ 本章小結

近年來，中國行銷學界密切關注進入 21 世紀的市場行銷新發展，對新經濟時代市場行銷的新概念和新領域進行了探索和研究。

（1）綠色行銷的興起源於綠色需求的拉動、法律環境的約束、綠色效益的驅使、提升企業形象和拓展市場的客觀需要。綠色行銷的實施要依靠政府、企業與個人的協同，要依靠廣泛的國際合作。

（2）整合行銷是一種對各種行銷工具和手段的系統化結合。它包括：通過企業與消費者的溝通滿足消費者需要的價值，確定企業統一的促銷策略，協調使用各種不同的傳播手段，發揮不同傳播工具的優勢。整合行銷的追求是與消費者建立起長期的、雙向的、維繫不散的關係。

（3）關係行銷是把行銷活動看成一個企業與消費者、供應商、分銷商、競爭者、政府機構及其他公眾發生互動作用的過程，其核心是建立和發展與這些公眾的良好關係。關係行銷具有雙向溝通、合作、雙贏、親密、控制等特徵。

（4）體驗行銷不僅為顧客提供滿意的產品和服務，還要為他們創造有價值的體驗。它通過實施「全面客戶體驗」，以設施環境、產品實體、服務質量和互動體驗過程為構成要素，具有注重顧客的體驗、考慮消費狀況、隨意取材等特徵。

（5）新媒體行銷是在新媒體發展的基礎上，通過新媒體渠道開展的行銷活動。企業開展新媒體行銷成為時代發展的必然。

❖ 趣味閱讀

2017 年 5 月新媒體行銷熱點日曆

一、5 月 1 日——勞動節

勞動節，這個恐怕不用多說，基本上是每年最受歡迎的節日活動之一，上到各大品牌，下到吃瓜群眾，各處呈現一片坐等過節之態勢。

現在是放假都是節啊。基本上圖文、H5、小遊戲、海報、直播、微博、朋友圈、視頻都所有的熱點形式都可以做。現在談勞動的都少了，談促銷談打折，談出遊，談假日，談遊戲活動……

二、5 月 3 日——世界新聞自由日

世界新聞自由日是由聯合國創建，旨在提高新聞自由的意識，並提醒政府尊重和提升言論自由的權利。

現在自媒體火爆，越來越多的人開始寫作，其實關於新聞包括言論自由的討論經常會有，想說說也可以。

在微信端也可以玩玩，那種類似柏拉圖測試那種的圖片，這裡可以是用戶輸入一些文字，就自動生成一個新聞圖片或鏈接，加上你的品牌的標示，人人都來發新聞。

三、5月4日——五四青年節

過完五一就是五四，五四算個啥節？公司都不給我們大好青年放假的，吐槽。

這樣，常規的海報、微博、朋友圈、H5、圖文、視頻，包括做話題等都可以玩起來。其實大多還是以海報為主。

四、5月9日——錘子科技將舉行春季新品發布會

錘子科技的春季產品發布會姍姍來遲，不過目前錘子科技還是最終公布：將於5月9日在深圳舉行春季新品發布會。

之前，羅永浩和錘子科技一般都會在北京或上海進行發布會。在深圳舉辦還是老羅的第一次。

從目前的大多數消息來看此，次新品定位為堅果系列的高端產品，價格方面也有兩個價格段位，分別為1,099元和1,799元。

這個當然也算是熱點了，特別對於互聯網相關的，肯定熱點了，不管是羅永浩還是他的錘子手機，在一段時間裡都會持續火熱。

當然，大多還是以海報借勢和寫文章為主，各種老羅新聞、各種手機對比、各種揭秘、各種手機測評、各種老羅說相聲、各種老羅玩情懷，還有各種的發布會討論、各種深度分析、發布會文案集合、各種發布會盤點、金句集合等。

五、5月11日——《歡樂頌》第2季開播

現在別人是怎麼利用《人民的名義》追熱點，到時候你就怎麼利用《歡樂頌》吧。

所以現在就可以把那些關於《人民的名義》的爆文都收藏起來了，方便後面做參考。

還有，其實現在別人早就開始蹭這個熱點了，《歡樂頌2》的各種熱點文已經是一大把，要做趁早啊，關鍵節點的時候再來狠狠一擊。

六、5月14日——母親節

母親節還用說嗎，必火！

到這一天你的朋友圈就會被各種《愛媽媽的海報》《媽媽的禮物》等有關媽媽的文章刷屏，一時間你會發現你的朋友圈裡都是孝子。

在各大品牌合力推動下，一副熱鬧的景象馬上就會出現。而且，母愛也是各大品牌的母親節的永恆主題。

七、5月30日——端午節

端午節與春節、清明節、中秋節並稱為中國民間的四大傳統節日。自古以來，端午節便有劃龍舟、掛艾草和菖蒲，以及吃粽子等節日活動。

每逢端午節，都是商家行銷的上好時機。每逢佳節倍思親，思不到親就剁手花錢唄。

除了常規的微信、朋友圈以及創意海報比拼，這樣的節日熱點，各種行銷促銷活

動肯定也是少不了的。

還可以推出和粽子相關的節日產品，可以在產品包裝上下文章，也可以玩遊戲送粽子。並且這次端午節和兒童節碰到一起了。

那就別端著了，一起來過個兒童節，玩童真，比童心，一起來耍寶賣萌，給同學們發粽子了。

❖ 課後練習

一、單選題

1. 綠色行銷是企業以滿足顧客需求、_____利益和自然可持續的行銷活動，也就是同時滿足直接顧客需求、間接顧客需求和未來顧客需求的行銷活動。

  A. 社會　　　　　　　　　　B. 集體
  C. 團體　　　　　　　　　　D. 大眾

2. 整合行銷傳播的中心思想是，通過企業與消費者的溝通滿足消費者需要的價值為取向，確定企業統一的_____策略，協調使用各種不同的傳播手段，發揮不同傳播工具的優勢。

  A. 銷售　　　　　　　　　　B. 定價
  C. 促銷　　　　　　　　　　D. 開發

3. 下列屬於關係行銷的本質特徵的是（　　）。

  A. 以顧客為中心，注重滿足顧客體驗需求
  B. 雙贏
  C. 消費者處於核心地位
  D. 以建立資料庫為基礎

4. 體驗行銷是以創造、引導並滿足消費者的體驗需求為目標，以服務產品為舞臺，以有形產品為主體，通過整合各種行銷方式，營造顧客忠誠的一個_____過程。

  A. 靜態　　　　　　　　　　B. 統一
  C. 動態　　　　　　　　　　D. 整合

二、多選題

1. 信息技術的迅速發展為關係行銷的順利進行提供了技術基礎，其對關係行銷的作用有（　　）。

  A. 便於建立顧客忠誠
  B. 網路加強了關係各方的聯繫
  C. 以顧客為中心，注重滿足顧客體驗需求
  D. 對企業內外部實行一體化的系統整合
  E. 創造有價值的體驗

2. 企業行銷觀念的轉變經歷的階段有（　　）。

  A. 生產觀念　　　　　　　　B. 產品觀念

C. 推銷觀念　　　　　　　　D. 市場觀念
E. 社會市場觀念
3. 綠色行銷與傳統行銷比較，有哪些區別？（　　）
   A. 產品特點　　　　　　　　B. 分銷渠道
   C. 價格特點　　　　　　　　D. 促銷方法
   E. 研究焦點
4. 新媒體行銷的特點有哪些？（　　）
   A. 隱蔽性　　　　　　　　　B. 分眾性
   C. 個性化行銷　　　　　　　D. 企業行銷成本得以有效降低
   E. 時尚型

三、問答題

1. 適宜採用 IMC 策略的時機是什麼？
2. 關係行銷與傳統交易行銷的區別何在？
3. 如何實施體驗行銷？
4. 新媒體行銷有哪些種類？

四、案例分析

取款機裡玩遊戲，體驗行銷原來可以這麼做

2014 年 5 月中旬，北京、上海、廣州、瀋陽、西安、成都、武漢等主流城市的核心商務區出現了帶有京東 logo 的紅色 ATM 機：火辣辣的紅色、不明覺厲的京東 logo，這些簡單但不同尋常的元素混搭在 ATM 機上，瞬間吸引了以都市白領為核心的人群廣泛關注、參與和社會化分享，人們紛紛猜測：在電商領域大手筆、大影響的京東是否要將互聯網在線金融這把火燒到線下，涉足線下金融？不過，熟悉京東行銷風格的消費者和行銷行業人士隱約感覺到京東 ATM 的醉翁之意：聯想到去年誇張搞笑的「唯快不破」雙十一創意傳播、到今年「正妝蝴蝶節」大喊「全城男人要小心」的轟動性廣告，再到剛剛結束的五一家電大促「男人別怕」宣傳，一波接一波的大創意浪潮，一起又一起膾炙人口的經典行銷案例，預示著這一次京東 ATM 機，可能是京東又一次行銷大手筆。

2014 年 5 月 17 日，謎底揭曉，印證了少部分人關於京東 ATM 行銷創意的猜測：這是京東 618 店慶整合行銷浪潮的序曲：京東 ATM 雖然不能吞吐貨幣，但卻是一臺更好玩又能獲得實際利益的互動遊戲機，玩家觸摸屏幕將商品加入購物車，60 秒內所選商品售價湊夠 618 元便可拿到最高價值 618 元的京東購物卡。

最近一段時間，京東「個性、誇張、娛樂、精準、互動」的行銷創意成為行業研究的必備樣本。此次 618 序曲以較小的投入，快速引發消費者的互動體驗和二次分享，短短的兩天時間，就吸引了上萬的關注，微博話題討論也有四百萬，成為線下體驗行銷的又一經典之作。外行看熱鬧，內行看門道。

此次 ATM 活動的懸念設置十分巧妙：在普羅大眾的印象裡，京東互聯網標籤深入人心。因此 ATM 造型的遊戲機一露面，立刻帶來衝擊，造成一種京東疑似進軍線下銀行業的暗示。加之活動的地點均為城市繁華商圈的地標建築，熙來攘往行人如織，在從眾心理的作用下，市民都願意停下來圍觀這一反差場景，且越聚越多，同時引發在線分享。

網路整合行銷有個 4I 原則：Interesting、Interests、Interaction、Individuality。在互聯網思維下，京東此次線下活動的成功展開也得益於對 4I 原則的純熟運用：消費者通過紅色的 ATM 機去玩遊戲，這是非常有趣、個性的一件事情，在遊戲中與京東品牌深入互動，強化了品牌認知度和好感度。同時，更為關鍵的是，消費者在這種互動體驗中是能夠獲取實實在在的利益，從而提升了參與互動的積極性。此次行銷本身就強調主體參與互動的活動，它帶來的心理愉悅是人性的普遍追求；在具體的規則上，京東原創了購物體驗遊戲，將「618」與遊戲內容及最終獎勵相關聯，成功突出店慶日信息；而作為通關獎勵的購物卡，則讓消費者獲得 618 元的切實利益。

在整合行銷蔚然成風的當下，單兵作戰的意義越來越小，任何線下活動都不是一個孤立的點，而是整體行銷活動中的一環。一個優秀的落地活動，可以成為品牌最好的廣告，尤其在網路分享如此迅捷的今天，「京東 ATM」不只是一個單獨的高人氣線下活動，更關注到了線上線下的整合傳播：在線上，別具匠心的 ATM 遊戲機剛一推出就引發了網民對京東金融夢的猜想，眾說紛紜議論紛紛，成功引發關注；而在線下，參與者獲得了「618」遊戲的新奇體驗與實惠的通關獎品，也樂意將這次經歷拿出來與朋友分享談論，從而實現口碑效應，愈傳愈廣。最終二者疊加作用，形成話題的多級傳播。

放眼當下的行銷圈，財力雄厚的廣告主不少，但是捨得播出預算進行線下活動，並執行得如此有力到位富有創新的，恐怕在互聯網界不多見。回顧此次「京東 ATM」行銷，充滿懸念的味道，加之爆點設計、體驗優化、多級傳播，為 618 大型整合行銷活動打響了第一槍，而後的行銷動作更加值得行業關注。

問題：試結合本章學習內容分析「京東 ATM」活動。

❖ 行銷技能實訓

實訓項目：感知新媒體行銷

【實訓目標】
培養學生理解並熟練運用新媒體行銷方式的能力。

【實訓內容與要求】
1. 把班級學生分為若干小組，每小組選擇一家公司，對其新媒體營運情況進行調查，並編寫調查報告。
2. 根據調查報告，每小組輪流進行 PPT 展示，分析所調查公司新媒體營運現狀，分析其不足並提出對策。

國家圖書館出版品預行編目(CIP)資料

市場行銷學 / 劉金文，董莎，王珊主編. -- 第一版.
-- 臺北市：崧博出版：崧燁文化發行，2018.09

　面； 公分

ISBN 978-957-735-457-0(平裝)

1.行銷學

496　　107015124

書　　名：市場行銷學
作　　者：劉金文、董莎、王珊 主編
發 行 人：黃振庭
出 版 者：崧博出版事業有限公司
發 行 者：崧燁文化事業有限公司
E-mail：sonbookservice@gmail.com
粉絲頁　　　　　　　網　址：
地　　址：台北市中正區重慶南路一段六十一號八樓815室
8F.-815, No.61, Sec. 1, Chongqing S. Rd., Zhongzheng Dist., Taipei City 100, Taiwan (R.O.C.)
電　　話：(02)2370-3310　傳　真：(02) 2370-3210
總 經 銷：紅螞蟻圖書有限公司
地　　址：台北市內湖區舊宗路二段121巷19號
電　　話：02-2795-3656　傳真：02-2795-4100　網址：
印　　刷：京峯彩色印刷有限公司（京峰數位）

　　本書版權為西南財經大學出版社所有授權崧博出版事業有限公司獨家發行電子書繁體字版。若有其他相關權利及授權需求請與本公司聯繫。

定價：600元

發行日期：2018年 9 月第一版

◎ 本書以POD印製發行